高等工科学校教材

机械设计课程设计

主编　潘承怡　冯新敏
参编　宋　欣　吴雪峰　刘小初

机械工业出版社

本书按照教育部高等学校机械基础课程教学指导委员会颁布的《机械设计课程教学基本要求》和《机械设计基础课程教学基本要求》组织编写，可供机械设计课程的理论学习和课程设计使用。

全书分为3篇，共24章。第1篇为机械设计课程设计指导，以常见的减速器为例，系统地介绍了机械传动装置的设计内容、要求和步骤，对设计基本理论和绘图等进行了详细的指导和说明；第2篇为机械设计常用标准和规范，提供了机械设计课程设计中常用的标准、规范和设计资料；第3篇为参考图例、设计题目及设计实例，给出了常见类型减速器的装配图和零件图的参考图例，并给出课程设计的多种典型设计方案和题目，还给出了二级展开式圆柱齿轮减速器设计计算实例、应用MATLAB设计计算齿轮传动实例和基于Solidworks的减速器三维设计实例。书中将大量对软件操作的讲解视频和实物演示视频通过二维码链接展示，提高了内容的可操作性，扩充了知识容量。本书简明实用，便于教学。

本书可作为普通高等院校机械类、近机械类各专业机械设计课程设计、机械设计基础课程设计的教材，也可供相关专业的师生及工程技术人员参考。

图书在版编目（CIP）数据

机械设计课程设计/潘承怡，冯新敏主编. —北京：机械工业出版社，2023.6（2024.8重印）

高等工科学校教材

ISBN 978-7-111-72869-6

Ⅰ.①机… Ⅱ.①潘… ②冯… Ⅲ.①机械设计-课程设计-高等学校-教材 Ⅳ.①TH122-41

中国国家版本馆CIP数据核字（2023）第052177号

机械工业出版社（北京市百万庄大街22号 邮政编码100037）
策划编辑：余 皞　　责任编辑：余 皞
责任校对：贾海霞 张 薇　　封面设计：张 静
责任印制：任维东
北京中科印刷有限公司印刷
2024年8月第1版第2次印刷
184mm×260mm · 17.75印张 · 437千字
标准书号：ISBN 978-7-111-72869-6
定价：59.00元

电话服务
客服电话：010-88361066
010-88379833
010-68326294

网络服务
机 工 官 网：www.cmpbook.com
机 工 官 博：weibo.com/cmp1952
金 书 网：www.golden-book.com
机工教育服务网：www.cmpedu.com

本书按照教育部高等学校机械基础课程教学指导委员会颁布的《机械设计课程教学基本要求》和《机械设计基础课程教学基本要求》，并结合新工科和工程教育专业认证背景，总结编者多年来的教学经验编写而成。本书是机械设计课程的配套教材，适用于机械类、近机械类及相关专业的机械设计课程设计教学。

全书分为3篇，共24章，对机械设计课程设计的各个步骤进行了详细的指导和说明，包括机械设计课程设计指导、机械设计常用标准和规范、参考图例、设计题目和设计实例等。本书简明精练，实用性强，可操作性强，利用二维码技术对教学视频等进行链接，拓展了教材内容，使学生在掌握机械设计基本方法和技能的基础上，提高创新能力和现代设计软件的使用能力，并使学生在掌握传统设计方法的基础上，掌握更多的现代设计手段，提高课程设计的质量。

本书具有以下特点：

1）考虑现代设计中三维绘图的必要性，本书增加了利用Creo软件进行齿轮、轴、箱体等零件三维造型的内容，并将绘图过程视频通过二维码链接展示，便于读者观看和学习。

2）考虑现代设计中计算软件对设计效率和计算准确性的提高，以及加强学生编程设计的能力，本书增加了利用MATLAB软件进行圆柱齿轮传动设计的内容。

3）考虑学生平时对实物观察较少和空间立体感不强，本书将教师对实物模型的演示视频通过二维码进行展示，便于读者观看和学习。

4）考虑学生初次设计，对课程设计步骤和细节不熟悉，增加了典型的带式输送机用二级展开式圆柱齿轮减速器的设计计算实例作为参考，提高学习效率与质量。同时，给出了基于Solidworks的减速器三维设计实例，增强学生对装配关系的理解和仿真设计能力。

5）对减速器装配图与计算中的常见错误给出正误示例，并给出详细分析和说明。

6）本书采用现行的国家标准和规范，同时兼顾设计资料的实用性，对课程设计中的常用资料进行精简和整理。

参加本书编写工作的有潘承怡（第1~8章、第11章、第15~18章、第22~24章）、冯新敏（第9章、第12章、第19~21章）、宋欣（第13章）、吴雪峰（第14章）、刘小初（第10章）。本书由潘承怡、冯新敏担任主编，全书由潘承怡统稿。

本书是黑龙江省高等教育本科教育教学改革研究重点委托项目（“互联网+”时代高校课程“教材—课堂—平台”三位一体数字化教学模式研究，SJGZ20220084）的研究成果，在编写过程中得到很多同行的支持和帮助，编者的研究生和本科生们帮助录制了视频及调试了程序，在此一并表示诚挚的谢意。

由于编者水平有限，书中难免有错误和不足之处，恳请读者批评指正。

编 者

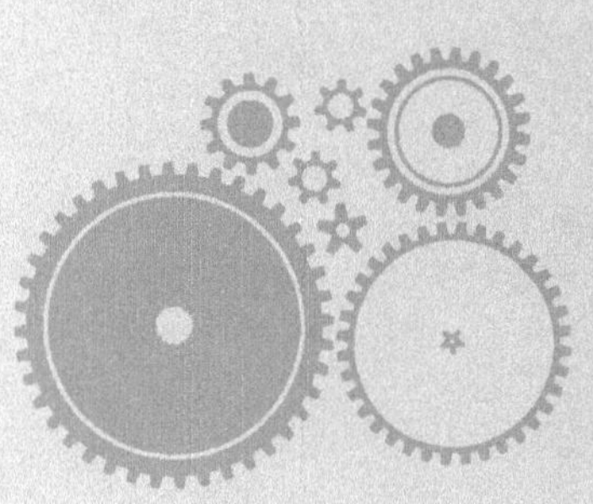

目录

第1篇　机械设计课程设计指导

第1章 概 述

1.1 机械设计课程设计的目的和要求

1. 目的

机械设计课程设计（以下简称课程设计）是高等工科院校机械类和近机械类专业的学生第一次较全面的机械设计训练，是机械设计和机械设计基础课程一次重要的、较全面的综合性与实践性教学环节，课程设计的目的有以下几个方面：

1）巩固、深化、融会贯通及扩展有关本课程及先修课程的理论知识，学会综合运用已学过的理论知识和实践知识，培养学生分析、解决机械设计中实际问题的能力。

2）通过课程设计的综合实践，学生熟悉从传动形式、结构方案的分析拟订到完成设计计算和图样绘制等全部过程，结合生产实际，加深对机械设计基本原则的认识，掌握机械设计的一般方法和步骤，培养学生独立分析问题和解决问题的能力。

3）使学生完成机械设计基本技能的训练，学会使用各种设计资料（如标准、规范、手册和图册等）进行设计计算、绘图、经验估算、数据处理和编写设计计算说明书等。

机械设计课程设计为专业课的课程设计和毕业设计奠定基础。

2. 要求

在课程设计中，要求学生注意培养认真负责，踏实细致的工作作风和保质、保量、按时完成任务的习惯。在设计过程中必须做到以下几点：

1）随时复习所学过的相关知识、听课笔记及有关例题、习题及平时作业等。

2）多了解有关设计资料，树立正确的设计思想，充分发挥个人主观能动性和创造性，但要注意正确处理好独立思考与借鉴前人已有设计经验的关系，既要有独立创新意识，又不可一味“闭门造车”。借鉴现有的成功经验固然重要，但不可盲目的照搬、照抄，要努力培养个人的独立工作能力，同时也要注意培养与同学及老师的沟通、交流和讨论的能力。

3）认真进行绘图和计算，保证图样质量和计算正确。

4）按计划循序进行，按时完成全部设计。

1.2 机械设计课程设计的内容

课程设计的题目常为一般用途的机械传动装置，较广泛采用的是以减速器为主体的机械传动装置，这是因为减速器中包含了课程设计的大部分零部件，具有典型的代表性。图 1.1

所示为带式输送机传动装置简图，其核心是齿轮减速器。

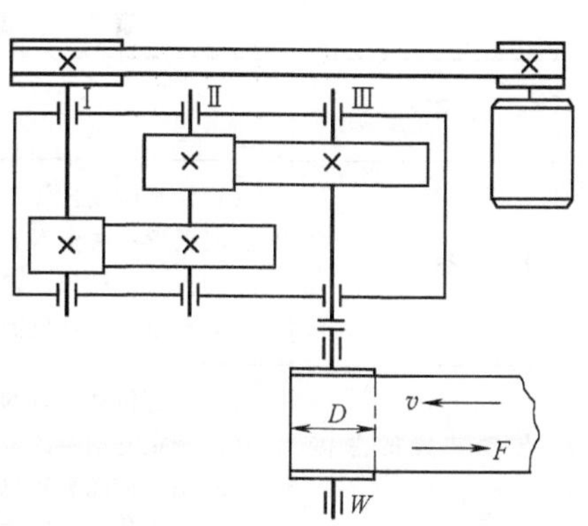

图 1.1 带式输送机传动装置简图

课程设计通常包括以下内容：根据设计任务书确定传动装置的总体设计方案；选择电动机；计算传动装置的运动和动力参数；传动零件及轴的设计计算；轴承、连接件、润滑密封和联轴器的选择及计算；减速器箱体结构设计及其附件的选择设计；绘装配图和零件工作图；编写设计计算说明书；进行总结和答辩。

每个学生应完成以下工作：

1）减速器装配图 1 张（A0 图纸）。

2）零件工作图 2~3 张（齿轮、轴或箱体等，A2~A3 图纸）。

3）设计计算说明书 1 份。

1.3 机械设计课程设计的步骤和进度安排

课程设计的具体步骤如下：

1. 设计准备

认真阅读设计任务书，明确其设计要求、工作条件、内容和步骤；通过阅读有关资料和图样、观察实物和模型，了解设计对象；准备好设计所需的图书、资料和用具，拟定课程设计的计划。

2. 传动装置的总体设计

拟定传动装置的传动方案；选定电动机的类型和型号；确定传动装置总传动比和分配各级传动比；计算传动装置的运动、动力参数等。

3. 传动零件的设计计算

减速器外的传动零件的设计计算（带传动、链传动等）；减速器内部的传动零件的设计计算（齿轮传动、蜗杆传动等）。

4. 减速器装配草图设计

确定减速器箱体方案及主要零件相互位置；选择联轴器，初定轴径；选择轴承类型并设计轴承组合结构；确定轴上力作用点的位置和轴承支点跨距；校核轴及轮毂连接强度；校核轴承的额定寿命；完成箱体及附件的结构设计。

5. 减速器装配工作图设计

进行箱体及附件的结构设计，并在三视图上完成减速器装配工作图。

6. 零件工作图设计

绘制装配图中指定的轴类、齿轮类或箱体类零件工作图。

7. 编写设计计算说明书

整理编写设计计算说明书，总结课程设计的收获和经验教训。

8. 答辩

有关课程设计的具体步骤及进度安排见表 1.1。

表 1.1 课程设计的步骤及进度安排

步骤	主要内容	占总设计工作量百分比(%)
1. 设计准备	(1)认真阅读设计任务书,明确设计要求和工作条件 (2)阅读有关资料和图样、观察实物和模型,了解设计对象 (3)复习机械设计课程有关内容,掌握相关零部件设计方法和步骤 (4)准备好设计所需的图书、资料和用具,拟定课程设计的计划	5
2. 传动装置的总体设计	(1)拟定传动装置的传动方案 (2)选定电动机的类型和型号 (3)确定传动装置总传动比和分配各级传动比 (4)计算传动装置的运动、动力参数等	3
3. 传动零件的设计计算	(1)减速器外部的传动零件的设计计算(带传动、链传动等) (2)减速器内部的传动零件的设计计算(齿轮传动、蜗杆传动等)	7
4. 减速器装配草图设计	(1)确定减速器箱体方案及主要零件相互位置 (2)选择联轴器,初定轴径;选择轴承类型并设计轴承组合结构 (3)确定轴上力作用点的位置和轴承支点跨距;校核轴及轮毂连接强度;校核轴承的额定寿命 (4)完成箱体及附件的结构设计	40
5. 减速器装配工作图设计	(1)在三视图上完成装配工作图 (2)标注主要尺寸、公差配合及零件序号 (3)编写技术特性、技术要求和标题栏等	30
6. 零件工作图设计	(1)绘制装配图中指定的轴类、齿轮类或箱体类零件工作图 (2)标注尺寸、公差及表面粗糙度 (3)编写技术要求和标题栏等	5
7. 编写设计计算说明书	(1)按设计计算说明书规定格式和要求编写设计计算说明书 (2)总结课程设计全过程的体会、收获和经验教训	5
8. 答辩	(1)做好答辩前的准备工作 (2)参加答辩	5

1.4 机械设计课程设计中应注意的问题

课程设计中应注意以下几点：

1. 正确处理设计计算和结构设计的关系

任何机械零件的尺寸都不可能完全由理论计算确定，应综合考虑零件的强度、刚度、结构、工艺等方面的要求。通过理论计算出的零件尺寸不一定就是最终采用的尺寸。例如轴的尺寸，在进行结构设计时，要综合考虑轴上零件的装拆、调整和固定以及加工工艺等要求，并进行强度校核计算，然后考虑结构要求，最后确定轴的尺寸。因此，设计过程中，设计计算和结构设计是相互补充、交替进行的。

2. 培养综合设计能力，熟练掌握设计方法

产品设计是由抽象到具体，由粗到精的渐进与优化的过程，许多细节需要在设计过程中不断完善和修改。在机械设计课程设计中应力求精益求精，认真贯彻“边计算、边绘图、边修改”的设计方法。对不合理的结构和尺寸必须及时加以修改，不断完善，追求卓越。

3. 正确使用标准和规范

在设计过程中，必须遵守国家正式颁布的有关标准和技术规范，设计标准和规范是为了便于设计、制造、使用和有利于零件的互换性和工艺性而制定的，是评价设计质量的一项重要指标。因此，熟悉并熟练使用标准和规范是课程设计的一项重要任务。

4. 坚持正确的设计指导思想，独立完成

课程设计是在教师指导下由学生独立完成的。因此在设计过程中，应充分发挥学生的主观能动性，提倡独立思考、深入钻研的学习精神。按照机械设计课程设计的教学要求，从具体的设计任务出发，充分的运用已学过的知识和资料，创造性的进行设计，决不能简单的照搬或互相抄袭。

5. 保证设计图样和设计计算说明书的质量

设计图样应结构合理、表达正确，应符合机械制图标准，还应注意图面整洁。设计计算说明书应计算正确、条理清楚、书写工整、内容完备。

第2章 传动装置的总体设计

传动装置总体设计的目的是确定传动方案、选择电动机型号、合理分配传动比及计算传动装置的运动和动力参数，为设计计算各级传动零件准备条件。具体设计内容按下列步骤进行。

2.1 确定传动方案

合理的传动方案，应能满足工作机的性能要求且工作可靠、结构简单、尺寸紧凑、加工方便、成本低廉、传动效率高和使用维护方便等。要同时满足这些要求常常是困难的。因此，应统筹兼顾，保证重点要求。

当采用多级传动时，应合理地选择传动零件和它们之间的传动顺序，扬长避短，力求方案合理。通常需考虑以下几点：

1）带传动为摩擦传动，传动平稳，能缓冲吸振，噪声小，但传动比不准确，传递相同转矩时，结构尺寸较其他传动形式大，因此应布置在传动系统的高速级。因为传递相同功率，转速越高，转矩越小，故可使带传动的结构紧凑。

2）链传动靠链轮齿和链条啮合工作，平均传动比恒定，并能适应恶劣的工作条件，但运动不均匀，有冲击，不适宜高速传动，故应布置在多级传动的低速级。

3）蜗杆传动平稳，传动比大，但传动效率低，适用于中、小功率及间歇运动的场合。当和齿轮传动同时应用时，应布置在传动系统的高速级，使其工作齿面间有较高的相对滑动速度，利于形成流体动力润滑油膜，提高效率，延长寿命。

4）锥齿轮传动用于传递相交轴间的运动。由于锥齿轮（特别是当尺寸较大时）加工比较困难，应布置在传动系统的高速级，并限制其传动比，以减小其直径和模数。

5）开式齿轮传动的工作环境一般较差，润滑不良，磨损严重，应布置在传动系统的低速级。

6）斜齿轮传动的平稳性较直齿轮传动好，当采用两级齿轮传动时，高速级常用斜齿轮传动。

某些专业因受学时限制，传动方案可在设计任务书中给出，不需学生选择确定，但学生应对设计任务书中给出的传动装置简图进行分析，了解传动方案的组成和特点，以提高对传动方案的选择能力。

2.2 常用减速器的类型和特点

减速器的类型很多，不同类型的减速器有不同的特点，选择减速器类型时应该根据各类

减速器的特点进行选择。常用减速器的类型、特点及应用见表 2.1。

表 2.1　常用减速器的类型、特点及应用

类型		简　图	传动比范围	特　点　及　应　用
一级圆柱齿轮减速器		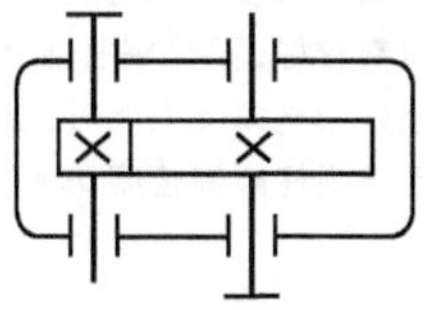	直齿 $i \leqslant 5$；斜齿、人字齿 $i \leqslant 10$	齿轮可做成直齿、斜齿或人字齿。直齿用于速度较低（$v<8\mathrm{m/s}$）或负荷较轻的传动；斜齿或人字齿用于速度较高或负荷较重的传动。箱体通常采用铸铁做成，很少用焊接或铸钢。轴承采用滚动轴承，只有在重型或特高速时，才采用滑动轴承。其他型式减速器也与此类同
二级圆柱齿轮减速器	展开式	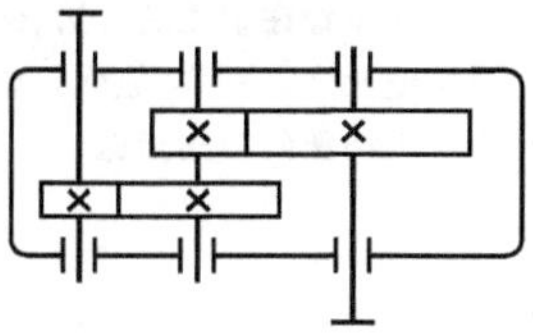	$i=8 \sim 40$	它是二级减速器中最普通的一种，结构简单，但齿轮相对轴承的位置不对称，因此，轴应设计得具有较大的刚度，并使高速级齿轮布置在远离转矩的输入端，这样，轴在转矩作用下产生的扭转变形将能减弱轴在弯矩作用下产生弯曲变形所引起的载荷沿齿宽分布不均的现象。建议用于载荷比较平稳的场合。高速级可做成斜齿，低速级可做成直齿或斜齿
	分流式	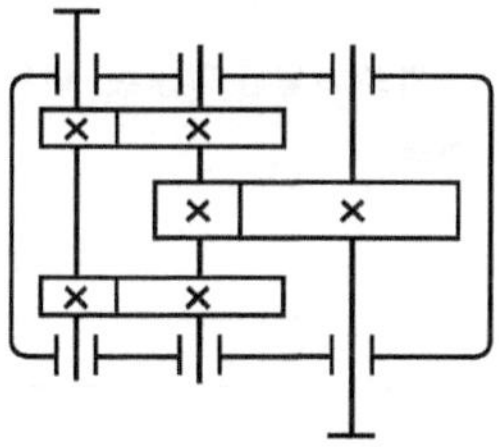	$i=8 \sim 40$	高速级是双斜齿轮传动，低速级是人字齿或直齿。结构复杂，但低速级齿轮与轴承对称，载荷沿齿宽分布均匀，轴承受载亦平均分配。中间轴危险断面上的转矩是传动转矩的一半。建议用于变载荷的场合
	同轴式	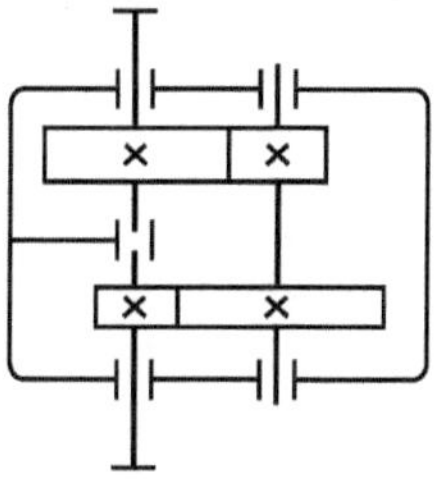	$i=8 \sim 40$	减速器长度较短，两对齿轮浸入油中深度大致相等。但减速器的轴向尺寸及重量较大；高速级齿轮的承载能力难以充分利用；中间轴较长，刚性差，载荷沿齿宽分布不均，仅能有一个输入和输出轴端，限制了传动布置的灵活性
一级锥齿轮减速器		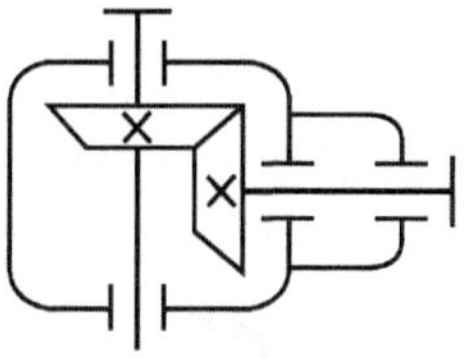	直齿 $i \leqslant 3$；斜齿、曲齿 $i \leqslant 6$	用于输入轴和输出轴两轴线垂直相交的传动，可做成卧式或立式。由于锥齿轮制造较复杂，仅在传动布置需要时才采用
锥齿轮-圆柱齿轮减速器		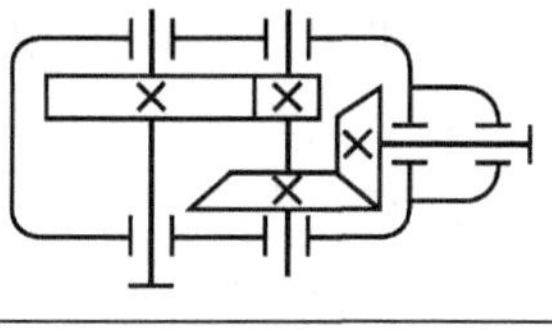	$i=8 \sim 15$	特点同一级锥齿轮减速器。锥齿轮应布置在高速级，以使锥齿轮的尺寸不致过大，否则加工困难。锥齿轮可做成直齿、斜齿或曲齿，圆柱齿轮可做成直齿或斜齿

（续）

类型		简　图	传动比范围	特　点　及　应　用
一级蜗杆减速器	蜗杆下置式		$i=10\sim80$	蜗杆布置在蜗轮的下边，啮合处的冷却和润滑都较好，同时蜗杆轴承的润滑也较方便。但蜗杆圆周速度太大时，油的搅动损失太大，一般用于蜗杆圆周速度 $v<4\sim5$m/s 时
	蜗杆上置式		$i=10\sim80$	蜗杆布置在蜗轮的上边，装拆方便，蜗杆的圆周速度允许高一些，但蜗杆轴承润滑不太方便，需采用特殊的结构措施
齿轮-蜗杆减速器		a_h　a_1　$a_h\approx a_1/2$	$i=35\sim150$	齿轮布置在高速级，蜗杆布置在低速级，结构紧凑
蜗杆-齿轮减速器			$i=50\sim250$	蜗杆布置在高速级，齿轮布置在低速级，效率较高

2.3　电动机的选择

2.3.1　电动机类型和结构形式的选择

电动机是由专业工厂生产的标准机器，课程设计时要根据工作机的工作特性，工作环境，载荷大小和性质（变化性质、过载情况等），起动性能，起动、制动和正反转的频繁程度以及电源种类（交流或直流）等条件来选择电动机的类型、结构、容量（功率）和转速，并在产品目录或有关手册中选择其具体型号和尺寸。

电动机分为交流电动机和直流电动机。由于我国的电动机用户多采用三相交流电源，因此，无特殊要求时均应选用三相交流电动机，其中以三相异步交流电动机应用最广泛。根据不同防护要求，电动机有开启式、防护式、全封闭自扇冷式和防爆式等不同的结构形式。

Y 系列笼型三相异步交流电动机是一般用途的全封闭自扇冷式电动机，由于其结构简

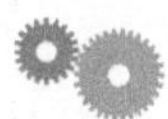

单、价格低廉、工作可靠、维护方便，因此广泛应用于不易燃、不易爆、无腐蚀性气体和无特殊要求的机械上，如金属切削机床、运输机、风机、搅拌机等。常用的 Y 系列三相异步交流电动机的技术参数和外形尺寸见表 16.1、表 16.2 或相关手册。对于经常起动、制动和正反转频繁的机械（如起重、提升设备等），要求电动机具有较小的转动惯量和较大的过载能力，这时应选用冶金及起重用 YZ（笼型）或 YZR 型（绕线型）三相异步交流电动机。

2.3.2 电动机容量（功率）的选择

电动机的容量（功率）选择得是否合适，对电动机的正常工作和经济性都有影响。容量选得过小，则不能保证机械设备的正常工作，或使电动机因超载而过早损坏；而容量选得过大，则电动机的价格高，由于电动机经常不满载运行，其效率和功率因数都较低，增加电能消耗而造成能源的浪费。

电动机的容量（功率）主要由电动机所要带动的机械系统的功率来决定。对于载荷比较稳定、长期连续运行的机械（如运输机），只要所选电动机的额定功率 P_{0d} 等于或稍大于所需电动机的工作功率 P_r 即可，即 $P_{0d} \geqslant P_r$。这样选择的电动机一般可以安全工作，不会过热，因此通常不必校验电动机的发热和起动转矩。

如图 1.1 所示的带式输送机，其电动机所需的工作功率 P_r 为

$$P_r = \frac{P_w}{\eta} \tag{2.1}$$

$$P_w = \frac{Fv}{1000} \tag{2.2}$$

式中，P_w 为工作机的输出功率（kW）；F 为输送带的有效拉力（N）；v 为输送带的线速度（m/s）；η 为电动机到工作机的总效率。多级串联的传动装置的总效率为

$$\eta = \eta_1 \cdot \eta_2 \cdot \eta_3 \cdot \cdots \cdot \eta_w \tag{2.3}$$

式中，η_1，η_2，η_3，…，η_w 为传动装置中每一对运动副（例如带传动、滚动轴承、齿轮传动、联轴器及输送带滚筒等）的传动效率。各类机械传动的效率见表 2.2。

表 2.2 机械传动效率值和传动比范围

类别	传动形式	效率	单级传动比范围	
			最大	常用
圆柱齿轮传动	7 级精度(稀油润滑)	0.98	1	3~5
	8 级精度(稀油润滑)	0.97		
	9 级精度(稀油润滑)	0.96		
	开式传动(脂润滑)	0.94~0.96	15	4~6
锥齿轮传动	7 级精度(稀油润滑)	0.97	6	2~3
	8 级精度(稀油润滑)	0.94~0.97	6	2~3
	开式传动(脂润滑)	0.92~0.95	6	4
带传动	V 带传动	0.95	7	2~4
链传动	滚子链(开式)	0.90~0.93	7	2~4
	滚子链(闭式)	0.95~0.97		

（续）

类别	传动形式	效率	单级传动比范围	
			最大	常用
蜗杆传动	自锁	0.40~0.45	开式 100 闭式 80	15~60 10~40
	单头	0.70~0.75		
	双头	0.75~0.82		
滚动轴承(一对)	球轴承	0.99		
	滚子轴承	0.98		
联轴器	齿式联轴器	0.99		
	弹性联轴器	0.99~0.995		
运输滚筒		0.96		

2.3.3 电动机转速的确定

三相异步交流电动机的转速通常有750r/min、1000r/min、1500r/min、3000r/min 四种同步转速。电动机同步转速越高，其磁极对数越少，结构尺寸越小，价格越低，但是在工作机转速相同的情况下，电动机同步转速越高，传动比越大，使传动装置的尺寸越大，传动装置的制造成本越高；反之电动机同步转速越低，则电动机结构尺寸越大，电动机价格越高，但是传动装置的总传动比越小，传动装置尺寸减小，传动装置的价格降低。所以，在确定电动机转速时应该分析、比较，综合考虑。计算时从工作机的转速出发，考虑各种传动的传动比范围，计算出要选择电动机的转速范围。电动机常用的同步转速为1000r/min、1500r/min 。

设输送机滚筒的工作转速为 n_w，则

$$n_w=\frac{1000\times 60v}{\pi\cdot D} \tag{2.4}$$

$$n_r=n_w\cdot i_{总} \tag{2.5}$$

式中，v 为输送带的线速度（m/s）；D 为滚筒直径（mm）；n_r 为应该选用的电动机的满载转速的计算值（r/min），所选电动机的满载转速 n_m 等于或稍大于 n_r 即可；$i_{总}$ 为传动系统的总传动比，$i_{总}$ 是各串联机构传动比的连乘积，即

$$i_{总}=i_1\cdot i_2\cdot i_3\cdot \cdots \cdot i_n \tag{2.6}$$

式中，i_1，i_2，i_3，…，i_n 为传动系统中各级传动机构的传动比。各种传动比的范围见表2.2。

电动机的类型、同步转速、满载转速、容量以及结构确定了以后，便可以选定电动机的具体型号、性能参数以及结构尺寸（电动机的中心高、外形尺寸、轴伸尺寸等），并做好记录，以备后续查用。

2.4 传动比分配

在总传动比 $i_{总}$ 相同的情况下，各级传动比 i_1，i_2，i_3，…，i_n 有无穷解，但是，因为每级传动比都有一定范围，所以，应该进行传动比的合理分配。分配传动比时应注意以下几方面问题：

1）各级传动比均应在推荐值的范围内，以符合各种传动形式的特点，并使结构紧凑。

例如，图 2.1 所示二级圆柱齿轮减速器，在总中心距和传动比相同时，粗实线所示方案（高速级传动比 $i_1=5.51$，低速级传动比 $i_2=3.63$）具有较小的外廓尺寸，这是由于 i_2 较小时，低速级大齿轮直径较小的缘故。

2）各级传动比的选值应使传动件尺寸协调，结构匀称合理。例如，传动装置由普通 V 带传动和齿轮减速器组成时，带传动的传动比不宜过大，否则由于带传动的传动比过大，会使大带轮的外圆半径大于齿轮减速器的中心高，造成尺寸不协调，不易安装，如图 2.2 所示。

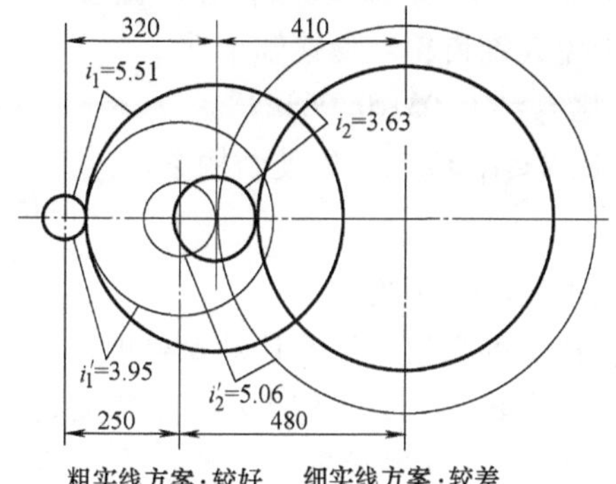

图 2.1　二级圆柱齿轮减速器传动比分配对比

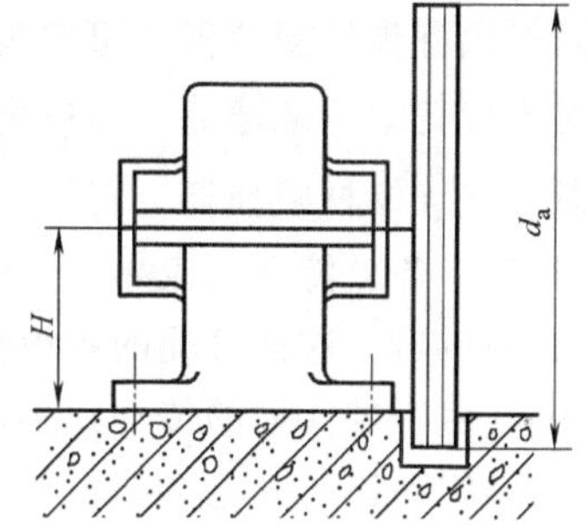

图 2.2　带轮过大与地基相碰

3）各级传动比的选值应使各传动件及轴彼此不发生干涉，如图 2.3 所示二级展开式圆柱齿轮减速器中，若高速级传动比过大，会使高速级的大齿轮的轮缘与低速级的大齿轮轴相碰。

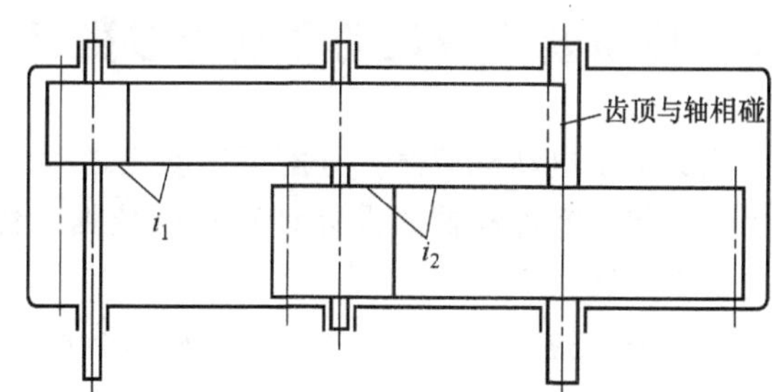

图 2.3　高速级大齿轮的轮缘与低速轴相碰

4）各级传动比的选值应使各级大齿轮浸油深度合理，低速级大齿轮浸油稍深，高速级大齿轮浸油约一个齿高。为此应使两大齿轮的直径相近，且低速级大齿轮直径略大于高速级大齿轮直径。所以通常在展开式二级圆柱齿轮减速器中，低速级中心距大于高速级中心距。由于高速级传动的动力参数转矩 T、力 F 比低速级的小，所以高速级的传动零件的尺寸比低速级传动零件的尺寸小，为使两大齿轮的直径相近，应使高速级传动比大于低速级传动比，如图 2.4b 所示。图 2.4a 所示方案则较差。

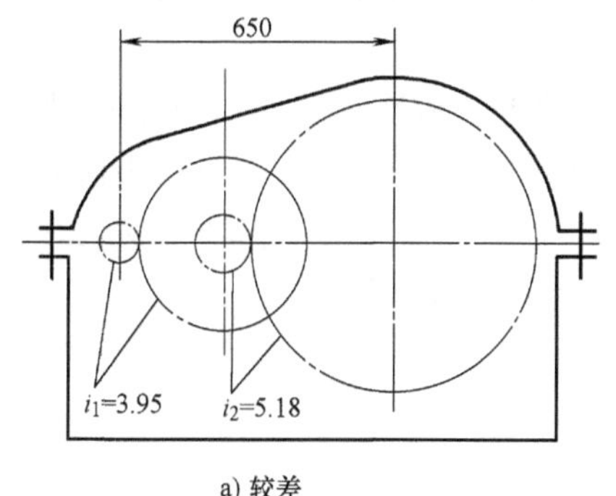

a) 较差

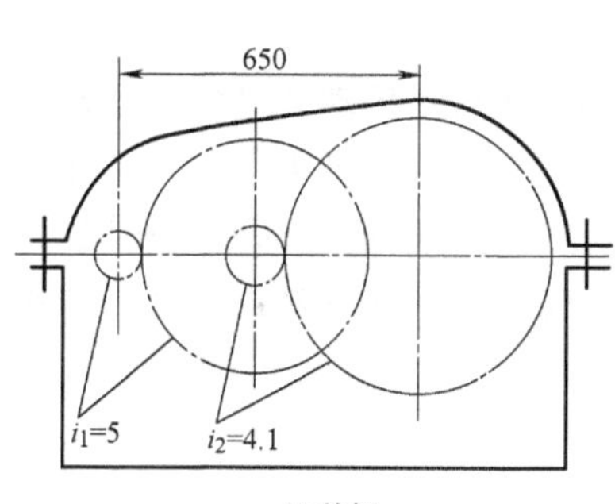

b) 较好

图 2.4　传动比不同时二级传动大齿轮直径的差别

根据以上原则，下面给出分配传动比的方法和参考数据：

1）对于展开式二级圆柱齿轮减速器，可取 $i_1=(1.3\sim1.4)\ i_2$，$i_1=\sqrt{(1.3\sim1.4)\ i_{减}}$，其中 $i_{减}$ 为减速器总传动比，i_1 为高速级传动比，i_2 为低速级传动比，i_1、i_2 均应在推荐的范围内。

2）对于同轴式二级圆柱齿轮减速器，可取 $i_1=i_2=\sqrt{i_{减}}$。

3）对于锥齿轮-圆柱齿轮减速器，可取锥齿轮的传动比 $i_1\approx0.25i_{减}$，并尽量使 $i_1\leqslant3$，以保证大锥齿轮尺寸不致过大，便于加工。同时也避免大锥齿轮与低速轴干涉。

4）对于蜗杆齿轮减速器，可取齿轮传动的传动比 $i_2=(0.03\sim0.06)\ i_{减}$。

5）对于齿轮蜗杆减速器，可取齿轮传动的传动比 $2\leqslant i_1\leqslant2.5$，以使结构紧凑。

6）对于二级蜗杆减速器，可取 $i_1=i_2=\sqrt{i_{减}}$。

应该注意，各级传动比应尽量不取整数，以避免齿轮磨损不均匀。

应该强调指出，这样分配的各级传动比只是初步选定的数值，实际传动比要由传动件参数计算确定。由于带传动的传动比不恒定、齿轮传动中齿轮的齿数不能为小数，需要进行圆整，所以实际传动比与由电动机到工作机计算出来的传动系统要求的传动比会有一定的误差，一般机械传动中，要求传动比误差小于5%。

2.5 传动装置的运动和动力参数计算

当选定了电动机型号，分配了传动比之后，应将传动装置中各轴的运动和动力参数计算出来，为传动零件和轴的设计计算提供依据。传动装置的运动和动力参数包括各个轴的转速、功率、转矩等。

由于一般情况下，标准中没有正好适合所设计传动的电动机，所以电动机选择的额定功率都比工作机需要的功率大，计算各轴的传动参数时，如果从电动机开始向工作机计算，则所设计机器的传动能力比实际要求的工作能力强，造成浪费，所以在有过载保护的传动装置中（如带传动等），应该以工作机的功率作为设计功率。否则，如果没有过载保护，则应以电动机的额定功率作为设计功率。或者遵循下面的原则：通用机械中常以电动机的额定功率作为设计功率，专用机械或者工作情况一定的机械则以工作机的功率（电动机的实际输出功率）作为设计功率。设计时应具体情况具体分析。

现以如图1.1所示的带式输送机传动装置为例，说明传动装置中各轴的运动和动力参数的计算。

设如图1.1所示传动装置中从电动机到工作机的轴，依次为0轴（电动机轴）、Ⅰ轴、Ⅱ轴、Ⅲ轴、W轴（工作机轴），各轴转速为 n_0、n_{I}、n_{II}、n_{III}、n_{w}，相临两轴间传动比为 i_{01}、i_{12}、i_{23}、$i_{3\mathrm{w}}$，相临两轴间的传动效率为 η_{01}，η_{12}，η_{23}，$\eta_{3\mathrm{w}}$，各轴的输入转矩为 T_0、T_{I}、T_{II}、T_{III}、T_{w}，则各轴的功率、转速、转矩的计算公式如下。

1. 各轴的输入功率 *P*（kW）

$$P_{\mathrm{I}}=P_0\eta_{01}$$

$$P_{\mathrm{II}}=P_{\mathrm{I}}\eta_{12}=P_0\eta_{01}\eta_{12}$$

$$P_{\mathrm{III}}=P_{\mathrm{II}}\eta_{23}=P_0\eta_{01}\eta_{12}\eta_{23}$$

$$P_w = P_Ⅲ \eta_{3w} = P_0 \eta_{01} \eta_{12} \eta_{23} \eta_{3w}$$

式中，η_{01} 为带传动的效率；η_{12} 和 η_{23} 为滚动轴承效率与齿轮传动的效率的乘积，$\eta_{12} = \eta_{23} = \eta_{滚} \eta_{齿}$；$\eta_{3w}$ 为滚动轴承效率与联轴器效率的乘积，$\eta_{3w} = \eta_{滚} \eta_{联}$。

2. 各轴的转速 *n* (r/min)

$$n_0 = n_m$$

$$n_Ⅰ = \frac{n_m}{i_{01}}$$

$$n_Ⅱ = \frac{n_Ⅰ}{i_{12}} = \frac{n_m}{i_{01} i_{12}}$$

$$n_Ⅲ = \frac{n_Ⅱ}{i_{23}} = \frac{n_m}{i_{01} i_{12} i_{23}}$$

$$n_w = n_Ⅲ$$

式中，n_m 为电动机的满载转速 (r/min)；i_{01} 为 V 带传动的传动比；i_{12} 为高速级齿轮传动比；i_{23} 为低速级齿轮传动比。

3. 各轴的输入转矩 *T* (N · mm)

$$T_0 = 9.55 \times 10^6 \frac{P_0}{n_0}$$

$$T_Ⅰ = 9.55 \times 10^6 \frac{P_Ⅰ}{n_Ⅰ} = 9.55 \times 10^6 \frac{P_0}{n_0} i_{01} \eta_{01}$$

$$T_Ⅱ = 9.55 \times 10^6 \frac{P_Ⅱ}{n_Ⅱ} = 9.55 \times 10^6 \frac{P_0}{n_0} i_{01} i_{12} \eta_{01} \eta_{12}$$

$$T_Ⅲ = 9.55 \times 10^6 \frac{P_Ⅲ}{n_Ⅲ} = 9.55 \times 10^6 \frac{P_0}{n_0} i_{01} i_{12} i_{23} \eta_{01} \eta_{12} \eta_{23}$$

$$T_w = 9.55 \times 10^6 \frac{P_w}{n_w} = 9550 \frac{P_0}{n_0} i_{01} i_{12} i_{23} \eta_{01} \eta_{12} \eta_{23} \eta_{3w}$$

若 P_0 值取电动机的输出功率（所需功率 P_r），则所设计的装置为专用机械；若 P_0 值取电动机的额定功率，则所设计的装置为通用机械。

2.6 传动装置总体设计计算示例

例 2.1 如图 1.1 所示带式输送机传动装置中，已知输送带的有效拉力 $F = 11000$N，输送带速度 $v = 0.95$m/s，滚筒直径 $D = 430$mm，载荷平稳，单向工作，在常温下连续工作，工作环境有灰尘，试选择电动机，确定总传动比和各级传动比以及运动和动力参数。

解：

1. 选择电动机

（1）选择电动机类型　根据题意，选用 Y 系列一般用途的全封闭自扇冷鼠笼型三相异步交流电动机。

（2）选择电动机容量　根据已知条件，工作机功率为

$$P_w = \frac{Fv}{1000} = \frac{11000 \times 0.95}{1000} \text{kW} = 10.45\text{kW}$$

电动机所需的工作功率为

$$P_r = \frac{P_w}{\eta}$$

$$\eta = \eta_{带} \eta_{承}^4 \eta_{齿}^2 \eta_{联} \eta_{筒} = 0.95 \times 0.99^4 \times 0.97^2 \times 0.99 \times 0.96 = 0.82$$

$$P_r = \frac{P_w}{\eta} = \frac{10.45}{0.82} \text{kW} = 12.74\text{kW}$$

所选电动机额定功率应大于 12.74kW，根据表 16.1 选取电动机额定功率为 15kW。

(3) 确定电动机的转速及传动比　输送带滚筒的转速为

$$n_w = \frac{60 \times 1000v}{\pi D} = \frac{60 \times 1000 \times 0.95}{3.14 \times 430} \text{r/min} = 42.19\text{r/min}$$

由表 16.1 可见，额定功率为 15kW 的电动机有几种不同的转速，根据输送带滚筒的转速，并考虑各种传动的传动比范围，几种不同转速供选电动机方案见表 2.3。

表 2.3　几种不同转速供选电动机方案的比较

方案	1	2	3	4
型号	Y200L-8	Y180L-6	Y160L-4	Y160M2-2
额定功率/kW	15	15	15	15
电动机满载转速/(r/min)	730	970	1460	2930
滚筒转速/(r/min)	42.19	42.19	42.19	42.19
总传动比 $i_{总}$	17.30	22.99	34.61	69.45
$i_{带}$	2	2	2	2
$i_{减}$	8.65	11.5	17.31	34.73

根据总传动比 $i_{总}$ 及表 2.2 中单级传动比荐用范围：$i_{带}=2\sim4$；齿轮传动为 $i_{齿}=3\sim5$，可以看出，方案 2 和方案 3 均可行，但是综合考虑多方因素方案 3 更为合适。因此以下按方案 3 进行设计计算。

(4) 电动机的技术数据、外形和安装尺寸　由表 16.1 选择 Y160L-4 电动机，将技术数据、外形和安装尺寸记录如下，以备后续设计使用。

电动机型号：Y160L-4，额定功率 15kW，满载转速 $n_m = 1460$r/min。

由表 16.2 查得有关尺寸：轴径 $D=42$mm，轴伸长 $E=110$mm，中心高 $H=160$mm。

2. 传动比分配

(1) 总传动比：$i_{总} = n_0/n_w = 1460/42.19 = 34.61$。

(2) 带传动比：带传动比荐用范围为 $i_{带}=2\sim4$，取 $i_{带}=2$。

(3) 减速器传动比：$i_{减} = i_{总}/i_{带} = 34.61/2 = 17.31$。

(4) 齿轮传动传动比：一般可取 $i_1=(1.3\sim1.4)i_2$，$i_1=\sqrt{(1.3\sim1.4)i_{减}}$，其中 $i_{减}$ 为减速器总传动比，i_1 为高速级传动比，i_2 为低速级传动比，i_1、i_2 均应在推荐的范围内。

取 $i_1=1.3i_2$，$i_1=\sqrt{1.3i_{减}}$，则

高速级齿轮传动传动比：$i_1=\sqrt{1.3i_{减}}=\sqrt{1.3\times17.31}=4.74$，在 $i_{齿}=3\sim5$ 范围内。

低速级齿轮传动传动比：$i_2=i_{减}/i_1=17.31/4.74=3.65$，在 $i_{齿}=3\sim5$ 范围内。

3. 计算传动装置的运动和动力参数

（1）各轴的转速

$$n_0=n_m=1460\text{r/min}$$

$$n_{\text{I}}=\frac{n_0}{i_{带}}=\frac{1460}{2}\text{r/min}=730\text{r/min}$$

$$n_{\text{II}}=\frac{n_{\text{I}}}{i_1}=\frac{730}{4.74}\text{r/min}=154.01\text{r/min}$$

$$n_{\text{III}}=\frac{n_{\text{II}}}{i_2}=\frac{154.01}{3.65}\text{r/min}=42.19\text{r/min}$$

$$n_w=n_{\text{III}}=42.19\text{r/min}$$

（2）各轴的输入功率

$$P_0=P_r=12.74\text{kW}$$

$$P_{\text{I}}=P_0\eta_{01}=12.74\times0.95\text{kW}=12.10\text{kW}$$

$$P_{\text{II}}=P_{\text{I}}\eta_{承}\eta_{齿}=12.1\times0.99\times0.97\text{kW}=11.62\text{kW}$$

$$P_{\text{III}}=P_{\text{II}}\eta_{承}\eta_{齿}=11.62\times0.99\times0.97\text{kW}=11.16\text{kW}$$

$$P_w=P_{\text{III}}\eta_{承}\eta_{联}=11.16\times0.99\times0.99\text{kW}=10.94\text{kW}$$

（3）各轴的输入转矩

$$T_0=9.55\times10^6\frac{P_0}{n_0}=9.55\times10^6\times\frac{12.74}{1460}\text{N}\cdot\text{mm}=83334\text{N}\cdot\text{mm}$$

$$T_{\text{I}}=9.55\times10^6\frac{P_{\text{I}}}{n_{\text{I}}}=9.55\times10^6\times\frac{12.10}{730}\text{N}\cdot\text{mm}=158295\text{N}\cdot\text{mm}$$

$$T_{\text{II}}=9.55\times10^6\frac{P_{\text{II}}}{n_{\text{II}}}=9.55\times10^6\times\frac{11.62}{154.01}\text{N}\cdot\text{mm}=720544\text{N}\cdot\text{mm}$$

$$T_{\text{III}}=9.55\times10^6\times\frac{P_{\text{III}}}{n_{\text{III}}}=9.55\times10^6\times\frac{11.16}{42.19}\text{N}\cdot\text{mm}=2526144\text{N}\cdot\text{mm}$$

$$T_w=9.55\times10^6\frac{P_w}{n_w}=9.55\times10^6\times\frac{10.94}{42.19}\text{N}\cdot\text{mm}=2476345\text{N}\cdot\text{mm}$$

将以上计算结果汇总列于表2.4，以便查用。

表2.4　例题2.1各轴运动和动力参数表

参数 \ 轴名	0轴（电动机轴）	Ⅰ轴	Ⅱ轴	Ⅲ轴	w轴（滚筒轴）
转速 n/(r/min)	1460	730	154.01	42.19	42.19
功率 P/kW	12.74	12.10	11.62	11.16	10.94
转矩 T/N·mm	83334	158295	720544	2526144	2476345

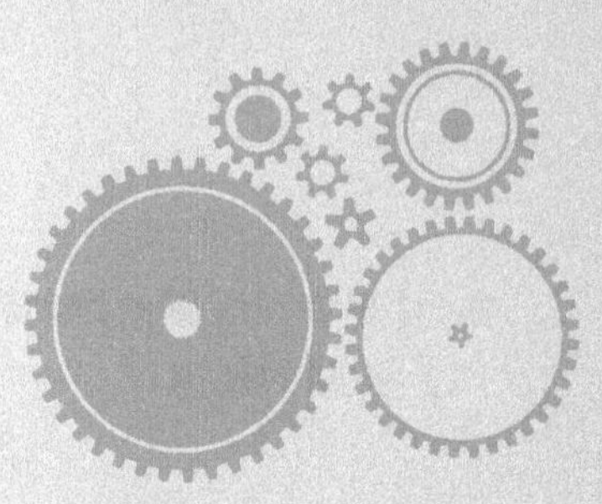

第3章 传动零件设计计算

传动零件的设计计算，包括确定传动零件的材料、热处理方法、参数、尺寸和主要结构。这些工作为装配草图的设计做好了准备。

由传动装置运动和动力参数计算得出的数据及设计任务书给定的工作条件，即为传动零件设计计算的原始数据。为了使设计减速器时的原始条件比较准确，通常应先设计减速器外的传动零件，然后再设计减速器内的传动零件。各类传动零件的设计方法可参考《机械设计》主教材，这里不再重复。下面仅就传动零件设计计算的要求和应注意的问题做简要说明。

3.1 减速器外传动零件的设计计算

减速器外传动零件包括 V 带、滚子链、开式齿轮以及标准联轴器等。

1. V 带传动

设计 V 带传动需要确定的主要内容有：V 带的型号、根数、长度、中心距，带轮的材料、基准直径和结构尺寸，初拉力和压轴力的大小和方向等。

设计带传动时，应注意检查带轮尺寸与传动装置外廓尺寸的相互关系，例如小带轮外圆半径是否大于电动机中心高，大带轮外圆半径是否过大造成带轮与机器底座相干涉等。要注意带轮轴孔尺寸与电动机轴或减速器输入轴尺寸是否相适应。如图 3.1 所示带轮的 D_e 和 B 都过大。

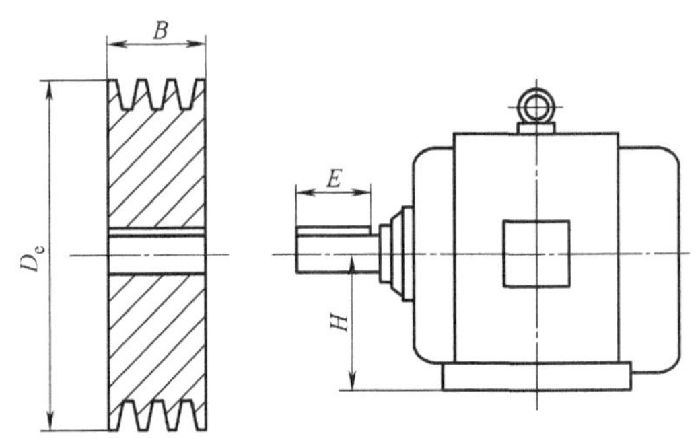

图 3.1 带轮尺寸与电动机尺寸不协调

带轮直径确定后，应验算带传动实际传动比和大带轮转速，如有不合适应以此修正减速器传动比和输入转矩。

2. 滚子链传动

设计滚子链传动需要确定的主要内容有：链的型号、排数和链节数，中心距，链轮直径、齿数、轮毂宽度，以及链传动压轴力的大小和方向等。

为避免使用过渡链节，链节数通常应取偶数。为使链条和链轮磨损均匀，链轮齿数可选为奇数，最好选质数或不能整除链节数的数。

链轮外廓尺寸及轴孔尺寸应与传动装置中其他部件相适应。当采用单排链使传动尺寸过

大时，应改用双排链或多排链，以减小链节距从而减小链传动的尺寸和动载荷。

链轮齿数确定后，应根据链轮齿数计算链传动的实际传动比和从动轮的转速。

3. 开式齿轮传动

设计开式齿轮传动的主要内容有：选择齿轮材料及热处理方式，确定齿轮的齿数、模数、分度圆直径、中心距和齿宽以及其他结构尺寸等。

开式齿轮传动一般布置在低速级，常选用直齿轮。因灰尘大，润滑条件差，磨损失效较严重，一般只需计算轮齿的弯曲强度。选用材料时，要注意耐磨性能和大小齿轮材料的配对。由于支承刚度较小，齿宽系数应取小些。应注意检查大齿轮的尺寸与材料及毛坯制造方法是否相适应，例如齿轮直径超过500mm时，一般应采用铸造毛坯，材料应是铸铁或铸钢。还应检查齿轮尺寸与传动装置总体尺寸及工作机尺寸是否相适应，有没有与其他零件相干涉等。

4. 联轴器

联轴器的型号按计算转矩、轴的转速和轴径大小来确定。要求所选联轴器的许用转矩大于计算转矩，允许的最高转速大于被连接轴的工作转速，并且该型号的最大和最小轮毂孔径应满足所连接两轴径的尺寸要求。例如，减速器高速轴输入端通过联轴器与电动机相连，则输入端轴径与电动机轴径相差不能太大，否则，将难以选择合适的联轴器。

联轴器类型和型号的具体选择参见第15章。

3.2 减速器内传动零件的设计计算

减速器内传动零件包括圆柱齿轮、锥齿轮和蜗杆、蜗轮等。它们的设计工作应在减速器外传动零件设计完成之后，按修正后的参数进行，具体的设计计算方法和步骤及其结构尺寸的确定可参考《机械设计》教材中的有关内容。

1. 圆柱齿轮传动设计

圆柱齿轮传动设计计算方法及结构设计均可依据教材所述，此外还应注意以下几点：

（1）齿轮材料的选择　所选齿轮材料应考虑与毛坯制造方法协调，并检查是否与齿轮尺寸大小相适应。例如，齿轮直径较大时，多用铸造毛坯，应选铸钢、铸铁材料。小齿轮分度圆直径 d 与轴的直径 d_s 相差很小（$d<1.8d_s$）时，可将齿轮与轴做成一体，称为齿轮轴，因此所选材料应兼顾轴的要求。同一减速器中各级传动的小齿轮（或大齿轮）的材料，没有特殊情况应选用相同牌号，以减少材料品种和工艺要求。

（2）齿面硬度的选择　锻钢齿轮分软齿面（硬度≤350HBW）和硬齿面（硬度>350HBW）两种，应按工作条件和尺寸要求来选择齿面硬度。大小齿轮的齿面硬度差一般为：

软齿面齿轮　　$\mathrm{HBW}_{小齿轮}-\mathrm{HBW}_{大齿轮}\approx 30\sim50$

硬齿面齿轮　　$\mathrm{HRC}_{小齿轮}\approx \mathrm{HRC}_{大齿轮}$

（3）齿轮传动参数的选择与几何尺寸的圆整　齿轮传动的尺寸与参数的取值，有些应取标准值，有些则应圆整，有些则必须求出精确数值。例如，模数应取标准值；齿宽和其他结构尺寸应尽量圆整，为便于制造、安装及测量。而啮合几何尺寸（分度圆、齿顶圆、齿根圆、螺旋角等）则必须求出精确值，其尺寸应精确到微米，角度应精确到秒（″）；直齿锥齿轮的节锥距 R 不要求圆整，按模数和齿数精确计算到微米，节锥角 δ 应精确到秒（″）。

（4）正确配凑中心距 a　由强度条件求得中心距 a 后，即可进一步确定齿轮的齿数 z_1、z_2、模数 m（或 m_n）及螺旋角 β 等。齿轮传动中心距 a 与上述参数有一定的关系，设计时各参数间还应满足一定的设计要求，一般应满足的条件有：

1）中心距的个位数最好为“0”或“5”。且 a 的最后计算值精确到小数点后 2 位，因为中心距一般标有公差，其公差多为小数点后 2~4 位，例如 $a=140.00\pm0.0315$mm，所以中心距 a 的计算值要精确到小数点后 2 位，为此，相关分度圆的取值也应精确到小数点后 2 位或 3 位，否则公差标注失去意义，特别是四舍五入取整数位尤为不可。

2）模数 m（或 m_n）必须符合标准。

3）对于传递动力的齿轮，应使 m（或 m_n）$\geqslant 1.5\sim2$mm。

4）螺旋角最好为 $8°<\beta<15°$，也可为 $7°<\beta<20°$。

5）小齿轮齿数建议取 $20<z_1<40$。

6）传动比误差 $\Delta i=\left|\dfrac{i-i'}{i}\right|\leqslant 1\%\sim2\%$，式中 i 为理论传动比，i' 为实际传动比。

为同时满足上述条件，常需要进行多次的试凑计算，才能得到满意的结果，此即所谓的试算法配凑中心距。

例如，强度计算 $a=144.78$mm，取中心距 $a=145$mm 进行配凑。由于试算配凑过程比较复杂，现只将诸如正确、较好、不宜、错误等较为典型的算例直接列于表 3.1 中，以示对比分析。

表 3.1　配凑中心距算例对比分析

已知：传动比 $i=4.2$，中心距 $a=140.00\pm0.0315$mm										
方案	z_1	z_2	Δi	m_n /mm	β	d_1 /mm	d_2 /mm	a /mm	结论	分析
1	22	92	0.48	2.5	10°39′18″	55.96	234.04	145.00	首选	正确
2	22	92	$\Delta i=0.48$ 取 $\Delta i=0$	2.5	9°31′38″	55.77	233.22	144.50	错误	i 不应按理论值 4.2 计算，因 $\Delta i\neq0$
3	26	109	0.02	2	21°24′13″	55.85	234.15	145.00	次选	β 稍大，可用
4	26	109	0.02	2	21°24′13″	55.9	234.2	145.05	错误	d_1、d_2 精度不够
5	22	93	0.065	2.5	7°31′43″	55.48	234.52	145.00	次选	β 值稍小
6	25	105	0	2	26°17′30″	55.77	234.33	145.00	不宜	β 值太大
7	27	114	0.05	2	$\beta_{计}=13.489°$ 取 $\beta=14°$	55.65	234.98	145.32	错误	β 不应近似计算，误差太大

2. 直齿锥齿轮传动设计

直齿锥齿轮传动设计应注意以下问题：

1）直齿锥齿轮的锥距 R、分度圆直径 d（大端）等几何尺寸，应按大端模数和齿数精确计算至小数点后 3 位数值，不能圆整。

2）两锥齿轮传动的轴相交角度为 90°时，分锥角 δ_1 和 δ_2 可以由齿数比 $u=z_2/z_1$ 算出，

其中小锥齿轮齿数 z_1 可取 17~25。u 值的计算应足够精确，δ 值的计算应精确到秒（″）。

3）大、小锥齿轮的齿宽应相等，按齿宽系数计算式 $b=R\varphi_R$ 得出的齿宽 b 的数值应圆整。

3. 蜗杆传动设计

蜗杆传动设计需要注意以下问题：

1）蜗杆传动中的模数 m 和蜗杆分度圆直径 d_1 要取标准值，中心距 a 的个位数最好为“0”或“5”的整数。为保证几何关系，常需要对蜗杆传动进行变位，在变位蜗杆传动中，蜗轮的几何尺寸将产生变位修正，而蜗杆几何尺寸不变。

2）蜗杆传动副材料的选择和滑动速度有关，一般是在估计滑动速度的基础上选择材料，待参数计算确定后再演算滑动速度。

3）蜗杆上置或下置取决于蜗杆分度圆的圆周速度 v_1，当 $v_1 \leqslant 4\text{m/s}$ 时，一般将蜗杆下置；当 $v_1 > 4\text{m/s}$ 时，为了减少蜗杆的搅油损耗，应将蜗杆上置。

4）为了便于加工，蜗杆和蜗轮的螺旋线方向尽量取为右旋。

5）蜗杆的强度、刚度验算以及蜗杆传动的热平衡计算，在装配图设计确定了蜗杆支点距离和箱体轮廓尺寸后进行。

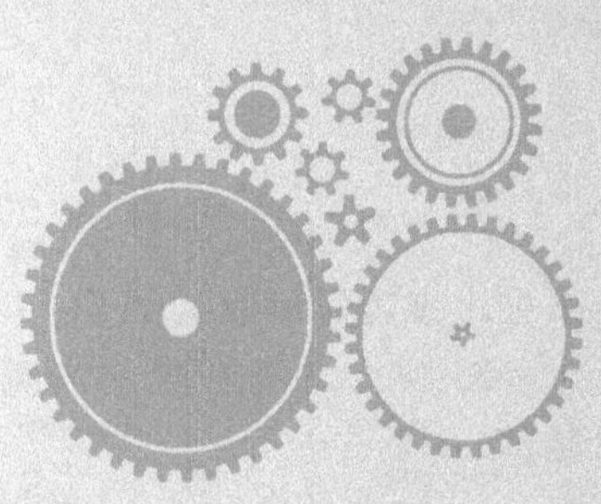

第4章 减速器的结构

减速器主要由轴系部件、箱体及附件等组成。如图 4.1 所示为二级圆柱齿轮减速器的主视图和俯视图，现结合该图简要介绍一下减速器的结构。

4.1 轴系部件

减速器轴系部件包括传动零件、轴和轴承组合。

1. 传动零件

减速器轴系的传动零件有圆柱齿轮、锥齿轮、蜗杆、蜗轮等。通常根据减速器内传动零件的种类来命名减速器的名称。

如图 4.1 所示中、小齿轮与轴制成一体，即采用齿轮与轴一体的齿轮轴结构。这种结构用于齿轮直径和轴的直径相差不大的情况。大齿轮为腹板式装配在轴上，利用平键做周向固定。

2. 轴

减速器的轴用于支承传动零件并传递运动和动力，一般采用阶梯轴（图 4.1），便于轴上零件的安装和定位，传动零件与轴多用平键连接，轴上零件利用轴肩、轴套（或挡油盘）和轴承盖作轴向固定。

3. 轴承组合

轴承组合包括轴承、轴承盖、密封装置以及调整垫片等。

轴承是轴的支承部件。减速器多采用滚动轴承，轴承采用润滑脂润滑时，为防止箱体中的油进入轴承 ，在轴承和齿轮之间，位于轴承座孔的箱体内壁处设挡油盘（图 4.1）。为防止在轴外伸段与轴承透盖接合处箱内润滑剂漏失以及外界灰尘、异物进入箱内，在轴承透盖中装有密封元件。

4.2 箱体

箱体是减速器的重要组成部件。它是传动零件的基座，应具有足够的强度和刚度。箱体通常用灰铸铁铸造，对于受冲击载荷的重型减速器也可采用铸钢箱体。单件生产的减速器，为了简化工艺、降低成本，可采用钢板焊接箱体。

如图 4.1 所示箱体是由灰铸铁铸造的。为了便于轴系部件的安装和拆卸，箱体制成沿轴

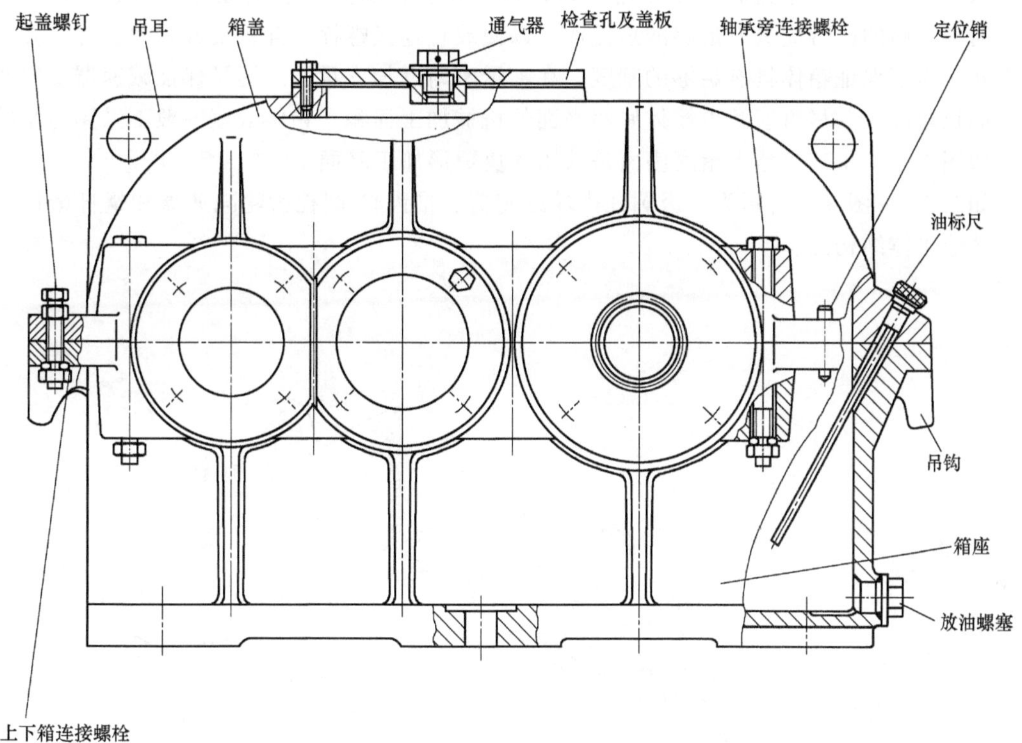

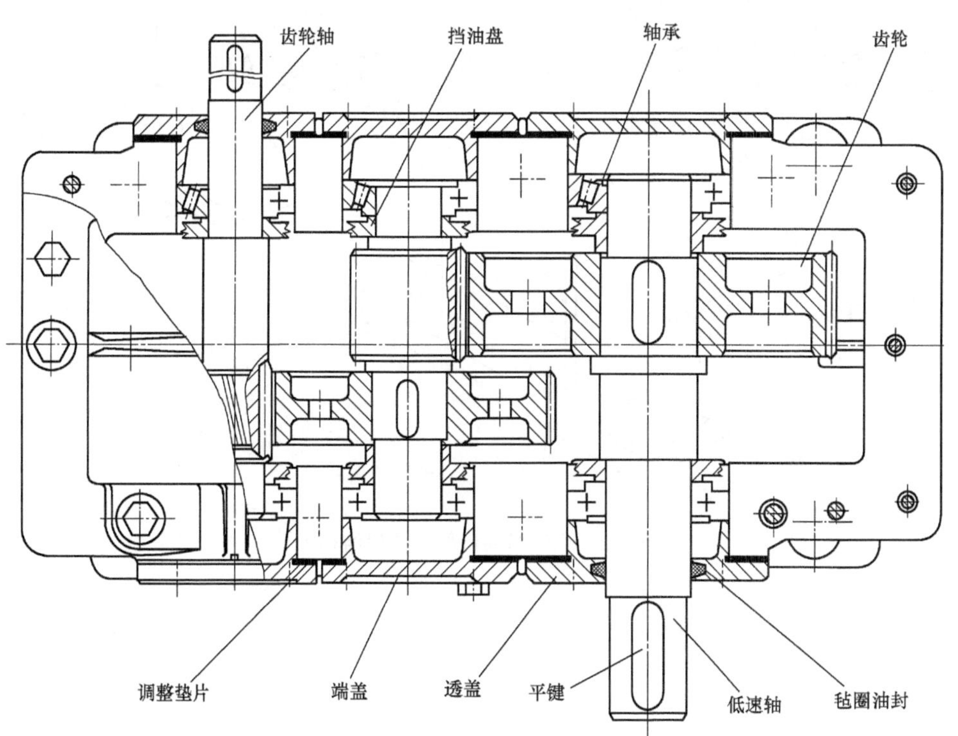

图 4.1 二级圆柱齿轮减速器的主视图和俯视图

心线水平剖分式。上箱盖和下箱座用普通螺栓连接。轴承旁的连接螺栓应尽量靠近轴承座孔，而轴承座的凸台应具有足够的承托面，以便放置连接螺栓，并保证旋紧螺栓时需要的扳手空间。为了保证箱体具有足够的刚度，在轴承座附近加支承肋。为了保证减速器安置在基座上的稳定性，并尽可能减少箱体底座平面的机械加工面积，箱体底座一般不采用完整的平面。如图 4.1 所示减速器下箱底座面是采用 3 块矩形加工基面。

如图 4.2～图 4.4 所示为二级圆柱齿轮减速器、锥齿轮-圆柱齿轮减速器和蜗杆减速器常见的铸造箱体结构图。

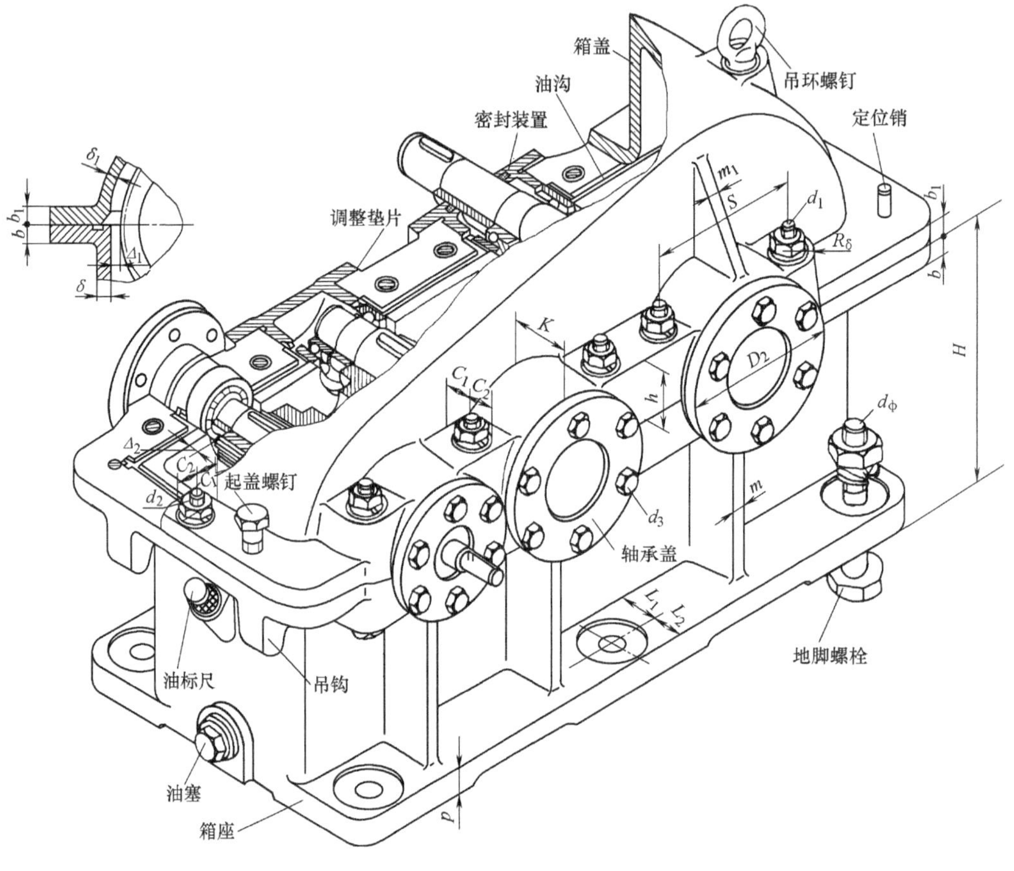

图 4.2　二级圆柱齿轮减速器结构图

二级圆柱齿轮减速器

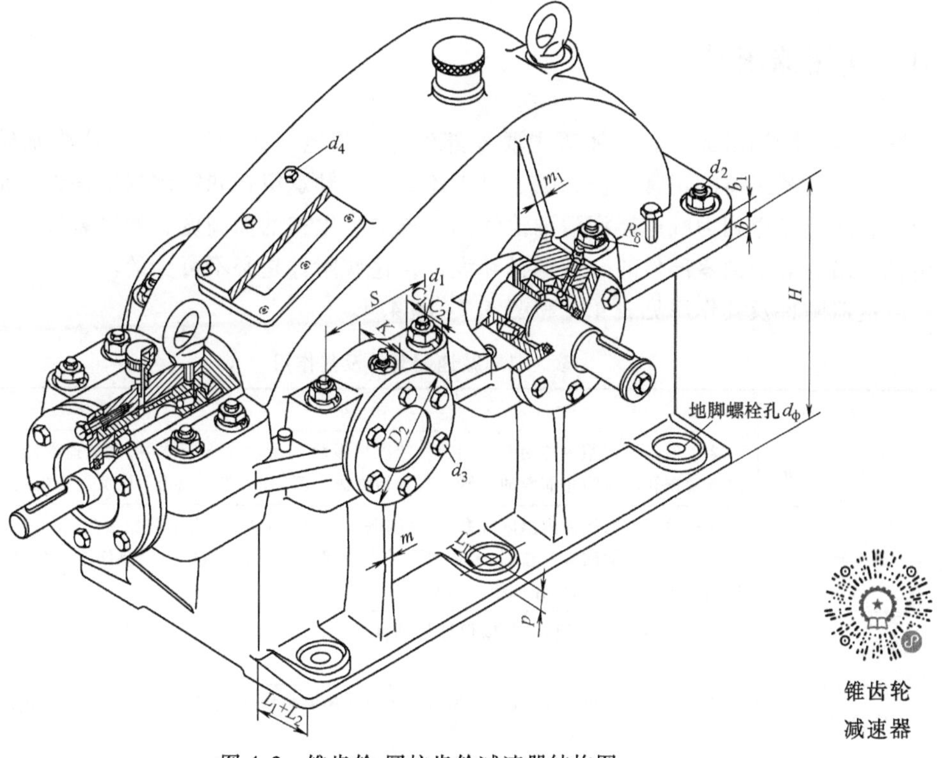

图 4.3 锥齿轮-圆柱齿轮减速器结构图

锥齿轮
减速器

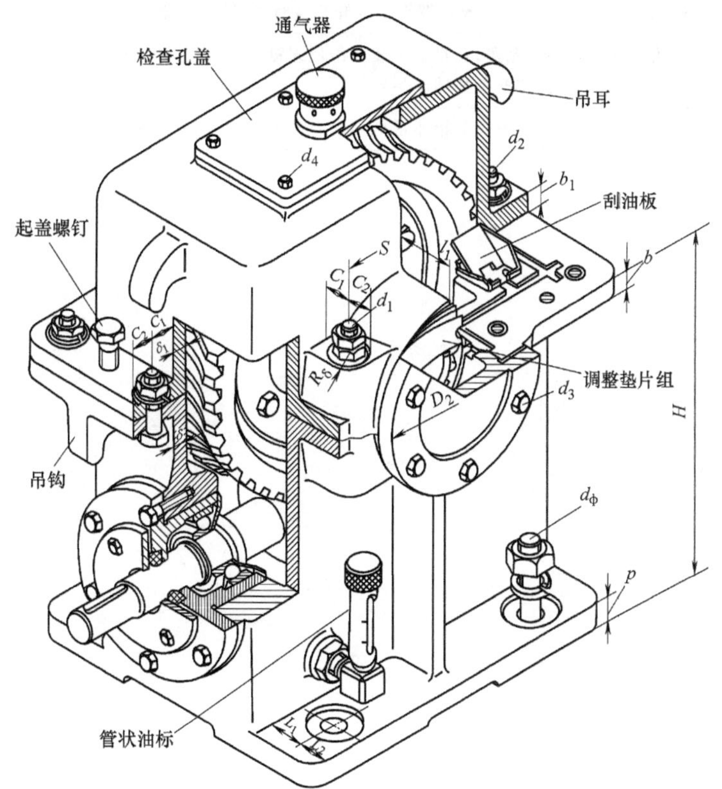

图 4.4 蜗杆减速器结构图

蜗杆减
速器

4.3 减速器附件

减速器中除轴系部件和箱体等主要零部件外，其他一些辅助零部件或附加结构称为附件。为了保证减速器的正常工作，除了对齿轮、轴、轴承组合和箱体的结构设计应给予足够重视外，还应考虑到为减速器润滑油池注油、排油、检查油面高度、检修装拆时上下箱的精确定位、吊运等辅助零部件的合理选择和设计，这些附件是必不可少的。

减速器附件及其作用见表 4.1 和图 4.2~图 4.4。

表 4.1　减速器附件及其作用

名称	功　　用
窥视孔和窥视孔盖	为了便于检查箱内传动零件的啮合情况以及将润滑油注入箱体内,在减速器箱体的箱盖顶部设有窥视孔。为防止润滑油飞溅出来和污物进入箱体内,在窥视孔上应加设窥视孔盖
通气器	减速器工作时箱体内温度升高,气体膨胀,箱内气压增大。为了避免由此引起密封部位的密封性下降造成润滑油向外渗漏,多在视孔盖上设置通气器,使箱体内的热膨胀气体能自由逸出,保持箱内压力正常,从而保证箱体的密封性
油面指示器	用于检查箱内油面高度,以保证传动件的润滑。一般设置在箱体上便于观察、油面较稳定的部位
定位销	为了保证每次拆装箱盖时,仍保持轴承座孔的安装精度,需在箱盖与箱座的连接凸缘上配装两个定位销
起盖螺钉	为了保证减速器的密封性,常在箱体剖分接合面上涂有水玻璃或密封胶,为便于拆卸箱盖,在箱盖凸缘上设置 1~2 个起盖螺钉。拆卸箱盖时,拧动起盖螺钉,便可顶起箱盖
起吊装置	为了搬运和装卸箱盖,在箱盖上装有吊环螺钉,或铸出吊耳或吊钩。为了搬运箱座或整个减速器,在箱座两端连接凸缘处铸出吊钩
放油孔和放油螺塞	为了排出油污,在减速器箱座最低部设有放油孔,并用放油螺塞和密封垫圈将其堵住

第5章 减速器装配草图设计

减速器装配图表达了减速器的设计构思、工作原理和装配关系，也表达出各零部件间的相互位置、尺寸及结构形状，它是绘制零件工作图、部件组装、调试及维护等的技术依据。设计减速器装配工作图时要综合考虑工作要求、材料、强度、刚度、磨损、加工、装拆、调整、润滑和维护以及经济性等诸因素，并要用足够的视图表达清楚。

由于设计装配工作图所涉及的内容较多，既包括结构设计，又有校验计算，因此设计过程较为复杂，常常是边计算、边绘图、边修改，所谓“三边”的设计过程。绘制草图时，必须用绘图仪器，按一定比例和指定的设计步骤绘制，不得用目测、徒手等不正确的方法绘制。

5.1 初绘减速器装配草图

5.1.1 初绘装配草图的准备工作

在绘制减速器草图之前，学生应认真读懂一张典型的减速器装配图样，观看有关减速器的录像，参观并装拆实际减速器，以便深入了解减速器各零部件的功用、结构和相互关系，做到对设计内容心中有数。除此之外，还有以下具体准备工作：

1. 确定出齿轮传动的主要尺寸

绘制草图前必须计算出齿轮传动的中心距、分度圆和齿顶圆的直径，齿轮宽度、轮毂长度等。

2. 选定电动机

按已选定的电动机型号查出其安装尺寸，如电动机轴伸直径 D 和轴伸长度 E 以及中心高度 H 等。

3. 选定联轴器的类型

联轴器的类型应根据它在本传动系统中所要完成的工作特点和功能来选择。

4. 初选轴承类型

根据轴承所受载荷的大小、性质、转速及工作要求，初选轴承类型。首先应考虑能否采用结构最简单，价格最便宜的深沟球轴承。当支座上有径向力和较大的轴向力时或者需要调整传动件（锥齿轮、蜗轮等）的轴向位置时，应选择角接触球轴承或圆锥滚子轴承。

5. 初步确定滚动轴承的润滑方式

当浸浴在油池中的传动零件的圆周速度 $2\text{m/s}<v\leqslant 3\text{m/s}$ 时，可采用齿轮转动时飞溅出来

的润滑油来润滑轴承（简称油润滑）；当 $v\leqslant 2\text{m/s}$ 时，可采用润滑脂润滑轴承（简称脂润滑）。然后可根据轴承的润滑方式和工作环境条件（清洁或多尘）选定轴承的密封形式。

6. 确定减速器箱体的结构方案

由于箱体的结构形状比较复杂，对箱体的强度和刚度进行计算极为困难，故箱体的各部分尺寸多借助于经验公式来确定。按经验公式计算出尺寸后应将其圆整，有些尺寸应根据结构要求适当修改。

如图 4.2～图 4.4 所示为目前常见的铸造箱体结构图，其各部分尺寸按表 5.1 所列公式确定。

表 5.1 减速器铸造箱体结构尺寸 （单位：mm）

名称	代号	荐用尺寸关系				
下箱座壁厚	δ	二级圆柱齿轮减速器		蜗杆减速器		
		$\delta=0.025a$[①]$+3\geqslant 8$		$\delta=0.04a+3\geqslant 8$		
上箱座壁厚	δ_1	$\delta_1=0.9\delta\geqslant 8$		蜗杆在下：$\delta_1=0.85\delta\geqslant 8$ 蜗杆在上：$\delta_1=\delta\geqslant 8$		
下箱座剖分面处凸缘厚度	b	$b=1.5\delta$				
上箱座剖分面处凸缘厚度	b_1	$b_1=1.5\delta_1$				
机座底凸缘厚度	p	$p=2.5\delta$				
箱座上的肋厚	m	$m>0.85\delta$				
箱盖上的肋厚	m_1	$m_1>0.85\delta_1$				
		二级圆柱齿轮减速器 a_1+a_2 锥齿轮-圆柱齿轮减速器 $R+a$		≤300	≤400	≤600
		蜗杆减速器 a 一级圆柱齿轮减速器 a		≤200	≤250	≤350
地脚螺栓直径	d_ϕ	d_ϕ		M16	M20	M24
地脚螺栓通孔直径	d'_ϕ	d'_ϕ		20	25	30
地脚螺栓沉头座直径	D_0	D_0		45	48	60
地脚凸缘尺寸（扳手空间）	L_1	L_1		27	32	38
	L_2	L_2		25	30	35
地脚螺栓数目	n	n	二级齿轮减速器	$a\leqslant 250,n=4;250<a\leqslant 500,n=6;a>500,n=8$		
			蜗杆减速器	4		
		二级圆柱齿轮减速器 a_1+a_2 锥齿轮-圆柱齿轮减速器 $R+a$		≤300	≤400	≤600
		蜗杆减速器 a 一级圆柱齿轮减速器 a		≤200	≤250	≤350
轴承旁连接螺栓（螺钉）直径	d_1	d_1		M12	M16	M20
轴承旁连接螺栓通孔直径	d'_1	d'_1		13.5	17.5	22
轴承旁连接螺栓沉头座直径	D_0	D_0		26	32	40
剖分面凸缘尺寸（扳手空间）	C_1	C_1		20	24	28
	C_2	C_2		16	20	24

（续）

名称	代号	荐用尺寸关系			
		二级圆柱齿轮减速器 a_1+a_2 锥齿轮-圆柱齿轮减速器 $R+a$	≤300	≤400	≤600
		蜗杆减速器 a 一级圆柱齿轮减速器 a	≤200	≤250	≤350
上下箱连接螺栓(螺钉)直径	d_2	d_2	M10	M12	M16
上下箱连接螺栓通孔直径	d_2'	d_2'	11	13.5	17.5
上下箱连接螺栓沉头座直径	D_0	D_0	24	26	32
箱缘尺寸(扳手空间)	C_1''	C_1'	18	20	24
	C_2''	C_2'	14	16	20
轴承盖螺钉直径	d_3	查轴承盖荐用值(见表19.1)			
检查孔盖连接螺栓直径	d_4	查检查孔盖荐用值(见表19.11)			
圆锥定位销直径	d_5	$d_5 \approx 0.8\ d_2$			
减速器中心高	H	$H \approx (1 \sim 1.12)a$①			
轴承旁凸台高度	h	根据低速轴轴承座外径 D_2 和 Md_1 及扳手空间 C_1 的要求,由结构确定			
轴承旁凸台半径	R_8	$R_8 \approx C_2$			
轴承端盖(即轴承座)外径	D_2	D_2 = 轴承孔直径 $D + (5 \sim 5.5)d_3$			
轴承旁连接螺栓距离	S	以螺栓 Md_1 和螺钉 Md_3 互不干涉为准尽量靠近,一般取 $S \approx D_2$			
箱体外壁至轴承座端面的距离	K	$K = C_1 + C_2 + (5 \sim 8)$ mm			
轴承座孔长度(即箱体内壁至轴承座端面的距离)		$K+\delta$			
大齿轮齿顶圆与箱体内壁间距离	Δ_1	$\Delta_1 \geqslant 1.2\delta$			
齿轮端面与箱体内壁间的距离	Δ_2	$\Delta_2 \geqslant \delta$			

① 多级传动时，取低速级中心距的值。

5.1.2 初绘装配草图的步骤

现以一级圆柱齿轮减速器装配草图（图 5.1）和二级圆柱齿轮减速器装配草图（图 5.2）为例，说明初绘减速器装配草图的大致步骤。

1. 选择比例、合理布置图面及绘制齿轮中心线

装配图应用 A0 或 A1 号图纸绘制，应尽量采用 1∶1 或 1∶2 的比例尺绘图，所有这些都应符合机械制图的国家标准。

在绘制开始时，可根据减速器内传动零件的特性尺寸（如齿轮传动的中心距 a），估计减速器的轮廓尺寸，并考虑标题栏、零件明细栏、零件序号、尺寸的标注及技术要求等所需空间，做好图面的合理布局。减速器装配图一般多用三个视图（必要时另加剖视图或局部视图）来表达。布置好图面后，将各齿轮（即轴）的中心线画出。

2. 绘制传动零件位置及轮廓线

在俯视图上画出齿轮的轮廓尺寸，如齿顶圆和齿宽等，为保证全齿宽啮合并降低安装要

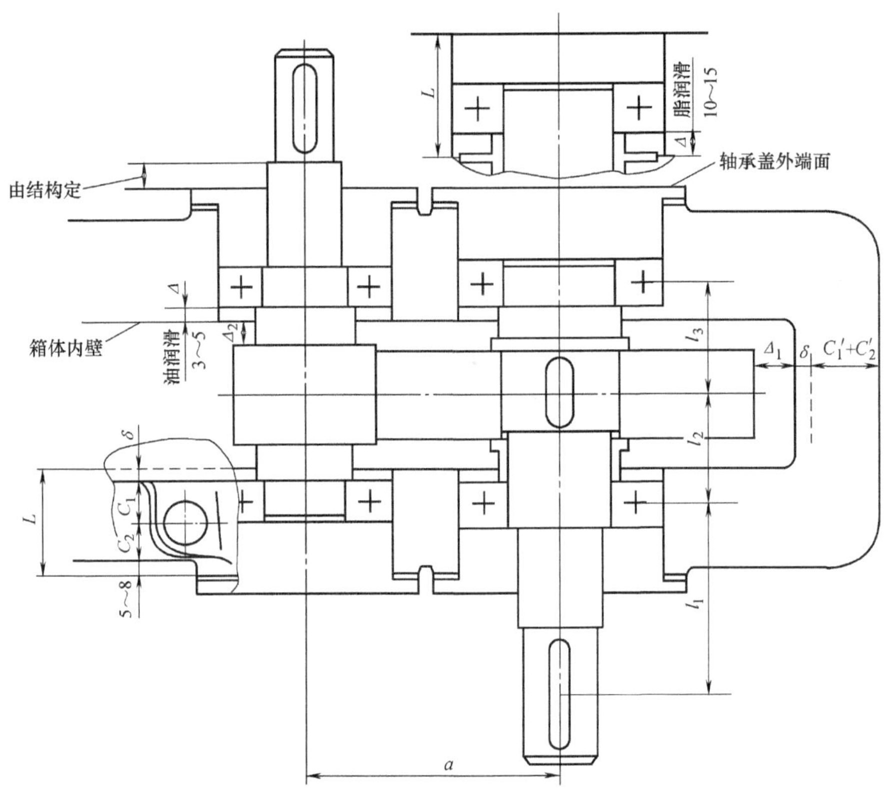

图 5.1　一级圆柱齿轮减速器装配草图

求，通常取小齿轮比大齿轮宽 5~10mm。

当设计二级齿轮传动时，必须保证传动件之间有足够大的距离 Δ_3，一般可取 $\Delta_3=8\sim15$mm。

3. 画出箱体内壁线

在俯视图上，先按小齿轮端面与箱壁间的距离 $\Delta_2 \geqslant \delta$ 的关系，画出沿箱体长度方向的两条内壁线，再按 $\Delta_1 \geqslant 1.2\delta$ 的关系，画出沿箱体宽度方向低速级大齿轮一侧的内壁线，而图的左侧，沿箱体宽度方向高速级小齿轮一侧的内壁线在初绘草图阶段暂不画出，留待完成草图阶段在主视图上用作图法确定。

4. 轴的结构设计

（1）初估轴的直径

1）初步确定高速轴外伸段直径，若高速轴外伸段上安装带轮，其轴径可按下式求得

$$d \geqslant C\sqrt[3]{\frac{P}{n}} \tag{5.1}$$

式中，d 为轴径（mm）；C 为与轴材料有关的系数，通常取 $C=110\sim160$，当材料好，轴伸处弯矩较小时取小值，反之取大值；P 为轴传递的功率（kW）；n 为轴的转速（r/min）。

当轴上有键槽时，应适当增大轴径：单键增大 3%~5%，双键增大 7%~10%，并圆整成标准直径。

2）低速轴外伸段轴径按式（5.1）确定，并按上述方法取标准直径加以圆整。若在该

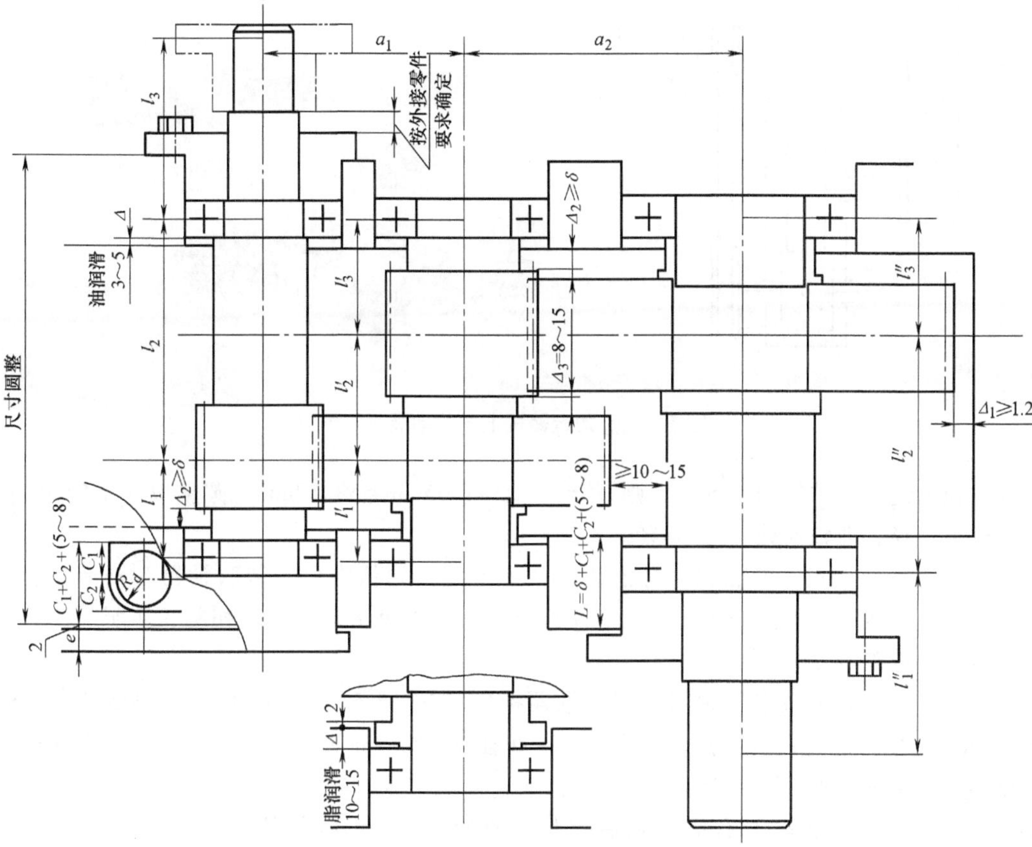

图 5.2　二级圆柱齿轮减速器装配草图

外伸段上安装链轮，则这样确定的直径即为链轮轴孔直径；若在该外伸段上安装联轴器，此时就要根据计算转矩及初定的直径选出合适的联轴器型号。

3）中间轴轴径按式（5.1）确定，并以此直径为基础进行结构设计。一般情况下，中间轴轴承内径不应小于高速轴轴承内径。

（2）轴外形尺寸的设计　轴外形尺寸的设计是在上述初定轴直径的基础上进行的。轴的外形尺寸主要取决于轴上装配的零件、轴承布置和轴承密封种类等，一般做成阶梯轴。为便于轴上零件的装拆及轴向定位，一般根据具体情况两相邻轴段直径的变化差约为 3~8mm 即可。当轴上装有滚动轴承、密封毡圈等标准件时，轴径应取相应的标准值。

例 5.1　如图 5.3 所示，减速器输出轴（Ⅱ轴）传递的功率 $P=10.35\text{kW}$，输出轴的转矩 $T=953158\text{N}\cdot\text{mm}$，转速 $n=103.7\text{r/min}$，作用在大齿轮上的圆周力 $F_t=4964\text{N}$，径向力 $F_r=1807\text{N}$；小齿轮宽度 $b_1=85\text{mm}$，大齿轮宽度 $b_2=80\text{mm}$；齿轮传动中心距 $a=240\text{mm}$。试设计此轴结构。

1. 轴的径向尺寸的确定

（1）初估轴的直径　由式（5.1），取 $C=110$，则

$$d_3 \geqslant C\sqrt[3]{\frac{P}{n}}=110\sqrt[3]{\frac{10.35}{103.7}}\text{mm}=51.02\text{mm}$$

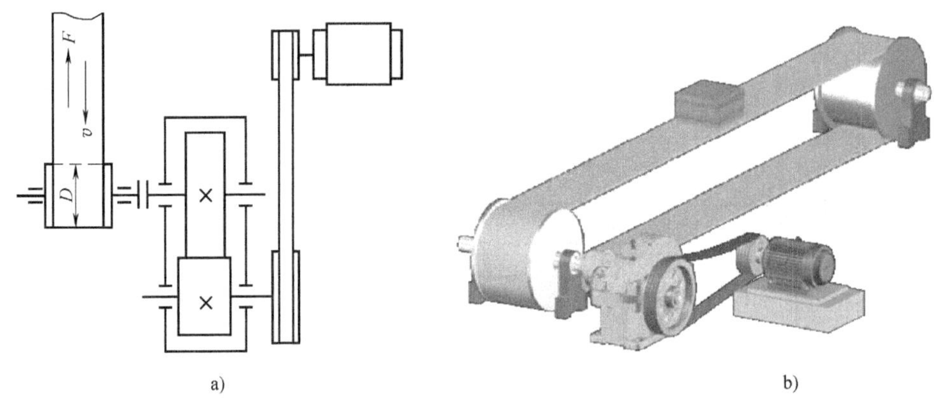

图 5.3 带式运输机上的传动装置

考虑轴上键槽，轴径增大 5 %，则 $d_1' = 51.02 \times 1.05\text{mm} = 53.58\text{mm}$，圆整取 $d_1 = 55\text{mm}$ 作为轴的最小直径，即轴伸处 d_1 的直径。

（2）轴各段径向尺寸的确定　考虑该轴从外伸端开始依次要安装联轴器、轴承盖、轴承、齿轮以及上述零件的固定等，共设有 7 段轴颈，轴的外形尺寸大致如图 5.4 所示，该轴各段径向尺寸的确定与分析如下。

$d_1 = 55\text{mm}$：此段轴安装联轴器，查联轴器标准（表 15.3），按转矩 $T = 953158\text{N} \cdot \text{mm}$，$d_1 = 55\text{mm}$，选取弹性柱销联轴器，型号：LX4 联轴器 $J_1 55 \times 84$ GB/T 5014—2017，半联轴器的孔径 $d_{联} = 55\text{mm}$，轴孔长为 84mm。

$d_2 = 60\text{mm}$：考虑联轴器右端用轴肩定位，应使 $d_2 > d_1$。两相邻轴段直径的变化差取 5mm。此轴段上装有轴承盖及油封，查油封标准（表 14.7）取 $d_2 = 60\text{mm}$。

$d_3 = 65\text{mm}$：此轴段上装有轴承，考虑装拆轴承方便，应使 $d_3 > d_2$。常用轴承内径为 5 的倍数，由减速器工作条件与要求初选深沟球轴承 6313（表 13.1），轴承内径 $d = 65\text{mm}$，即 $d_3 = d_7 = 65\text{mm}$，轴承外径 $D = 140\text{mm}$，轴承宽 $B = 33\text{mm}$。

$d_4 = 70\text{mm}$：考虑装拆齿轮方便，应使 $d_4 > d_3$。取标准直径（一般取末位值为 0 或 5 即可），两相邻轴段直径的变化差取 5mm。

$d_5 = 84\text{mm}$：齿轮右端需用轴环定位，应使 $d_5 > d_4$。一般取定位高度 $a = (0.07 \sim 0.1) d_4 = (0.07 \sim 0.1) \times 70\text{mm} = (4.9 \sim 7)\text{mm}$，取 $a = 7\text{mm}$，故 $d_5 = d_4 + 2a = (70 + 2 \times 7)\text{mm} = 84\text{mm}$。

$d_6 = 77\text{mm}$：考虑右端轴承用轴肩定位，应使 $d_6 > d_7$。考虑便于轴承拆卸，轴承轴肩处安装尺寸（表 13.1）$d_a = 77\text{mm}$。因此，$d_6 = d_a = 77\text{mm}$。

$d_7 = 65\text{mm}$：此轴段上装有轴承，左右轴承型号相同，所以 $d_7 = d_3 = 65\text{mm}$。

2. 轴的轴向尺寸的确定

轴上安装零件的各轴段长度，由该段轴上安装的零件宽度及其他结构要求来确定。当轴段上安装的零件（如齿轮、蜗轮、联轴器等）需要用套筒等零件轴向顶紧时，该段轴的长度应略小于轴上零件的轮毂宽度（2~4mm），以保证不至于由于加工误差而造成轴上零件固定不可靠。

如图 5.1 和图 5.4 所示，设计各轴段长度时需绘出有关轴系部件及箱缘结构，相关尺寸参数如图 5.1 和图 5.4 所示，并查表 5.1。本例各轴段长的确定与分析如下。

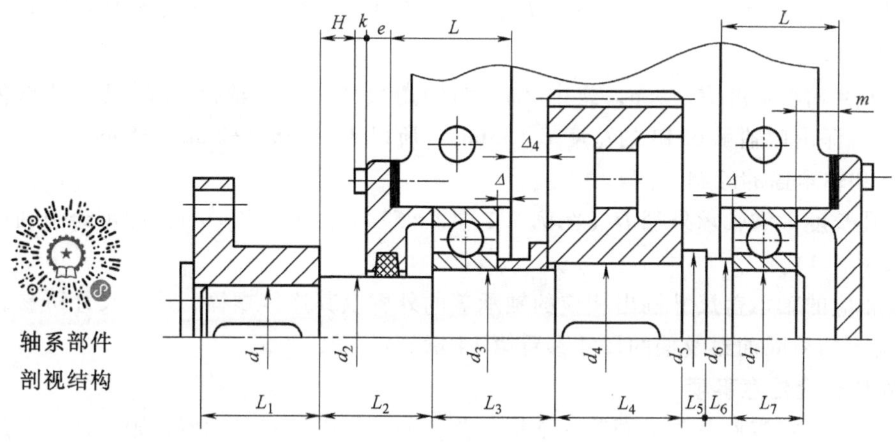

轴系部件
剖视结构

图 5.4　轴的结构设计

$L_1=80\text{mm}$：$L_1=$联轴器孔长-4mm，即 $84\text{mm}-4\text{mm}=80\text{mm}$。此轴段长比联轴器轴孔短 4mm 是为保证轴端联轴器与另一半联轴器连接可靠（如该处为轴端挡圈压紧带轮等也存在类似的问题，同样需要有长度差）。

$L_2=48\text{mm}$：$L_2=$轴承座孔长度 L+轴承盖厚 e+轴承盖螺钉头厚 k+间距 H−轴承宽 $B-\Delta$（图 5.4）。间距 H 一般取 10～20mm，H 为轴承盖螺钉头与联轴器或带轮等之间的距离（此段距离由外接零件与轴承端盖结构确定），本例取 $H=10\text{mm}$；Δ 为轴承端面与箱体内壁之间的距离，轴承为油润滑时 Δ 取 3～5mm，轴承为脂润滑时 Δ 取 10～15mm，本例取 $\Delta=5\text{mm}$。如图 5.1 所示，轴承座孔长度 $L=\delta+C_1+C_2+(5\sim8)$。$C_1$、$C_2$ 为轴承旁连接螺栓扳手操作空间（查表 5.1）；由于轴承座孔外端面需要进行切削加工，故应使座孔凸台向外凸出 5～8mm。由表 5.1，本例 $a=240\text{mm}$，轴承旁连接螺栓直径 $Md_1=\text{M16}$，$C_1=24\text{mm}$，$C_2=20\text{mm}$，壁厚 $\delta=0.025a+1=0.025\times240\text{mm}+1\text{mm}=7\text{mm}$，取 $\delta=8\text{mm}$，所以 $L=\delta+C_1+C_2+(5\sim8)=8\text{mm}+24\text{mm}+20\text{mm}+5\text{mm}=57\text{mm}$。又由表 19.1 查得轴承盖厚 $e=12\text{mm}$，轴承盖上的螺钉为 M10，由表 11.5 查得螺钉头厚 $k=6.4\text{mm}$，按 7mm 计算；由前述，轴承宽 $B=33\text{mm}$，则 $L_2=L+e+k+H-B-\Delta=57\text{mm}+12\text{mm}+7\text{mm}+10\text{mm}-33\text{mm}-5\text{mm}=48\text{mm}$。

$L_3=58\text{mm}$：$L_3=$轴承宽 B+轴套长 $L_{套}+4\text{mm}$（图 5.4），式中 4mm 是为使齿轮定位可靠。轴套长 $L_{套}=\Delta+\Delta_4$，其中 Δ_4 为箱体内壁与齿轮左端面的距离，在图 5.1 中绘制齿轮和箱体内壁过程中该距离已画出，可量取其值，因一般 $\Delta_4=12\sim20\text{mm}$，本例设 $\Delta_4=16\text{mm}$，则 $L_{套}=\Delta+\Delta_4=5\text{mm}+16\text{mm}=21\text{mm}$。前面已查出轴承宽 $B=33\text{mm}$，所以 $L_3=B+L_{套}+4=33\text{mm}+21\text{mm}+4\text{mm}=58\text{mm}$。

$L_4=76\text{mm}$：$L_4=$齿轮轮毂长-4mm，即 $80\text{mm}-4\text{mm}=76\text{mm}$。此轴段长比齿轮轴孔短 4mm 是为了保证轴套靠紧齿轮左端，使齿轮轴向固定，以保证不至于由于加工误差而造成轴上零件固定不可靠。

$L_5=10\text{mm}$：L_5 为轴环宽度，一般取两段轴径高度差 a 的 1.4 倍。此例 $a=(84\text{mm}-70\text{mm})/2=7\text{mm}$，所以 $L_5=1.4\times7\text{mm}=9.8\text{mm}$，圆整取 $L_5=10\text{mm}$。

$L_6=11\text{mm}$：L_6 的长度应能使齿轮在两轴承间居中（对称布置），这样有利于受力。由轴套长 $L_{套}=21\text{mm}$ 可见，齿轮左端面距离左轴承距离即为 21mm，则齿轮右端面与右轴承之间的距离也应为 21mm，而此段长即是 L_5+L_6，所以 $L_5+L_6=21\text{mm}$，则 $L_6=21\text{mm}-L_5=21\text{mm}-10\text{mm}=11\text{mm}$。

$L_7=35\text{mm}$：L_7=轴承宽度 B+2mm，式中 2mm 为倒角尺寸。设计轴径 d_3 时已由轴承标准（表 13.1）查得深沟球轴承 6313 的宽度 $B=33\text{mm}$，所以 $L_7=33\text{mm}+2\text{mm}=35\text{mm}$。

5. 轴承座孔和轴承盖的绘制

根据轴承座孔长度 L 和轴承外径 D（在例 5.1 中 $L=57\text{mm}$，$D=140\text{mm}$），即可绘制轴承座孔（图 5.1 和图 5.4）。

根据轴承及相应的轴承盖尺寸画出相应的轴承盖的外廓及其连接螺栓，具体尺寸可参看第 19 章。轴承盖上的毡圈油封及槽的尺寸参看第 14 章。

6. 确定轴外伸长度注意事项

轴的外伸长度与外接零件及轴承端盖的结构有关，如果轴端装有联轴器，则必须留有足够的装配尺寸，例如弹性圈柱销联轴器（图 5.5a）就要求有装配尺寸 A。采用不同的轴承端盖结构，将影响轴外伸的长度，当用凸缘式端盖（图 5.5b）时，轴外伸长度必须考虑拆卸端盖螺钉所需的足够长度 L，以便在不拆卸联轴器的情况下可以打开减速器机盖。如果外接零件的轮毂不影响螺钉的拆卸（图 5.5c）或采用嵌入式端盖，则 L 可取小些，满足相对运动表面间的距离要求即可。

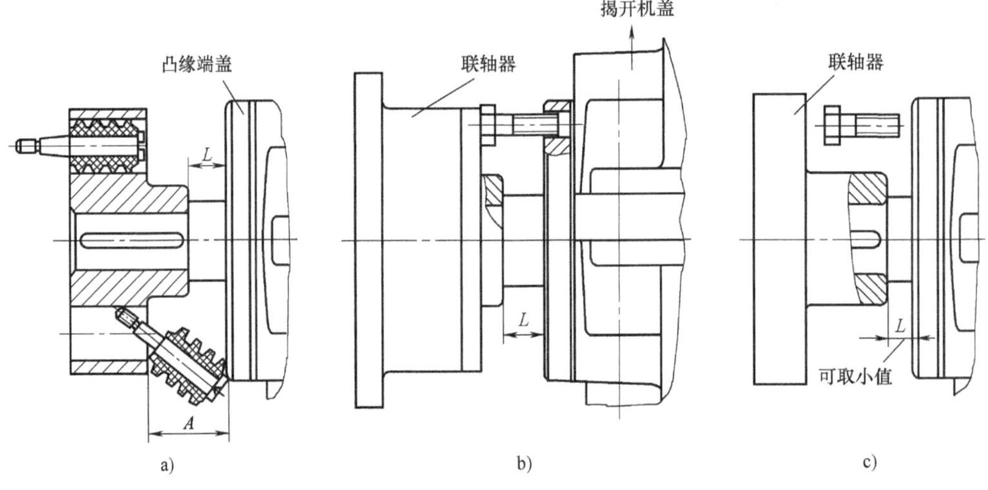

图 5.5 轴上外装零件与端盖间距离

5.2 轴、轴承及键连接的校核计算

5.2.1 轴的强度校核计算

1. 轴上传动零件力的作用点及轴承支点的确定

按以上步骤初绘草图后，即可从草图上确定出轴上传动零件受力点的位置和轴承支点间的距离。

(1) 传动零件力作用点的确定　对于齿轮、带轮、链轮和蜗轮等传动零件，通常将轴上的分布力简化为集中力，其作用点取为载荷分布段的中点，如图 5.6 所示。作用在轴上的转矩一般从传动零件轮毂宽度的中点算起。

(2) 轴承支点的确定　轴承支反力的作用点与轴承的类型和布置方式有关。对于深沟球轴承，支点位置取为轴承宽度中点，如图 5.6 所示；对于角接触球轴承和圆锥滚子轴承，按第 13 章滚动轴承标准中给出的 a 值确定，a 值为轴承法向反力在轴上的作用点距轴承外圈宽边的距离，如图 5.7 所示。

在确定了轴承支点和传动零件力作用点的位置之后，便可确定轴承跨距、零件力作用点至支点的距离，从而为下一步轴的强度计算做好准备。

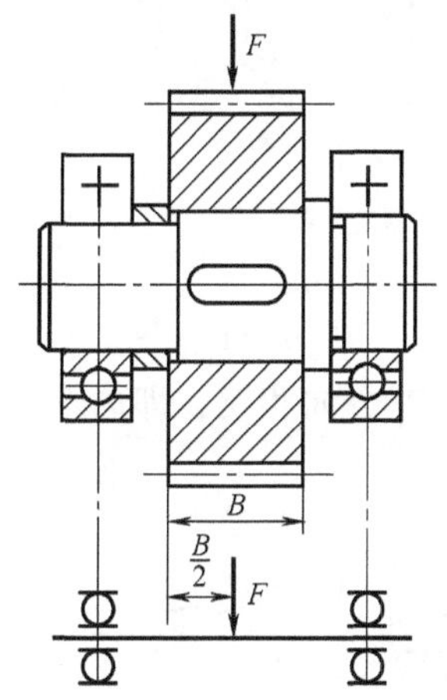

图 5.6　传动零件力作用点的位置

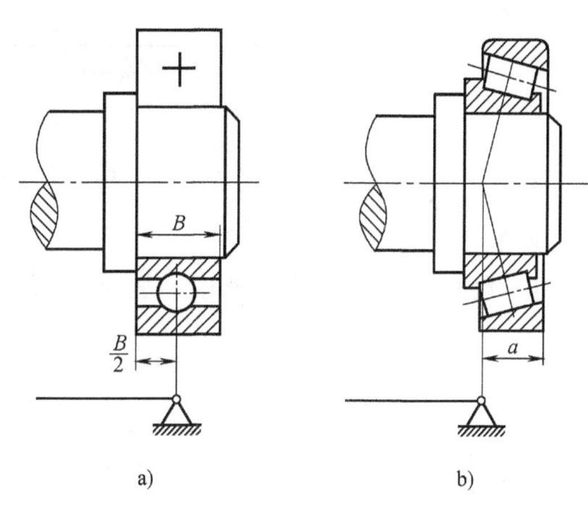

图 5.7　轴承支点的位置

2. 轴的强度校核

根据初绘装配草图阶段确定出的轴结构和轴承支点及轴上零件力的作用点，便可绘出轴的受力简图，并进一步进行轴的受力分析，绘制弯矩图、转矩图及当量弯矩图，然后确定危险截面进行强度校核。

校核后如果强度不足，应加大轴径；如强度足够且计算应力或安全系数与许用值相差不大，则以轴结构设计时确定的轴径为准，除有特殊要求外，一般不再修改。

3. 轴强度计算的注意事项

轴的受力简图正确与否，直接影响到轴的强度计算和轴承的计算，轴上传动零件作用力方向或所处平面判断错误，都将会导致轴承支反力、力矩等计算错误，进而导致整个轴的强度计算及轴承的计算错误，在绘制轴的受力简图时，必须引起注意。

如图 5.8 所示传动装置，带传动水平布置，工作机转向如图，小齿轮左旋，I 轴上的轴承型号为 6407，轴结构如图 5.9 所示，各轴段长为 $L_1=50\text{mm}$，$L_2=45\text{mm}$，$L_3=46\text{mm}$，$L_4=70\text{mm}$，$L_5=8\text{mm}$，$L_6=12\text{mm}$，$L_7=25\text{mm}$，带轮轮毂宽度 $B=50\text{mm}$，轴承宽度 $b=25\text{mm}$。则根据轴的结构绘出的正确受力简图如图 5.10 所示。

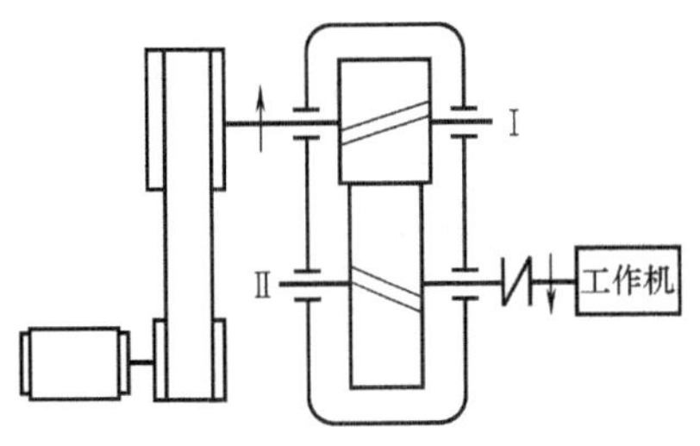

图 5.8　减速器传动装置

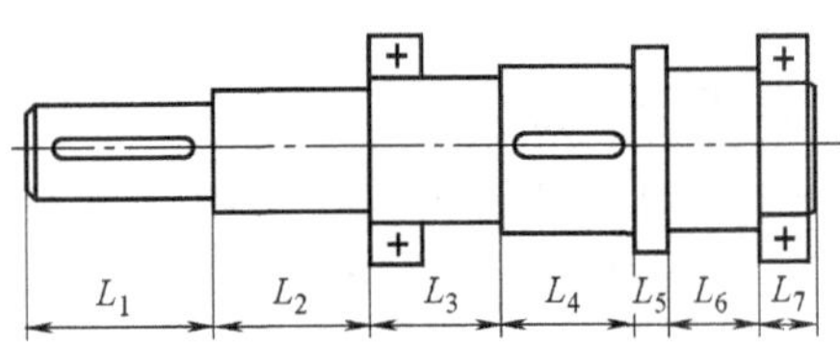

图 5.9　减速器 I 轴结构图

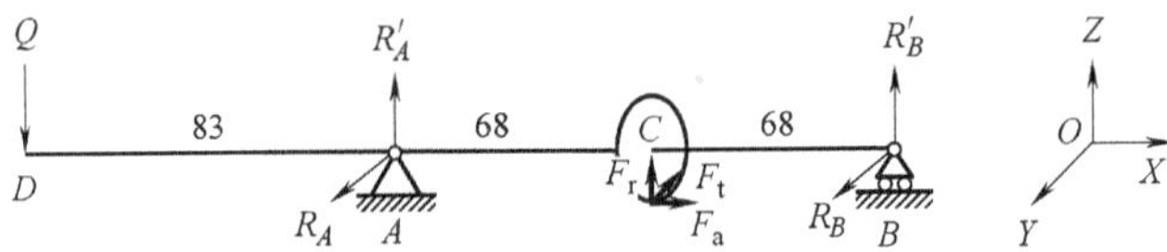

图 5.10　轴受力简图

此例容易发生的错误如下：

1）带轮压轴力 Q 方向错误，如图 5.11 所示，Q 应与 F_r 方向相反，即向下。

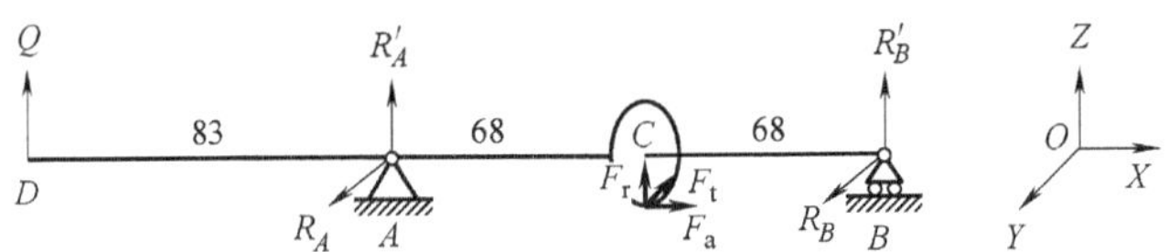

图 5.11　带轮压轴力 Q 方向错误

2）斜齿轮轴向力 F_a 方向判断错误，如图 5.12 所示，根据主动轮左右手定则，小齿轮轴向力 F_a 方向应向右。

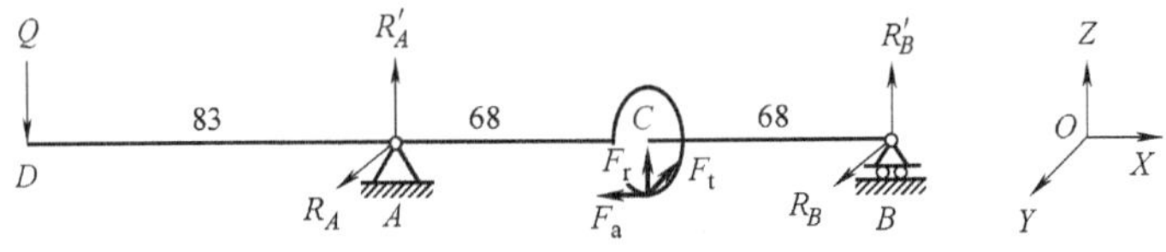

图 5.12　斜齿轮轴向力 F_a 方向判断错误

3）传动零件作用力所处平面判断错误。带轮压轴力 Q 应与 F_a、F_r 在同一平面，即 XOZ 面，而不应与 F_t 在同一平面，如图 5.13 所示是错误的。

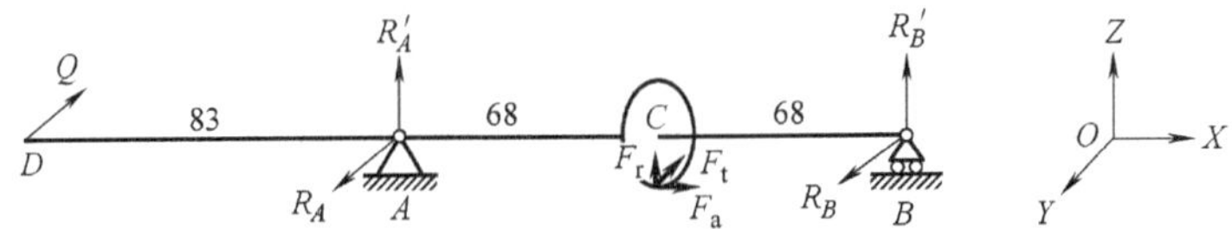

图 5.13　带轮压轴力 Q 所处平面判断错误

4）传动零件受力作用点确定错误。带轮压轴力 Q 受力点应取在带轮轮毂宽 $B=50\text{mm}$ 的中点，而不应取在带轮轮缘宽 $b=36\text{mm}$ 的中点，若以 36mm 中点计算，则 Q 的力臂变短为 76mm（图 5.14），这一力臂计算结果与轴的实际受力状态相差较大，而且力臂变短将使轴的强度计算偏于不安全。

同样，确定齿轮受力点时也应以齿轮轮毂宽的中点为计算点，而不应该以齿轮轮缘宽的中点为计算点。

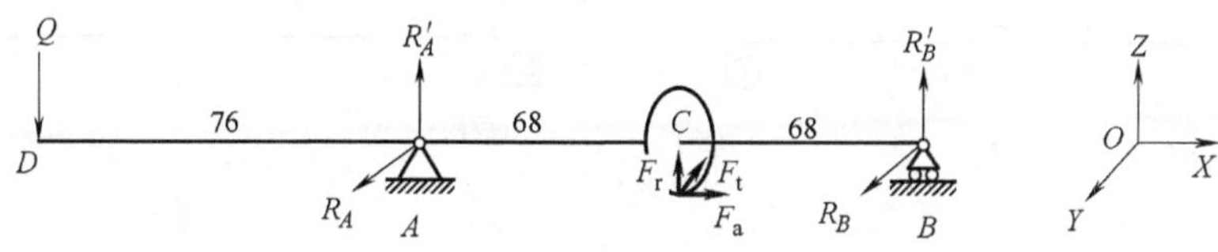

图 5.14　带轮压轴力 Q 受力点错误

5.2.2　滚动轴承寿命的校核计算

1. 滚动轴承寿命的计算

滚动轴承寿命应按各种设备轴承预期寿命的推荐值或减速器的检修期（一般 2~3 年）为设计寿命，如果算得的寿命不能满足规定的要求（寿命太短或过长），一般先考虑选用另一种直径系列或宽度系列的轴承，其次再考虑改变轴承类型。

2. 滚动轴承载荷计算的注意事项

滚动轴承载荷计算直接关系到滚动轴承寿命的计算，所以正确计算轴承的载荷是确保滚动轴承满足承载能力的首要条件，现分别对轴承轴向载荷与径向载荷计算时应注意的问题进行说明。

（1）深沟球轴承轴向载荷计算禁忌　如图 5.15a 所示减速器，Ⅰ轴采用两端单向固定的深沟球轴承轴系，其结构简图如图 5.15b 所示；深沟球轴承轴向载荷计算简图如图 5.16 所示，其中图 5.16a 所示计算是正确的，图 5.16b 所示计算是错误的。

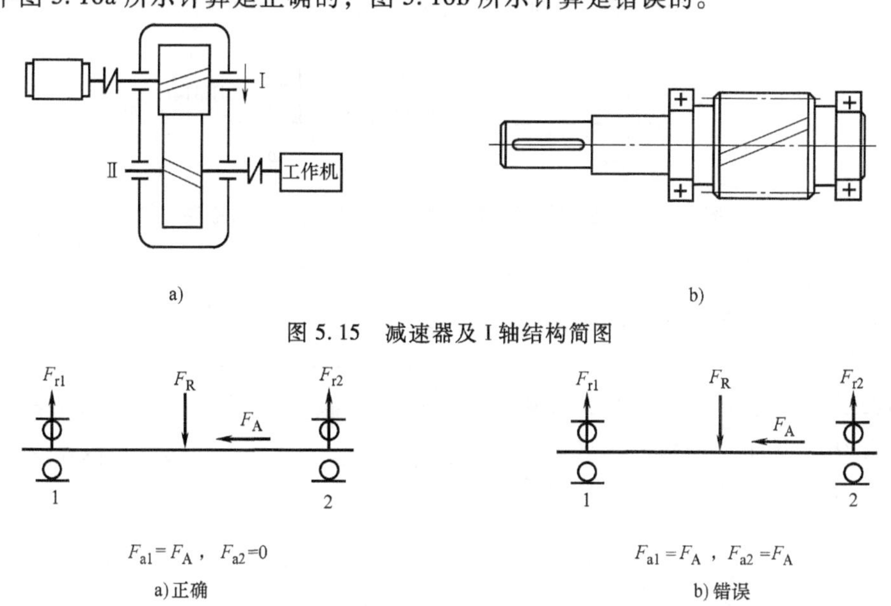

图 5.15　减速器及Ⅰ轴结构简图

图 5.16　深沟球轴承轴向载荷计算简图

(2) 角接触球轴承轴向载荷计算禁忌　如图 5.15a 所示减速器中也可采用一对角接触球轴承（或圆锥滚子轴承）两端单向固定形式，如图 5.17a 所示计算是正确的，图 5.17b 所示计算是错误的。

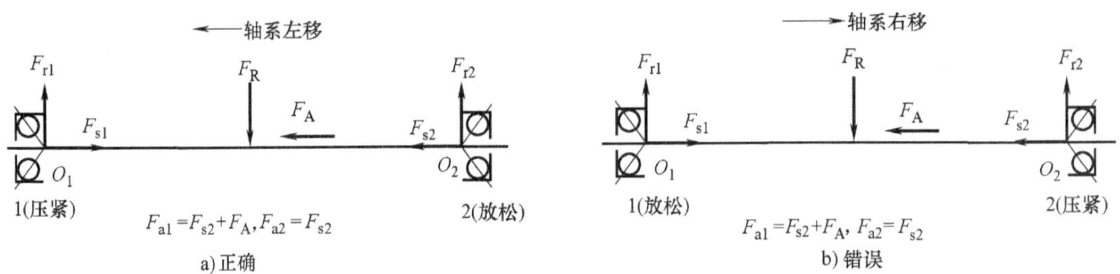

图 5.17　角接触球轴承轴向载荷计算简图

此例常见的错误计算有以下几种：

1）如图 5.18 所示，将齿轮的轴向力直接作为轴承的轴向力是错误的，应考虑角接触球轴承的内部附加轴向力 F_{s1}、F_{s2}，计算轴的合力，并分析“压紧端”和“放松端”，再计算出两个轴承各受多大的轴向力。

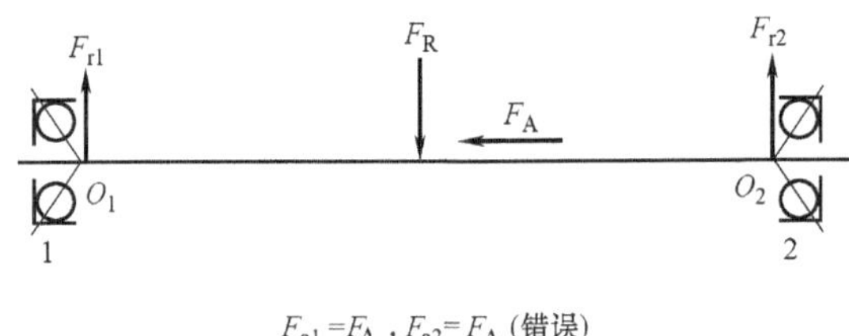

图 5.18　将齿轮轴向力作为轴承轴向力的错误计算

2）如图 5.19 和图 5.20 所示，内部附加轴向力 F_{s1}、F_{s2} 方向判断错误。

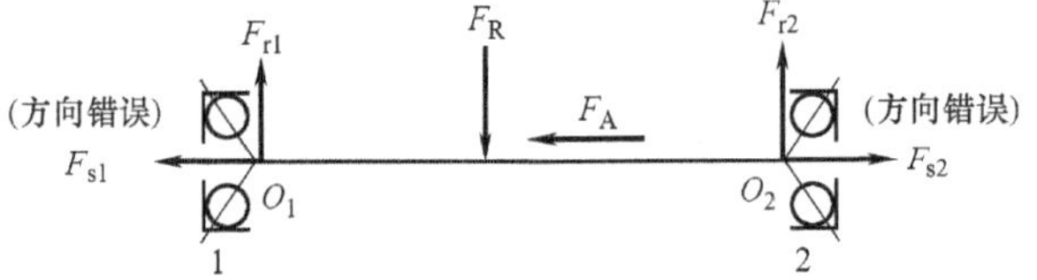

图 5.19　正装角接触球轴承内部附加轴向力方向错误

(3) 滚动轴承径向载荷计算禁忌　计算轴承径向载荷时只考虑齿轮传动径向力是错误的。

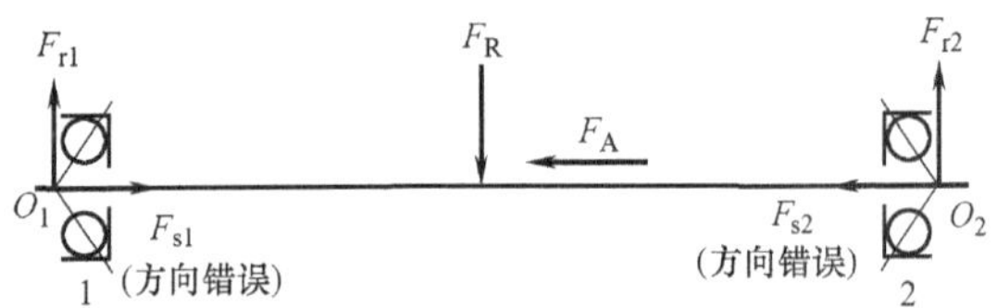

图 5.20　反装角接触球轴承内部附加轴向力方向错误

滚动轴承的径向载荷，并不仅仅是齿轮传动径向力 F_r 作用下的径向支反力，齿轮传动的圆周力 F_t、轴向力 F_a 同样对滚动轴承产生径向支反力，计算轴承径向载荷时必须予以考虑。

如图 5.21 所示，轴上斜齿轮作用力有径向力 F_r、圆周力 F_t 和轴向力 F_a。圆周力 F_t 处于水平面，径向力 F_r 与轴向力 F_a 处于垂直面。计算轴承径向载荷时，应先计算出水平面圆

周力 F_t 引起的支反力 F_{r1}、F_{r2} 和垂直面内 F_r 和 F_a 引起的 F'_{r1}、F'_{r2}，然后再将两平面内的支反力几何合成，其几何合成值即为轴承的径向载荷。如果计算时只考虑齿轮传动的径向力 F_r，得出 $F_{R1}=F_r/2$、$F_{R2}=F_r/2$ 的结论则是错误的。

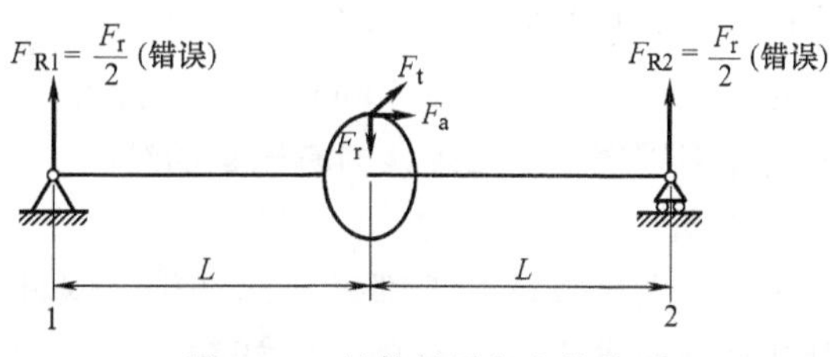

图 5.21　计算轴承径向载荷时只考虑齿轮径向力（错误）

5.2.3　键连接的强度校核计算

键连接的强度校核计算主要是验算它的挤压应力，使计算挤压应力小于材料的许用挤压应力。许用挤压应力根据键、轴、轮毂三者中材料许用挤压应力最小的选取，一般是轮毂材料许用挤压应力最小。

如果计算应力超过许用应力，可通过改变键长、改用双键、采用花键、加大轴径、改选较大剖面的键等途径来满足强度要求。

5.3　完成减速器装配草图设计

这一阶段的主要工作内容是设计传动零件、轴系部件、箱体及减速器附件的具体结构。

5.3.1　传动零件的结构设计

1. 齿轮

齿轮的结构形状和所采用的材料、毛坯尺寸大小及制造工艺方法有关。尺寸较小的齿轮可与轴制成一体，称为齿轮轴，如图 5.22a 所示。当齿根圆直径 d_f 小于轴径 d 时，必须用滚齿法加工齿轮，如图 5.22b 所示；当齿根圆直径 d_f 大于轴径 d，并且 $x \geqslant 2.5m_n$ 时，（m_n 为模数），齿轮可与轴分开制造，这时轮齿也可用插齿法加工。如图 5.23 所示为实心齿轮结构。应尽量采用轴与齿轮分开的方案，以使结构和工艺简化，降低制造成本。

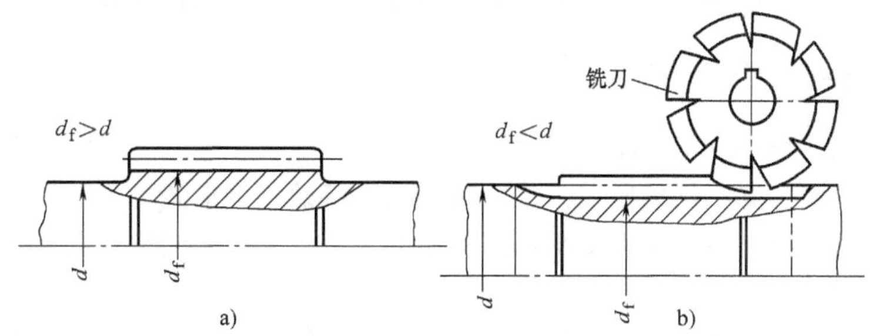

图 5.22　齿轮轴轮齿的加工

对于直径较大的齿轮（齿顶圆直径 $d_a \leqslant 500$mm），常用锻造毛坯制成腹板式结构，如图 5.24 所示。齿轮传动的几何尺寸除了上述的分度圆直径 d、齿顶圆直径 d_a、齿根圆直径 d_f、齿宽 b 及中心距 a 外，还有结构上的其他尺寸，例如图 5.24 所示腹板轮的轮毂长 L、轮毂外径 D_1、轮缘内径 D_2 及腹板厚 c 等尺寸，一般是根据经验公式进行设计计算的，所得的计算值一般常为非整数值，均应圆整为整数值。

对于齿顶圆直径 $d_a \geqslant 400\text{mm}$ 的齿轮，宜采用铸造毛坯结构。大型的齿轮多用铸造的或焊接的有轮辐的结构。

2. 蜗杆

蜗杆在大多数情况下都做成蜗杆轴。蜗杆螺旋齿的加工可采用车制或铣制两种方法。车制时蜗杆轴上必须有退刀槽。铣制时蜗杆轴可获得较大的轴刚度。

有关蜗杆轴的详细结构与尺寸见第 20 章有关资料。

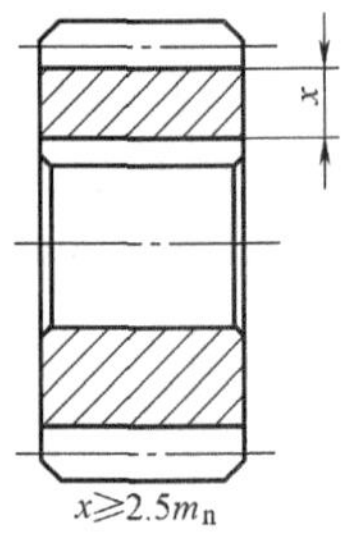

图 5.23 实心齿轮

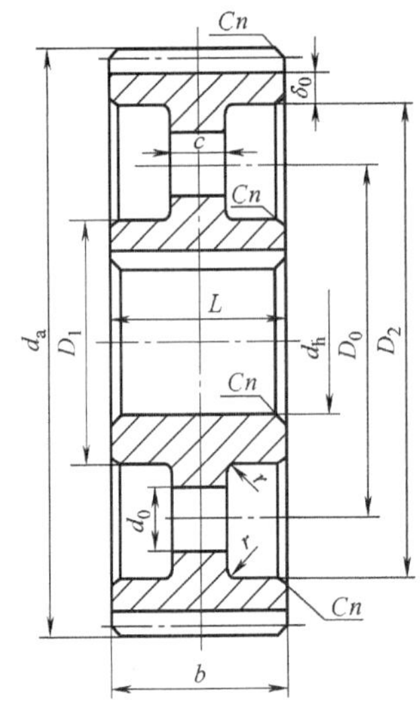

$L=(1.2\sim1.5)d_h$，且 $L\geqslant b$

$D_1=1.6d_h$

$\delta_0=(2.5\sim4)m_n$，但不小于10mm

$D_0=0.5(D_1+D_2)$，$d_0=0.25(D_2-D_1)$

$c=0.3b$，$n=0.5m_n$

注：以上经验公式计算出的尺寸必须圆整为整数

图 5.24 齿轮结构尺寸及经验公式

3. 蜗轮

蜗轮的结构形式取决于蜗轮的尺寸大小和材料的选择。常采用齿圈压配式结构。齿圈与轮芯用过盈配合 H7/r6 或 H7/s6，并沿配合面圆周加装 4~6 个骑缝螺钉，以增强连接的可靠性。为了便于钻孔，应将螺纹孔中心线向材料较硬的轮芯一边偏移 2~3mm。

5.3.2 滚动轴承的组合结构设计

1. 轴的支承结构形式和轴系的轴向固定

按照对轴系轴向位置不同的限定方法，轴系支承端的结构形式分为三种基本类型，即两端固定支承，一端固定、一端游动支承和两端游动支承，它们的结构特点和应用场合可参阅机械设计教材等有关资料。

一般齿轮减速器，其轴的支承跨距较小，常采用两端固定支承，轴承内圈在轴上可用轴肩或套筒作轴向定位，轴承外圈用轴承盖或套杯止口做轴向固定。

2. 轴承盖的结构设计

轴承盖的形式有凸缘式（图 5.25）和嵌入式（图 5.26）两种。每种轴承盖又有透盖（有通孔，供轴穿出）和闷盖（无通孔）之分，其材料一般为铸铁（HT150）或钢（Q215、Q235）。

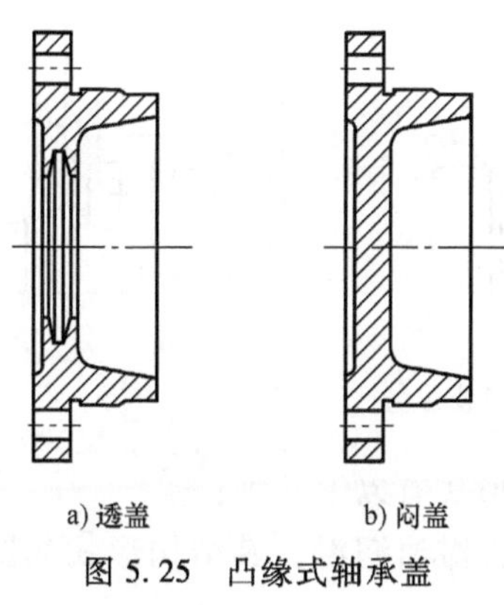

图 5.25　凸缘式轴承盖

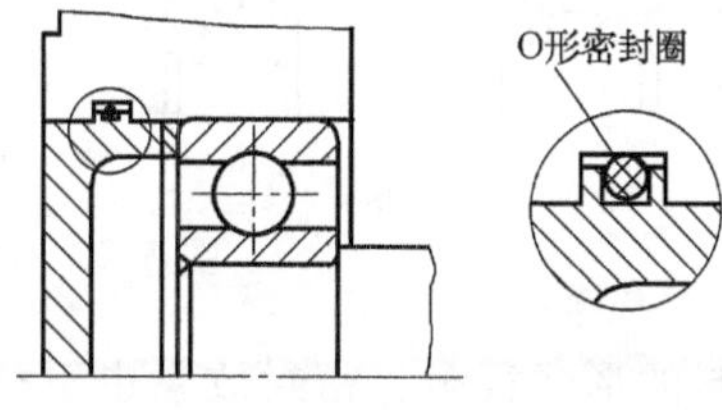

图 5.26　嵌入式轴承盖

凸缘式轴承盖装拆、调整轴承游隙比较方便，密封性能好，应用较多，但外缘尺寸大，需用一组螺钉固定。

嵌入式轴承盖结构简单、紧凑，无需螺钉固定，重量轻，外伸轴的伸出长度短，有利于提高轴的强度和刚度，但装拆轴承盖和调整轴承游隙比较麻烦，密封性较差，座孔上需开环形槽，加工费时，常用于要求重量轻及尺寸紧凑的场合。为增强其密封性能，常与 O 形密封圈配合使用。

3. 滚动轴承的润滑和密封结构设计

（1）轴承采用箱体内润滑油润滑　当浸油齿轮圆周速度大于或等于 2m/s 时，可以靠机体内油的飞溅直接润滑轴承，也可以通过机体剖分面上的油沟将飞溅到机体内壁上的油引导至轴承进行润滑，如图 5.27 所示。这时，必须在端盖上开槽。为防止装配时端盖上的槽没有对准油沟而将油路堵塞，可将端盖的端部直径取小些，使端盖在任何位置时油都可以流入轴承。

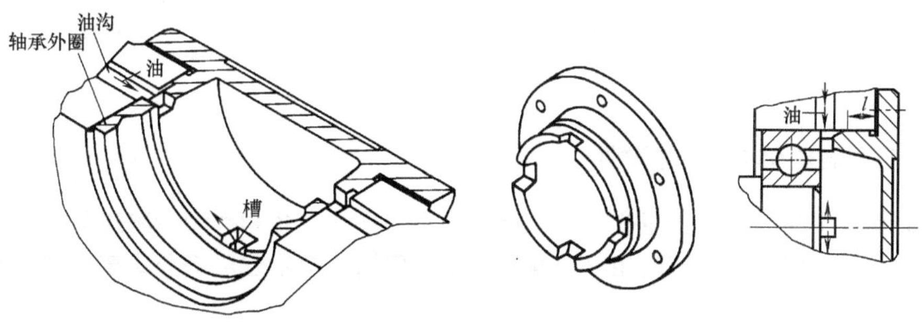

图 5.27　轴承油润滑时轴承盖上的结构

（2）轴承采用润滑脂润滑及挡油盘　当浸油齿轮圆周速度小于 2m/s 时，宜用润滑脂润滑。这时应在轴承旁加设挡油盘，既防止润滑脂流入机体油池，也防止油池中的油溅入后稀释油脂，如图 5.28 所示。挡油盘可用薄钢板冲压成形，也可用圆钢车制，还可以铸造成形。如图 5.28a、c 所示的挡油盘由车制而成，适用于单件或小批量生产；如图 5.28b 所示的挡油盘为冲压件，适用于批量生产。挡油盘的尺寸参见第 19 章 19.2 节的有关内容。

（3）轴外伸处滚动轴承的密封　在输入轴和输出轴的外伸处，为防止润滑剂外漏及外界的灰尘、水和其他杂质侵入，造成轴承的磨损或腐蚀，要求设置密封装置。

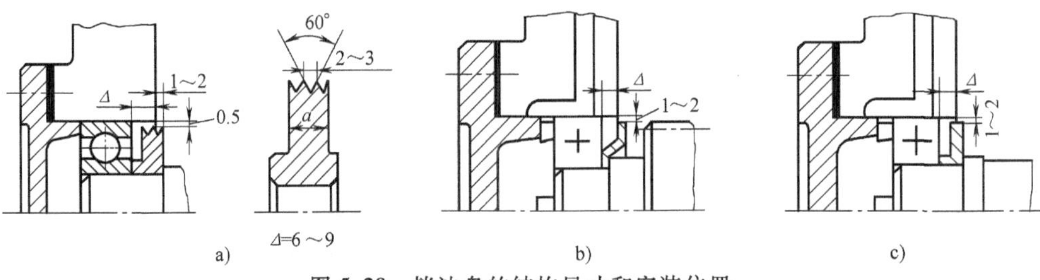

图 5.28　挡油盘的结构尺寸和安装位置

密封的形式很多，密封效果也不相同，常见的密封形式有以下几种：

1）毡圈密封。毡圈密封适用于脂润滑及转速不高的稀油润滑，其结构形式如图 5.29a 所示。

2）密封圈密封。唇形密封圈密封适用于较高的工作速度，设计时应使密封唇的方向朝向密封的部位。若为了防止润滑油外漏，应使密封唇朝向轴承，如图 5.29b 所示；若为了防止外界的灰尘、水和其他杂质侵入，应使密封唇背向轴承；若对两种作用均有要求，则应使两个密封圈并排反向安装。

3）油沟和迷宫式密封。上述两种密封均为接触式密封，要求轴表面粗糙度值不能太大。如图 5.29c 与图 5.29d 所示为油沟和迷宫式密封结构，属于非接触式密封，其优点是可用于高速，如果与其他密封形式配合使用，效果将更好。

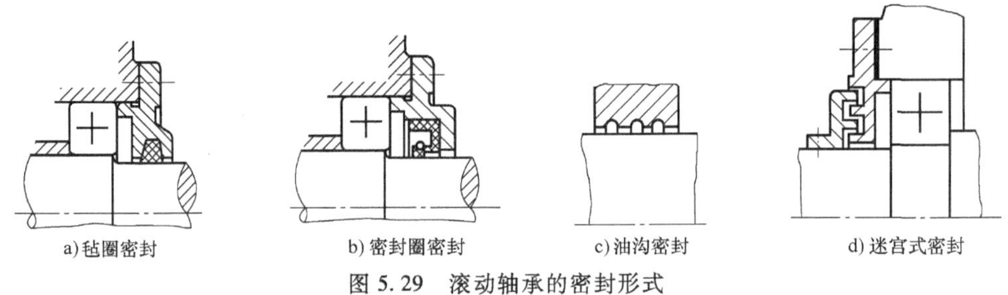

图 5.29　滚动轴承的密封形式

5.3.3　减速器箱体的结构设计

减速器箱体由箱座和箱盖组成，为了便于轴系部件的安装和拆卸，减速器箱体制成沿轴线水平剖分式。上箱盖和下箱座用普通螺栓连接，用圆锥销定位。剖分式铸造箱体的设计要点如下：

1. 轴承座的结构设计

为了保证箱体具有足够的刚度，箱体轴承座孔处应有一定的壁厚，并且应设置加强肋，如图 5.30 所示。箱体的加强肋有外肋式（图 5.30a）和内肋式（图 5.30b）两种结构。内肋式刚度大，箱体外表面光滑、美观，但会增加搅油损耗，制造工艺也比较复杂，故多采用外肋式或凹壁式箱体结构（图 5.30c）。

2. 轴承旁连接螺栓凸台的结构设计

如图 5.31 所示，为了尽量增大剖分式箱体轴承座的刚度，轴承旁连接螺栓在不与轴承盖连接螺栓相干涉的前提下，其钉距 S 应尽可能地缩短，通常取 $S\approx D_2$，D_2 为轴承座的外径。在轴承尺寸最大的那个轴承旁螺栓中心线确定后，根据轴承旁连接螺栓直径 d_1 确定扳

手空间 C_1 和 C_2 值。在满足 C_1 的条件下，用作图法确定出凸台的高度 h。为了制造方便，一般凸台高度均按最大的 D_2 值所确定的高度取齐。

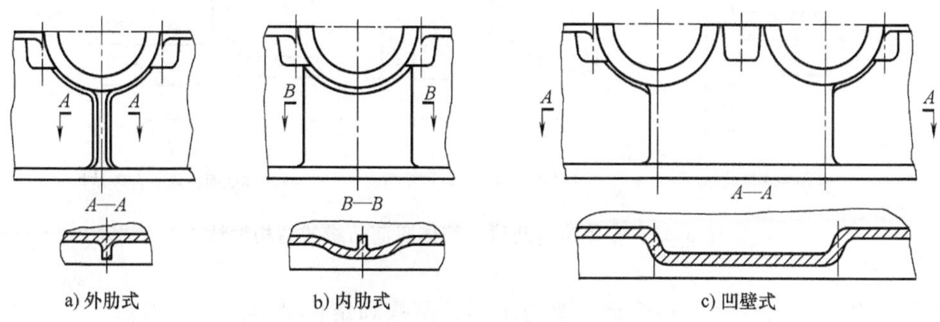

图 5.30　箱体加强肋结构

3. 小齿轮端箱盖外表面圆弧半径 R 的确定

大齿轮所在一侧箱盖的外表面圆弧半径 $R=(d_a/2)+\Delta_1+\delta_1$，在一般情况下轴承旁螺栓凸台均在圆弧内侧，按有关尺寸画出即可，而小齿轮所在一侧的箱盖外表面圆弧半径往往不能用公式计算，需根据结构作图确定。如图 5.32 所示，一般最好使小齿轮轴承旁螺栓凸台位于圆弧之内，即 $R>R'$。在主视图上小齿轮端箱盖结构确定之后，将有关部分再投影到俯视图上，便可画出箱体内壁、外壁和箱缘等结构。

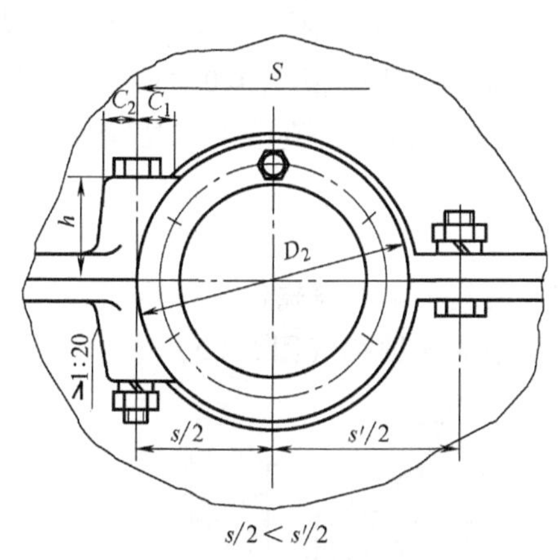

图 5.31　轴承旁连接螺栓凸台的结构设计

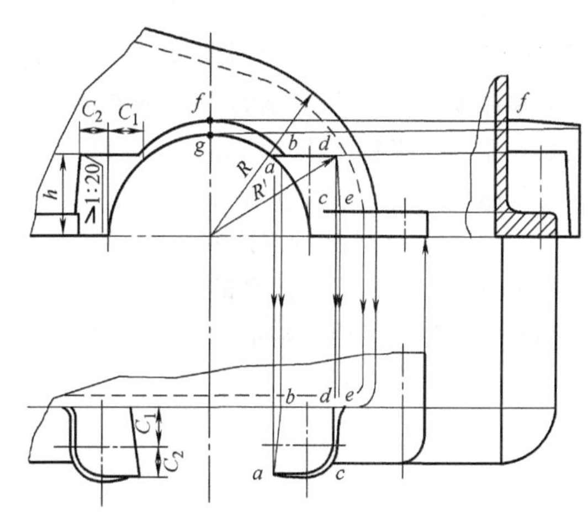

图 5.32　小齿轮端箱盖外表面圆弧半径 R 的确定

4. 箱体凸缘的结构设计

为了保证箱盖与箱座的连接刚度，箱盖与箱座连接凸缘应有较大的厚度 b 和 b_1，如图 5.33a 所示；箱体底面凸缘的宽度 B 应超过箱座的内壁，以利于支撑，如图 5.33b 所示，而图 5.33c 所示则为不合理结构。

5. 箱体凸缘连接螺栓的布置

为保证上、下箱连接的紧密性，箱缘连接螺栓的间距不宜过大，对于中小型减速器来说，由于连接螺栓数目较少，间距一般为 100～150mm；大型减速器可取 150～200mm。螺栓

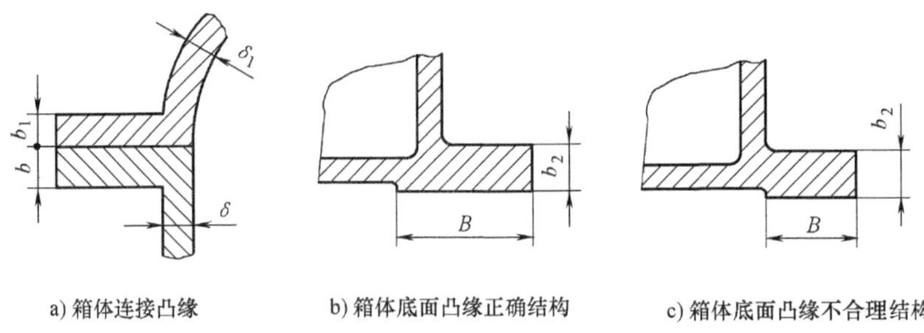

图 5.33　箱体连接凸缘和箱体底面凸缘的结构设计

的分布尽量做到均匀对称，并注意不要与吊耳、吊钩和定位销等发生干涉。

6. 油面位置及箱座高度 *H* 的确定

箱座高度 H 通常先按结构需要确定（见表 5.1 荐用值），然后再验算油池容积是否满足按传递功率所确定的需油量，如不满足则应适当加高箱座的高度。

为避免传动件回转时将油池底部沉积的污物搅起，大齿轮的齿顶圆到油池底面的距离应为 30~50mm（图 5.34）。

图 5.34 中还表示出传动件在油池中的浸油深度，圆柱齿轮应浸入油中一个齿高，但应小于 10mm。这样确定出的油面可作为最低油面，当考虑使用中油不断蒸发损耗还应给出一个允许的最高油面，中小型减速器最高油面比最低油面高出 5~10mm 即可。

由上述，即可在图上绘出油面线的位置，然后量出油池深度和箱内底面的长度及宽度，算出实际装油量 V，V 应大于或等于传动的需油量 V_0。若 $V< V_0$，则应将箱底面向下移，以增大油池深度直至 $V>V_0$。通常单级减速器每传递 1kW 的功率，需油量 $V_0=0.35\sim0.7\mathrm{dm}^3$；多级减速器，按级数成比例增加，需油量 V_0 的小值用于低黏度油，大值用于高黏度油。油池的容积越大，则油的性能维持得越久，因而润滑越好。

7. 箱缘输油沟的结构形式和尺寸

当轴承利用齿轮飞溅起来的润滑油润滑时，应在箱座的箱缘上开设输油沟，使溅起来的油沿箱盖内壁经斜面流入输油沟里，再经轴承盖上的导油槽流入轴承（图 5.35）。

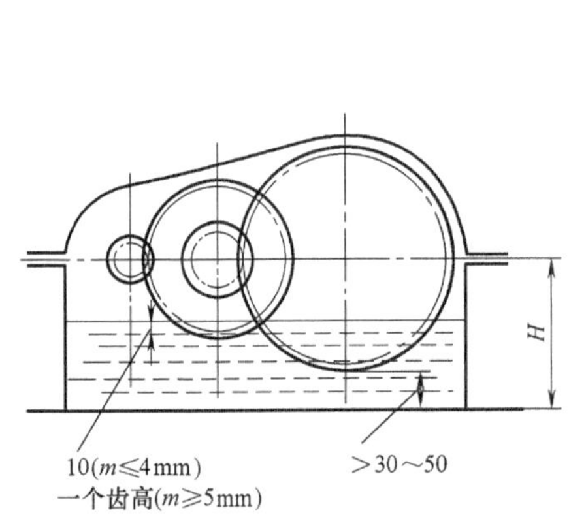

图 5.34　减速器油面及油池深度

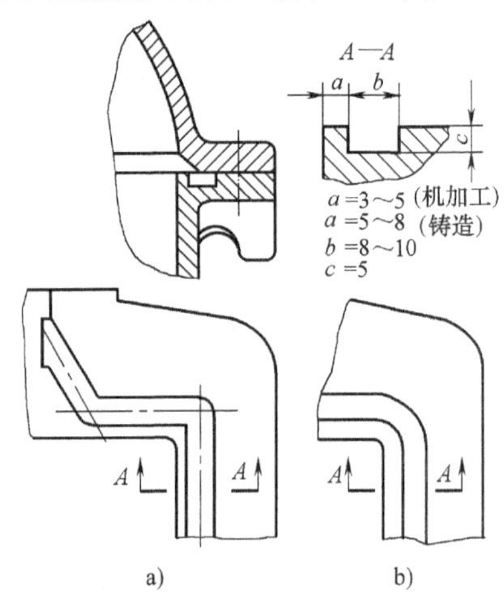

图 5.35　输油沟的结构

输油沟的构造，有机械加工油沟（图 5.35a）和铸造油沟（图 5.35b）两种，机械加工的油沟容易制造、工艺性好，故用得较多；铸造油沟由于工艺性不好，用得较少。

5.3.4　减速器附件的结构设计

1. 窥视孔和窥视孔盖

（1）窥视孔的位置应合理　如图 5.36a 所示窥视孔设置在大齿轮顶端，观察和检查啮合区的工作情况均很困难，属不合理结构。窥视孔应设置在能看到传动件啮合区的位置（图 5.36b），并应有足够的大小，以便手能伸入进行操作。

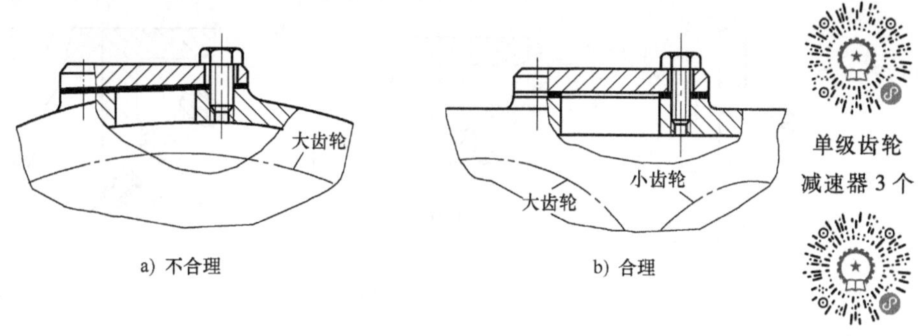

a) 不合理　　b) 合理

单级齿轮减速器 3 个

双级圆柱齿轮减速器

图 5.36　窥视孔位置应合理

（2）箱盖上开窥视孔处应有凸台　如图 5.37a 所示箱盖在窥视孔处无凸起，不便加工，且窥视孔距齿轮啮合处较远，不便观察和操作，窥视孔盖下也无垫片，易漏油，属不合理结构。箱盖上安放盖板的表面应进行刨削或铣削，故应有凸台（图 5.37b），且窥视孔盖板下应加防渗漏的垫片。窥视孔及窥视孔盖的结构尺寸可参阅第 19 章有关内容。

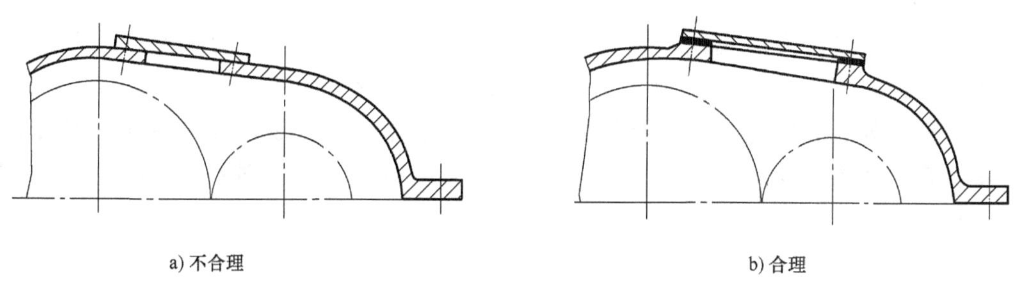

a) 不合理　　b) 合理

图 5.37　箱盖上开窥视孔处应有凸台

2. 通气器

由于箱体内有压力，容易从接合面处漏油，对减速器密封极为不利，所以应在箱盖顶部或窥视孔盖上安装通气器，使箱体内热胀气体通过通气器自由逸出，以保证箱体内、外气压均衡，提高箱体有缝隙处的密封性能。通气器常用的有通气螺塞和网式通气器两种。清洁环境可选用构造简单的通气螺塞；多尘环境应选用有过滤灰尘作用的网式通气器。通气器的结构尺寸可参阅第 19 章有关内容。

3. 油面指示装置

油面指示装置的种类很多，有油标尺、圆形油标、长形油标、管状油标等。油标尺由于结构简单，在减速器中应用较广，下面就有关油标尺结构设计应注意的问题分述如下：

（1）油标尺座孔在箱体上的高度应设置合理　如图 5.38a 所示，油标尺座孔在箱体上的高度太低，油易从油标尺座孔溢出，图 5.38b 所示则比较合理。又如图 5.38c 所示，油标尺座孔太高或油标尺太短，不能反映下油面的位置。

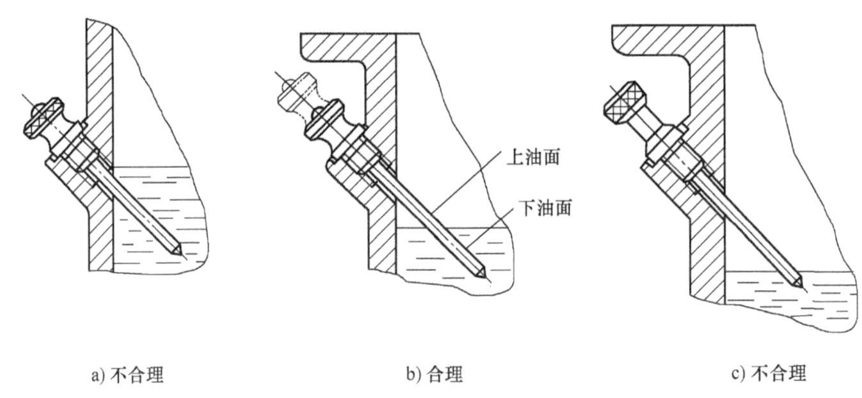

图 5.38　油标尺在箱体上的高度

（2）油标尺座孔倾斜角度应便于加工和使用　油标尺座孔倾斜过大，如图 5.39a 所示，座孔将无法加工，油标尺也无法装配。图 5.39b 所示结构油标尺座孔位置高低、倾斜角度适中（常为 45°），便于加工，装配时油标尺不与箱缘干涉。

（3）长期连续工作的减速器油标尺宜加隔离套　如图 5.40a 所示油标尺形式，虽然结构简单，但当传动件运转时，被搅动的润滑油常因油标尺与安装孔的配合不严，而极易冒出箱外，特别是对于长期连续工作的减速器更易漏油。可在油标尺安装孔内加一根套管，如图 5.40b 所示，润滑油主要在上部被搅动，而油池下层的流动较小，从而避免了漏油。

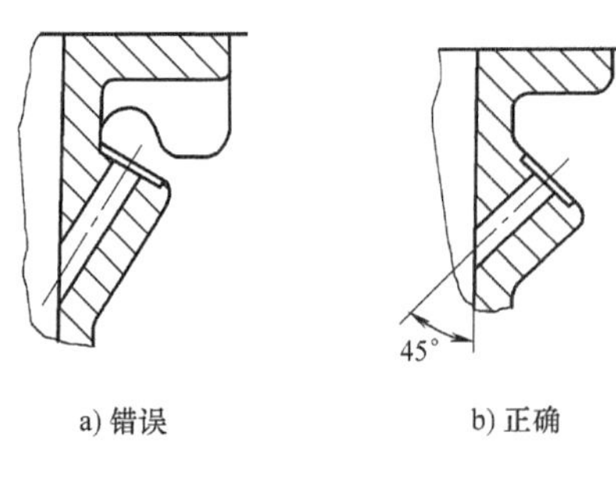

图 5.39　油标尺座孔倾斜角度

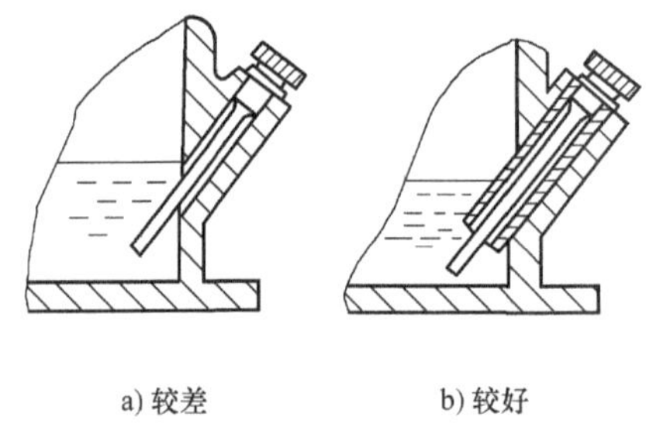

图 5.40　长期连续工作的油标尺

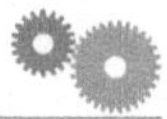

4. 放油孔和螺塞

减速器通常设置一个放油孔。螺塞有圆柱细牙螺纹和圆锥螺纹两种，圆柱螺纹螺塞自身不能防止漏油，因此在螺塞下面要放置一个封油垫片，垫片用石棉橡胶纸板或皮革制成。圆锥螺纹螺塞能形成密封连接，因此它无需附加密封。

放油孔不宜开设得过高，否则油孔下方与箱底间的油总是不能排净（图 5.41a），时间久了会形成一层油污，污染润滑油。

螺孔内径应略低于箱体底面，并用扁铲铲出一块凹坑，以免钻孔时偏钻打刀（图 5.41b）。如图 5.41c 所示未铲出凹坑，加工工艺性不如图 5.41b 所示。

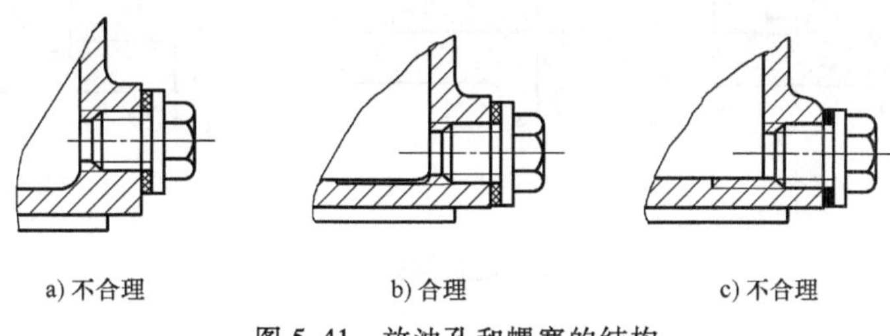

a) 不合理　　b) 合理　　c) 不合理

图 5.41　放油孔和螺塞的结构

5. 起吊装置

起吊装置有吊钩、吊耳和吊环螺钉等。当减速器重量较轻时，箱盖上的吊耳或吊环螺钉可以用来吊运整个减速器；当减速器重量较大时，箱盖上的吊耳或吊环螺钉只允许吊运箱盖，而箱座上的吊钩可用来吊运下箱座或整个减速器。

（1）吊环螺钉连接处凸台应有一定高度　如图 5.42a 所示，吊环螺钉连接处凸台高度不够，螺钉连接的圈数太少，连接强度不够，应考虑加高，如图 5.42b 所示。

（2）吊环螺钉连接要考虑工艺性　如图 5.42a 所示，箱盖内表面螺钉处无凸台，加工时容易偏钻打刀；上部支承面未锪削出沉头座；螺钉根部的螺孔未扩孔，螺钉不能完全拧入，综上原因，如图 5.42a 所示的吊环螺钉与箱体连接效果不好，如图 5.42b 所示结构较为合理。

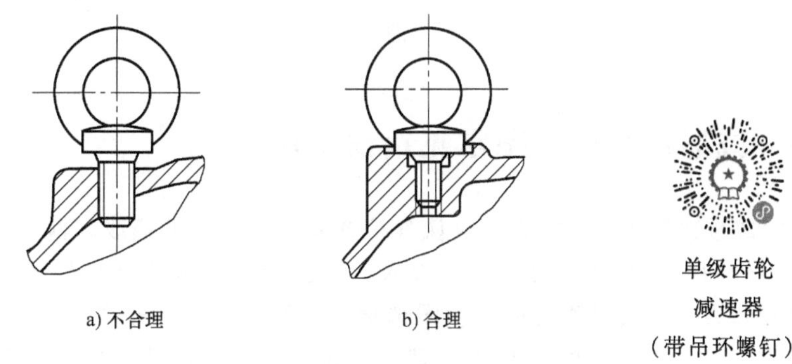

a) 不合理　　b) 合理

单级齿轮减速器（带吊环螺钉）

图 5.42　吊环螺钉与箱盖连接的设计

6. 起盖螺钉和定位销

（1）起盖螺钉的设计　为了加强密封效果，防止润滑油从箱体剖分面处渗漏，通常在箱盖和箱座剖分面上涂以密封胶，因而在拆卸时往往因粘接较紧而不易分开。为便于上、下箱起盖，在箱盖侧边的凸缘上装有1~2个起盖螺钉。

起盖螺钉的直径一般与箱体凸缘连接螺栓直径相同，其长度应大于箱盖连接凸缘的厚度（图5.43a）。起盖螺钉的钉杆端部应制成圆柱形、大倒角或半圆形，以免反复拧动时将杆端螺纹损坏。如图5.43b所示结构起盖螺钉螺纹长度太短，起盖时比较困难。如图5.43c所示下箱体上不应有螺纹，也属不合理结构。

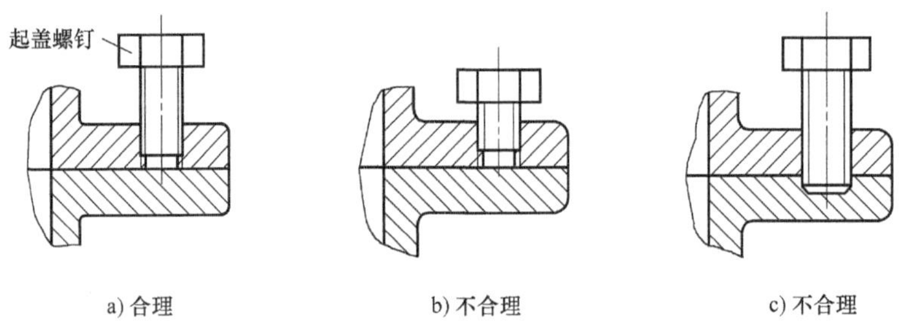

图5.43　起盖螺钉的设计

（2）定位销的设计　为精确地加工轴承座孔，并保证减速器每次装拆后轴承座的上、下半孔始终保持加工时的位置精度，应在箱盖和箱座剖分面加工完成并用螺栓连接之后，镗孔之前，在箱盖和箱座的连接凸缘上设置两个定位销。在确定定位销的位置时，应使两定位销到箱体对称轴线的距离不等，并尽量远些，以提高定位精度，定位销的位置与尺寸应便于钻、铰加工，且便于装拆。如图5.44a所示的定位销太短，安装、拆卸不便。定位销的长度应大于箱盖和箱座连接凸缘的总厚度（图5.44b），使两头露出，便于安装和拆卸。

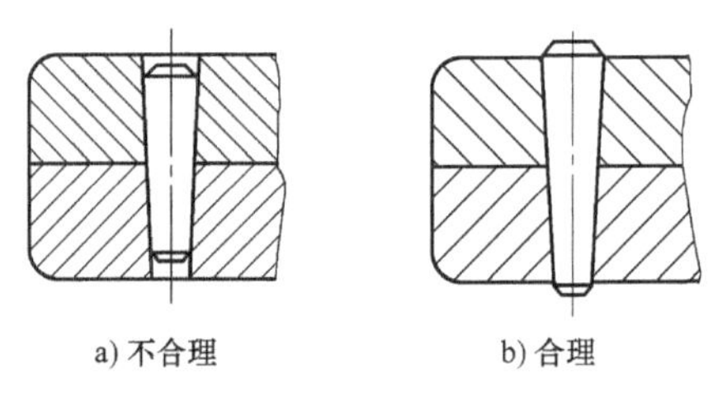

图5.44　定位销的设计

5.4　减速器装配草图常见错误示例

完成减速器装配草图后，应认真检查并进行必要的修改。检查的主要内容有：装配图设计与传动方案布置是否一致；输入、输出轴的位置及结构尺寸是否符合设计要求；图面布置和表达方式是否合适；视图选择和投影关系是否正确；传动件、轴、轴承、箱体、箱体附件及其他零件结构是否合理；定位、固定、调整、加工、装拆是否方便可靠；重要零件的结构尺寸与设计计算是否一致，如中心距、分度圆直径、齿宽、锥距、轴的结构尺寸等。

初学者容易在减速器装配草图的绘制过程中出现各种错误，减速器箱体及附件结构正误示例及分析见表5.2。如图5.45所示为减速器装配草图设计中常见的错误及其改正方法。

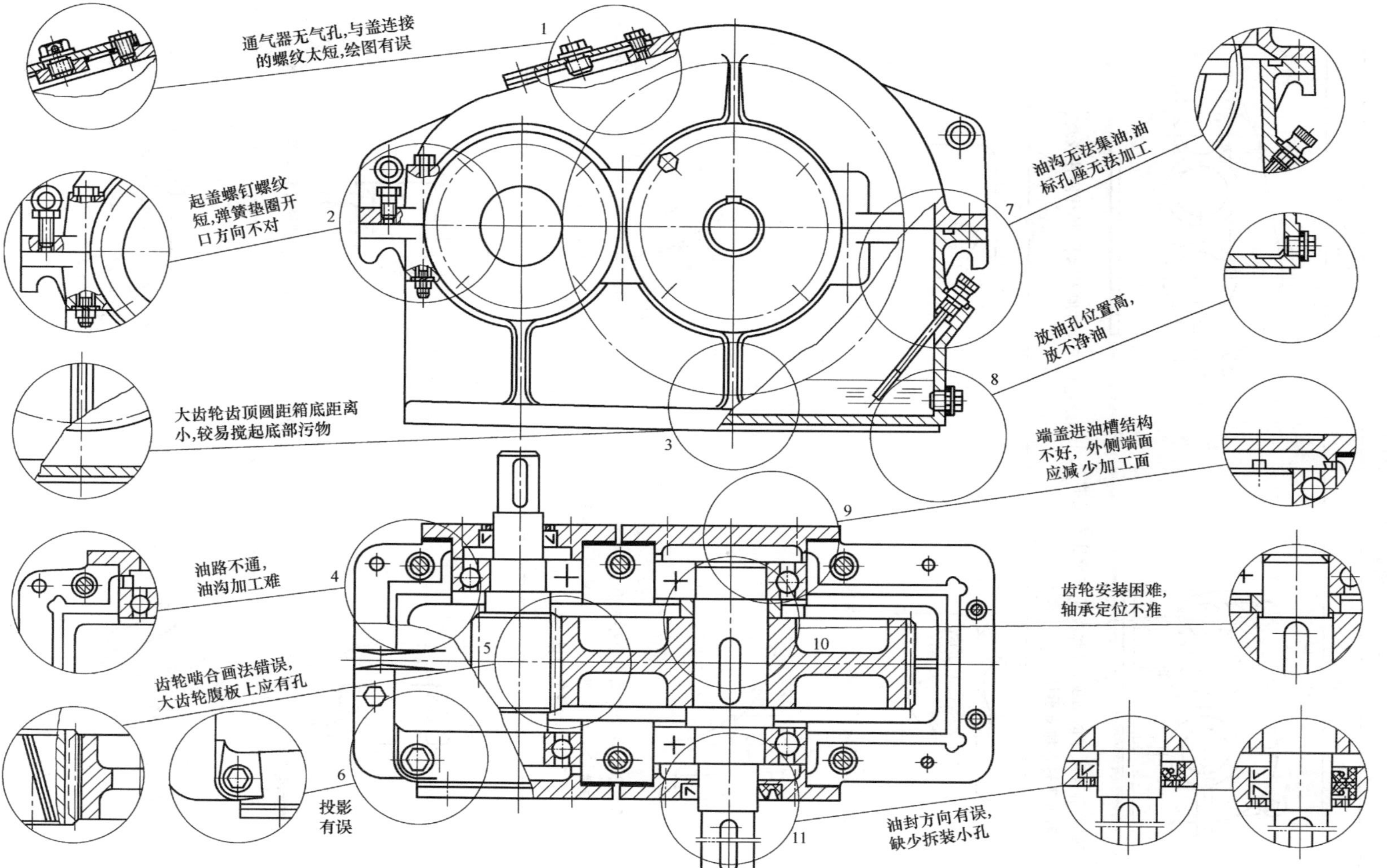

图 5.45　减速器装配草图设计中常见错误及其改正方法

表 5.2 减速器箱体及附件结构正误示例及分析

正确结构	不正确结构
轴承支座必须具有足够的刚度，为此应使轴承座有足够的厚度，并在轴承座附近加支承肋	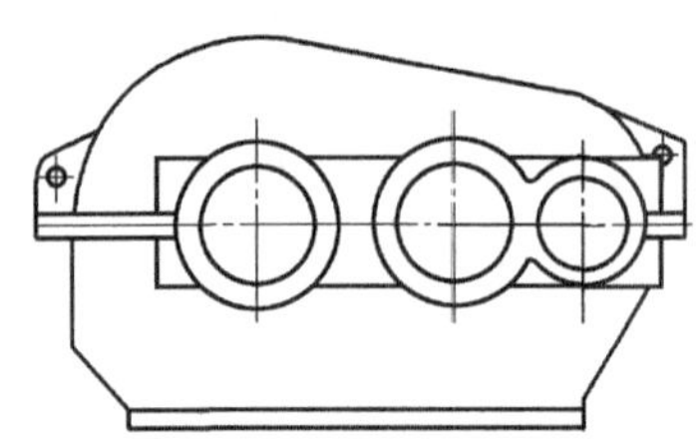 轴承座附近没有加支承肋，箱体刚性较差
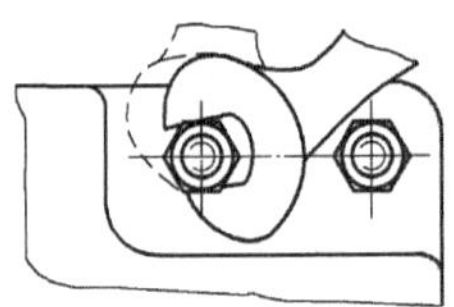 设计轴承座宽度时，必须考虑螺栓扳手操作空间	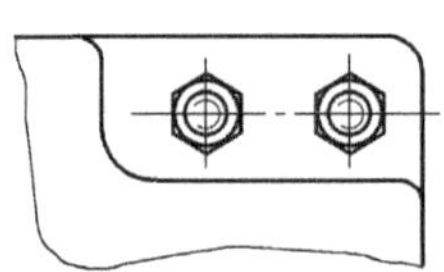 轴承座宽度不能满足螺栓扳手操作空间
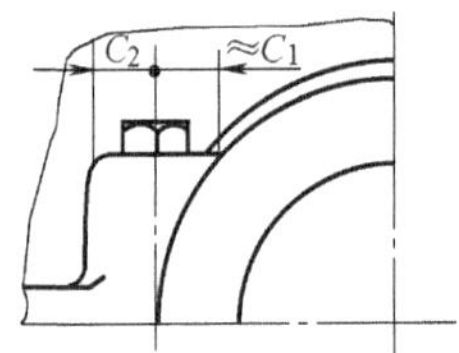 轴承旁连接螺栓凸台高度应满足扳手操作，一般在轴承尺寸最大的轴承旁螺栓中心线确定后，根据螺栓直径确定扳手空间 C_1、C_2，最后确定凸台的高度	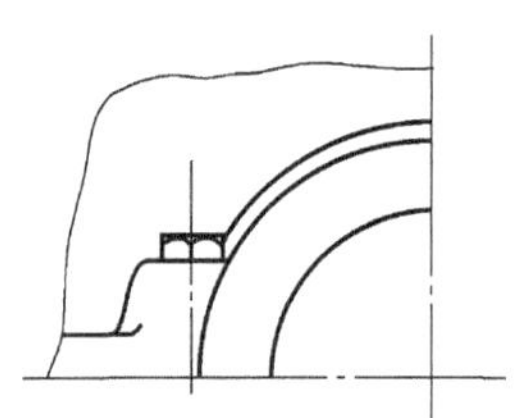 凸台高度不够，不能满足扳手操作空间
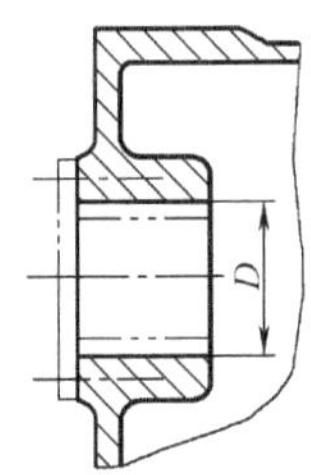 机体各部分壁厚要均匀	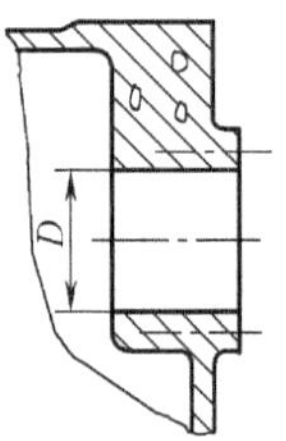 由于铸造工艺的特点，金属局部积聚容易形成缩孔
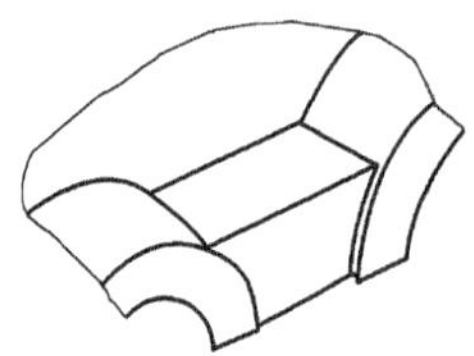 高度相同较接近的两凸台应将其连在一起，便于取模和加工	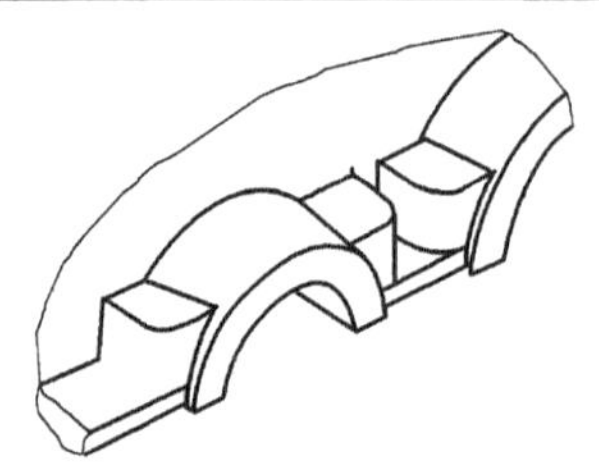 箱体上应尽量避免出现狭缝，否则砂型强度不够，在取模和浇注时极易形成废品

（续）

正确结构	不正确结构
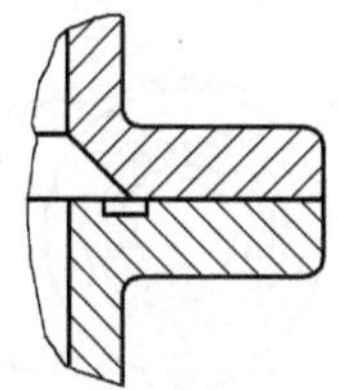 输油沟设计时应使溅起的油能顺利地沿箱盖内壁经斜面流入输油沟内	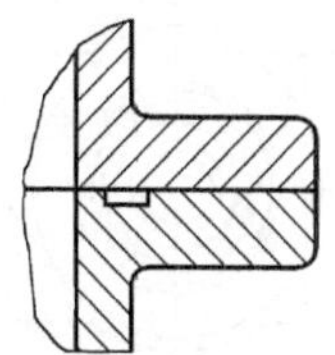 箱盖内壁的油很难流入输油沟内
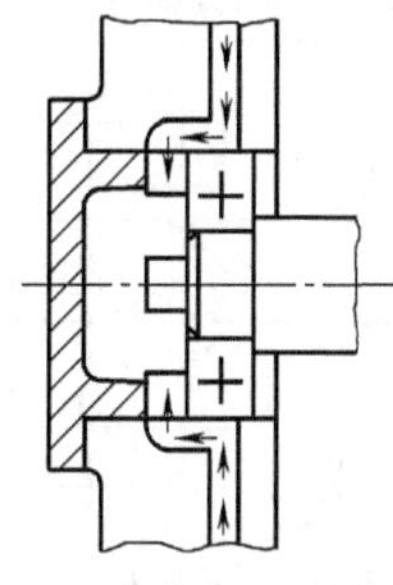 为使输油沟中的润滑油顺利流入轴承，必须在轴承盖上开设导油孔	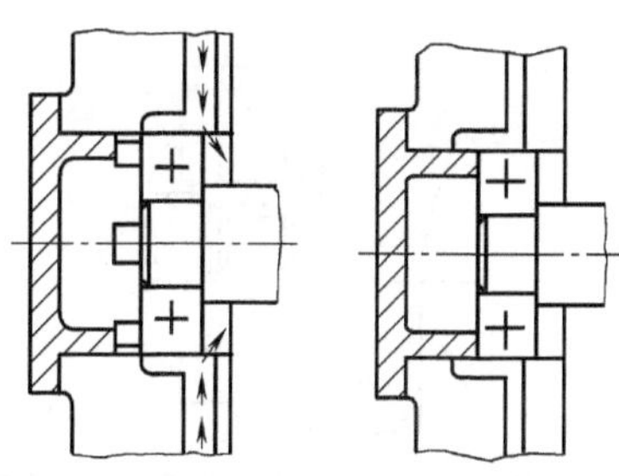 左图输油沟位置开设不正确，润滑油大部分流回油池；右图轴承盖上没有开设导油孔，润滑油将无法流入轴承进行润滑
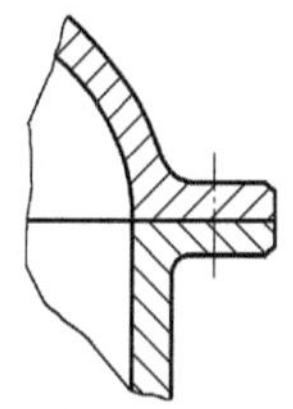 分箱面上不积存油	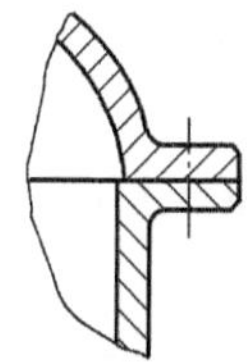 油积存在分箱面的接合面上。从分箱面渗油，主要是由接合面的毛细管现象引起的，在这种情况下，即使油完全没有压力也容易渗出
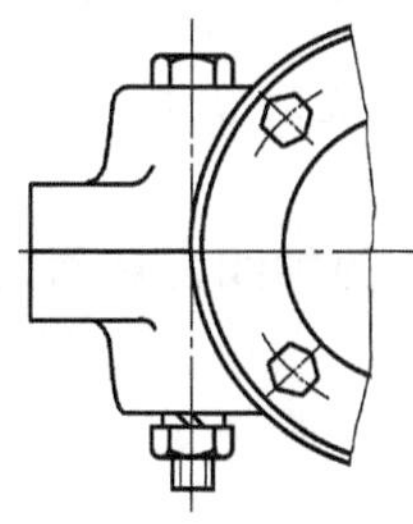 分箱面上不允许布置螺纹连接	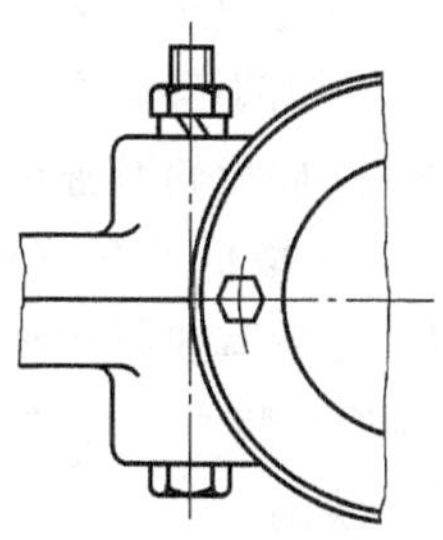 轴承盖与箱体的螺钉连接，不应布置在分箱面上，因为这样会使箱体中的油沿剖分面通过螺纹连接缝隙渗出箱外

（续）

正确结构	不正确结构 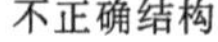
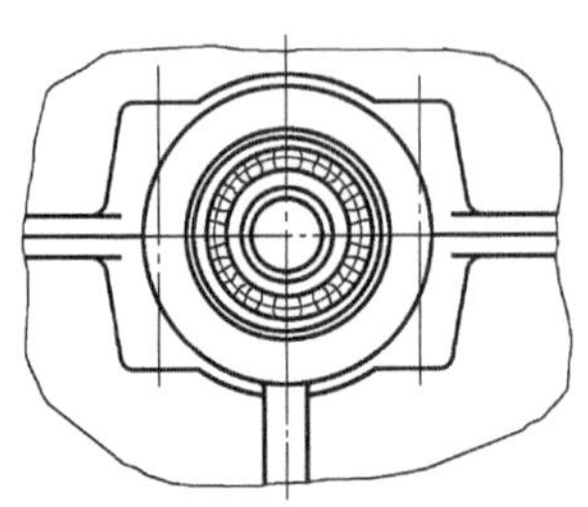 为防止减速器箱体漏油，禁止在分箱面上加垫片等任何添料，允许涂密封油漆或水玻璃	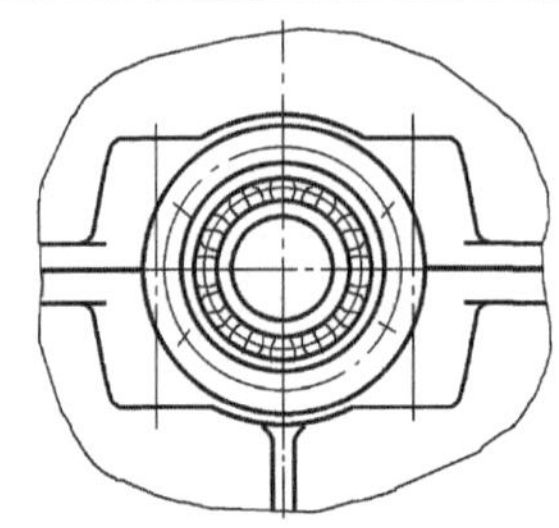 在分箱面上加垫片，因为垫片有一定厚度，改变了箱体孔的尺寸（不能保证圆柱度），破坏了轴承外圈与箱体的配合性质，轴承不能正常工作，且轴承孔分箱面处漏油
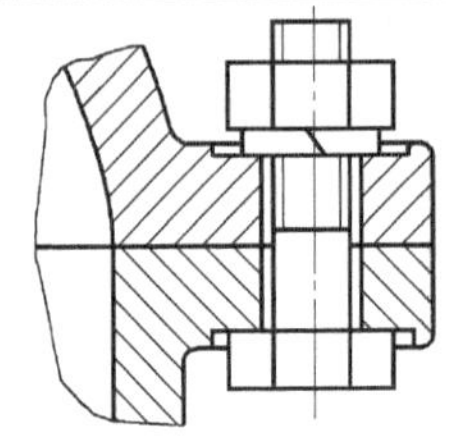 箱缘在安装螺栓及垫圈处锪出沉头座，保证了支承面与钻孔中心线垂直	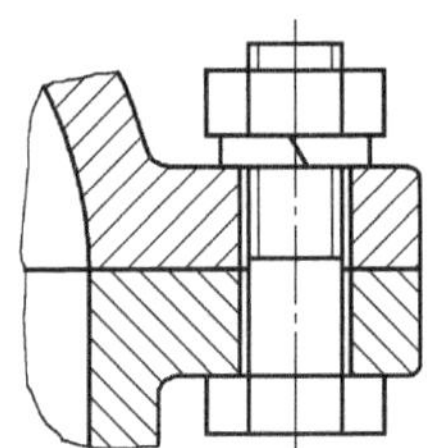 箱缘在安装螺栓及垫圈处铸造面未加工，螺栓易受偏心载荷
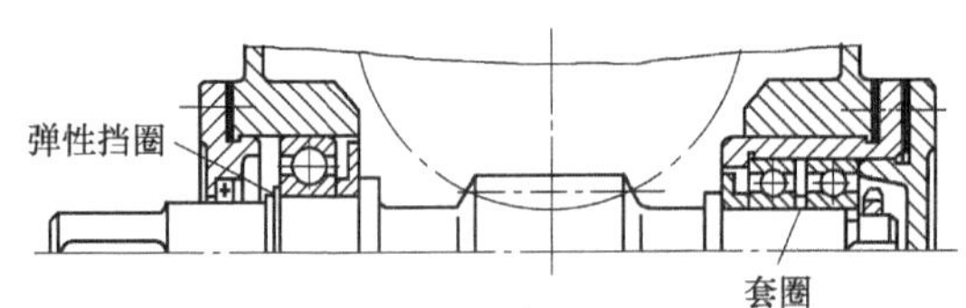 蜗杆外径尺寸小于套筒座孔内径尺寸，蜗杆轴能顺利装拆	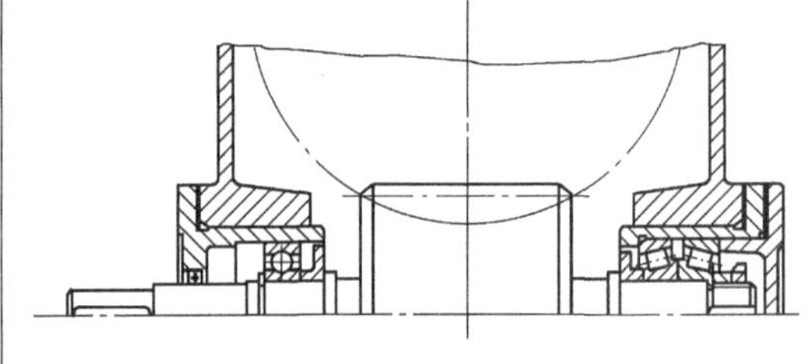 蜗杆外径尺寸大于套筒座孔内径尺寸，蜗杆轴无法装拆

5.5 锥齿轮-圆柱齿轮减速器装配草图设计

锥齿轮-圆柱齿轮减速器装配草图的设计内容和绘图步骤与二级圆柱齿轮减速器类似，因此在设计时应仔细阅读本章有关二级圆柱齿轮减速器装配草图设计的全部内容。

设计锥齿轮-圆柱齿轮减速器时，有关箱体的结构尺寸，仍见表 5.1，并参看图 4.3。表 5.1 中的传动中心距取低速级（圆柱齿轮）中心距。

锥齿轮-圆柱齿轮减速器的箱体，一般都采用以小锥齿轮的轴线为对称线的对称结构，以便于大齿轮调头安装时，可改变输出轴方向。

1. 俯视图的绘制

同二级圆柱齿轮减速器一样，布置好视图位置后，一般先画俯视图，画到一定程度后再与其他视图同时进行。在齿轮中心线的位置确定后，应首先将大、小锥齿轮的外轮廓画出，在画出锥齿轮的轮廓后，可使小锥齿轮大端轮缘的端面线与箱体内壁线距离 $\Delta \geqslant \delta$，如图 5.46

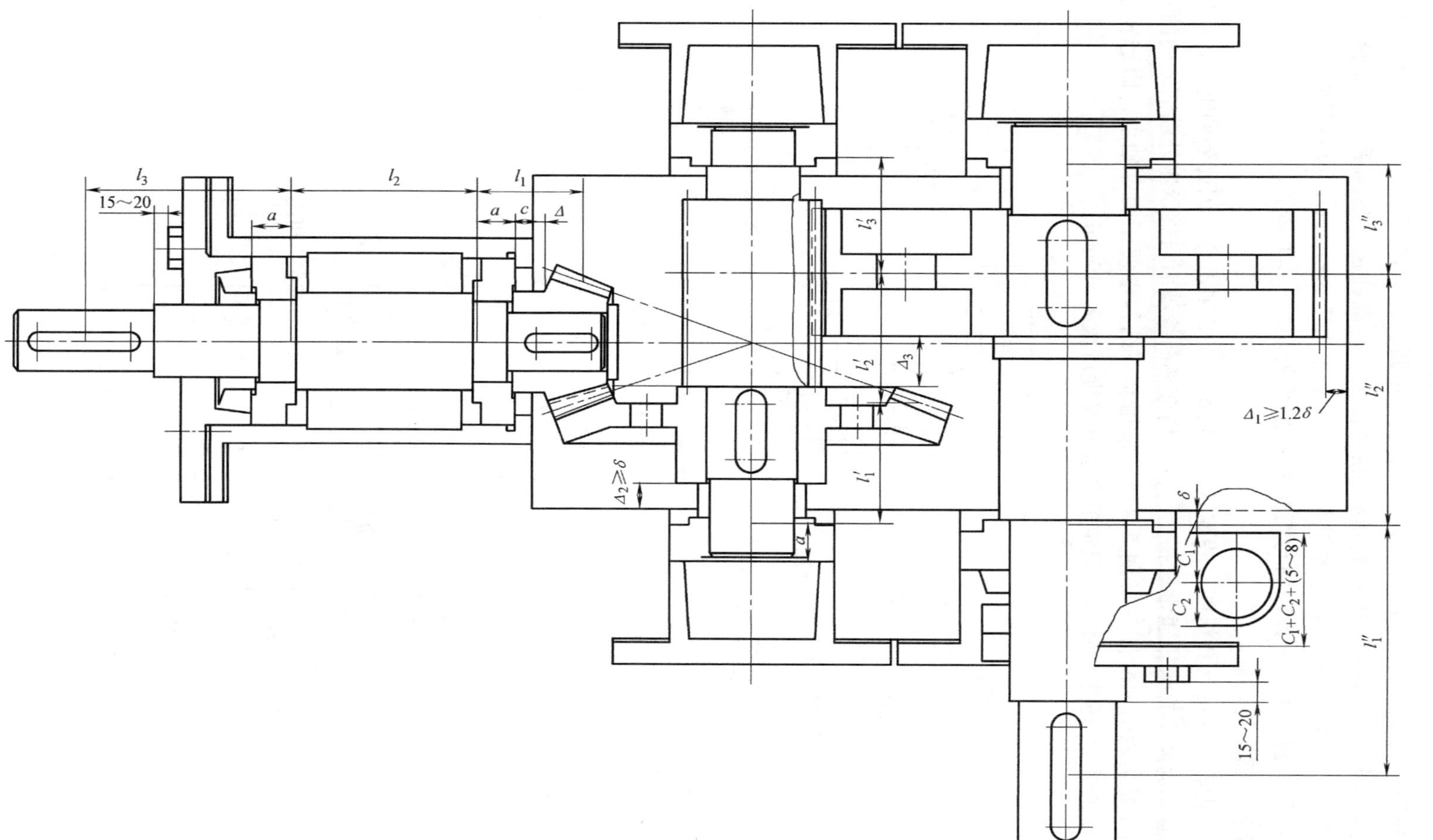

图 5.46　锥齿轮-圆柱齿轮减速器初绘装配草图

所示，大锥齿轮轮毂端面与箱体内壁距离 $\Delta_2 \geqslant \delta$，然后以小锥齿轮的轴线为对称线，画出箱体沿小锥齿轮轴线长度方向的另一侧内壁。低速级小圆柱齿轮的齿宽通常比大齿轮宽 5~10mm，小圆柱齿轮端面与内壁距离 $\Delta_2 \geqslant \delta$。在画出大、小圆柱齿轮轮廓后，应检验一下大锥齿轮与大圆柱齿轮的间距 Δ_3 是否大于 5~10mm，若不大于 5~10mm，应将箱体适当加宽。在主视图中应使大圆柱齿轮的齿顶圆与箱体内壁之间的距离 $\Delta_1 \geqslant 1.2\delta$。

2. 锥齿轮的固定与调整

为保证锥齿轮传动的啮合精度，装配时两齿轮锥顶点必须重合，因此要调整大、小锥齿轮的轴向位置，为此小锥齿轮通常放在套杯内，用套杯凸缘端面与轴承座外端面之间的一组垫片 m 调节小锥齿轮的轴向位置（图 5.47）。采用套杯结构也便于固定轴承，固定轴承外圈的凸肩高度应使 D_a 不小于轴承的规定值。套杯厚度可取 8~10mm。

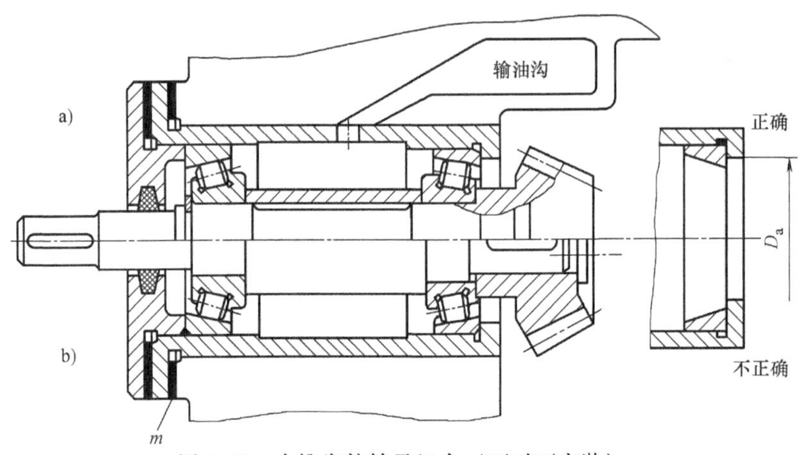

图 5.47　小锥齿轮轴承组合（面对面安装）

大、小锥齿轮轴的轴承一般常采用圆锥滚子轴承。当小锥齿轮轴采用圆锥滚子轴承时，轴承有两种布置方案，一种是面对面安装（图 5.47），另一种是背对背安装（图 5.48）。两种方案轴的刚度不同，轴承的固定方法也不同，背对背安装方案刚度大于面对面安装方案。

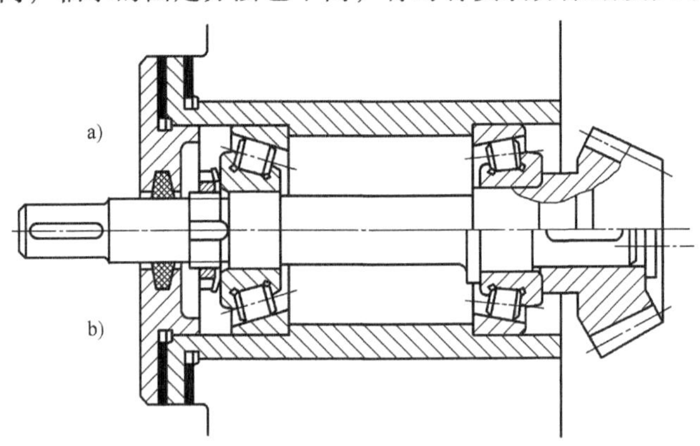

图 5.48　小锥齿轮轴承组合（背对背安装）

对于面对面安装方案，轴承固定方法根据小锥齿轮与轴的结构关系而定。如图 5.47a（轴线上半部分）所示是采用齿轮轴结构时的轴承固定方法，两轴承的内圈各端面都需要固定，而外圈各固定一个端面。这种结构方案适用于小锥齿轮大端齿顶圆直径小于套杯凸肩孔

径 D_a 的场合，因为齿轮外径大于套杯孔径时，轴承需在套杯内进行安装，很不方便。如图 5.47b（轴线下半部分）所示是采用齿轮与轴分开的结构时轴承的固定方法，轴承内外圈都只固定一个端面，这种结构方案的轴承安装方便。如图 5.47 所示两种方案的轴承游隙都是借助于轴承盖与套杯间的垫片来进行调整的。

对于背对背安装方案，轴承固定和游隙调整方法也和轴与齿轮的结构有关。如图 5.48a 所示为齿轮轴结构，轴承内圈借助右端凸肩和左端圆螺母加以固定，外圈借助套杯凸肩固定。如图 5.48b 所示为齿轮与轴分开的结构，右端轴承内圈借助轴环和齿轮端面加以固定，左端轴承内圈借助圆螺母固定，而两个轴承外圈都借助套杯凸肩固定。这种反装结构的缺点是轴承安装不便，轴承游隙靠圆螺母调整也很麻烦，故应用较少。

3. 小锥齿轮的悬臂长与相关支承距离的确定

小锥齿轮多采用悬臂安装结构，如图 5.49 所示，悬臂长 l_1 可这样确定：根据结构定出齿轮 M（M 为锥齿轮宽度中点到大端最远处距离）；按 $\Delta=10\sim12$mm 定出箱体内壁；轴承外圈宽边一侧距内壁距离（即套杯凸肩厚）$C=8\sim12$mm；从轴承外圈宽边再定出尺寸 a（a 值可根据有关轴承型号确定），然后从图上量出悬臂长度 l_1。为使小锥齿轮轴具有较大的刚度，两轴承支点距离 l_2 不宜过小（图 5.46），通常取 $l_2=2.5d$ 或 $l_2=(2\sim2.5)l_1$，式中 d 为轴颈的直径。在确定出支点跨距之后，画出轴承的轮廓。

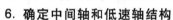

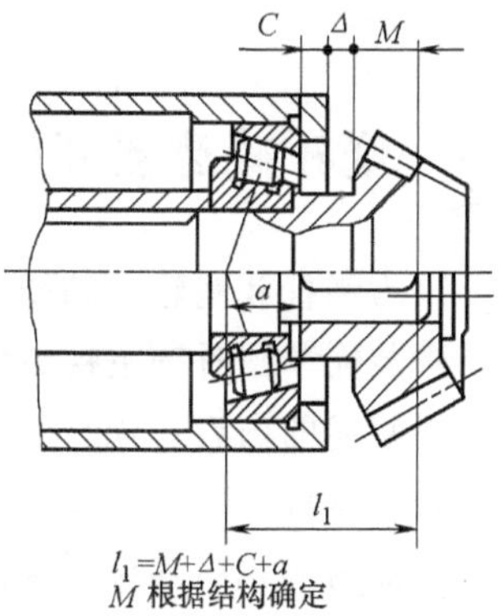

$l_1=M+\Delta+C+a$
M 根据结构确定

图 5.49　小锥齿轮的悬臂长 l_1 的确定

4. 确定小锥齿轮处的轴承套杯及轴承盖的轮廓尺寸

先根据轴承外径确定套杯尺寸，再根据套筒外径确定轴承盖的尺寸。

5. 确定小锥齿轮轴外伸段长度

画出小锥齿轮轴的结构，根据外伸端所装零件的轮毂尺寸定出轴的外伸长度，确定出外伸端所装零件作用于轴上力的位置。

6. 确定中间轴和低速轴结构

确定滚动轴承端面至箱体内壁间距离的原则与二级圆柱齿轮减速器相同，轴承采用油润滑时取 3~5mm；脂润滑时取 10~15mm，然后画出中间轴和低速轴轴承的轮廓。

7. 确定轴承座孔长度

在俯视图上根据箱体壁厚和螺栓的配置尺寸（即能容纳下扳手的空间）确定轴承孔的总长度为 $l=\delta+C_1+C_2+(5\sim8)$mm（图 5.46）。然后画出中间轴和低速轴的轴承盖的轮廓。根据低速轴外伸端所装零件确定轴伸长度，并画出轴的其他各部分结构。

8. 确定轴上力的作用点与支承点

从初绘草图中量取支承点间和受力点间的距离 l_1、l_2、l_3，l'_1、l'_2、l'_3及 l''_1、l''_2、l''_3（图 5.46）。然后校核轴、轴承和键的强度。

9. 完成装配草图设计

根据本章 5.3 节中所述的内容完成装配草图设计。

在画主视图时，若采用圆弧形的箱盖造型，还需检验一下小锥齿轮与箱盖内壁间的距离 Δ_1 是否大于或等于 1.2δ，δ 为箱盖壁厚，如图 5.50 所示，如果 $\Delta_1<1.2\delta$，则须修改箱内壁的位置直到满足要求为止。

如图 5.51 所示表示出大锥齿轮在油池中的浸油深度，一般应将整个齿宽或至少 0.7 倍齿宽浸入油中。对于锥齿轮-圆柱齿轮减速器一般按保证大锥齿轮有足够的浸油深度来确定油面位置，然后检验低速级大齿轮浸油深度，浸油深度应为（1/6~1/3）分度圆半径。

依据以上原则绘出箱体全部结构，完成装配草图。

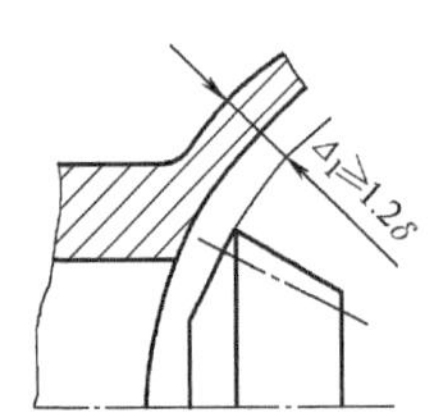

图 5.50　小锥齿轮与箱壁间隙

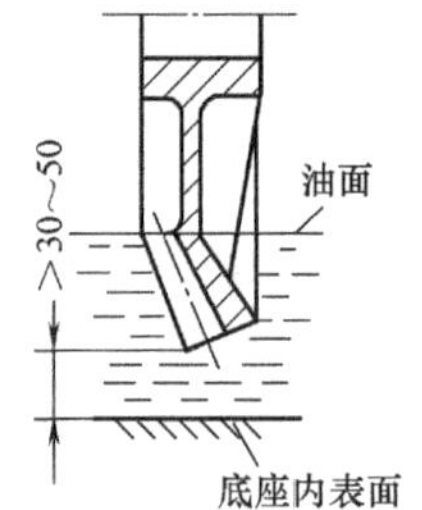

图 5.51　锥齿轮油面的确定

5.6　蜗杆减速器装配草图设计

因为蜗杆和蜗轮的轴线呈空间交错，所以不可能在一个视图上画出蜗杆和蜗轮轴的结构。画装配草图时需主视图和左视图同时绘制。在动手绘图之前，应仔细阅读本章 5.1~5.3 节中所阐述的内容。蜗杆减速器箱体的结构尺寸可参看图 4.4，利用表 5.1 的经验公式确定。设计蜗杆-齿轮或二级蜗杆减速器时，应取低速级中心距去计算有关尺寸。现以一级蜗杆减速器为例说明其绘图步骤。

1. 传动零件位置及轮廓的确定

如图 5.52 所示，在各视图上定出蜗杆和蜗轮的中心线位置。画出蜗杆的节圆、齿顶圆、齿根圆、长度及蜗轮的节圆、外圆以及蜗轮的轮廓，画出蜗杆轴的结构。

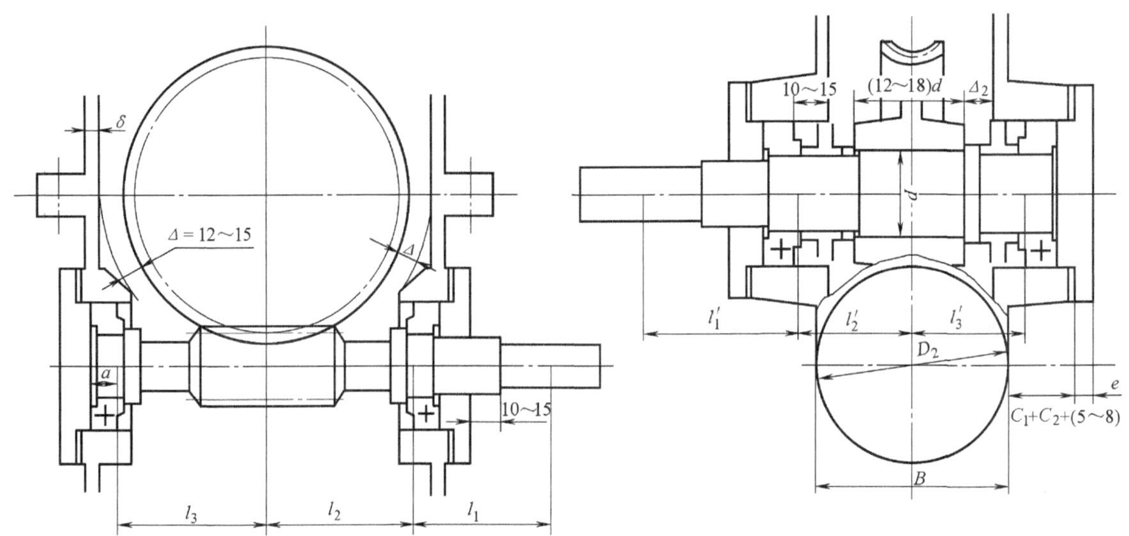

图 5.52　一级蜗杆减速器初绘装配草图

2. 蜗杆轴轴承座位置的确定

为了提高蜗杆轴的刚度，应尽量缩小其支点间的距离。为此轴承座体常伸到箱体内部，如图 5.53 所示，内伸部分的端面位置应由轴承外圈直径 D 或套杯外径 $D+2S$（S 为套杯厚度）确定。内伸部分的外径 D_1 一般近似等于螺钉连接式轴承盖外径 D_2，即 $D_1 \approx D_2$。在内伸部分确定之后，应注意使轴承座与蜗轮外圆之间的距离 $\Delta = 12 \sim 15\text{mm}$，这样就可以确定出轴承座内伸部分端面 A 的位置及主视图中箱体内壁的位置。为了增加轴承座的刚度，在内伸部分的下面还应加支承肋。

3. 确定轴上力的作用点与支承点

通过轴及轴承组合的结构设计，可确定出蜗杆轴上受力点和支承点间的距离 l_1、l_2、l_3 等尺寸，如图 5.52 所示。

蜗轮轴支承点和受力点间的距离，通常是在左视图上绘图确定的。箱体宽度一般取 $B \approx D_2$，D_2 为蜗杆轴轴承盖外径，如图 5.54a 所示。有时为了缩小蜗轮轴的支点距离和提高刚度，也可采用如图 5.54b 所示的箱体结构，此时 B 略小于 D_2。

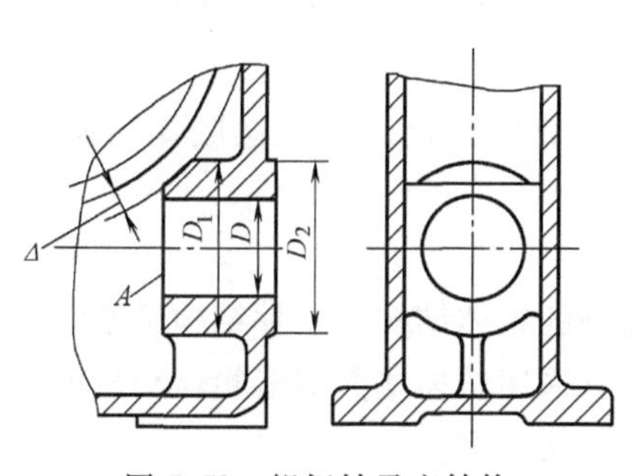

图 5.53　蜗杆轴承座结构

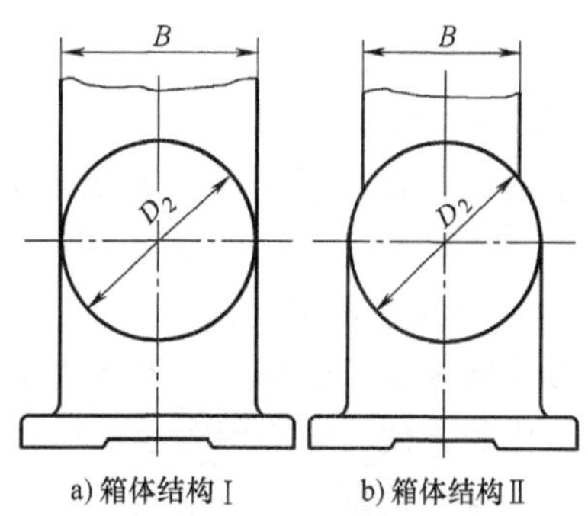

图 5.54　蜗杆减速器箱体宽度

在确定了箱体宽度之后，就可以在侧视图上进行蜗轮轴及轴承组合结构设计了。首先定出箱体外表面，然后画出箱壁的内表面，务必使蜗轮轮毂端面至箱体内壁的距离 $\Delta_2 = 10 \sim 15\text{mm}$。

箱体内壁与轴承端面间的距离，当轴承采用油润滑时取 3~5mm；采用脂润滑时取 10~15mm。在轴承位置确定后，画出轴承轮廓。

通过蜗轮轴及轴承组合的初步设计，就可以从图上量得支承点和受力点间的距离 l_1'、l_2' 及 l_3'，如图 5.52 所示。

4. 蜗杆传动及其轴承的润滑

蜗杆减速器轴承组合的润滑与蜗杆传动的布置方案有关。当蜗杆圆周速度小于 10m/s 时，通常采用蜗杆布置在蜗轮的下面，称为蜗杆下置式。这时蜗杆轴承组合靠油池中的润滑油润滑，比较方便。蜗杆浸油深度为（0.75~1.0）h，h 为蜗杆的螺牙高或齿全高。当蜗杆轴承的浸油深度已达到要求，而蜗杆尚未浸入油中或浸油深度不够时，可在蜗杆轴上设溅油环，如图 5.55 所示，利用溅油环飞溅的油来润滑传动零件及轴承，这样也可防止蜗杆轴承浸油过深。

蜗杆置于蜗轮上面称为蜗杆上置式，这种结构用于蜗杆圆周速度大于 10m/s 的传动。由于蜗轮速度低，故搅油损失小，油池中杂质和磨料进入啮合处的可能性小，但蜗杆在上，其轴承组合的润滑比较困难，此时可采用脂润滑或设计特殊的导油结构。

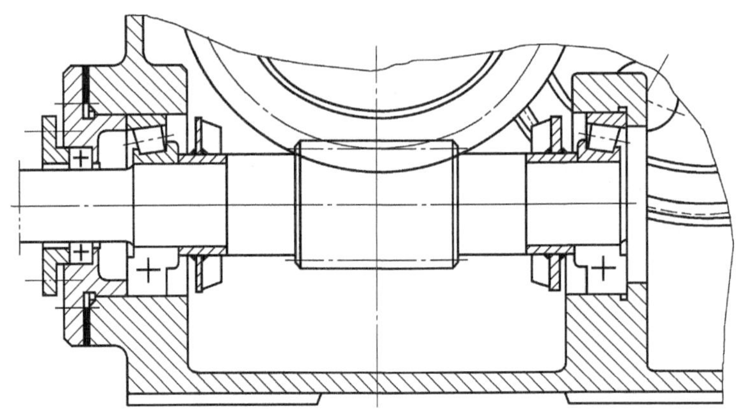

图 5.55　溅油环结构

5. 轴承游隙的调整

轴承游隙的调整通常靠箱体轴承座与轴承盖间的垫片或套杯与轴承盖间的垫片来实现。

6. 蜗杆传动的密封

对于蜗杆下置式减速器，蜗杆轴应采用较可靠的密封装置，例如橡胶圈密封或混合密封。

7. 蜗杆减速器箱体形式

大多数蜗杆减速器都采用沿蜗轮轴线的水平面剖分的箱体结构，这种结构可使蜗轮轴的安装调整比较方便，中心距较小的蜗杆传动减速器也有采用整体式大端盖箱体结构的，其结构简单、紧凑、重量轻，但蜗轮及蜗轮轴的轴承调整不便。

8. 蜗杆传动的热平衡计算

蜗杆传动效率较低，发热量较大，因此对于连续工作的蜗杆减速器需进行热平衡计算，当热平衡计算满足不了要求时，应增大箱体散热面积和增设散热片。若仍不满足要求时可考虑在蜗杆轴头上加设风扇等强迫冷却的方法，以加强散热。

9. 完成装配草图设计

根据本章 5.3 节中所述各点完成减速器装配草图设计。

蜗杆-齿轮
减速器

第6章

减速器装配工作图设计

减速器装配工作图内容包括减速器结构的各个视图、尺寸、技术要求、技术特性表、零件编号、明细栏和标题栏等。经过前面几个阶段的设计，已将减速器的各个零部件结构确定下来，但作为完整的装配图，还要完成其他内容。

6.1 对减速器装配工作图视图的要求

减速器装配工作图应选择两个或三个视图为主，附以必要的剖视图和局部视图，要求全面、正确地反映出各零件的结构形状及各零件的相互装配关系，各视图间的投影应正确、完整。线条粗细应符合制图标准，图面要清晰、整洁、美观。

绘图时应注意以下几点：

1）完成装配工作图时，应尽量把减速器的工作原理和主要装配关系集中表达在一个基本视图上。对于齿轮减速器，尽量集中在俯视图上；对于蜗杆减速器，则可在主视图上表示。装配工作图上尽量避免用虚线表示零件结构，必须表达的内部结构（如附件结构）可采用局部剖视图或局部视图表达清楚。

2）画剖视图时，对于相邻的不同零件，其剖面线的方向应不同，以示区别，但一个零件在各剖视图中剖面线方向和间距应一致。对于很薄的零件（如垫片）其剖面尺寸较小，可涂黑不打剖面线。

3）螺栓、螺钉、滚动轴承等可以按机械制图中的规定投影关系绘制，也可用标准中规定的简化画法。

4）斜齿轮的螺旋线方向应表达清楚，并应与计算相符。

5）绘制装配工作图时注意先不要加深，因设计零件工作图时可能还要修改装配工作图中的某些局部结构或尺寸。

6.2 减速器装配工作图内容

1. 标注尺寸

装配工作图上应标注的尺寸如下：

（1）特性尺寸　传动零件中心距。

（2）配合尺寸　主要零件的配合处都应标出尺寸、配合性质和标准公差等级。配合性质和标准公差等级的选择对减速器的工作性能、加工工艺及制造成本等都有很大影响，应根据手册中有关资料认真确定。配合性质和公差等级也是选择装配方法的依据。减速器主要零件的荐用配合见表6.1，供设计时参考。

(3) 安装尺寸　机体底面尺寸（包括长、宽、厚），地脚螺栓孔中心的定位尺寸，地脚螺栓孔之间的中心距和直径，减速器中心高，主动轴与从动轴外伸端的配合长度和直径以及轴外伸端面与减速器某基准轴线的距离等。

(4) 外形尺寸　减速器总长、总宽、总高等。它是表示减速器大小的尺寸，以便考虑所需空间大小及工作范围等，供车间布置及装箱运输时参考。

标注尺寸时，应使尺寸的布置整齐清晰，多数尺寸应布置在视图外面，并尽量集中在反映主要结构的视图上。

表6.1　减速器主要零件的荐用配合

配合零件	荐用配合	装拆方法
大中型减速器的低速级齿轮（蜗轮）与轴的配合，轮缘与轮芯的配合	$\frac{H7}{r6}$, $\frac{H7}{s6}$	用压力机或温差法（中等压力的配合，小过盈配合）
一般齿轮、蜗轮、带轮、联轴器与轴的配合	$\frac{H7}{r6}$	用压力机（中等压力的配合）
要求对中性良好及很少装拆的齿轮、蜗轮、联轴器与轴的配合	$\frac{H7}{n6}$	用压力机（较紧的过渡配合）
小锥齿轮及较常装拆的齿轮、联轴器与轴的配合	$\frac{H7}{m6}$, $\frac{H7}{k6}$	手锤打入（过渡配合）
滚动轴承内孔与轴的配合（内圈旋转）	j6（轻负荷）； k6，m6（中等负荷）	用压力机（实际为过盈配合）
滚动轴承外圈与轴承座孔的配合（外圈不转）	H7，H6（精度高时要求）	木锤或徒手装拆
轴套、挡油盘、溅油轮与轴的配合	$\frac{D11}{k6}$, $\frac{F9}{k6}$, $\frac{F9}{m6}$, $\frac{H8}{h7}$, $\frac{H8}{h8}$	
轴承套筒与箱体座孔的配合	$\frac{H7}{js6}$, $\frac{H7}{h6}$	
轴承盖与箱体座孔（或套筒孔）的配合	$\frac{H7}{d11}$, $\frac{H7}{h8}$	
嵌入式轴承盖的凸缘与箱体轴承座孔凹槽之间的配合	$\frac{H11}{h11}$	
与密封件相接触轴段的公差带	f9，h11	

2. 减速器技术特性

应在装配工作图上适当位置写出减速器的技术特性，包括输入功率和转速、传动效率、总传动比及各级传动比、传动特性（如各级传动件的主要几何参数、标准公差等级）等。也可在装配工作图上列表表示。二级斜齿圆柱齿轮减速器技术特性见表6.2。

3. 编写技术要求

装配工作图的技术要求是用文字说明在视图上无法表达的有关装配、调整、检验、润滑、维护等方面的内容，正确制订技术要求将能保证减速器的工作性能。技术要求主要包括以下几方面：

表 6.2 二级斜齿圆柱齿轮减速器技术特性表

输入功率 /kW	输入转速 /(r/min)	传动效率 η	总传动比 i	传动特性							
				第一级				第二级			
				m_n	z_2/z_1	β	标准公差等级	m_n	z_2/z_1	β	标准公差等级

(1) 对润滑剂的要求 润滑剂对减少运动副间的摩擦、降低磨损和散热、冷却起着重要作用，技术要求中应写明传动件及轴承的润滑剂品种、用量及更换时间。

选择传动件的润滑剂时，应考虑传动特点、载荷性质、大小及运转速度。例如重型齿轮传动可选用黏度高、油性好的齿轮油；蜗杆传动由于不利于形成油膜，可选用既含有极压添加剂又含有油性添加剂的工业齿轮油；对轻载、高速、间歇工作的传动件可选黏度较低的润滑油；对开式齿轮传动可选耐腐蚀、抗氧化及减摩性好的开式齿轮油。

当传动件与轴承采用同一润滑剂时，应优先满足传动件的要求，并适当兼顾轴承要求。

对多级传动，应按高速级和低速级对润滑剂要求的平均值来选择润滑剂。

对于圆周速度 $v<2\text{m/s}$ 的开式齿轮传动和滚动轴承，常采用润滑脂。具体牌号根据工作温度、运转速度、载荷大小和环境情况选择。

传动件和轴承所用润滑剂的选择方法参看《机械设计》教材。换油时间一般为半年左右。

(2) 滚动轴承轴向游隙及其调整方法 对于固定间隙的深沟球轴承，一般留有 $\Delta=0.25\sim0.4\text{mm}$ 的轴向间隙。这些轴向间隙（游隙）值 Δ 应标注在技术要求中。

如图 6.1 所示是用垫片调整轴向间隙，先用端盖将轴承完全顶紧，则端盖与箱体端面之间有间隙 δ，用厚度为 $\delta+\Delta$ 的一组垫片置于端盖与箱体端面之间即可得到需要的间隙 Δ。也可用螺纹件调整轴承游隙，可将螺钉或螺母拧紧至基本消除轴向游隙，然后再退转到留有需要的轴向游隙位置，最后锁紧螺纹。

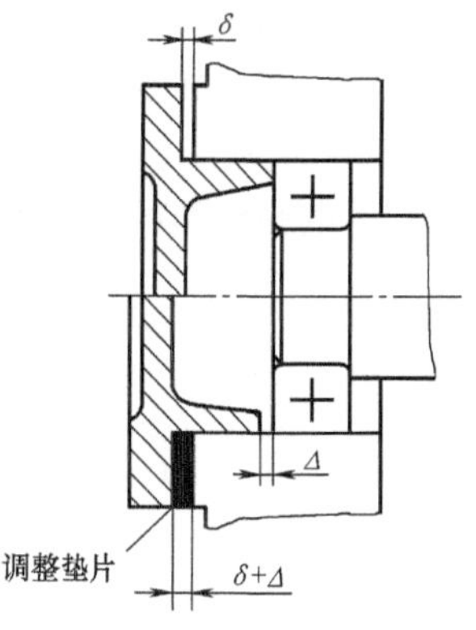

图 6.1 用垫片调整轴向间隙

(3) 传动侧隙 齿轮副的侧隙用最小极限偏差 j_{nmin}（或 j_{tmin}）与最大极限偏差 j_{nmax}（或 j_{tmax}）来规定，最小、最大极限偏差应根据齿厚极限偏差和传动中心距极限偏差等通过计算确定，具体计算方法可参阅《互换性与技术测量》教材。

检查侧隙的方法可用塞尺测量，或将铅丝放进传动件啮合的间隙中，然后测量铅丝变形后的厚度即可。

(4) 接触斑点 检查接触斑点的方法是在主动件齿面上涂色，并将其转动，观察从动件齿面的着色情况，由此分析接触区位置及接触面积大小。若侧隙和接触斑点不符合要求，可调整传动件的啮合位置或对齿面进行跑合。对于锥齿轮减速器，可通过垫片调整大、小锥齿轮位置，使两轮锥顶重合。对于蜗杆减速器，可调整蜗轮轴承端盖与箱体轴承座之间的垫片，使蜗轮中平面与蜗杆中平面重合，以改善接触状况。

（5）减速器的密封　在箱体剖分面、各接触面及密封处均不允许漏油。剖分面上允许涂密封胶或水玻璃，但不允许塞入任何垫片或填料。轴伸处密封应涂上润滑油。

（6）对实验的要求　减速器装配好后应做空载实验，正反转各一小时，要求运转平稳、噪声小，连接固定处不得松动。做负载实验时，油池温升不得超过35℃，轴承温升不得超过40℃。

（7）外观、包装和运输的要求　箱体表面应涂漆，外伸轴及零件需涂油并包装严密，运输及装卸时不可倒置。

4. 零件编号

零件编号要完全，不得重复。图上相同零件只能有一个零件编号，对于标准件也可分开单独编号。编号引线不应相交，并尽量不与剖面线平行。独立组件（如滚动轴承、通气器）可作为一个零件编号。对装配关系清楚的零件组（如螺栓、螺母及垫圈）可利用公共引线。编号应按顺时针或逆时针方向顺次排列，编号的数字高度应比图中所注尺寸的数字高度大一号。

5. 编制明细栏和标题栏

明细栏是减速器所有零件的详细目录，对每一个编号的零件都应在明细栏内列出，编制明细栏的过程也是最后确定材料及标准件的过程。因此，填写时应考虑到节约材料，特别是贵重材料，还应注意减少标准件的品种和规格。标准件必须按照规定标记，完整的写出零件名称、材料、规格及标准代号。

6. 检查装配工作图

完成装配工作图后，应对此阶段的设计再进行一次检查，其主要内容包括：

1）视图的数量是否足够，是否能清楚地表达减速器的工作原理和装配关系。

2）尺寸标注是否正确，配合性质和公差等级的选择是否适当。

3）技术要求和技术特性是否完善、正确。

4）零件编号是否齐全，标题栏和明细栏是否符合要求，有无多余或遗漏。

5）所有文字和数字是否清晰，是否按制图规定写出。图样经检查并修改后，待画完零件工作图再加深。

6）用电脑绘图的最后检查线型、线宽、字高等。

第7章

零件工作图设计

零件工作图是制造、检验和制定零件工艺规程的基本技术文件。它是在装配工作图的基础上拆绘和设计而成的。它既要反映设计者的意图，又要考虑到制造、装拆的可能性和结构的合理性。零件工作图应包括制造和检验零件所需的全部详细内容，现对零件工作图的设计简述如下：

1. 视图的选择

对于每个零件必须单独绘制在一张标准图幅中。应合理地选用一组视图，将零件的结构形状和尺寸都完整、准确而又清晰地表达出来。

零件的基本结构与主要尺寸，均应根据装配工作图来绘制，不得随意改动，如果必须改动时则应对装配工作图做相应的修改。

2. 尺寸及其偏差的标注

标注尺寸要符合机械制图的规定，尺寸既要足够又不多余，同时标注尺寸应考虑设计要求，并便于零件的加工和检验，因此在设计中要注意以下几点：

1）从保证设计要求及便于加工制造出发，正确选择尺寸基准。

2）图面上应有供加工测量用的足够尺寸，尽量避免加工时做任何计算。

3）大部分尺寸应尽量集中标注在最能反映零件特征的视图上。

4）对配合尺寸及要求精确的几何尺寸（如轴孔配合尺寸、键配合尺寸、箱体孔中心距等）均应注出尺寸的极限偏差。

5）零件工作图上的尺寸必须与装配工作图中的尺寸一致。

3. 零件表面粗糙度的标注

零件的所有表面都应注明表面粗糙度的数值，如较多平面具有同样的粗糙度，可在图纸右上角统一标注，并加“其余”字样，但只允许就其中使用最多的一种粗糙度如此标注。粗糙度的选择，可参看有关手册。

4. 几何公差的标注

零件工作图上应标注必要的几何公差，这也是评定零件加工质量的重要指标之一。不同零件的工作性能要求不同，所需标注的几何公差项目及等级也不相同，其具体数值及标注方法可参考有关手册和图册。

5. 编写技术要求

对于零件在制造时必须保证的技术要求，但又不便用图形或符号表示时，可用文字简明扼要地书写在技术要求中。

6. 绘制标题栏

零件工作图的标题栏位置应布置在图幅的右下角，用以说明该零件的名称、材料、数量、图号、比例以及责任者姓名等。标题栏尺寸必须按有关标准绘制，可参见第 9 章的 9.1 节。

7.1 轴类零件工作图设计

1. 视图的安排

根据轴类零件的结构特点，只需画一个视图，即将轴线水平横置，且使键槽朝上，以便能表达轴类零件的外形和尺寸，再在键槽、圆孔等处加画辅助的断面图。对于零件的细部结构，如退刀槽、砂轮越程槽、中心孔等处必要时可画局部放大图。

2. 标注尺寸

轴类零件工作图主要是标注各段直径尺寸和轴向长度尺寸。标注直径尺寸时，各段直径都要逐一标注，若是配合直径，还需标出尺寸偏差。各段之间的过渡圆角或倒角等结构的尺寸也应标出（或在技术要求中加以说明）。标注轴向长度尺寸时，为了保证轴上所装零件的轴向定位，应根据设计和工艺要求确定主要基准和辅助基准，并选择合理的标注形式。标注的尺寸应反映加工工艺及测量的要求，还应注意避免出现封闭的尺寸链。通常使轴中最不重要的一段轴向尺寸作为尺寸的封闭环而不标注。此外在标注键槽尺寸时，除标注键槽长度尺寸外，还应注意标注键槽的定位尺寸。

如图 7.1 所示为齿轮减速器输出轴的直径和长度尺寸的标注示例。图中 I 基面为主要基准。图中 L_2，L_3，L_4，L_5 和 L_7 等尺寸都以 I 基面作为基准注出，以减少加工误差。标注 L_2 和 L_4 是考虑到齿轮固定及轴承定位的可靠性，而 L_3 则和控制轴承支点的跨距有关。L_6 涉及开式齿轮的固定，L_8 为次要尺寸。封闭段和左轴承的轴段长度误差不影响装配及使用，故作为封闭环不标注尺寸，使加工误差积累在该轴段上，避免了封闭的尺寸链。该轴的主要加工过程见表 7.1。

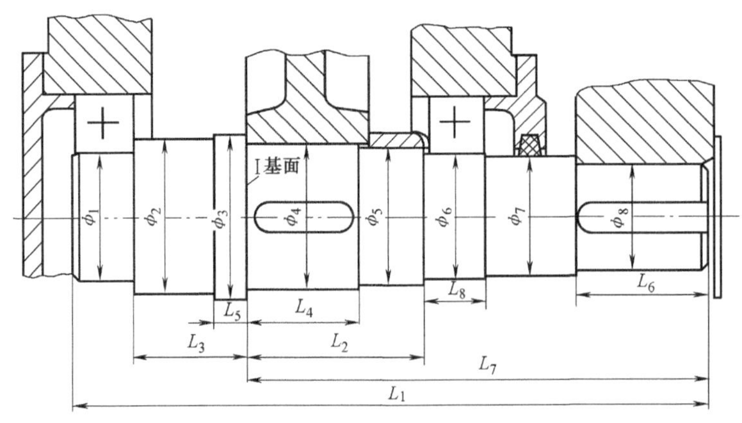

图 7.1 轴的直径和长度尺寸的标注示例

表 7.1　轴的车削主要加工工序

工序号	工序名称	工序草图	所需尺寸
1	下料，车削外圆，车削端面，钻中心孔		L_1，ϕ_3
2	卡住一头，测量 L_7，车削 ϕ_4		L_7，ϕ_4
3	测量 L_4，车削 ϕ_5		L_4，ϕ_5
4	测量 L_2，车削 ϕ_6		L_2，ϕ_6
5	测量 L_6，车削 ϕ_8		L_6，ϕ_8
6	测量 L_8，车削 ϕ_7		L_8，ϕ_7
7	调头测量 L_5，车削 ϕ_2		L_5，ϕ_2
8	测量 L_3，车削 ϕ_1		L_3，ϕ_1

3. 公差及表面粗糙度的标注

轴类零件的重要尺寸（如安装齿轮、链轮及联轴器部位的直径）均应依据装配工作图上所选定的配合性质查出公差值标注在零件工作图上；轴上装轴承部位的直径公差应根据轴承与轴的配合性质查公差表后加以标注；键槽尺寸及公差也应依据键连接公差的规定进行标注。

轴类零件工作图除需标注上述各项尺寸公差外，还需标注必要的几何公差，以保证轴的加工精度和轴的装配质量。轴类零件的几何公差的推荐标注项目和标准公差等级见表 7.2。几何公差的具体数值见有关标准。

表 7.2　轴类零件的几何公差推荐标注项目和标准公差等级

类别	标注项目	符号	标准公差等级	对工作性能的影响
形状公差	与滚动轴承相配合表面的圆柱度	⌭	7~8	影响轴承与轴配合松紧及对中性，也会改变轴承内圈滚道的几何形状，缩短轴承寿命
跳动公差和位置公差	与滚动轴承相配合的轴颈表面对中心线的圆跳动	↗	6~8	影响传动件及轴承的运转偏心
	轴承的定位端面相对轴心线的轴向圆跳动	↗	6~7	影响轴承的定位，造成轴承套圈歪斜；改变跑道的几何形状，恶化轴承的工作条件
	与齿轮等传动零件相配合表面对中心线的圆跳动	↗	6~8	影响传动件的运转（偏心）
	齿轮等传动零件的定位端面对中心线的垂直度或轴向圆跳动	↗	6~8	影响齿轮等传动零件的定位及其受载均匀性
	键槽对轴中心线的对称度（要求不高时可不注）	⌯	7~9	影响键受载均匀性及装拆的难易

由于轴的各部分精度不同，加工方法不同，表面粗糙度也不相同。表面粗糙度值的选择见表 7.3。

表 7.3　轴类零件加工面的表面粗糙度 *Ra* 推荐值　　　　（单位：μm）

<table>
<tr><th>加工表面</th><th colspan="4">表面粗糙度 Ra</th></tr>
<tr><td>与传动件和联轴器轮毂相配合的表面</td><td colspan="4">3.2；1.6~0.8；0.4</td></tr>
<tr><td>与滚动轴承相配合的表面</td><td colspan="4">1.0（轴承内径 d≤80mm）；1.6（轴承内径 d>80mm）</td></tr>
<tr><td>与传动件及联轴器相配合的轴肩端面</td><td colspan="4">6.3；3.2；1.6</td></tr>
<tr><td>与滚动轴承相配合的轴肩端面</td><td colspan="4">2.0（d≤80mm）；2.5（d>80mm）</td></tr>
<tr><td>平键键槽</td><td colspan="4">6.3~3.2（工作面）；12.5~6.3（非工作面）</td></tr>
<tr><td rowspan="4">密封处的表面</td><td>毡圈式</td><td colspan="2">橡胶密封式</td><td>油沟及迷宫式</td></tr>
<tr><td colspan="3">与轴接触处的圆周速度（m/s）</td><td rowspan="3">6.3；3.2；1.6</td></tr>
<tr><td>≤3</td><td>>3~5</td><td>>5~10</td></tr>
<tr><td>3.2；1.6；0.8</td><td>1.6；0.8；0.4</td><td>0.8；0.4；0.2</td></tr>
</table>

4. 技术要求

轴类零件工作图上的技术要求包括以下内容：

1）对材料和表面性能的要求，如所选材料牌号及热处理方法，热处理后应达到的硬度值等。

2）中心孔的类型尺寸应写明。如果零件图上未画中心孔，应在技术要求中注明中心孔的类型及国标代号，或在图上用指引线标出。

3）对图中未注明的圆角、倒角尺寸及其他特殊要求的说明等。

7.2　齿轮类零件工作图设计

1. 视图的安排

圆柱齿轮可视为回转体，一般用1~2个视图即可表达清楚，选择主视图时，常把齿轮的轴线水平横置，且用全剖或半剖视图表示孔、键槽、轮毂、轮辐及轮缘的结构；左或右侧视图可以全部画出，也可以只画出轴孔和键槽的形状、尺寸，作为局部视图。蜗轮的零（部）件工作图的视图安排与齿轮的零件工作图类似。

2. 尺寸、公差及表面粗糙度的标注

齿轮零件工作图上的尺寸按回转体尺寸的标注方法进行。以轴线为基准线，端面为齿宽方向的尺寸基准。既不要遗漏（如各圆角、倒角、斜度、锥度、键槽尺寸等），又要注意避免重复。

齿轮的分度圆直径是设计计算的基本尺寸，齿顶圆直径、轮毂直径、轮辐（或腹板）等尺寸，都是加工中不可缺少的尺寸，都应标注在图纸上。而齿根圆直径则是根据其他尺寸参数加工的结果，按规定不予标注。

齿轮零件工作图上所有配合尺寸或精度要求较高的尺寸，均应标注尺寸公差、几何公差及表面粗糙度。

齿轮的毛坯公差对齿轮的传动精度影响很大，也应根据齿轮的标准公差等级进行标注。

齿轮的轴孔是加工、检验和装配时的重要基准，其直径尺寸精度要求较高，应根据装配工作图上选定的配合性质和标准公差等级查公差表，标出各极限偏差值。

齿轮的几何公差还包括键槽两个侧面对于中心线的对称度公差，可按7~9级公差等级选取。

此外，还要标注齿轮所有表面相应的表面粗糙度值，见表7.4。

表7.4　齿轮、蜗轮加工面的表面粗糙度 *Ra* 推荐值　　（单位：μm）

<table>
<tr><th colspan="2" rowspan="3">加工表面</th><th colspan="4">表面粗糙度</th></tr>
<tr><th colspan="4">齿轮第Ⅱ公差组标准公差等级</th></tr>
<tr><th>6</th><th>7</th><th>8</th><th>9</th></tr>
<tr><td rowspan="3">齿轮工作面</td><td>圆柱齿轮</td><td rowspan="3">1.6~0.8</td><td>3.2~0.8</td><td rowspan="3">3.2~1.6</td><td rowspan="3">6.3~3.2</td></tr>
<tr><td>锥齿轮</td><td rowspan="2">1.6~0.8</td></tr>
<tr><td>蜗杆及蜗轮</td></tr>
<tr><td colspan="2">齿顶圆</td><td colspan="4">12.5~3.2</td></tr>
<tr><td colspan="2">轴孔</td><td colspan="4">3.2~1.6</td></tr>
<tr><td colspan="2">与轴肩相配合的端面</td><td colspan="4">6.3~3.2</td></tr>
<tr><td colspan="2">平键键槽</td><td colspan="4">6.3~3.2(工作面)；12.5~6.3(非工作面)</td></tr>
<tr><td colspan="2">其他加工表面</td><td colspan="4">12.5~6.3</td></tr>
</table>

3. 啮合特性表

齿轮的啮合特性表应布置在齿轮零件工作图的右上角。其内容包括齿轮的基本参数（模数 m_n、齿数 z、齿形角 α 及斜齿轮的螺旋角 β），标准公差等级和相应各检验项目的公差值。

7.3 箱体零件工作图设计

1. 视图的安排

箱体零件的结构较复杂，为了把它的各部结构表达清楚，通常不能少于三个视图，另外还应增加必要的剖视图、向视图和局部放大图。

2. 标注尺寸

箱体零件的尺寸标注比轴、齿轮等零件要复杂得多，标注尺寸时应注意以下几点：

1）选好基准。最好采用加工基准作为标注尺寸的基准，这样便于加工和测量。如箱座和箱盖的高度尺寸应以剖分面（加工基准面）为基准进行标注；箱体的宽度尺寸应采用宽度对称中心线作为基准进行标注；箱体的长度尺寸应取轴承孔中心线作为基准进行标注。

2）机体尺寸可分为定形尺寸和定位尺寸。定形尺寸是确定箱体各部分形状大小的尺寸，如壁厚、圆角半径、槽的深宽、箱体的长宽高、各种孔的直径和深度及螺纹孔的尺寸等，这类尺寸应直接标出，而不应有任何运算。定位尺寸是确定箱体各部分相对于基准的位置尺寸，如孔的中心线、曲线的中心位置及其他有关部分的平面到基准的距离等，这类尺寸都应从基准（或辅助基准）直接标注。

3）对于影响机械工作性能的尺寸（如箱体轴承座孔的中心距及其偏差）应直接标注，以保证加工的准确性。

4）配合尺寸都应标出其偏差。标注尺寸时应避免出现封闭尺寸链。

5）所有圆角、倒角、拔模斜度等都必须标注，或在技术要求中加以说明。

6）各基本形体部分的尺寸，在基本形体的定位尺寸标注后，都应从自己的基准出发进行标注。

3. 几何公差的标注

箱体零件几何公差推荐标注项目及其标准公差等级见表 7.5。

表 7.5 箱体零件几何公差推荐标注项目及其标准公差等级

类别	标注项目	符号	标准公差等级	对工作性能的影响
形状公差	轴承座孔的圆柱度	⌭	6~7	影响箱体与轴承的配合性能及对中性
	剖分面的平面度	▱	7~8	影响箱体剖分面的防渗漏性能及密合性
位置公差	轴承座孔中心线间的平行度	//	6~7	影响传动零件的接触精度及传动的平稳性
	轴承座孔的端面对其中心线的垂直度	⊥	7~8	影响轴承固定及轴向载荷分布的均匀性
	锥齿轮减速器两轴承座孔中心线的垂直度	⊥	7	影响传动零件的传动平稳性和载荷分布的均匀性
	两轴承座孔中心线的同轴度	◎	7~8	影响减速器的装配及传动零件载荷分布的均匀性

4. 表面粗糙度的标注

箱体零件加工面的表面粗糙度的推荐值见表7.6。

表7.6 箱体零件加工面的表面粗糙度的推荐值 (单位：μm)

加工表面	表面粗糙度 Ra
箱体剖分面	3.2～1.6
与滚动轴承相配合的轴承座孔	1.6(轴承孔径 $D \leqslant 80mm$) 3.2(轴承孔径 $D>80mm$)
轴承座孔外端面	6.3～3.2
箱体底面	12.5～6.3
油沟及检查孔的接触面	12.5～6.3
螺栓孔、沉头座	25～12.5
圆锥销孔	3.2～1.6
轴承盖及套杯的其他配合面	6.3～3.2

5. 技术要求

箱体零件工作图的技术要求应包括以下内容：

1）清砂及时效处理。

2）箱盖与箱座的轴承孔应在连接并装入定位销后镗孔。

3）箱盖与箱座合箱后边缘的平齐性及错位量允许值。

4）剖分面上的定位销孔加工，应将箱盖和箱座固定配钻、配铰。

5）铸件斜度及圆角半径。

6）箱体内表面需用煤油清洗，并涂防腐漆。

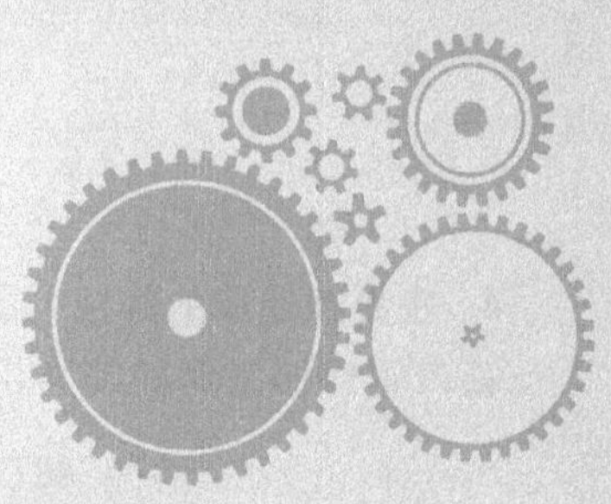

第 8 章 编写设计计算说明书、课程设计的总结和答辩

设计计算说明书是对设计计算的整理和总结，是图样设计的理论依据，而且也是审核设计是否合理的基本技术文件之一。编写设计计算说明书是设计工作的一个重要组成部分。

8.1 编写设计计算说明书

1. 设计计算说明书的内容

设计计算说明书的内容应根据具体设计任务进行撰写。对以减速器为主的机械传动装置设计，设计计算说明书一般按以下内容和顺序书写：

1）封面。

2）目录（包括页码）。

3）设计任务书（由指导教师根据第 21 章的设计题目给定）。

4）传动方案的分析和拟定（附传动方案简图，对方案进行简要分析和评价）。

5）计算电动机所需功率，选择电动机（包括各级传动效率的选择和总效率的计算）。

6）传动装置的运动和动力参数计算（包括分配各级传动比，计算各轴的转速、功率和转矩等）。

7）传动零件的设计计算（包括带传动、链传动、齿轮传动及蜗杆传动等的主要参数、结构形式和几何尺寸）。

8）轴的设计计算（包括绘制轴的结构图、受力分析图、弯矩图和转矩图等）。

9）滚动轴承的选择和计算（包括受力分析简图和寿命计算）。

10）键连接的选择和强度校核计算。

11）联轴器的选择。

12）润滑方式、润滑油牌号、润滑油量及密封装置的选择。

13）设计小结（简要说明课程设计的心得体会，分析设计中的优点和不足，并提出改进意见等）。

14）参考文献（格式参考现行国家标准 GB/T 7714—2015）。

2. 设计计算说明书的编写要求和注意事项

设计计算说明书要求计算正确、插图简明、书写工整，具体要求及注意事项如下：

1）设计计算内容应标出大小标题，首先应列出计算公式，然后代入数值，写出计算结果，并注明单位，最后应给出简要的结论，如“满足强度要求”“安全”“合格”等。

2）对于重要的公式和引用的数据应注明来源（参考资料的编号及页码）。

3）设计计算说明书中应附有必要的简图，例如轴的设计计算部分应该画出轴的结构草图、空间受力图、水平面及垂直面受力图、水平面及垂直面的弯矩图、合成弯矩图、转矩图、当量弯矩图等，各个图应用同一比例。同理，滚动轴承的计算也应有受力简图。

4）设计计算说明书必须用正楷书写清楚，也可以打印，不得用铅笔或彩色笔书写。

5）设计计算说明书一般采用 A4 纸纵向布置，左侧装订，按规定格式分栏书写，即分为“计算内容”栏和“计算结果”栏，如图 8.1a 所示。具体格式和内容参见本书第 22 章。

6）设计计算说明书封面如图 8.1b 所示。

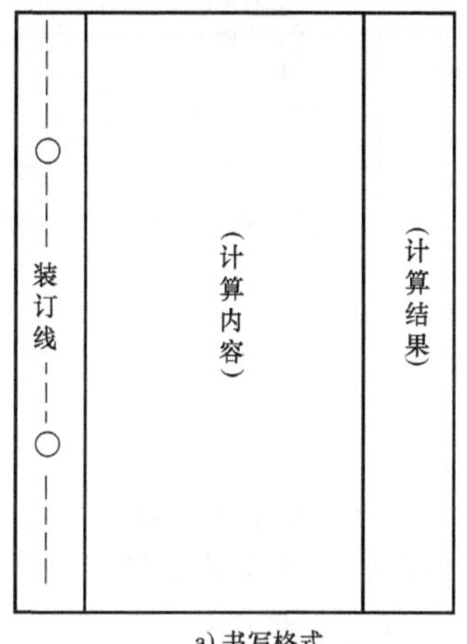

a) 书写格式

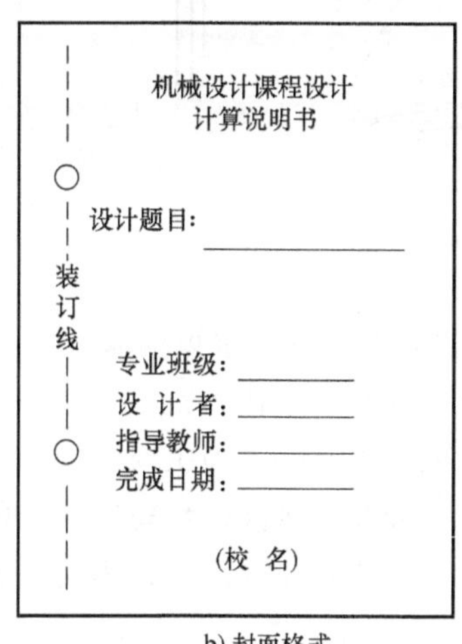

b) 封面格式

图 8.1　设计计算说明书格式

8.2　总结与答辩

1. 课程设计总结、资料整理与答辩成绩评定

学生在答辩前，应先做好对课程设计的总结。首要的是结构方面，包括总体结构的选择是否合理，设计是否满足设计要求，各个零（部）件之间的相互关系是否正确等。其次是理论计算方面，包括零件的选材、受力分析、失效形式、承载能力计算、主要尺寸参数的确定是否正确等。最后是对国标与设计规范等资料要熟知和运用自如。

答辩是对课程设计内容和质量的评定，通过答辩不仅可以对学生所做设计的质量进行评价，还可以系统地分析和发现设计中存在的错误和不足。通过展示图样和设计计算说明书等材料，学生对设计内容进行阐述和表达，对老师提出的问题进行现场分析和回答，能更加充分的展示学生的设计能力和应变能力。因此，课程设计答辩也是对学生进行综合训练和提高应用能力、表达能力和协作能力的一个重要环节。

答辩的形式一般采用单独答辩，每人 10~15min。答辩成绩的评定以设计图样、设计计算说明书及答辩中回答问题的情况为依据，并参考设计过程中的平时表现（独立设计能力，善于思考、创新等）进行评定，分为优、良、中、及格、不及格五个等级。

图纸折叠方法如图 8.2 所示。设计计算说明书装订好，与图纸一同放在图纸档案袋中，认真填写档案袋封面信息，以备归档。档案袋封面参考格式如图 8.3 所示。

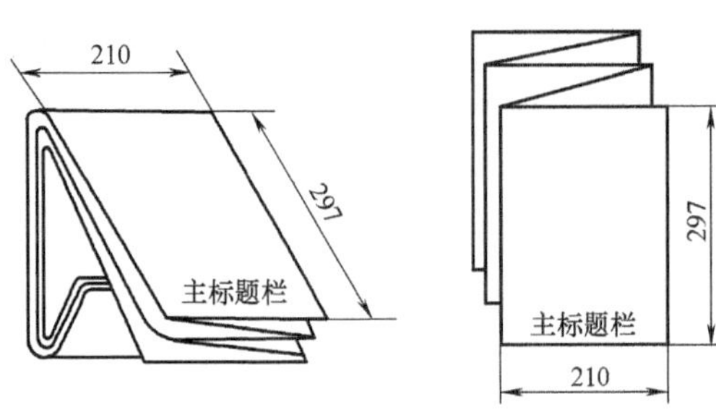

图 8.2　设计图纸的折叠方法

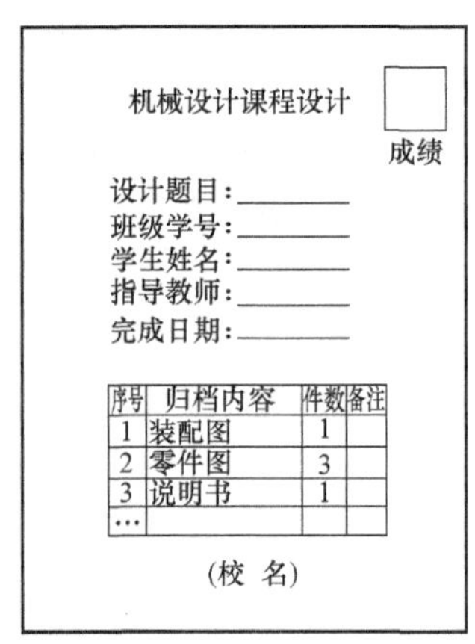

机械设计课程设计

成绩

设计题目：________
班级学号：________
学生姓名：________
指导教师：________
完成日期：________

序号	归档内容	件数	备注
1	装配图	1	
2	零件图	3	
3	说明书	1	
…			

（校　名）

图 8.3　档案袋封面参考格式

2. 课程设计答辩中的常见问题

1）减速器的作用是什么？

2）通用减速器有哪几种主要类型？其特点如何？

3）为合理分配二级圆柱齿轮减速器的传动比，应考虑哪些主要问题？

4）你所设计的齿轮减速器选用的是软齿面还是硬齿面？使用若干年后，该齿轮将首先发生什么失效？为什么？如果该齿轮失效后再重新设计齿轮，将按什么强度设计？按什么强度校核？为什么？

5）减速器在什么情况下需要在箱座的箱缘上开设油沟？试说明油的走向。

6）减速器箱体装油塞处及装通气器处为何要凸出一些？

7）放油塞有何作用？它的位置为什么要选择在最低位置？

8）如何考虑减速器检查孔位置的设计？

9）为何要在减速器上开设通气器？通气器有几种结构形式？

10）起盖螺钉有何作用？其工作原理如何？

11）轴承盖的连接螺钉位置应如何考虑？

12）为何箱体在轴承旁连接螺栓处要设凸台？凸台的高度如何确定？

13）在减速器上下箱体连接螺栓处及地角螺栓处为何要有沉孔？

14）如何考虑减速器滚动轴承的润滑问题？

15）试说明减速器齿轮（或蜗杆、蜗轮）径向力、圆周力、轴向力的传递路线，这些力最终由哪些零件所承受？

16）减速器上下分箱面为何要涂以水玻璃或密封胶而不允许用任何材料的垫片？

17）减速器的肋板（例如轴承座下边的肋板）起什么作用？

18）你所设计的减速器如何起吊？其结构形式如何？

19）在齿轮设计中，当接触强度不满足时，应采用哪些措施提高齿轮的接触强度？

20）在齿轮设计中，当弯曲强度不满足时，应采用哪些措施提高齿轮的弯曲强度？

21）说明计算载荷中的载荷系数 K 的意义。

22）斜齿圆柱齿轮中，轮齿的螺旋角大小和旋向是根据什么确定的？

23）大、小齿轮的硬度为什么有差别？你设计的大、小齿轮齿面硬度是否相同？接触强度计算中用哪一个齿轮极限应力值？

24）在什么条件下采用齿轮轴？

25）根据所设计的减速器，说明如何选择滚动轴承的类型、尺寸，并简述原因。

26）角接触轴承正装（面对面安装）和反装（背对背安装）布置各有哪些优缺点？你选择的布置有何特点？

27）根据什么条件选择联轴器？联轴器与箱体边缘的距离应如何考虑？

28）上下箱体连接螺栓的位置和个数是根据什么确定的？

29）轴承盖的类型有哪些？各有何优缺点？

30）轴承旁连接螺栓起何作用？其位置是如何确定的？

31）中间轴（或低速轴、高速轴）哪段受弯？哪段受扭？

32）键的宽度 b、高度 h 和长度 L 应如何确定？键在轴上的安装位置如何确定？

33）键的强度验算主要考虑什么强度？

34）箱缘宽度根据什么条件确定的？

35）减速器的定位销起什么作用？它的直径、安装位置如何确定？

36）在确定油面指示装置位置时，应考虑哪些问题？

37）检查孔的作用是什么？其大小和位置根据什么条件确定？

38）为减少箱体加工面，在设计中采取哪些措施？

39）减速器上的吊钩、吊环或吊耳的作用是什么？

40）减速器的油塞起什么作用？布置其位置时应考虑哪些问题？

41）装配图中应标注哪些尺寸？结合你所设计的图样说明各尺寸的作用？

42）轴承盖的连接螺栓是受拉螺栓还是受剪螺栓？其所受的力是从哪里传来？

43）减速器上下箱体连接螺栓是受拉还是受剪连接螺栓？简述其所受的外力性质（轴向力、横向力、扭矩、翻倒力矩），并说明外力的来源。

44）斜齿圆柱齿轮的螺旋角取值应在什么范围？为什么？

45）一对相啮合的大、小齿轮宽度为何不相等？哪个齿轮宽度大？为什么？

46）轴承与轴和轴承座孔的配合如何选取？采用什么配合制和配合关系？

47）减速器中何处的结构设计考虑了螺栓的扳手操作空间？原因是什么？

48）弹簧垫圈的作用是什么？沉孔的作用是什么？

49）减速器油面高度如何确定？减速器的箱体高度如何确定？

50）滚动轴承如何装拆？在轴的结构设计中应如何考虑？

第2篇　机械设计常用标准和规范

第9章 常用数据和一般标准及规范

9.1 图纸幅面、比例、标题栏及剖面符号

9.1.1 图纸幅面、比例

表 9.1 图纸幅面和格式（摘自 GB/T 14689—2008） （单位：mm）

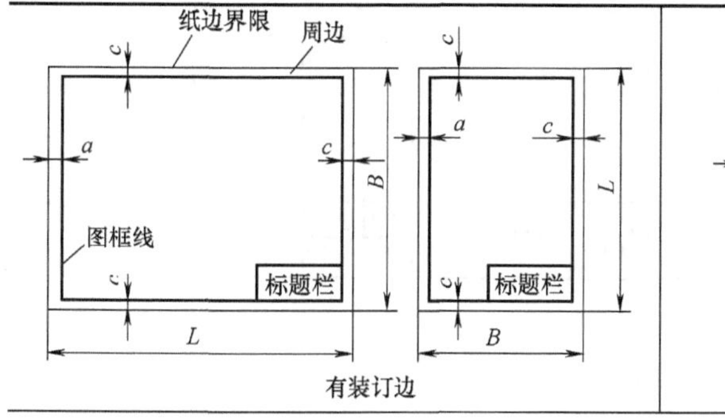

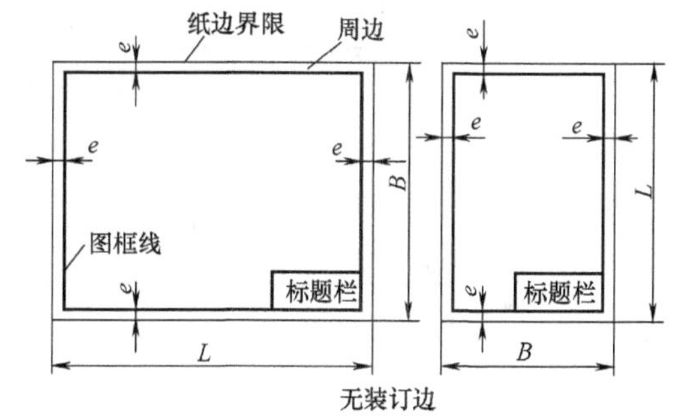

基本幅面					
第一选择					
幅面代号	A0	A1	A2	A3	A4
$B\times L$	841×1189	594×841	420×594	297×420	210×297
e	20		10		
c	10			5	
a	25				
加长幅面					
第二选择		第三选择			
幅面代号	$B\times L$	幅面代号	$B\times L$	幅面代号	$B\times L$
A3×3	420×891	A0×2	1189×1682	A3×5	420×1486
A3×4	420×1189	A0×3	1189×2523	A3×6	420×1783
A4×3	297×630	A1×3	841×1783	A3×7	420×2080
A4×4	297×841	A1×4	841×2378	A4×6	297×1261
A4×5	297×1051	A2×3	594×1261	A4×7	297×1471
		A2×4	594×1682	A4×8	297×1682
		A2×5	594×2102	A4×9	297×1892

表 9.2　图样比例（摘自 GB/T 14690—1993）

原值比例	1∶1	应用说明
缩小比例	1∶2　1∶5　1∶10 1∶2×10^n　1∶5×10^n　1∶1×10^n (1∶1.5)(1∶2.5)(1∶3)(1∶4)(1∶6) (1∶1.5×10^n)(1∶2.5×10^n) (1∶3×10^n)(1∶4×10^n) (1∶6×10^n)	绘制同一机件的各个视图时，应尽可能采用相同的比例，使绘图和读图都很方便 比例应标注在标题栏的比例栏内，必要时可在视图名称的下方或右侧标注比例，如： $\frac{1}{2:1}$　$\frac{A}{1:10}$　$\frac{B-B}{2.5:1}$　$\frac{墙板位置图}{1:100}$　$\frac{平面图}{1:50}$
放大比例	5∶1　2∶1 5×10^n∶1　2×10^n∶1　1×10^n∶1 (4∶1)(2.5∶1) (4∶10^n∶1)(2.5×10^n∶1)	当图形中孔的直径或薄片的厚度等于或小于2mm，以及斜度和幅度较小时，可不按比例夸大画出 表格图或空白图不必标注比例

注：1. n 为正整数。

2. 优先选用不带括号的比例，必要时也允许选用括号内的比例。

9.1.2　图纸标题栏、明细栏

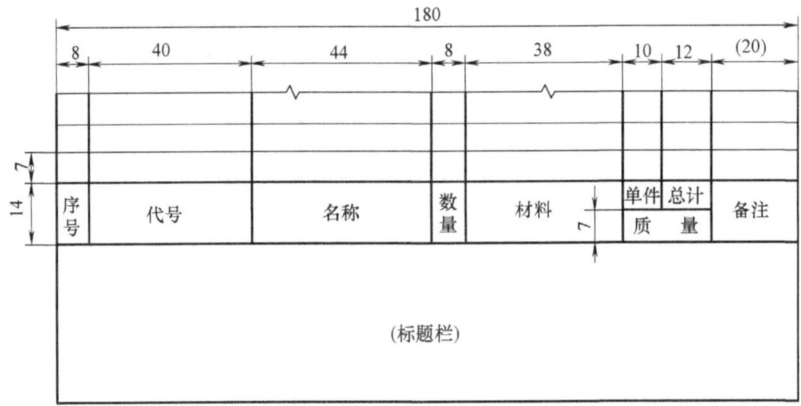

a) 明细栏的格式(一)

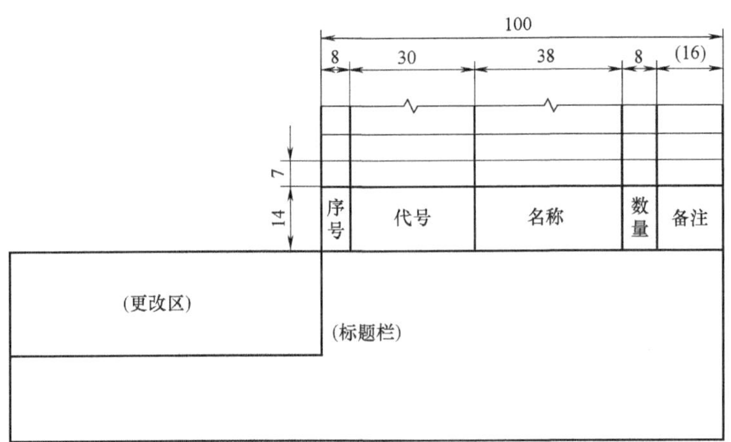

b) 明细栏的格式(二)

图 9.1　明细栏（摘自 GB/T 10609.2—2009）

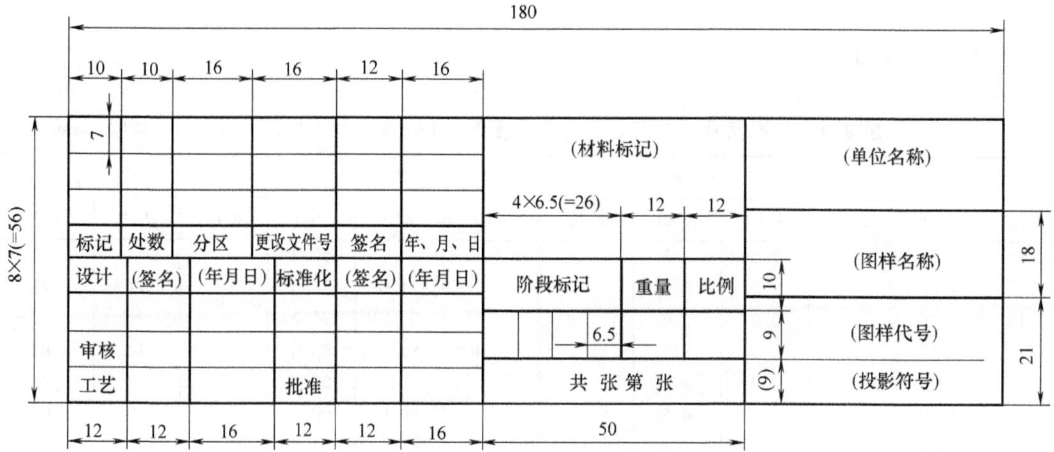

图 9.2 标题栏（摘自 GB/T 10609.1—2008）

9.1.3 剖面符号

表 9.3 常用剖面符号（摘自 GB/T 4457.5—2013）

金属材料 （已有规定剖面符号者除外）			木质胶合板 （不分层数）	
线圈绕组元件			基础周围的泥土	
转子、电枢、变压器和 电抗器等的叠钢片			混凝土	
非金属材料 （已有规定剖面符号者除外）			钢筋混凝土	
型砂、填砂、粉末冶金、砂轮、 陶瓷刀片、硬质合金刀片等			砖	
玻璃及供观察用的其他透明材料			格网 （筛网、过滤网等）	
木材	纵断面		液体	
	横断面			

注：1. 剖面符号仅表示材料的类型，材料的名称和代号另行注明。

2. 叠钢片的剖面线方向，应与束装中叠钢片的方向一致。

3. 液面用细实线绘制。

9.2 标准尺寸

表 9.4 标准尺寸（直径、长度和高度等）（摘自 GB/T 2822—2005）（单位：mm）

R			R′			R			R′		
R10	R20	R40	R′10	R′20	R′40	R10	R20	R40	R′10	R′20	R′40
2.50	2.50		2.5	2.5				67.0			67
	2.80			2.8			71.0	71.0		71	71
3.15	3.15		3.0	3.0				75.0			75
	3.55			3.5		80.0	80.0	80.0	80	80	80
4.00	4.00		4.0	4.0				85.0			85
	4.50			4.5			90.0	90.0		90	90
5.00	5.00		5.0	5.0				95.0			95
	5.60			5.5		100	100	100	100	100	100
6.30	6.30		6.0	6.0				106			105
	7.10			7.0			112	112		110	110
8.00	8.00		8.0	8.0				118			120
	9.00			9.0		125	125	125	125	125	125
10.0	10.0		10.0	10.0				132			130
	11.2			11			140	140		140	140
12.5	12.5	12.5	12	12	12			150			150
		13.2			13	160	160	160	160	160	160
	14.0	14.0		14	14			170			170
		15.0			15		180	180		180	180
16.0	16.0	16.0	16	16	16			190			190
		17.0			17	200	200	200	200	200	200
	18.0	18.0		18	18			212			210
		19.0			19		224	224		220	220
20.0	20.0	20.0	20	20	20			236			240
		21.2			21	250	250	250	250	250	250
	22.4	22.4		22	22			265			260
		23.6			24		280	280		280	280
25.0	25.0	25.0	25	25	25			300			300
		26.5			26	315	315	315	320	320	320
	28.0	28.0		28	28			335			340
		30.0			30		355	355		360	360
31.5	31.5	31.5	32	32	32			375			380
		33.5			34	400	400	400	400	400	400
	35.5	35.5		36	36			425			420
		37.5			38		450	450		450	450
40.0	40.0	40.0	40	40	40			475			480
		42.5			42	500	500	500	500	500	500
	45.0	45.0		45	45			530			530
		47.5			48		560	560		560	560
50.0	50.0	50.0	50	50	50			600			600
		53.0			53	630	630	630	630	630	630
	56.0	56.0		56	56			670			670
		60.0			60		710	710		710	710
63.0	63.0	63.0	63	63	63			750			750

（续）

R			R′			R			R′		
R10	R20	R40	R′10	R′20	R′40	R10	R20	R40	R′10	R′20	R′40
800	800	800	800	800	800	1250	1250	1250			
		850			850			1320			
	900	900		900	900		1400	1400			
		950			950			1500			
1000	1000	1000	1000	1000	1000	1600	1600	1600			
		1060						1700			
	1120	1120					1800	1800			
		1180						1900			

注：1. 选择标准尺寸系列及单个尺寸时，应首先在优先系数 R 系列中选用标准尺寸，并按 R10、R20、R40 的顺序，优先选用公比较大的基本系列及其单值；

2. 如果必须将数值圆整，可在相应的 R′系列中选用标准尺寸，其优先顺序为 R′10，R′20，R′40。

3. 除各表中列出的基本系列外，可采用某个基本系列导出的派生系列，也可采用复合系列。

9.3 中心孔、退刀槽及越程槽

9.3.1 中心孔

表 9.5 中心孔（摘自 GB/T 145—2001） （单位：mm）

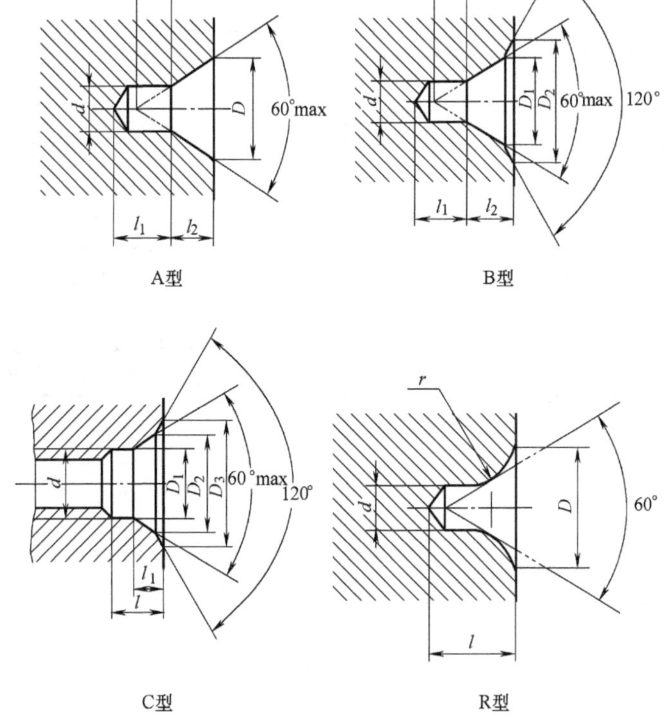

标记示例：直径 $D=4$mm 的 A 型中心孔 记为：A4/8.5 GB/T 145—2001

（续）

d		D	D_2		D_1		l_2		l_1（参考）	t（参考）	D_3	l	l_{min}	r_{max}	r_{min}
A.B.R 型	C 型	A、R 型	B 型	C 型	B 型	C 型	A 型	B 型	C 型	A、B 型	C 型	C 型	R 型		
2.00	M3	4.25	6.30	5.3	4.25	3.2	1.95	2.54	1.8	1.8	5.8	2.6	4.4	6.30	5.00
2.50	M4	5.30	8.00	6.7	5.30	4.3	2.42	3.20	2.1	2.2	7.4	3.2	5.5	8.00	6.30
3.15	M5	6.70	10.00	8.1	6.70	5.3	3.07	4.03	2.4	2.8	8.8	4.0	7.0	10.00	8.00
4.00	M6	8.50	12.50	9.6	8.50	6.4	3.90	5.05	2.8	3.5	10.5	5.0	8.9	12.50	10.00
(5.00)	M8	10.60	16.00	12.2	10.60	8.4	4.85	6.41	3.3	4.4	13.2	6.0	11.2	16.00	12.50
6.30	M10	13.20	18.00	14.9	13.20	10.5	5.98	7.36	3.8	5.5	16.3	7.5	14.0	20.00	16.00
(8.00)	M12	17.00	22.40	18.1	17.00	13.0	7.79	9.36	4.4	7.0	19.8	9.5	17.9	25.00	20.00
10.00	M16	21.20	28.00	23.0	21.20	17.0	9.70	11.66	5.2	8.7	25.3	12.0	22.5	31.50	25.00
	M20			28.4		21.0			6.4		31.3	15.0			
	M24			34.2		26.0			8.0		38.0	18.0			

注：1. A 型和 B 型中心孔的尺寸 l_1 取决于中心钻的长度，此值不应小于 t 值。表中同时列出了 A 型 D 和 l_2 尺寸，制造厂可任选其中一个尺寸；B 型 D_2 和 l_2 尺寸，制造厂可任选其中一个尺寸。

2. 对 B 型中心孔，尺寸 d 和 D_1 与中心钻的尺寸一致。

3. 括号内的尺寸尽量不采用。

4. 不要求保留中心孔的零件采用 A 型，要求保留中心孔的零件采用 B 型；轴端有挡板的零件采用 C 型。

9.3.2 螺纹退刀槽

表 9.6 普通螺纹收尾、肩距、退刀槽和倒角（摘自 GB/T 3—1997）（单位：mm）

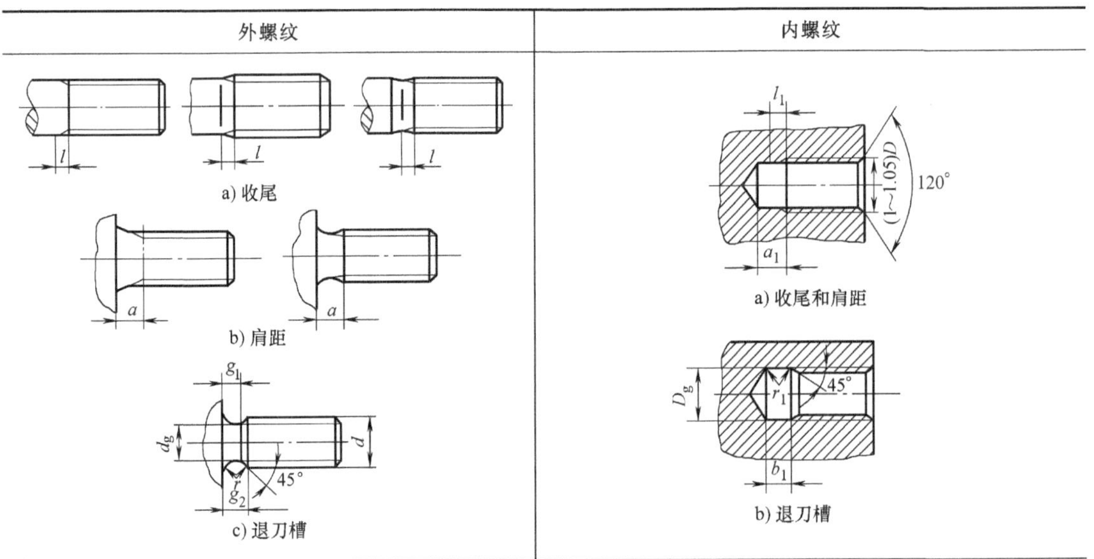

螺距 P	收尾 l max		肩距 a max			退刀槽			
	一般	短的	一般	长的	短的	g_1 min	g_2 max	d_g	$r\approx$
0.25	0.6	0.3	0.75	1	0.5	0.4	0.75	$d-0.4$	0.12
0.3	0.75	0.4	0.9	1.2	0.6	0.5	0.9	$d-0.5$	0.16
0.35	0.9	0.45	1.05	1.4	0.7	0.6	1.05	$d-0.6$	0.16
0.4	1	0.5	1.2	1.6	0.8	0.6	1.2	$d-0.7$	0.2

（续）

螺距 P	收尾 l max		肩距 a max			退刀槽			
	一般	短的	一般	长的	短的	g_1 min	g_2 max	d_g	$r\approx$
0.45	1.1	0.6	1.35	1.8	0.9	0.7	1.35	d-0.7	0.2
0.5	1.25	0.7	1.5	2	1	0.8	1.5	d-0.8	0.2
0.6	1.5	0.75	1.8	2.4	1.2	0.9	1.8	d-1	0.4
0.7	1.75	0.9	2.1	2.8	1.4	1.1	2.1	d-1.1	0.4
0.75	1.9	1	2.25	3	1.5	1.2	2.25	d-1.2	0.4
0.8	2	1	2.4	3.2	1.6	1.3	2.4	d-1.3	0.4
1	2.5	1.25	3	4	2	1.6	3	d-1.6	0.6
1.25	3.2	1.6	4	5	2.5	2	3.75	d-2	0.6
1.5	3.8	1.9	4.5	6	3	2.5	4.5	d-2.3	0.8
1.75	4.3	2.2	5.3	7	3.5	3	5.25	d-2.6	1
2	5	2.5	6	8	4	3.4	6	d-3	1
2.5	6.3	3.2	7.5	10	5	4.4	7.5	d-3.6	1.2
3	7.5	3.8	9	12	6	5.2	9	d-4.4	1.6
3.5	9	4.5	10.5	14	7	6.2	10.5	d-5	1.6
4	10	5	12	16	8	7	12	d-5.7	2
4.5	11	5.5	13.5	18	9	8	13.5	d-6.4	2.5
5	12.5	6.3	15	20	10	9	15	d-7	2.5
5.5	14	7	16.5	22	11	11	17.5	d-7.7	3.2
6	15	7.5	18	24	12	11	18	d-8.3	3.2
参考值	≈2.5P	≈1.25P	≈3P	=4P	=2P	—	≈3P	—	—

注：1. 应优先选用“一般”长度的收尾和肩距；“短”收尾和“短”肩距仅用于结构受限的螺纹件上：产品等级为B或C级的螺纹紧固件可采用“长”肩距。

2. d 为螺纹公称直径（大径）代号。

3. d_g 公差为：h13（d>3mm）；h12（$d\leqslant$3mm）。

9.3.3 砂轮越程槽

表 9.7 回转面及端面砂轮越程槽（摘自 GB/T 6403.5—2008） （单位：mm）

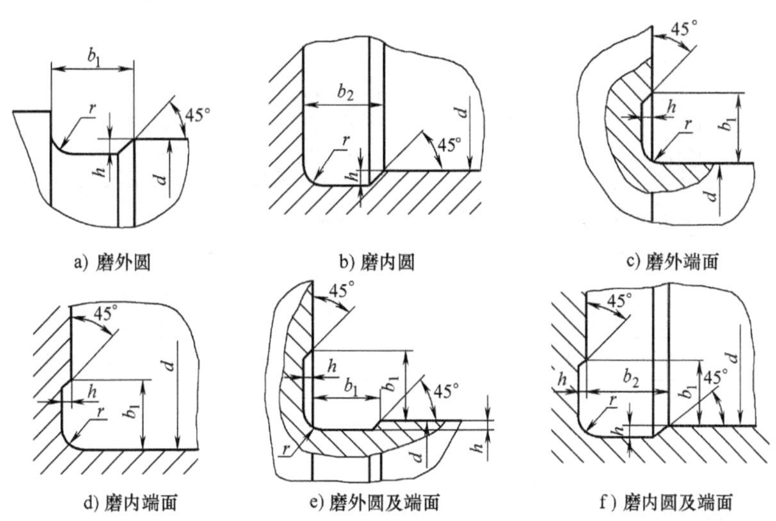

a) 磨外圆 b) 磨内圆 c) 磨外端面

d) 磨内端面 e) 磨外圆及端面 f）磨内圆及端面

（续）

b_1	0.6	1.0	1.6	2.0	3.0	4.0	5.0	8.0	10
b_2	2.0	3.0		4.0		5.0		8.0	10
h	0.1	0.2		0.3	0.4		0.6	0.8	1.2
r	0.2	0.5		0.8	1.0		1.6	2.0	3.0
d	~10			10~50		50~100		100	

注：1. 越程槽内与直线相交处，不允许产生尖角。

2. 越程槽深度 h 与圆弧半径 r，要满足 $r \leqslant 3h$。

表 9.8　平面砂轮越程槽（摘自 GB/T 6403.5—2008）　　（单位：mm）

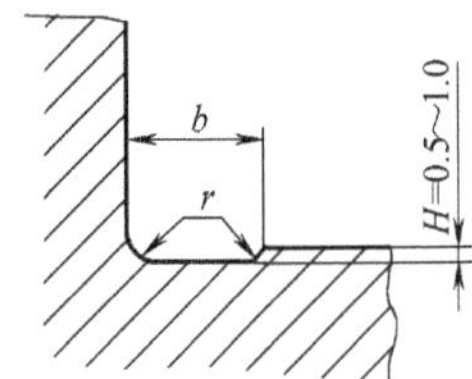

b	2	3	4	5
r	0.5	1.0	1.2	1.6

9.4　圆角和倒角

表 9.9　零件倒圆与倒角（摘自 GB/T 6403.4—2008）　　（单位：mm）

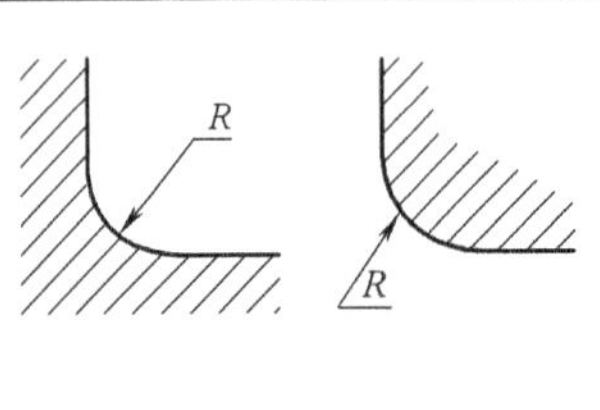

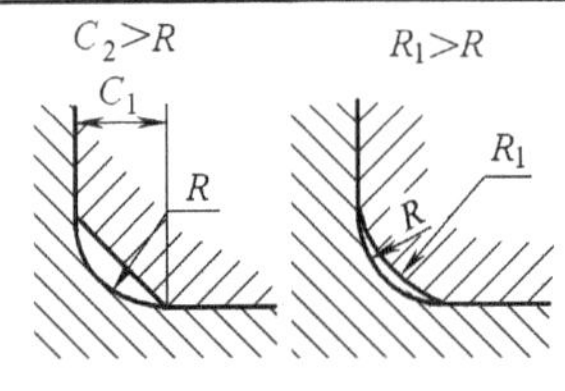

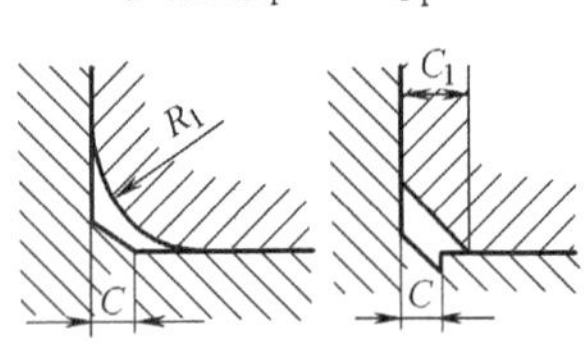

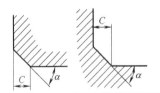

倒圆、倒角尺寸

R 或 C	0.1	0.2	0.3	0.4	0.5	0.6	0.8	1.0	1.2	1.6	2.0	2.5	3.0
	4.0	5.0	6.0	8.0	10	12	16	20	25	32	40	50	—

与直径 ϕ 相应的倒角 C、倒圆 R 的推荐值

ϕ	<3	>3~6	>6~10	>10~18	>18~30	>30~50	>50~80	>80~120	>120~180	>180~250	>250~320	>320~400	>400~500	>500~630	>630~800	>800~1000
C 或 R	0.2	0.4	0.6	0.8	1.0	1.6	2.0	2.5	3.0	4.0	5.0	6.0	8.0	10	12	16

（续）

内角倒角，外角倒圆时 C 的最大值 C_{max} 与 R_1 的关系																						
R_1	0.1	0.2	0.3	0.4	0.5	0.6	0.8	1.0	1.2	1.6	2.0	2.5	3.0	4.0	5.0	6.0	8.0	10	12	16	20	25
C_{max}	—	0.1		0.2		0.3	0.4	0.5	0.6	0.8	1.0	1.2	1.6	2.0	2.5	3.0	4.0	5.0	6.0	8.0	10	12

注：α 一般采用 45°，也可采用 30°或 60°。

9.5 铸造斜度和过渡斜度

表 9.10 铸造外圆角 *R* 值（摘自 JB/ZQ 4256—2006） （单位：mm）

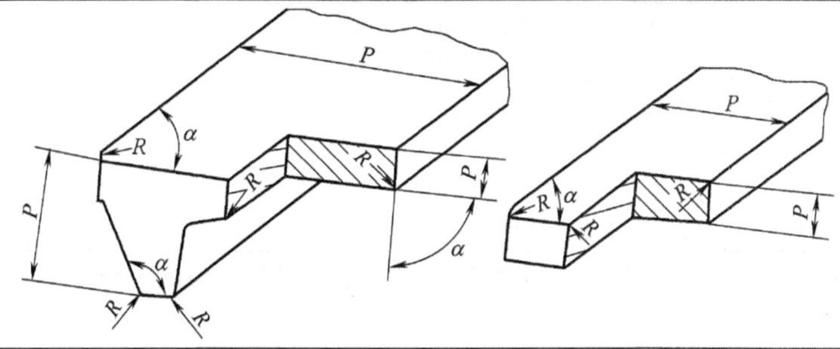

P	α					
	≤50°	>50°~75°	>75°~105°	>105°~135°	>135°~165°	>165°
≤25	2	2	2	4	6	8
>25~60	2	4	4	6	10	16
>60~160	4	4	6	8	16	25
>160~250	4	5	8	12	20	30
>250~400	6	8	10	16	25	40
>400~600	6	8	12	20	30	50
>600~1000	8	12	16	25	40	60
>1000~1600	10	16	20	30	50	80
>1600~2500	12	20	25	40	60	100
>2500	16	25	30	50	80	120

注：1. *P* 为表面的最小动尺寸。

2. 如一铸件按表可选出许多不同的圆角“*R*”时，应尽量减少或只取一适当的“*R*”值以求统一。

表 9.11 铸造斜度（摘自 JB/ZQ 4257—86）

斜度 $b:h$	角度 β	使用范围
1 : 5	11°30′	h<25mm 时钢和铁铸件
1 : 10	5°30′	h=25~500mm 时钢和铁铸件
1 : 20	3°	
1 : 50	1°	h>500mm 时钢和铁铸件
1 : 100	30′	有色金属铸件

注：当设计不同壁厚的铸件时，在转折点处的斜角最大增到 30°~45°。

表 9.12 **铸造过渡斜度**（摘自 JB/ZQ 4254—2006） （单位：mm）

铸铁和铸钢件的壁厚 δ	K	h	R
10～15	3	15	5
>15～20	4	20	5
>20～25	5	25	5
>25～30	6	30	8
>30～35	7	35	8
>35～40	8	40	10
>40～45	9	45	10
>45～50	10	50	10
>50～55	11	55	10
>55～60	12	60	15
>60～65	13	65	15
>65～70	14	70	15
>70～75	15	75	15

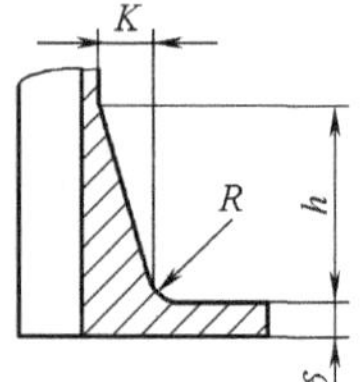

注：适用于减速器的机体、机盖、连接管、汽缸及其他各种连接法兰等铸件的过渡部分尺寸。

第10章 常用工程材料

10.1 普通碳素结构钢

表 10.1 普通碳素结构钢（摘自 GB/T 700—2006）

牌号	等级	力学性能												冲击试验（V 型试样）		应用举例
		屈服强度 R_{eH}/MPa						抗拉强度 R_m/MPa	伸长率 A(%)					温度/℃	冲击吸收功（纵向）/J	
		钢材厚度（直径）/mm							钢材厚度（直径）/mm							
		≤16	>16~40	>40~60	>60~100	>100~150	>150~200		≤40	>40~60	>60~100	>100~150	>150~200			
		不小于							不小于						不小于	
Q195	—	195	185	—	—	—	—	315~430	33	—	—	—	—	—	—	常用其轧制薄板，拉制线材、制钉和焊接钢管
Q215	A	215	205	195	185	175	165	335~450	31	30	29	27	26	—	—	金属结构件、拉杆、套圈、铆钉、螺栓、短轴、心轴、凸轮、垫圈、渗碳零件及焊接件
	B													20	27	
Q235	A	235	225	215	215	195	185	375~500	26	25	24	22	21	—	—	金属结构件、心部强度要求不高的渗碳或碳氮共渗零件，吊钩、拉杆、套圈、气缸、齿轮、螺栓、螺母、连杆、轮轴、盖及焊接件
	B													20	27	
	C													0		
	D													-20		
Q275	A	275	265	255	245	225	215	410~540	22	21	20	18	17	—	—	轴、轴销、制动件、螺栓、螺母、垫圈、连杆、齿轮以及其他强度较高的零件
	B													20	27	
	C													0		
	D													-20		

10.2 优质碳素结构钢

表 10.2 优质碳素结构钢（摘自 GB/T 699—2015）

牌号	试样毛坯尺寸/mm	推荐热处理温度			力学性能					交货硬度HBW		应用举例
		正火	淬火	回火	抗拉强度 R_m/MPa	屈服强度 R_{eH}/MPa	断后伸长率 A(%)	断面收缩率 Z(%)	冲击吸收能量 KU_2/J	未热处理钢	退火钢	
		加热温度/℃			⩾					⩽		
08	25	930	—	—	325	195	33	60	—	131	—	塑性好的零件，如管子、垫片、垫圈；心部强度要求不高的渗碳和碳氮共渗零件，如套筒、短轴、挡块、支架、靠模、离合器盘等
10	25	930	—	—	335	205	31	55	—	137	—	拉杆、卡头、垫圈、铆钉等。这种钢无回火脆性、焊接性能好、因而用来制造焊接零件
15	25	920	—	—	375	225	27	55	—	143	—	受力不大、韧性要求较高的零件，渗碳零件、紧固件以及不需要热处理的低负荷零件，如螺栓、螺钉、法兰盘和化工储器
20	25	910	—	—	410	245	25	55	—	156	—	受力不大而要求很大韧性的零件，如轴套、螺钉、开口销、吊钩、垫圈、齿轮、链轮等；还可用于表面硬度高而心部强度要求不高的渗碳和碳氮共渗零件
25	25	900	870	600	450	275	23	50	71	170	—	制造焊接设备和不承受高应力的零件，如轴、垫圈、螺栓、螺钉、螺母等
30	25	880	860	600	490	295	21	50	63	179	—	制造重型机械上韧性要求高的锻件及其制件，如气缸、拉杆、吊环、机架
35	25	870	850	600	530	315	20	45	55	197	—	曲轴、转轴、轴销、连杆、螺栓、螺母、垫圈、飞轮等，多在正火、调质条件下使用
40	25	860	840	600	570	335	19	45	47	217	187	机床零件，重型、中型机械的曲轴、轴，齿轮，连杆，键，拉杆，活塞等，正火后可用于制造圆盘
45	25	850	840	600	600	355	16	40	39	229	197	要求综合力学性能高的各种零件，通常在正火或调质条件下使用，如轴、齿轮、齿条、链轮、螺栓、螺母、销钉、键、拉杆等

（续）

牌号	试样毛坯尺寸/mm	推荐热处理温度			力学性能					交货硬度HBW		应用举例
		正火	淬火	回火	抗拉强度R_m/MPa	屈服强度R_{eH}/MPa	断后伸长率A(%)	断面收缩率Z(%)	冲击吸收能量KU_2/J	未热处理钢	退火钢	
		加热温度/℃			≥					≤		
50	25	830	830	600	630	375	14	40	31	241	207	要求有一定耐磨性，需承受一定冲击作用的零件，如轮缘、轧辊、摩擦盘等
55	25	820	—	—	645	380	13	35	—	255	217	
65	25	810	—	—	695	410	10	30	—	255	229	弹簧、弹簧垫圈、凸轮、轧辊等
70	25	790	—	—	715	420	9	30	—	269	229	截面不大，强度要求不高的一般机器上的圆形和方形螺旋弹簧，如汽车、拖拉机或火车等机械上承受振动的扁形板簧和圆形螺旋弹簧
15Mn	25	920	—	—	410	245	26	55	—	163	—	心部力学性能要求较高且需渗碳的零件
20Mn	25	910	—	—	450	275	24	50	—	197	—	齿轮、曲柄轴、支架、铰链、螺钉、螺母、铆焊结构件等
25Mn	25	900	870	600	490	295	22	50	71	207	—	渗碳件，如凸轮、齿轮、联轴器、铰链、销等
30Mn	25	880	860	600	540	315	20	45	63	217	187	齿轮、曲柄轴、支架、铰链、螺钉、铆焊结构件、寒冷地区农具等
35Mn	25	870	850	600	560	335	18	45	55	229	197	中型机械中的螺栓、螺母、杠杆等
40Mn	25	860	840	600	590	355	17	45	47	229	207	轴、曲轴、连杆及高应力下工作的螺栓、螺母等
45Mn	25	850	840	600	620	375	15	40	39	241	217	受磨损的零件，如转轴、心轴、曲轴、花键轴、万向联轴器轴、齿轮、离合器盘等
50Mn	25	830	830	600	645	390	13	40	31	255	217	多在淬火、回火后使用，用于制造齿轮、齿轮轴、摩擦盘、凸轮等
60Mn	25	810	—	—	690	410	11	35	—	269	229	大尺寸螺旋弹簧、板簧、各种圆扁弹簧、弹簧垫圈、冷拉钢丝及发条等
65Mn	25	830	—	—	735	430	9	30	—	285	229	耐磨性好，用于制造圆盘、衬板、齿轮、花键轴、弹簧等
70Mn	25	790	—	—	785	450	8	30	—	285	229	耐磨、承受载荷较大的机械零件，如弹簧垫圈、止推环、离合器盘、锁紧圈、盘簧等

10.3 合金结构钢

表 10.3 合金结构钢（摘自 GB/T 3077—2015）

牌号	试样毛坯尺寸/mm	推荐热处理方法					力学性能					供货状态为退火或高温回火钢棒，布氏硬度 HBW	应用举例
		淬火			回火		抗拉强度 R_m/MPa	屈服强度 R_{eL}/MPa	伸长率 A（%）	收缩率 Z（%）	冲击吸收能量 KU_2/J		
		加热温度/℃		冷却剂	加热温度/℃	冷却剂							
		第 1 次淬火	第 2 次淬火				不小于					不大于	
20Mn2	15	850	—	水、油	200	水、空气	785	590	10	40	47	187	截面尺寸小时与 20Cr 相当，用于制造渗碳小齿轮、小轴、钢套、链板等，渗碳淬火后硬度为 56~62HRC
		880	—	水、油	440	水、空气							
35Mn2	25	840	—	水	500	水	835	685	12	45	55	207	对于截面较小的零件可代替 40Cr，可制造直径不大于 15mm 的重要用途的冷镦螺栓及小轴等，表面淬火后硬度为 40~50HRC
45Mn2	25	840	—	油	550	水、油	885	735	10	45	47	217	较高应力与磨损条件下的零件、直径不大于 60mm 的零件，如万向联轴器、齿轮、齿轮轴、曲轴、连杆、花键轴和摩擦盘等，表面淬火后硬度为 45~55HRC
20MnV	15	880	—	水、油	200	水、空气	785	590	10	40	55	187	相当于 20CrNi 的渗碳钢，渗碳淬火后硬度为 56~62HRC
35SiMn	25	900	—	水	570	水、油	885	735	15	45	47	229	除了要求低温（-20℃以下）及冲击韧性很高的情况外，可全面代替 40Cr 做调质钢，也可部分代替 40CrNi，制造中小型轴类、齿轮等零件以及在 430℃ 以下工作的重要紧固件。表面淬火后硬度为 45~55HRC

（续）

牌号	试样毛坯尺寸/mm	推荐热处理方法					力学性能					供货状态为退火或高温回火钢棒,布氏硬度HBW	应用举例
		淬火			回火		抗拉强度 R_m/MPa	屈服强度 R_{eL}/MPa	伸长率 A（%）	收缩率 Z（%）	冲击吸收能量 KU_2/J		
		加热温度/℃		冷却剂	加热温度/℃	冷却剂							
		第1次淬火	第2次淬火				不小于					不大于	
42SiMn	25	880	—	水	590	水	885	735	15	40	47	229	与35SiMn钢相同，可代替40Cr、34CrMo钢制造大齿圈。适合制造表面淬火件，表面淬火后硬度为45~55HRC
37SiMn2MoV	25	870	—	水、油	650	水、空气	980	835	12	50	63	269	可代替34CrNiMo等，制造高强度重负荷轴、曲轴，齿轮、蜗杆等零件。表面淬火后硬度为50~55HRC
40MnB	25	850	—	油	500	水、油	980	785	10	45	47	207	可代替40Cr制造重要调质件，如齿轮、轴、连杆、螺栓等
20MnVB	15	860	—	油	200	水、空气	1080	885	10	45	55	207	制造模数较大，负荷较重的中小渗碳零件，如重型机床上的齿轮和轴，汽车上的后桥主动齿轮、从动齿轮等
20Cr	15	880	780~820	水、油	200	水、空气	835	540	10	40	47	179	要求心部强度高、承受磨损，尺寸较大的渗碳零件，如齿轮、齿轮轴、蜗杆、凸轮、活塞销等；也用于速度较大、受中等冲击的调质零件。渗碳淬火后硬度为56~62HRC
40Cr	25	850	—	油	520	水、油	980	785	9	45	47	207	承受交变载荷、中等速度、中等载荷、强烈磨损而无很大冲击的重要零件，如重要的齿轮、轴、曲轴、连杆、螺栓、螺母等。表面淬火后硬度为48~55HRC

（续）

牌号	试样毛坯尺寸/mm	推荐热处理方法					力学性能					供货状态为退火或高温回火钢棒,布氏硬度HBW	应用举例
		淬火			回火		抗拉强度 R_m /MPa	屈服强度 R_{eL} /MPa	伸长率 A（%）	收缩率 Z（%）	冲击吸收能量 KU_2 /J		
		加热温度/℃		冷却剂	加热温度/℃	冷却剂							
		第1次淬火	第2次淬火				不小于					不大于	
38CrMoAl	30	940	—	水、油	640	水、油	980	835	14	50	71	229	要求高耐磨性、高疲劳强度和相当高的强度且热处理变形小的零件，如镗杆、主轴、蜗杆、齿轮、套筒、套环等。渗氮后表面硬度为1100HV
20CrMnMo	15	850	—	油	200	水、空气	1180	885	10	45	55	217	要求表面硬度高、耐磨、心部有较高强度和韧性的零件，如传动齿轮和曲轴等。渗碳淬火后硬度为56~62HRC
20CrMnTi	15	880	870	油	200	水、空气	1080	850	10	45	55	217	强度、冲击韧度均高，是铬镍钢的代用品。用于承受高速、中等或重载荷以及冲击磨损等的重要零件，如渗碳齿轮、凸轮等。表面淬火后硬度为56~62HRC
20CrNi	25	850	—	水、油	460	水、油	785	590	10	50	63	197	用于制造承受较高载荷的渗碳零件，如齿轮、轴、花键轴、活塞销等
40CrNi	25	820	—	油	500	水、油	980	785	10	45	55	241	用于制造要求强度高、韧性高的零件，如齿轮、轴、链条、连杆等
40CrNiMo	25	850	—	油	600	水、油	980	835	12	55	78	269	用于特大截面的重要调质件，如机床主轴、传动轴、转子轴等

10.4 铸铁和铸钢

表 10.4 灰铸铁（摘自 GB/T 9439—2010）

牌号	铸件壁厚/mm		最小抗拉强度 R_m（强制性值）(min) 单铸试棒/MPa	硬度 HBW	应用举例
	>	≤			
HT100	5	40	100	≤170	盖、外罩、油盘、手轮、手柄、支架等
HT150	5	10	150	125~205	端盖、汽轮泵体、轴承座、阀壳、管及管路附件、手轮，一般机床底座、床身及其他复杂零件、滑座、工作台等
	10	20			
	20	40			
HT200	5	10	200	150~230	气缸、齿轮、底架、箱体、飞轮、齿条、衬套，一般机床铸有导轨的床身及中等压力（8MPa 以下）的液压缸，液压泵和阀的壳体等
	10	20			
	20	40			
HT225	5	10	225	170~240	
	10	20			
	20	40			
HT250	5	10	250	180~250	阀壳、液压缸、气缸、联轴器、箱体、齿轮、齿轮箱体、飞轮、衬套、凸轮、轴承座等
	10	20			
	20	40			
HT275	10	20	275	190~260	
	20	40			
HT300	10	20	300	200~275	齿轮、凸轮、车床卡盘、剪床及压力机的床身、导板、转塔自动车床及其他重负荷机床铸有导轨的床身、高压液压缸、液压泵和滑阀的壳体等
	20	40			
HT350	10	20	350	220~290	
	20	40			

表 10.5 球墨铸铁（摘自 GB/T 1348—2019）

牌号	抗拉强度 R_m /MPa(min)	屈服强度 $R_{p0.2}$ /MPa(min)	伸长率 A (%)(min)	硬度 HBW	应用举例
QT350-22L	350	220	22	≤160	减速器箱体、管、阀体、阀座、压缩机气缸、拨叉、离合器壳体等
QT400-18L	400	240	18	120~175	
QT400-15	400	250	15	120~180	
QT450-10	450	310	10	160~210	液压泵齿轮、阀体、车辆轴瓦、凸轮、犁铧、减速器箱体、轴承座等
QT500-7	500	320	7	170~230	
QT550-5	550	350	5	180~250	
QT600-3	600	370	3	190~270	曲轴、凸轮轴、齿轮轴、机床主轴、缸体、缸套、连杆、矿车车轮、农机零件等
QT700-2	700	420	2	225~305	
QT800-2	800	480	2	245~335	
QT900-2	900	600	2	280~360	曲轴、凸轮轴、连杆、拖拉机链轨板等

表 10.6 一般工程用铸造碳钢（摘自 GB/T 11352—2009）

牌号	抗拉强度 R_m/MPa	屈服强度 $R_{eH}(R_{p0.2})$/MPa	伸长率 A(%)	根据合同选择		硬度		应用举例
				断面收缩率 Z(%)	冲击吸收功 A_{KV}/J	正火回火 HBW	表面淬火 HRC	
ZG 200-400	400	200	25	40	30	—	—	各种形状的机件，如机座、变速器壳体等
ZG 230-450	450	230	22	32	25	≥131	—	铸造平坦的零件，如机座、机盖、箱体、铁砧台，工作温度在450℃以下的管路附件等。焊接性良好
ZG 270-500	500	270	18	25	22	≥143	40~45	各种形状的机件，如飞轮、机架、蒸汽锤、桩锤、联轴器、水压机工作缸、横梁等。焊接性尚可
ZG 310-570	570	310	15	21	15	≥153	40~50	各种形状的机件，如联轴器、气缸、齿轮、齿轮圈及重负荷机架等
ZG 340-640	640	340	10	18	10	169~229	45~55	起重运输机中的齿轮、联轴器及重要的机件等

注：表中硬度值非 GB/T 11352—2009 内容，仅供参考。

第11章 螺纹及螺纹连接零件

11.1 螺纹

表 11.1 普通螺纹基本尺寸（摘自 GB/T 196—2003）（单位：mm）

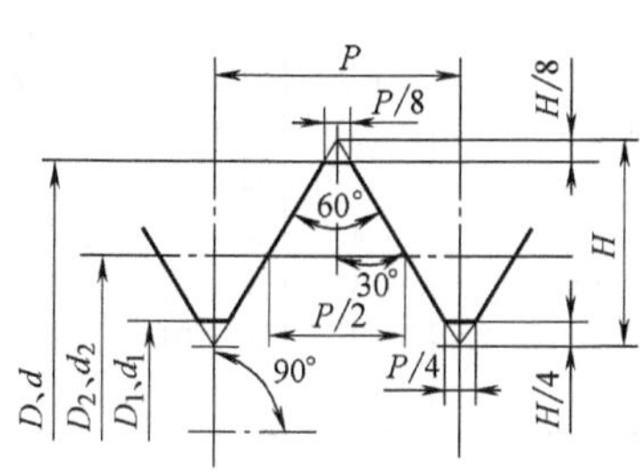

$H=\frac{\sqrt{3}}{2}P$

$d_2=d-0.6495P$

$d_1=d-1.0825P$

D、d—内、外螺纹基本大径（公称直径）

D_2、d_2—内、外螺纹基本中径

D_1、d_1—内、外螺纹基本小径

P—螺距

标记示例：

1. 公称直径为 20mm，中径和大径的公差带均为 6H 的粗牙右旋内螺纹标记为

M20-6H

2. 公称直径为 20mm，中径和大径的公差带均为 6g 的粗牙右旋外螺纹标记为

M20-6g

3. 上述规格的螺纹副标记为

M20-6H/6g

4. 公称直径为 20mm，螺距为 2mm，中径、大径的公差带分别为 5g 和 6g 的短旋合长度的细牙左旋外螺纹标记为

M20×2-5g6g-S-LH

公称直径 D、d 第一系列	公称直径 D、d 第二系列	螺距 P	中径 D_2、d_2	小径 D_1、d_1
3		**0.5**	2.675	2.459
		0.35	2.773	2.621
	3.5	(**0.6**)	3.110	2.850
		0.35	3.273	3.121
4		**0.7**	3.545	3.242
		0.5	3.675	3.459
	4.5	(**0.75**)	4.013	3.688
		0.5	4.175	3.959
5		**0.8**	4.480	4.134
		0.5	4.675	4.459
6		**1**	5.350	4.917
		0.75	5.513	5.188

公称直径 D、d 第一系列	公称直径 D、d 第二系列	螺距 P	中径 D_2、d_2	小径 D_1、d_1
	7	**1**	6.350	5.917
		0.75	6.513	6.188
8		**1.25**	7.188	6.647
		1	7.350	6.917
		0.75	7.513	7.188
10		**1.5**	9.026	8.376
		1.25	9.188	8.647
		1	9.350	8.917
		0.75	9.513	9.188
12		**1.75**	10.863	10.106
		1.5	11.026	10.376
		1.25	11.188	10.647
		1	11.350	10.917

公称直径 D、d 第一系列	公称直径 D、d 第二系列	螺距 P	中径 D_2、d_2	小径 D_1、d_1
	14	**2**	12.701	11.835
		1.5	13.026	12.376
		1.25	13.188	12.647
		1	13.350	12.917
16		**2**	14.701	13.835
		1.5	15.026	14.376
		1	15.350	14.917
	18	**2.5**	16.376	15.294
		2	16.701	15.835
		1.5	17.026	16.376
		1	17.350	16.917
20		**2.5**	18.376	17.294
		2	18.701	17.835
		1.5	19.026	18.376
		1	19.350	18.917

（续）

公称直径 D、d 第一系列	公称直径 D、d 第二系列	螺距 P	中径 D_2、d_2	小径 D_1、d_1
	22	**2.5**	20.376	19.294
		2	20.701	19.835
		1.5	21.026	20.376
		1	21.350	20.917
24		**3**	22.051	20.752
		2	22.701	21.835
		1.5	23.026	22.376
		1	23.350	22.917
	27	**3**	25.051	23.752
		2	25.701	24.835
		1.5	26.026	25.376
		1	26.350	25.917
30		**3.5**	27.727	26.211
		3	28.051	26.752
		2	28.701	27.835
		1.5	29.026	28.376
		1	29.350	28.917
	33	**3.5**	30.727	29.211
		3	31.051	29.752
		2	31.701	30.835
		1.5	32.026	31.376
36		**4**	33.402	31.670
		3	34.051	32.752
		2	34.701	33.835
		1.5	35.026	34.376
	39	**4**	36.402	34.670
		3	37.051	35.752
		2	37.701	36.835
		1.5	38.026	37.376
42		**4.5**	39.077	37.129
		4	39.402	37.670
		3	40.051	38.752
		2	40.701	39.835
		1.5	41.026	40.376
	45	**4.5**	42.077	40.129
		4	42.402	40.670
		3	43.051	41.752
		2	43.701	42.835
		1.5	44.026	43.376
48		**5**	44.752	42.587
		4	45.402	43.670
		3	46.051	44.752
		2	46.701	45.835
		1.5	47.026	46.376
	52	**5**	48.752	46.587
		4	49.402	47.670
		3	50.051	48.752
		2	50.701	49.835
		1.5	51.026	50.376
56		**5.5**	52.428	50.046
		4	53.402	51.670
		3	54.051	52.752
		2	54.701	53.835
		1.5	55.026	54.376
	60	**5.5**	56.428	54.046
		4	57.402	55.670
		3	58.051	56.752
		2	58.701	57.835
		1.5	59.026	58.376
64		**6**	60.103	57.505
		4	61.402	59.670
		3	62.051	60.752
		2	62.701	61.835
		1.5	63.026	62.376

注：1. “螺距 P” 栏中第一个数值（黑体字）为粗牙螺距，其余为细牙螺距。

2. 优先选用第一系列，其次选用第二系列，第三系列（表中未列出）尽可能不用。

3. 括号内尺寸尽可能不用。

表 11.2　梯形螺纹牙型（摘自 GB/T 5796.1—2022）　　（单位：mm）

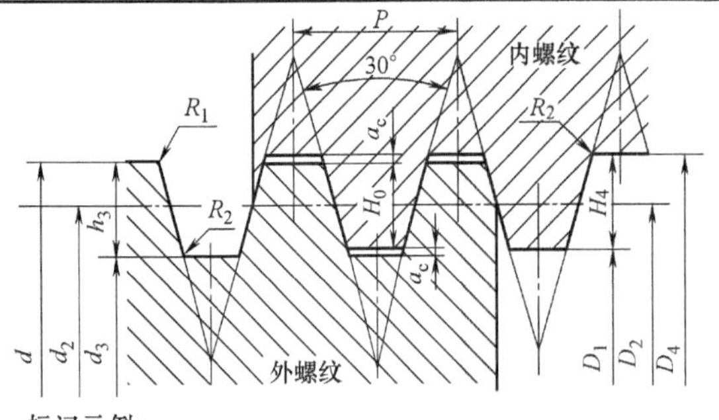

$H_0=0.5P$

$h_3=H_4=H_0+a_c=0.5P+a_c$

$d_2=D_2=d-2z=d-0.5P$

$d_3=d-2h_3=d-2(0.5P+a_c)$

$D_1=d-2H_0=d-P$

$D_4=d+2a_c$

标记示例：

1. 公称直径为 40mm、螺距为 7mm、螺纹为右旋、中径公差带代号为 7H、螺纹旋合长度为 N 的梯形内螺纹标记为 Tr40×7-7H

2. 公称直径为 40mm、螺距为 7mm、螺纹为右旋、中径公差带代号为 7e、螺纹旋合长度为 N 的梯形内螺纹标记为 Tr40×7-7e

3. 公称直径为 40mm、螺距为 7mm、导程为 14mm、螺纹为左旋、中径公差带代号为 8e、螺纹旋合长度为 L 的梯形多线外螺纹标记为 Tr40×14(P7)LH-8e-L

4. 公称直径为 40mm、螺距为 7mm、螺纹为右旋、中径公差带代号为 7e、螺纹旋合长度为 140mm 的梯形外螺纹标记为 Tr40×7-7e-140

5. 公称直径为 40mm、螺距为 7mm、螺纹为右旋、内螺纹中径公差带代号为 7H、外螺纹中径公差带代号为 7e、螺纹旋合长度为 N 的梯形螺旋副标记为 Tr40×7-7H/7e

（续）

螺距 P	$H_1=0.5P$	牙顶间隙 a_c	$H_4=h_3$	R_1 max	R_2 max	螺距 P	$H_1=0.5P$	牙顶间隙 a_c	$H_4=h_3$	R_1 max	R_2 max
2	1	0.25	1.25	0.125	0.25	8	4	0.5	4.5	0.25	0.5
3	1.5		1.75			9	4.5		5		
4	2		2.25			10	5		5.5		
5	2.5		2.75			12	6		6.5		
6	3	0.5	3.5	0.25	0.5	14	7	1	8	0.5	1
7	3.5		4								

表 11.3 梯形螺纹基本尺寸、公差和极限尺寸（摘自 GB/T 5796.3—2022、GB/T 5796.4—2022）

（单位：mm）

公称直径 d		螺距 P	大径		中径							小径						
			D_4	外螺纹大径公差 T_d/μm	$d_2=D_2$	内螺纹中径公差 T_{D2}/μm		外螺纹中径公差 T_{d2}/μm				D_1	内螺纹小径公差 T_{D1}/μm	d_3	外螺纹小径公差 T_{d3}/μm			
						公差带		公差带							中径公差带			
第一系列	第二系列					7H	8H	7b	7e	8e	8c				7b	7e	8e	8c
	18	4	18.5	300	16	355	450	0 -265	-95 -360	-95 -430	-190 -525	14	375	13.5	-331	-426	-514	-609
		2	18.5	180	17	265	355	0 -200	-71 -271	-71 -321	-150 -400	16	236	15.5	-250	-321	-383	-462
20		4	20.5	300	18	355	450	0 -265	-95 -360	-95 -430	-190 -525	16	375	15.5	-331	-426	-514	-609
		2	20.5	180	19	265	335	0 -200	-71 -271	-71 -321	-150 -400	18	236	17.5	-250	-321	-393	-462
	22	5	22.5	335	19.5	375	475	0 -280	-106 -386	-106 -461	-212 -567	17	450	16.5	-350	-450	-550	-656
		3	22.5	236	20.5	300	375	0 -224	-85 -309	-85 -365	-170 -450	19	315	18.5	-280	-365	-435	-520
		8	23	450	18	475	600	0 -355	-132 -487	-132 -582	-265 -715	14	630	13	-444	-576	-695	-828
24		5	24.5	355	21.5	400	500	0 -300	-106 -406	-106 -481	-212 -587	19	450	18.5	-375	-481	-575	-681
		3	24.5	236	22.5	335	425	0 -250	-85 -335	-85 -400	-170 -485	21	315	20.5	-312	-397	-479	-564
		8	25	450	20	500	630	0 -375	-132 -507	-132 -607	-265 -740	16	630	15	-469	-601	-726	-959
	26	5	26.5	335	23.5	400	500	0 -300	-106 -406	-106 -481	-212 -587	21	450	20.5	-375	-481	-575	-681
		3	26.5	236	24.5	335	425	0 -250	-85 -335	-85 -400	-170 -485	23	315	22.5	-312	-397	-479	-564
		8	27	450	22	500	630	0 -375	-132 -507	-132 -607	-265 -740	18	630	17	-469	-601	-726	-859

（续）

公称直径 d		螺距 P	大径		中径							小径						
			D_4	外螺纹大径公差 T_d /μm	$d_2=D_2$	内螺纹中径公差 T_{D2}/μm		外螺纹中径公差 T_{d2}/μm				D_1	内螺纹小径公差 T_{D1} /μm	d_3	外螺纹小径公差 T_{d3}/μm			
						公差带		公差带							中径公差带			
第一系列	第二系列					7H	8H	7b	7e	8e	8c				7b	7e	8e	8c
28		5	28.5	335	25.5	400	500	0 -300	-106 -406	-106 -481	-212 -287	23	450	22.5	-375	-481	-575	-681
		3	28.5	236	26.5	335	425	0 -250	-85 -330	-85 -400	-170 -485	25	315	24.5	-312	-397	-479	-564
		8	29	450	24	500	630	0 -375	-132 -507	-132 -607	-265 -740	20	630	19	-469	-601	-726	-859
	30	6	31	375	27	450	560	0 -335	-118 -453	-118 -543	-236 -661	24	500	23	-419	-537	-649	-767
		3	30.5	236	28.5	335	425	0 -250	-85 -335	-85 -400	-170 -485	27	315	26.5	-312	-397	-479	-564
		10	31	530	25	530	670	0 -400	-150 -550	-150 -650	-300 -800	20	710	19	-500	-650	-775	-925
32		6	33	375	29	450	560	0 -335	-118 -453	-118 -543	-236 -661	26	500	25	-419	-537	-649	-767
		3	32.5	236	30.5	335	425	0 -250	-85 -335	-85 -400	-170 -485	29	315	28.5	-312	-397	-479	-564
		10	33	530	27	530	670	0 -400	-150 -550	-150 -650	-300 -800	22	710	21	-500	-650	-775	-925
	34	6	35	375	31	450	560	0 -335	-118 -453	-118 -543	-236 -661	28	500	27	-419	-537	-649	-767
		3	34.5	236	32.5	335	425	0 -250	-85 -335	-85 -400	-170 -485	31	315	30.5	-312	-397	-479	-564
		10	35	530	29	530	670	0 -400	-150 -550	-150 -650	-300 -800	24	710	23	-500	-650	-775	-925
36		6	37	375	33	450	560	0 -335	-118 -453	-118 -543	-236 -661	30	500	29	-419	-537	-649	-767
		3	36.5	236	34.5	335	425	0 -250	-85 -335	-85 -400	-170 -485	33	315	32.5	-312	-397	-479	-564
		10	37	630	31	530	670	0 -400	-150 -550	-150 -650	-300 -800	26	710	25	-500	-650	-775	-925
	38	7	39	425	34.5	475	600	0 -355	-125 -480	-125 -575	-250 -700	31	560	30	-444	-569	-688	-813
		3	38.5	236	36.5	335	425	0 -250	-85 -335	-85 -400	-170 -485	35	315	34.5	-312	-397	-479	-564
		10	39	530	33	530	670	0 -400	-150 -550	-150 -650	-300 -800	28	710	27	-500	-650	-775	-925

（续）

公称直径 d		螺距 P	大径		中径							小径						
			D_4	外螺纹大径公差 T_d /μm	$d_2=D_2$	内螺纹中径公差 T_{D2}/μm		外螺纹中径公差 T_{d2}/μm				D_1	内螺纹小径公差 T_{D1} /μm	d_3	外螺纹小径公差 T_{d3}/μm			
						公差带		公差带							中径公差带			
第一系列	第二系列					7H	8H	7b	7e	8e	8c				7b	7e	8e	8c
40		7	41	425	36.5	475	600	0 -355	-125 -480	-125 -575	-250 -700	33	560	32	-444	-569	-688	-813
		3	40.5	236	38.5	335	425	0 -250	-85 -335	-85 -400	-170 -485	37	315	36.5	-312	-397	-479	-564
		10	41	530	35	530	670	0 -400	-150 -550	-150 -650	-300 -800	30	710	29	-500	-650	-775	-925
	42	7	43	425	38.5	475	600	0 -355	-125 -480	-125 -575	-250 -700	35	560	34	-444	-569	-688	-813
		3	42.5	236	40.5	335	425	0 -250	-85 -335	-85 -400	-170 -485	39	315	38.5	-312	-397	-479	-564
		10	43	530	37	530	670	0 -400	-150 -550	-150 -650	-300 -800	32	710	31	-500	-650	-775	-925
44		7	45	425	40.5	475	600	0 -355	-125 -480	-125 -575	-250 -700	37	560	36	-444	-569	-688	-813
		3	44.5	236	42.5	335	425	0 -250	-85 -335	-85 -400	-170 -485	41	315	40.5	-312	-397	-479	-654
		12	45	600	38	560	710	0 -425	-160 -585	-160 -610	-335 -865	32	800	31	-531	-691	-823	-998
	46	8	47	450	42	530	670	0 -400	-132 -532	-132 -632	-265 -765	38	630	37	-500	-632	-757	-890
		3	46.5	236	44.5	355	450	0 -265	-85 -350	-85 -420	-170 -505	43	315	42.5	-331	-416	-504	-589
		12	47	600	40	630	800	0 -475	-160 -635	-160 -760	-335 -935	34	800	33	-594	-754	-916	-1085
48		8	49	450	44	530	670	0 -400	-132 -552	-132 -632	-265 -765	40	630	39	-500	-632	-757	-895
		3	48.5	236	46.5	355	450	0 -265	-85 -350	-85 -420	-170 -505	45	315	44.5	-331	-416	-504	-589
		12	49	600	42	630	800	0 -475	-160 -635	-160 -760	-335 -935	36	800	35	-594	-754	-916	-1085

（续）

公称直径 d		螺距 P	大径		中径							小径						
第一系列	第二系列		D_4	外螺纹大径公差 T_d/μm	$d_2=D_2$	内螺纹中径公差 T_{D2}/μm 公差带		外螺纹中径公差 T_{d2}/μm 公差带				D_1	内螺纹小径公差 T_{D1}/μm	d_3	外螺纹小径公差 T_{d3}/μm 中径公差带			
						7H	8H	7b	7e	8e	8c				7b	7e	8e	8c
	50	8	51	450	46	530	670	0 -400	-132 -532	-132 -632	-265 -765	42	630	41	-500	-632	-757	-890
	50	3	50.5	236	48.5	355	450	0 -265	-85 -350	-85 -420	-170 -505	47	315	46.5	-331	-416	-504	-589
	50	12	51	600	44	630	800	0 -475	-160 -635	-160 -760	-335 -935	38	800	37	-594	-754	-916	-1085
52		8	53	450	48	530	670	0 -400	-132 -532	-132 -632	-265 -765	44	630	43	-500	-632	-757	-89
52		3	52.5	236	50.5	355	450	0 -265	-85 -350	-85 -420	-170 -505	49	315	48.5	-331	-416	-504	-589
52		12	53	600	46	630	800	0 -475	-160 -635	-160 -760	-335 -935	40	800	39	-594	-754	-916	-1085
	55	9	56	500	50.5	560	710	0 -425	-140 -565	-140 -670	-280 -810	46	670	45	-531	-671	-803	-943
	55	3	55.5	236	53.5	355	450	0 -265	-85 -350	-85 -420	-170 -505	52	315	51.5	-331	-416	-504	-589
	55	14	57	670	48	670	850	0 -500	-180 -680	-180 -810	-355 -985	41	900	39	-625	-805	-967	-1142
60		9	61	500	55.5	560	710	0 -425	-140 -565	-140 -670	-280 -810	51	670	50	-531	-671	-803	-943
60		3	60.5	236	58.5	355	450	0 -265	-85 -350	-85 -420	-170 -505	57	315	56.5	-331	-416	-504	-589
60		14	62	670	53	670	850	0 -500	-180 -680	-180 -810	-355 -985	46	900	44	-625	-805	-967	-1142

注：尺寸段中第一行为优先选择螺距。

表 11.4 梯形内、外螺纹中径选用公差带（摘自 GB/T 5796.4—2022）（单位：mm）

精度	内螺纹		外螺纹	
	N	L	N	L
中等	7H	8H	7e	8e
粗糙	8H	9H	8c	9c

注：1. 精度的选用原则为：一般用途选“中等”；精度要求不高时选“粗糙”。

2. 内、外螺纹中径公差等级为 7、8、9。

3. 外螺纹大径 d 公差带为 4h；内螺纹小径 D_1 公差带为 4H。

11.2　螺栓、螺柱及螺钉

表 11.5　六角头螺栓——A 和 B 级（摘自 GB/T 5782—2016）、
六角头螺栓　全螺纹——A 和 B 级（摘自 GB/T 5783—2016）　　（单位：mm）

GB/T 5782—2016

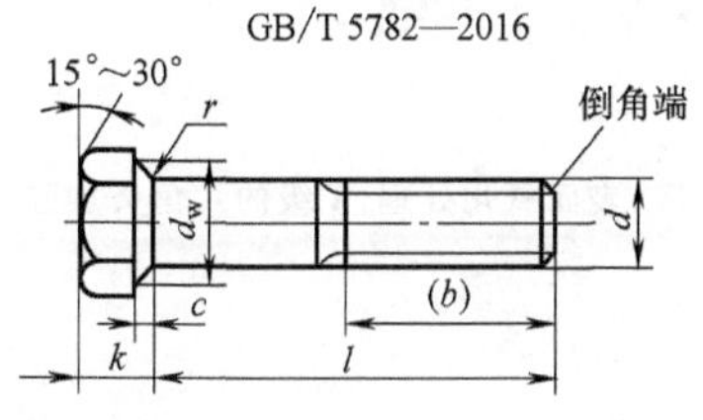

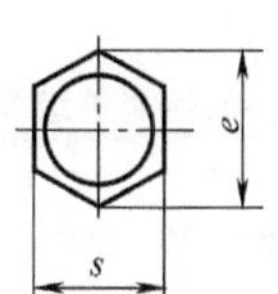

GB/T 5783—2016

标记示例：

螺纹规格 d=M12，公称长度 l=80mm，性能等级为 8.8 级，表面氧化，A 级的六角头螺栓的标记为

螺栓　GB/T 5782　M12×80

标记示例：

螺纹规格 d=M12，公称长度 l=80mm，性能等级为 8.8 级，表面氧化，全螺纹，A 级的六角头螺栓的标记为

螺栓　GB/T 5783　M12×80

螺纹规格 d			M3	M4	M5	M6	M8	M10	M12	M16	M20	M24	M30	M36
b 参考	l≤125		12	14	16	18	22	26	30	38	46	54	66	—
	125<l≤200		18	20	22	24	28	32	36	44	52	60	72	84
	l>200		31	33	35	37	41	45	49	57	65	73	85	97
a	max		1.5	2.1	2.4	3	4	4.5	5.3	6	7.5	9	10.5	12
c	max		0.4	0.4	0.5	0.5	0.6	0.6	0.6	0.8	0.8	0.8	0.8	0.8
d_w	min	A	4.57	5.88	6.88	8.88	11.63	14.63	16.63	22.49	28.19	33.61	—	—
		B	4.45	5.74	6.74	8.74	11.47	14.47	16.47	22	27.7	33.25	42.75	51.11
e	min	A	6.01	7.66	8.79	11.05	14.38	17.77	20.03	26.75	33.53	39.98	—	—
		B	5.88	7.50	8.63	10.89	14.20	17.59	19.85	26.17	32.95	39.55	50.85	60.79
k	公称		2	2.8	3.5	4	5.3	6.4	7.5	10	12.5	15	18.7	22.5
r	min		0.1	0.2	0.2	0.25	0.4	0.4	0.6	0.6	0.8	0.8	1	1
s	公称		5.5	7	8	10	13	16	18	24	30	36	46	55
l 范围（GB/T 5782）			20~60	25~40	25~50	30~60	40~80	45~100	50~120	65~160	80~200	90~240	110~300	140~360
l 范围（全螺纹）（GB/T 5783）			6~30	8~40	10~50	12~60	16~80	20~100	25~125	30~150	40~150	50~150	60~200	70~200
l 系列（GB/T 5782）			20~65（5 进位）、70~160（10 进位）、180~360（20 进位）											
l 系列（GB/T 5783）			6、8、10、12、16、20~65（5 进位）、70~160（10 进位）、180、200											

技术要求	材料	力学性能等级	螺纹公差	公差产品等级	表面处理
	钢	5、6、8.8、9.8、10.9	6g	A 级用于 d≤24 和 l≤10d 或 l≤150 B 级用于 d>24 和 l>10d 或 l>150	氧化
	不锈钢	A2-70、A4-70			简单处理
	非铁金属	Ca2，Ca3，A14 等			简单处理

注：1. A、B 为产品等级，C 级产品螺纹公差为 8g，规格为 M5~M64，性能等级为 3.6、4.6 和 4.8 级，详见 GB/T 5780—2016，GB/T 5781—2016。

2. 非优先的螺纹规格未列入。

3. 表面处理中，电镀按 GB/T 5267，非电解锌粉覆盖层按 ISO 10683，其他按协议。

表 11.6 六角头加强杆螺栓（摘自 GB/T 27—2013） （单位：mm）

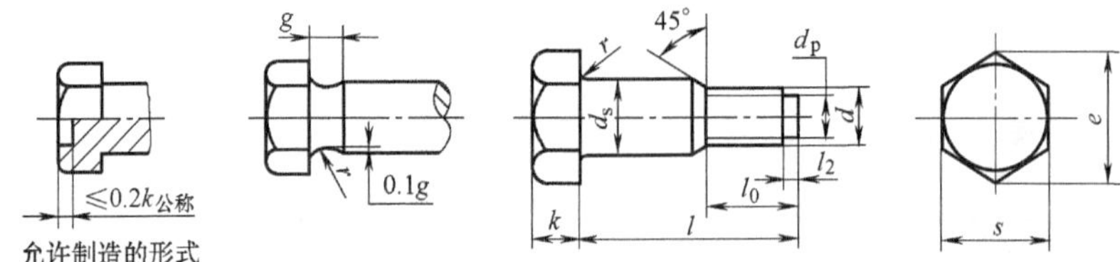

标记示例：

螺纹规格 d=M12，d_s 尺寸按表 11.6 确定，公称长度 l=80，性能等级为 8.8 级，表面氧化处理，A 级的六角头加强杆螺栓的标记为

螺栓 GB/T 27 M12×80

当 d_s 按 m6 制造时应标记为

螺栓 GB/T 27 M12m6×80

螺纹规格 d		M6	M8	M10	M12	(M14)	M16	(M18)	M20	(M22)	M24	(M27)	M30	M36
d_s(h9)	max	7	9	11	13	15	17	19	21	23	25	28	32	38
s	max	10	13	16	18	21	24	27	30	34	36	41	46	55
k	公称	4	5	6	7	8	9	10	11	12	13	15	17	20
r	min	0.25	0.4	0.4	0.6	0.6	0.6	0.6	0.8	0.8	0.8	1	1	1
d_p		4	5.5	7	8.5	10	12	13	15	17	18	21	23	28
l_2		1.5		2		3			4			5		6
e_{min}	A	11.05	14.38	17.77	20.03	23.35	26.75	30.14	33.53	37.72	39.98	—	—	—
	B	10.89	14.20	17.59	19.85	22.78	26.17	29.56	32.95	37.29	39.55	45.2	50.85	60.79
g		2.5				3.5					5			
l_0		12	15	18	22	25	28	30	32	35	38	42	50	55
l 范围		25~65	25~80	30~120	35~180	40~180	45~200	50~200	55~200	60~200	65~200	75~200	80~230	90~300
l 系列		25,(28),30,(32),35,(38),40,45,50,(55),60,(65),70,(75),80,(85),90,(95),100~260(10 进位),280,300												

注：1. 公差技术要求见表 11.5。

2. 括号内为非优选的螺纹规格，尽可能不采用。

3. 替代 GB/T 27—1988（六角头校制孔用螺栓 A 级和 B 级）。

表 11.7 双头螺柱 $b_m=1d$（摘自 GB/T 897—1988）、双头螺柱 $b_m=1.25d$（摘自 GB/T 898—1988）、双头螺柱 $b_m=1.5d$（摘自 GB/T 899—1988） （单位：mm）

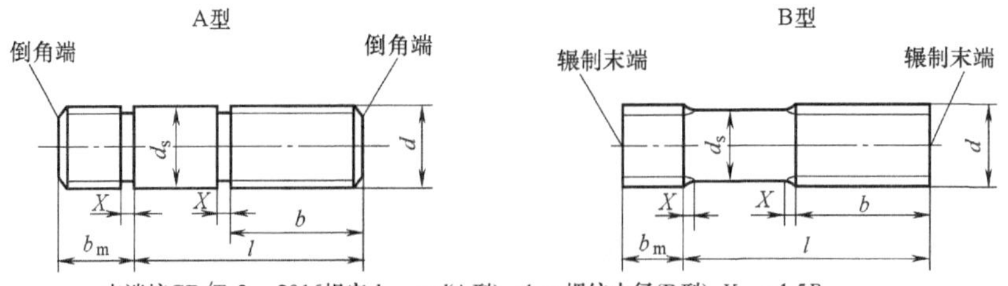

末端按GB/T 2—2016规定$d_{smax}=d$(A型)，d_s≈螺纹中径(B型)，$X_{max}=1.5P$

（续）

标记示例：

1. 两端均为粗牙普通螺纹，d = 10mm，l = 50mm，性能等级为 4.8 级，不经表面处理，B 型，b_m = 1.25d 的双头螺柱的标记为

螺柱　GB/T 898　M10×50

2. 旋入机体一端为粗牙普通螺纹，旋入螺母一端为螺距 P = 1mm 的细牙普通螺纹，d = 10mm，l = 50mm，性能等级为 4.8 级，不经表面处理，A 型，b_m = 1.25d 的双头螺柱的标记为

螺柱　GB/T 898　AM10—M10×1×50

3. 旋入机体一端为过渡配合螺纹的第一种配合，旋入螺母一端为粗牙普通螺纹，d = 10mm，l = 50mm，性能等级为 8.8 级，镀锌钝化，B 型，b_m = 1.25d 的双头螺柱的标记为

螺柱　GB/T 898　GM10—M10×50—8.8—Zn·D

螺纹规格 d		M5	M6	M8	M10	M12	(M14)	M16	(M18)	M20	M24	M30
b_m（公称）	$b_m = d$	5	6	8	10	12	14	16	18	20	24	30
	$b_m = 1.25d$	6	8	10	12	15	18	20	22	25	30	38
	$b_m = 1.5d$	8	10	12	15	18	21	24	27	30	36	45
d_s	max	5	6	8	10	12	14	16	18	20	24	30
	min	4.7	5.7	7.64	9.64	11.57	13.57	15.57	17.57	19.48	23.48	29.48
$\frac{l（公称）}{b}$		$\frac{16\sim22}{10}$	$\frac{20\sim22}{10}$	$\frac{20\sim22}{12}$	$\frac{25\sim28}{14}$	$\frac{25\sim30}{16}$	$\frac{30\sim35}{18}$	$\frac{30\sim38}{20}$	$\frac{35\sim40}{22}$	$\frac{35\sim40}{25}$	$\frac{45\sim50}{30}$	$\frac{60\sim65}{40}$
		$\frac{25\sim50}{16}$	$\frac{25\sim30}{14}$	$\frac{25\sim30}{16}$	$\frac{30\sim38}{16}$	$\frac{32\sim40}{20}$	$\frac{38\sim45}{25}$	$\frac{40\sim55}{30}$	$\frac{45\sim60}{35}$	$\frac{45\sim65}{35}$	$\frac{55\sim75}{45}$	$\frac{70\sim90}{50}$
			$\frac{32\sim75}{18}$	$\frac{32\sim90}{22}$	$\frac{40\sim120}{26}$	$\frac{45\sim120}{30}$	$\frac{50\sim120}{34}$	$\frac{60\sim120}{38}$	$\frac{65\sim120}{42}$	$\frac{70\sim120}{46}$	$\frac{80\sim120}{54}$	$\frac{95\sim120}{66}$
					$\frac{130}{32}$	$\frac{130\sim180}{36}$	$\frac{130\sim180}{40}$	$\frac{130\sim200}{44}$	$\frac{130\sim200}{48}$	$\frac{130\sim200}{52}$	$\frac{130\sim200}{60}$	$\frac{130\sim200}{72}$
												$\frac{210\sim250}{85}$
范围		16~50	20~75	20~90	25~130	25~180	30~180	30~200	35~200	35~200	45~200	60~250
l 系列		16，(18)，20，(22)，25，(28)，30，(32)，35，(38)，40~100(5 进位)，110~260(10 进位)，280，300										

注：1. 括号内的尺寸尽可能不采用。

2. GB/T 898　d = 5~20mm 为商品规格，其余均为通用规格。

表 11.8　内六角圆柱头螺钉（摘自 GB/T 70.1—2008）　　（单位：mm）

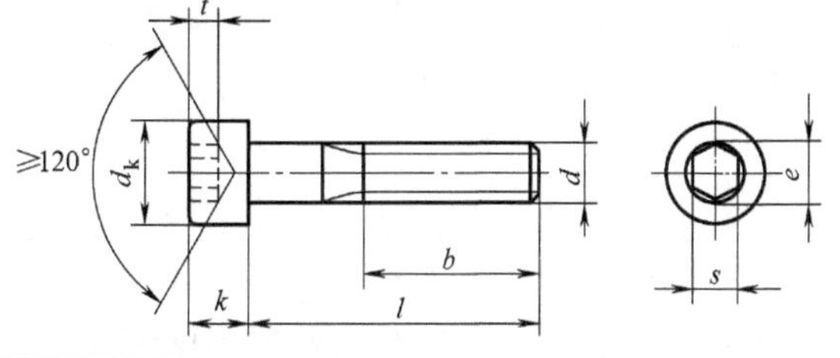

标记示例：

螺纹规格 d = M8，公称长度 l = 20，性能等级为 8.8 级，表面氧化的 A 级内六角圆柱头螺钉的标记为

螺钉　GB/T 70.1　M8×20

螺纹规格 d	M5	M6	M8	M10	M12	M16	M20	M24	M30	M36
b（参考）	22	24	28	32	36	44	52	60	72	84
d_k（max）	8.5	10	13	16	18	24	30	36	45	54
e（min）	4.583	5.723	6.683	9.149	11.429	15.996	19.437	21.734	25.154	30.854
k（max）	5	6	8	10	12	16	20	24	30	36

（续）

s（公称）	4	5	6	8	10	14	17	19	22	27
t（min）	2.5	3	4	5	6	8	10	12	15.5	19
l 范围（公称）	8～50	10～60	12～80	16～100	20～120	25～160	30～200	40～200	45～200	55～200
制成全螺纹 l≤	25	30	35	40	45	55	65	80	90	110
l 系列（公称）	8,10,12,16,20～70（5 进位）,80～160（10 进位）,180,200									

注：非优选的螺纹规格未列入。

表 11.9　十字槽盘头螺钉（摘自 GB/T 818—2016）、十字槽沉头螺钉（摘自 GB/T 819.1—2016）　（单位：mm）

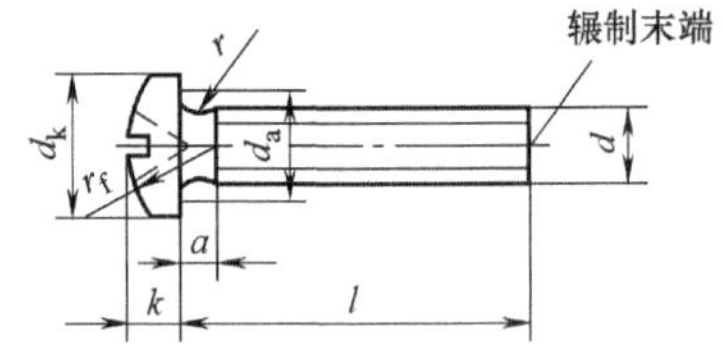

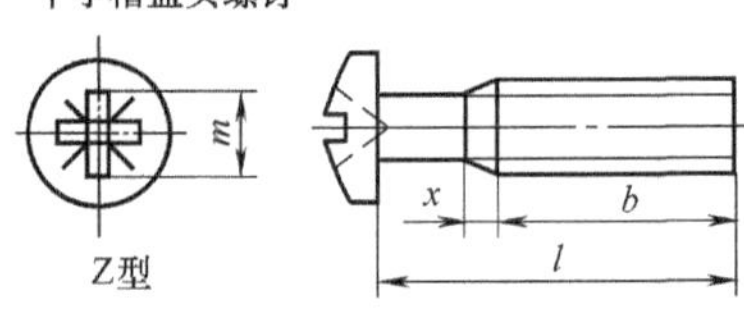

无螺纹部分杆径约等于螺纹中径或允许等于螺纹大径

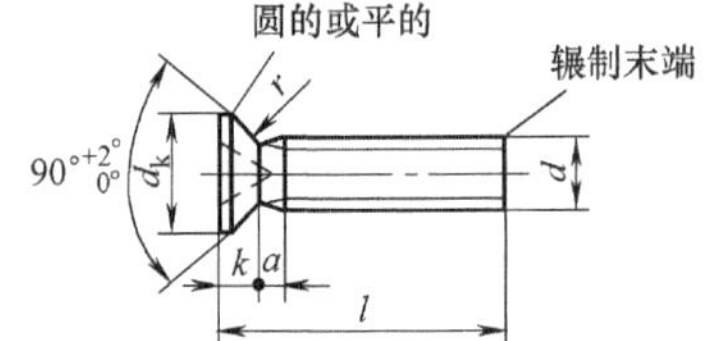

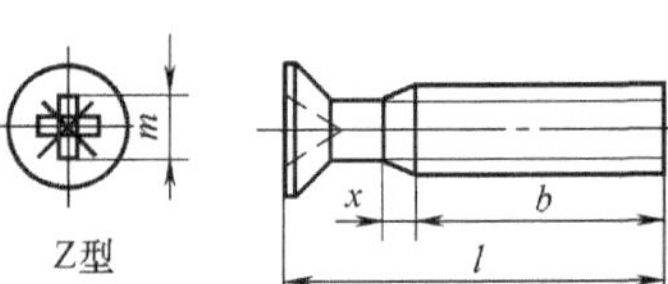

无螺纹部分杆径约等于螺纹中径或允许等于螺纹大径

标记示例：

螺纹规格 d=M5，公称长度 l=20mm，性能等级为 4.8 级，不经表面处理的 A 级十字槽盘头螺钉（或十字槽沉头螺钉）的标记为

螺钉　GB/T 818　M5×20（或 GB/T 819.1　M5×20）

螺纹规格 d			M1.6	M2	M2.5	M3	M4	M5	M6	M8	M10
螺距 P			0.35	0.4	0.45	0.5	0.7	0.8	1	1.25	1.5
a		max	0.7	0.8	0.9	1	1.4	1.6	2	2.5	3
b		min	25				38				
x		max	0.9	1	1.1	1.25	1.75	2	2.5	3.2	3.8
十字槽盘头螺钉	d_a	max	2	2.6	3.1	3.6	4.7	5.7	6.8	9.2	11.2
	d_k	max	3.2	4	5	5.6	8	9.5	12	16	20
	k	max	1.3	1.6	2.1	2.4	3.1	3.7	4.6	6	7.5
	r	min	0.1				0.2		0.25	0.4	
	r_f	≈	2.5	3.2	4	5	6.5	8	10	13	16
	m	参考	1.6	2.1	2.6	2.8	4.3	4.7	6.7	8.8	9.9
	l 商品规格范围		3～16	3～20	3～25	4～30	5～40	6～45	8～60	10～60	12～60
十字槽沉头螺钉	d_k	max	3	3.8	4.7	5.5	8.4	9.3	11.3	15.8	18.3
	k	max	1	1.2	1.5	1.65	2.7	2.7	3.3	4.65	5
	r	max	0.4	0.5	0.6	0.8	1	1.3	1.5	2	2.5
	m	参考	1.6	1.9	2.8	3	4.4	4.9	6.6	8.8	9.8
	l 商品规格范围		3～16	3～20	3～25	4～30	5～40	6～50	8～60	10～60	12～60

（续）

公称长度 l 的系列	3,4,5,6,8,10,12,(14),16,20,25,30,35,40,45,50,(55),60				
技术要求	材料	性能等级	螺纹公差	公差产品等级	表面处理
	钢	4.8	6g	A	不经处理 电镀或协议

注：1. 括号内为非优选的螺纹规格，尽可能不采用。

2. 对十字槽盘头螺钉，当 $d \leqslant$ M3、$l \leqslant 25$mm 或 $d \geqslant$ M4，$l \leqslant 40$mm 时，制出全螺纹（$b=l-a$）；对十字槽沉头螺钉，$d \leqslant$ M3，$l \leqslant 30$mm 或 $d \geqslant$ M4、$l \leqslant 45$mm 时，制出全螺纹 $b=l-(k+a)$。

3. GB/T 818 材料可选不锈钢非铁金属。

表 11.10 开槽锥端紧定螺钉（摘自 GB/T 71—2018）、**开槽平端紧定螺钉**（摘自 GB/T 73—2017）、**开槽长圆柱端紧定螺钉**（摘自 GB/T 75—2018）（单位：mm）

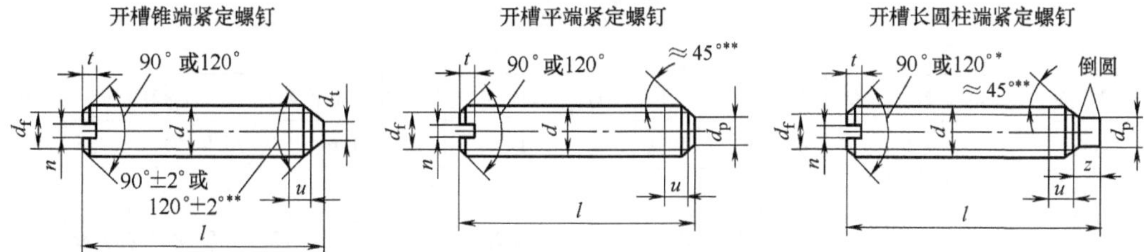

标记示例：

螺纹规格 d=M5，公称长度 l=12mm，性能等级为 14H 级，表面氧化的开槽锥端紧定螺钉（或开槽平端，或开槽长圆柱端紧定螺钉）的标记为

螺钉 GB/T 71 M5×12（或 GB/T 73 M5×12，或 GB/T 75 M5×12）

螺纹规格 d			M3	M4	M5	M6	M8	M10	M12
螺距 P			0.5	0.7	0.8	1	1.25	1.5	1.75
$d_f \approx$			螺纹小径						
d_t	max		0.3	0.4	0.5	1.5	2	2.5	3
d_p	max		2	2.5	3.5	4	5.5	7	8.5
n	公称		0.4	0.6	0.8	1	1.2	1.6	2
t	min		0.8	1.12	1.28	1.6	2	2.4	2.8
z	max		1.75	2.25	2.75	3.25	4.3	5.3	6.3
不完整螺纹的长度 a			$\leqslant 2P$						
l 范围（商品规格）	GB/T 71—2018		4~16	6~20	8~25	8~30	10~40	12~50	14~60
	GB/T 73—2017		3~16	4~20	5~25	6~30	8~40	10~50	12~60
	GB/T 75—2018		5~16	6~20	8~25	8~30	10~40	12~50	14~60
	短螺钉	GB/T 73—2017	3	4	5	6	—	—	—
		GB/T 75—2018	5	6	8	8,10	10,12,14	12,14,16	14,16,20
公称长度 l 的系列			3,4,5,6,8,10,12,(14),16,20,25,30,35,40,45,50,55,60						
技术要求			材料	性能等级	螺纹公差	公差产品等级	表面处理		
			钢	14H、22H	6g	A	氧化或镀锌钝化		

注：1. 括号内为非优选的螺纹规格，尽可能不采用。

2. 表图中标有＊者，公称长度在表中 l 范围内的短螺钉应制成 120°；标有＊＊者，90°或 120°和 45°仅适用于螺纹小径以内的末端部分。

11.3 螺母与垫圈

表 11.11 1 型六角螺母（摘自 GB/T 6170—2015）、
六角薄螺母（摘自 GB/T 6172.1—2016） （单位：mm）

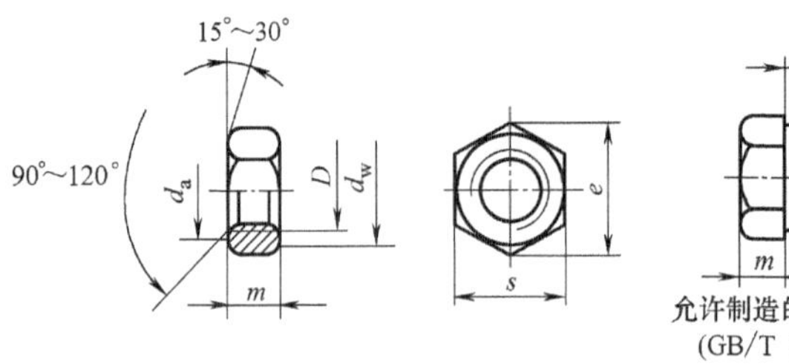

允许制造的形式
(GB/T 6170)

标记示例：

1. 螺纹规格为 M12，性能等级为 8 级，不经表面处理，A 级的 1 型六角螺母的标记为

螺母 GB/T 6170 M12

2. 螺纹规格为 M12，性能等级为 04 级，不经表面处理，A 级的六角薄螺母的标记为

螺母 GB/T 6172.1 M12

螺纹规格 D		M3	M4	M5	M6	M8	M10	M12	(M14)	M16	(M18)	M20	(M22)	M24	(M27)	M30	M36
d_a	max	3.45	4.6	5.75	6.75	8.75	10.8	13	15.1	17.3	19.5	21.6	23.7	25.9	29.1	32.4	38.9
d_w	min	4.6	5.9	6.9	8.9	11.6	14.6	16.6	19.6	22.5	24.9	27.7	31.4	33.3	38	42.8	51.1
e	min	6.01	7.66	8.79	11.05	14.38	17.77	20.03	23.36	26.75	29.56	32.95	37.29	39.55	45.20	50.85	60.79
s	max	5.5	7	8	10	13	16	18	21	24	27	30	34	36	41	46	55
c	max	0.4	0.4	0.5	0.5	0.6	0.6	0.6	0.6	0.8	0.8	0.8	0.8	0.8	0.8	0.8	0.8
m max	1 型六角螺母	2.4	3.2	4.7	5.2	6.8	8.4	10.8	12.8	14.8	15.8	18	19.4	21.5	23.8	25.6	31
	六角薄螺母	1.8	2.2	2.7	3.2	4	5	6	7	8	9	10	11	12	13.5	15	18

技术要求	材料	性能等级	螺纹公差	表面处理	公差产品等级
	钢	1 型六角螺母 6,8,10 六角薄螺母 04,05	6H	不经处理 电镀或协议	A 级用于 $D \leqslant$ M16 B 级用于 $D >$ M16

注：括号内为非优选规格，尽可能不采用。

表 11.12 1 型六角开槽螺母 A 和 B 级（摘自 GB/T 6178—1986） （单位：mm）

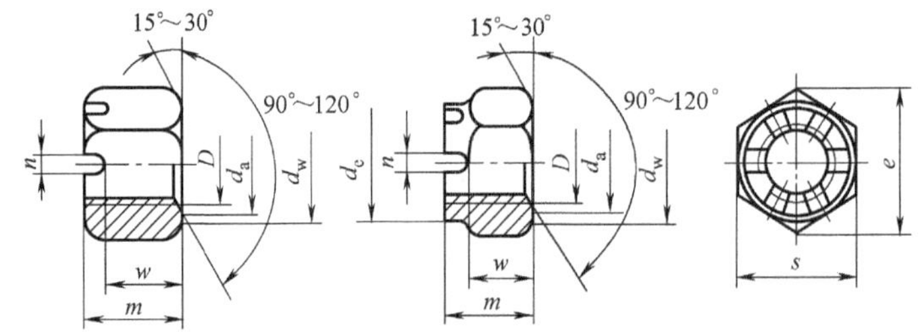

标记示例：

螺纹规格为 M5，性能等级为 8 级，不经表面处理，A 级的 1 型六角开槽螺母的标记为

螺母 GB/T 6178 M5

螺纹规格 D		M4	M5	M6	M8	M10	M12	(M14)	M16	M20	M24	M30	M36
d_e	max	—	—	—	—	—	—	—	—	28	34	42	50
m	max	5	6.7	7.7	9.8	12.4	15.8	17.8	20.8	24	29.5	34.6	40
n	min	1.2	1.4	2	2.5	2.8	3.5	3.5	4.5	4.5	5.5	7	7
w	max	3.2	4.7	5.2	6.8	8.4	10.8	12.8	14.8	18	21.5	25.6	31

（续）

s	max	7	8	10	13	16	18	21	24	30	36	46	55
d_a	max	4.6	5.75	6.75	8.75	10.8	13	15.1	17.3	21.6	25.9	32.4	38.9
	min	4	5	6	8	10	12	14	16	20	24	30	36
d_w	min	5.9	6.9	8.9	11.6	14.6	16.6	19.6	22.5	27.7	33.2	42.7	51.1
e	min	7.66	8.79	11.05	14.38	17.77	20.03	23.35	26.75	32.95	39.55	50.85	60.79
开口销		1×10	1.2×12	1.6×14	2×16	2.5×20	3.2×22	3.2×25	4×28	4×36	5×40	6.3×50	6.3×63

注：尽可能不采用括号内的规格。

表 11.13　标准型弹簧垫圈（摘自 GB/T 93—1987）、**轻型弹簧垫圈**（摘自 GB/T 859—1987）　（单位：mm）

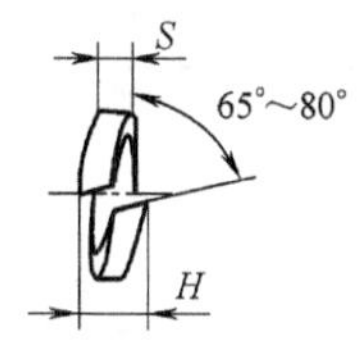

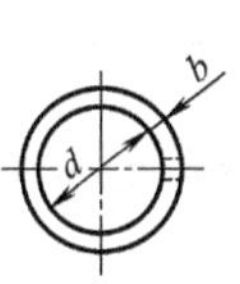

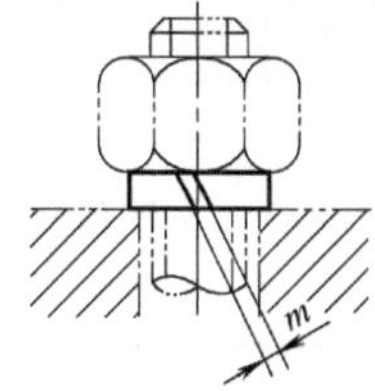

标记示例：

规格为 16，材料为 65Mn，表面氧化的标准型（或轻型）弹簧垫圈的标记为

垫圈　GB/T 93　16

（或 GB/T 859　16）

规格（螺纹大径）			3	4	5	6	8	10	12	(14)	16	(18)	20	(22)	24	(27)	30	(33)	36
标准型弹簧垫圈	$S(b)$	公称	0.8	1.1	1.3	1.6	2.1	2.6	3.1	3.6	4.1	4.5	5.0	5.5	6.0	6.8	7.5	8.5	9
	H	min	1.6	2.2	2.6	3.2	4.2	5.2	6.2	7.2	8.2	9	10	11	12	13.6	15	17	18
		max	2	2.75	3.25	4	5.25	6.5	7.75	9	10.25	11.25	12.5	13.75	15	17	18.75	21.25	22.5
	m	≤	0.4	0.55	0.65	0.8	1.05	1.3	1.55	1.8	2.05	2.25	2.5	2.75	3	3.4	3.75	4.25	4.5
轻型弹簧垫圈	S	公称	0.6	0.8	1.1	1.3	1.6	2	2.5	3	3.2	3.6	4	4.5	5	5.5	6	—	—
	b	公称	1	1.2	1.5	2	2.5	3	3.5	4	4.5	5	5.5	6	7	8	9	—	—
	H	min	1.2	1.6	2.2	2.6	3.2	4	5	6	6.4	7.2	8	9	10	11	12	—	—
		max	1.5	2	2.75	3.25	4	5	6.25	7.5	8	9	10	11.25	12.5	13.75	15	—	—
	m	≤	0.3	0.4	0.55	0.65	0.8	1.0	1.25	1.5	1.6	1.8	2.0	2.25	2.5	2.75	3.0	—	—

注：尽可能不采用括号内的规格。

表 11.14　外舌止动垫圈（摘自 GB/T 856—1988）　（单位：mm）

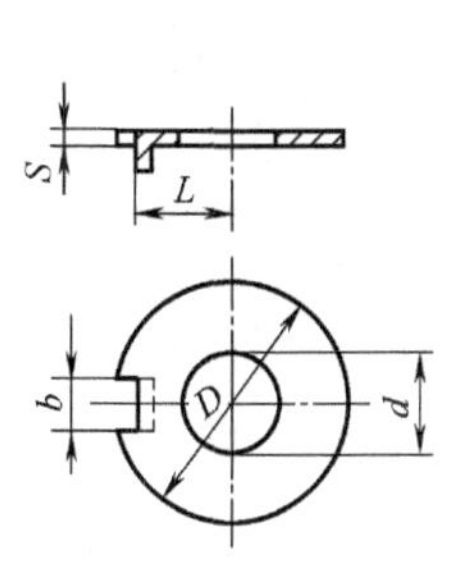

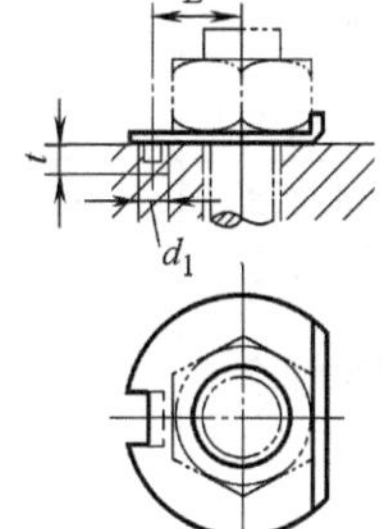

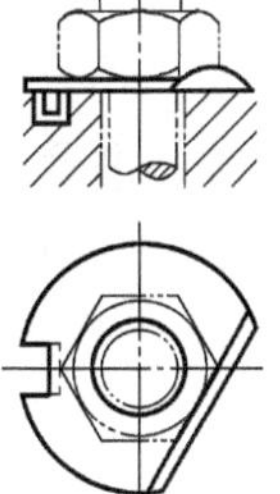

标记示例：

规格为 10，材料为 Q235，经退火、不经表面处理的外舌止动垫圈的标记为

垫圈　GB/T 856　10

（续）

规格（螺纹大径）		3	4	5	6	8	10	12	（14）	16	（18）	20	（22）	24	（27）	30	36
d	max	3.5	4.5	5.6	6.76	8.76	10.93	13.43	15.43	17.43	19.52	21.52	23.52	25.52	28.52	31.62	37.62
	min	3.2	4.2	5.3	6.4	8.4	10.5	13	15	17	19	21	23	25	28	31	37
D	max	12	14	17	19	22	26	32	32	40	45	45	50	50	58	63	75
	min	11.57	13.57	16.57	18.48	21.48	25.48	31.38	31.38	39.38	44.38	44.38	49.38	49.38	57.26	62.26	74.26
b	max	2.5	2.5	3.5	3.5	3.5	4.5	4.5	4.5	5.5	6	6	7	7	8	8	11
	min	2.25	2.25	3.2	3.2	3.2	4.2	4.2	4.2	5.2	5.7	5.7	6.64	6.64	7.64	7.64	10.57
L		4.5	5.5	7	7.5	8.5	10	12	12	15	18	18	20	20	23	25	31
S		0.4	0.4	0.5	0.5	0.5	0.5	1	1	1	1	1	1	1	1.5	1.5	1.5
d_1		3	3	4	4	4	5	5	5	6	7	7	8	8	9	9	12
t		3	3	4	4	4	5	6	6	6	7	7	7	7	10	10	10

注：尽可能不采用括号内的规格。

表 11.15　圆螺母（摘自 GB/T 812—1988）、小圆螺母（摘自 GB/T 810—1988）

（单位：mm）

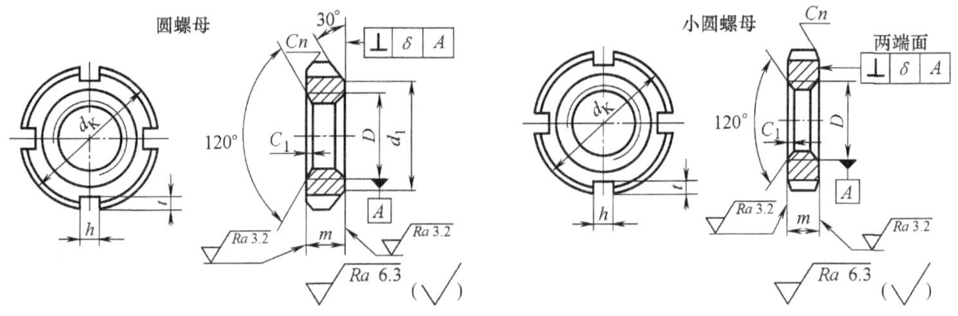

标记示例：

螺纹规格为 M16×1.5，材料为 45 钢，槽或全部热处理硬度为 35~45HRC，表面氧化的圆螺母和小圆螺母的标记为

螺母　GB/T 812　M16×1.5

螺母　GB/T 810　M16×1.5

<table>
<tr><th colspan="10">圆螺母（GB/T 812—1988）</th><th colspan="9">小圆螺母（GB/T 810—1988）</th></tr>
<tr><th rowspan="2">螺纹规格
D×P</th><th rowspan="2">d_K</th><th rowspan="2">d_1</th><th rowspan="2">m</th><th colspan="2">h</th><th colspan="2">t</th><th rowspan="2">C</th><th rowspan="2">C_1</th><th rowspan="2">螺纹规格
D×P</th><th rowspan="2">d_K</th><th rowspan="2">m</th><th colspan="2">h</th><th colspan="2">t</th><th rowspan="2">C</th><th rowspan="2">C_1</th></tr>
<tr><th>max</th><th>min</th><th>max</th><th>min</th><th>max</th><th>min</th><th>max</th><th>min</th></tr>
<tr><td>M10×1</td><td>22</td><td>16</td><td rowspan="6">8</td><td rowspan="3">4.3</td><td rowspan="3">4</td><td rowspan="3">2.6</td><td rowspan="3">2</td><td rowspan="7">0.5</td><td rowspan="9">0.5</td><td>M10×1</td><td>20</td><td rowspan="6">6</td><td rowspan="4">4.3</td><td rowspan="4">4</td><td rowspan="4">2.6</td><td rowspan="4">2</td><td rowspan="8">0.5</td><td rowspan="9">0.5</td></tr>
<tr><td>M12×1.25</td><td>25</td><td>19</td><td>M12×1.25</td><td>22</td></tr>
<tr><td>M14×1.5</td><td>28</td><td>20</td><td>M14×1.5</td><td>25</td></tr>
<tr><td>M16×1.5</td><td>30</td><td>22</td><td rowspan="6">5.3</td><td rowspan="6">5</td><td rowspan="6">3.1</td><td rowspan="6">2.5</td><td>M16×1.5</td><td>28</td></tr>
<tr><td>M18×1.5</td><td>32</td><td>24</td><td>M18×1.5</td><td>30</td><td rowspan="5">5.3</td><td rowspan="5">5</td><td rowspan="5">3.1</td><td rowspan="5">2.5</td></tr>
<tr><td>M20×1.5</td><td>35</td><td>27</td><td>M20×1.5</td><td>32</td></tr>
<tr><td>M22×1.5</td><td>38</td><td>30</td><td rowspan="3">10</td><td>M22×1.5</td><td>35</td><td rowspan="3">8</td></tr>
<tr><td>M24×1.5</td><td rowspan="2">42</td><td rowspan="2">34</td><td rowspan="2">1</td><td>M24×1.5</td><td>38</td></tr>
<tr><td>M25×1.5*</td><td>M27×1.5</td><td>42</td><td>1</td></tr>
</table>

（续）

圆螺母（GB/T 812—1988）

螺纹规格 D×P	d_K	d_1	m	h max	h min	t max	t min	C	C_1
M27×1.5	45	37	10	5.3	5	3.1	2.5	1	0.5
M30×1.5	48	40							
M33×1.5	52	43		6.3	6	3.6	3		
M35×1.5*									
M36×1.5	55	46							
M39×1.5	58	49						1.5	
M40×1.5*									
M42×1.5	62	53							
M45×1.5	68	59							
M48×1.5	72	61	12	8.36	8	4.25	3.5		
M50×1.5*									
M52×1.5	78	67							
M55×2*									
M56×2	85	74							1
M60×2	90	79							
M64×2	95	84							
M65×2*									
M68×2	100	88							
M72×2	105	93	15	10.36	10	4.75	4		
M75×2*									
M76×2	110	98							
M80×2	115	103							
M85×2	120	108							
M90×2	125	112	18	12.43	12	5.75	5		
M95×2	130	117							
M100×2	135	122							
M105×2	140	127							

小圆螺母（GB/T 810—1988）

螺纹规格 D×P	d_K	m	h max	h min	t max	t min	C	C_1
M30×1.5	45	8	5.3	5	3.1	2.5	1	0.5
M33×1.5	48							
M36×1.5	52		6.3	6	3.6	3		
M39×1.5	55							
M42×1.5	58							
M45×1.5	62							
M48×1.5	68	10						
M52×1.5	72		8.36	8	4.25	3.5		
M56×2	78							1
M60×2	80							
M64×2	85							
M68×2	90							
M72×2	95	12						
M76×2	100		10.36	10	4.75	4		
M80×2	105						1.5	
M85×2	110							
M90×2	115							
M95×2	120							
M100×2	125		12.43	12	5.75	5		
M105×2	130	15						

注：1. 槽数 n：当 $D \leqslant$ M100×2 时，$n=4$；当 $D \geqslant$ M105×2 时，$n=6$。

2. * 仅用于滚动轴承锁紧装置。

表 11.16　圆螺母用止动垫圈（摘自 GB/T 858—1988）　　（单位：mm）

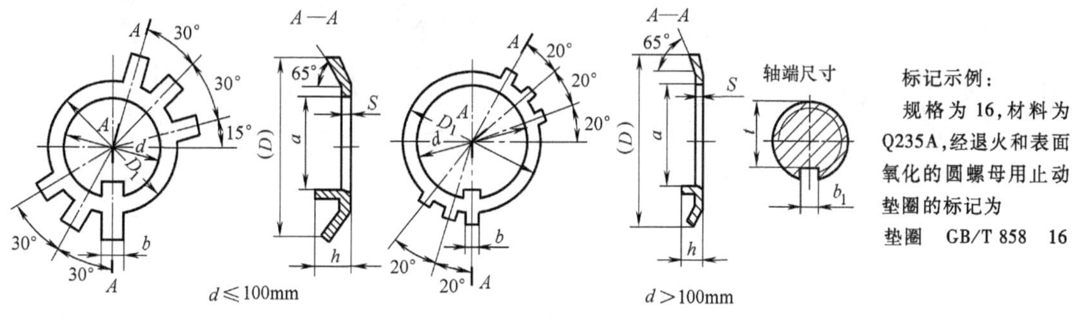

标记示例：

规格为 16，材料为 Q235A，经退火和表面氧化的圆螺母用止动垫圈的标记为

垫圈　GB/T 858　16

（续）

规格（螺纹大径）	d	D（参考）	D_1	S	b	a	h	轴端		规格（螺纹大径）	d	D（参考）	D_1	S	b	a	h	轴端	
								b_1	t									b_1	t
10	10.5	25	16	1	3.8	8	3	4	7	48	48.5	76	61	1.5	7.7	45	5	8	44
12	12.5	28	19			9			8	50*52	50.5					47			—
14	14.5	32	20			11			10	55*	52.5	82	67			49	6		48
16	16.5	34	22		4.8	13		5	12	56	56					52			—
18	18.5	35	24			15	4		14	60	57	90	74			53			52
20	20.5	38	27			17			16	64	61	94	79			57			56
22	22.5	42	30			19			18	65*	65	100	84			61			60
24	24.5	45	34			21			20	68	66					62			—
25*	25.5					22			—	72	69	105	88		9.6	65	7	10	64
27	27.5	48	37			24	5		23	75*	73	110	93			69			68
30	30.5	52	40			27			26	76	76					71			—
33	33.5	56	43	1.5	5.7	30		6	29	80	77	115	98			72			70
35*	35.5					32			—	85	81	120	103			76			74
36	36.5	60	46			33			32	90	86	125	108			81			79
39	39.5	62	49			36			35	95	91	130	112	2	11.6	86		12	84
40*	40.5					37			—	100	96	135	117			91			89
42	42.5	66	53			39			38	105	101	140	122			96			94
45	45.5	72	59			42			41		106	145	127			101			99

注：* 仅用于滚动轴承锁紧装置。

11.4 挡圈

表 11.17 螺钉紧固轴端挡圈（摘自 GB/T 891—1986）、**螺栓紧固轴端挡圈**（摘自 GB/T 892—1986）

（单位：mm）

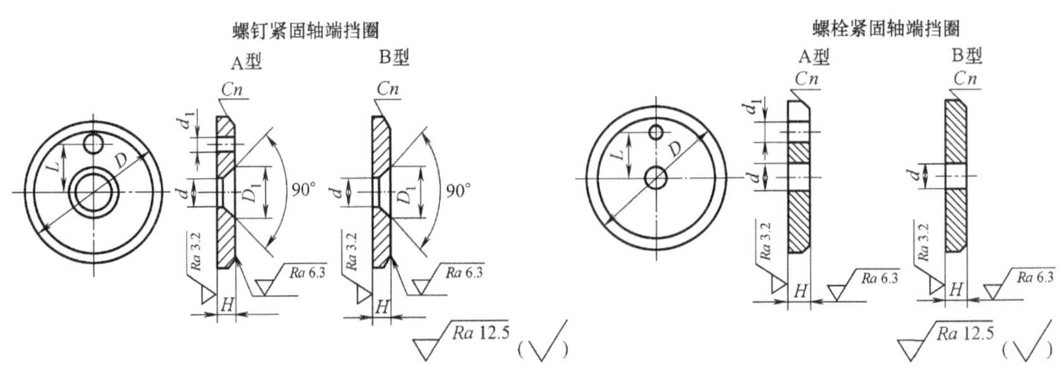

（续）

轴端单孔挡圈的固定

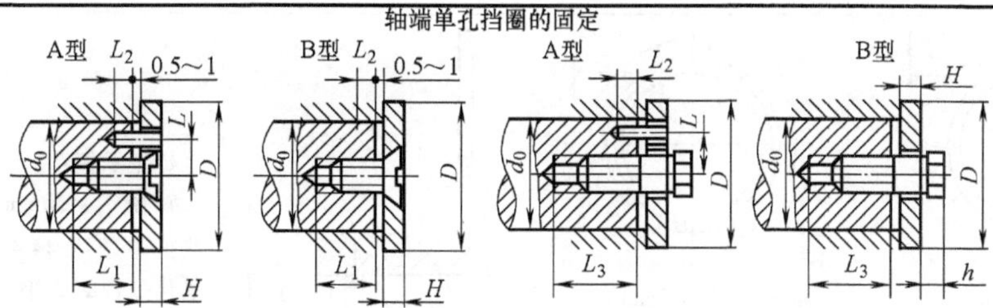

标记示例：

公称直径 D=45，材料为 Q235A，不经表面处理的 A 型螺钉（或螺栓）紧固轴端挡圈的标记为

挡圈　GB/T 891（或 892）　45

公称直径 D=45，材料为 Q235A，不经表面处理的 B 型螺钉（或螺栓）紧固轴端挡圈的标记为

挡圈　GB/T 891（或 892）　B45

轴径 ≤	公称直径 D	H	L	d	d_1	C	D_1	螺钉紧固轴端挡圈		螺栓紧固轴端挡圈			安装尺寸（参考）			
								螺钉 GB/T 819.1—2016（推荐）	圆柱销 GB/T 119.1—2000（推荐）	螺栓 GB/T 5783—2016（推荐）	圆柱销 GB/T 119.1—2000（推荐）	垫圈 GB/T 93—1987（推荐）	L_1	L_2	L_3	h
14	20	4	—	5.5	2.1	0.5	11	M5×12	A2×10	M5×16	A2×10	5	14	6	16	4.8
16	22	4	—													
18	25	4	—													
20	28	4	7.5													
22	30	4	7.5													
25	32	5	10	6.6	3.2	1	13	M6×16	A3×12	M6×20	A3×12	6	18	7	20	5.6
28	35	5	10													
30	38	5	10													
32	40	5	12													
35	45	5	12													
40	50	5	12													
45	55	6	16	9	4.2	1.5	17	M8×20	A4×14	M8×25	A4×14	8	22	8	24	7.4
50	60	6	16													
55	65	6	16													
60	70	6	20													
65	75	6	20													
70	80	6	20													
75	90	8	25	13	5.2	2	25	M12×25	A5×16	M12×30	A5×16	12	26	10	28	10.6
85	100	8	25													

注：1. 当挡圈装在带螺纹孔的轴端时，紧固用螺钉允许加长。

2. 材料：Q235A、35 钢，45 钢。

3. “轴端单孔挡圈的固定”不属于 GB/T 891—1986、GB/T 892—1986，仅供参考。

表 11.18　轴用弹性挡圈（A 型）（摘自 GB/T 894—2017）　（单位：mm）

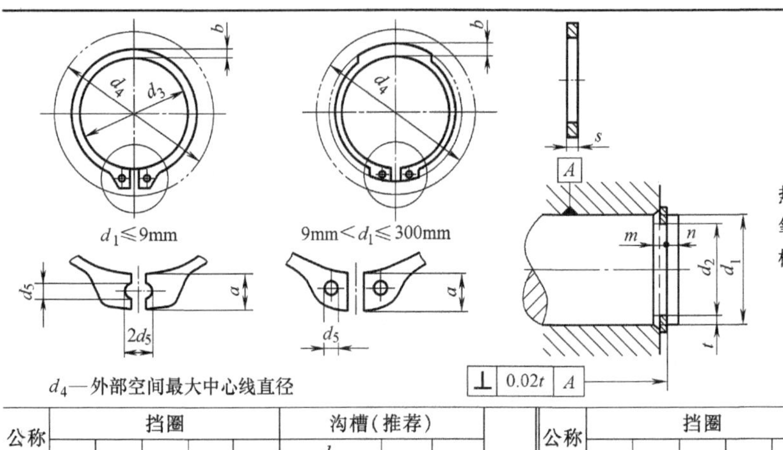

d_4—外部空间最大中心线直径

标记示例：

轴径 d_1 = 50mm，材料为 65Mn，热处理硬度 44 ~ 51HRC，经表面氧化处理的 A 型轴用弹性挡圈的标记为

挡圈　GB/T 894　50

公称规格 d_1	挡圈					沟槽(推荐)				d_4
	d_3	s	$b\approx$	d_5 min	a max	d_2 基本尺寸	d_2 极限偏差	m H13	n min	
3	2.7	0.40	0.8	1.0	1.9	2.8	0 -0.04	0.50	0.3	7.0
4	3.7		0.9		2.2	3.8	0 -0.05	0.50		8.6
5	4.7	0.60	1.1		2.5	4.8		0.70		10.3
6	5.6	0.70	1.3	1.2	2.7	5.7		0.80	0.5	11.7
7	6.5	0.80	1.4		3.1	6.7	0 -0.06	0.90	0.5	13.5
8	7.4		1.5		3.2	7.6		0.90	0.6	14.7
9	8.4	1.00	1.7	1.5	3.3	8.6	0 -0.11	1.10		16.0
10	9.3		1.8		3.3	9.6				17.0
11	10.2				3.3	10.5			0.8	18.0
12	11.0			1.7	3.3	11.5			0.8	19.0
13	11.9		2.0		3.4	12.4			0.9	20.2
14	12.9		2.1		3.5	13.4			0.9	21.4
15	13.8		2.2		3.6	14.3			1.1	22.6
16	14.7		2.2		3.7	15.2			1.2	23.8
17	15.7		2.3		3.8	16.2			1.2	25.0
18	16.5	1.20	2.4	2.0	3.9	17		1.30	1.5	26.2
19	17.5		2.5		3.9	18	0 -0.13			27.2
20	18.5		2.6		4.0	19				28.4
21	19.5		2.7		4.1	20				29.6
22	20.5		2.8		4.2	21				30.8
24	22.2		3.0		4.4	22.9	0 -0.21		1.7	33.2
25	23.2		3.0		4.4	23.9				34.2
26	24.2		3.1		4.5	24.9				35.5
28	25.9	1.50	3.2		4.7	26.6		1.60	2.1	37.9
29	26.9		3.4		4.8	27.6				39.1
30	27.9		3.5		5.0	28.6				40.5
32	29.6		3.6	2.5	5.2	30.3	0 -0.25		2.6	43.0
34	31.5		3.8		5.4	32.3			2.6	45.4
35	32.2		3.9		5.6	33.0			3.0	46.8
36	33.2	1.75	4.0			34.0		1.85		47.8

公称规格 d_1	挡圈					沟槽(推荐)				d_4
	d_3	s	$b\approx$	d_5 min	a max	d_2 基本尺寸	d_2 极限偏差	m H13	n min	
38	35.2	1.75	4.2	2.5	5.8	36.0	0 -0.25	1.85	3.0	50.2
40	36.5		4.4		6.0	37.0			3.8	52.6
42	38.5		4.5		6.5	39.5				55.7
45	41.5		4.7		6.7	42.5				59.1
48	44.5		5.0		6.9	45.5				62.5
50	45.8	2.00	5.1		6.9	47.0		2.15	4.5	64.5
52	47.8		5.2		7.0	49.0				66.7
55	50.8		5.4		7.2	52.0	0 -0.30			70.2
56	51.8		5.5		7.3	53.0				71.6
58	53.8		5.6		7.3	55.0				73.6
60	55.8		5.8		7.4	57.0				75.6
62	57.8		6.0		7.5	59.0				77.8
63	58.8		6.2		7.6	60.0				79.0
65	60.8	2.50	6.3	3.0	7.8	62.0		2.65		81.4
68	63.5		6.5		8.0	65.0				84.8
70	65.5		6.6		8.1	67.0				87.0
72	67.5		6.8		8.2	69.0				89.2
75	70.5		7.0		8.4	72.0				92.7
78	73.5		7.3		8.6	75.0				96.1
80	74.5		7.4		8.6	76.5			5.3	98.1
82	76.5		7.6		8.7	78.5				100.3
85	79.5	3.00	7.8	3.5	8.7	81.5	0 -0.35	3.15		103.3
88	82.5		8.0		8.8	84.5				106.5
90	84.5		8.2		8.8	86.5				108.5
95	89.5		8.6		9.4	91.5				114.8
100	94.5		9.0		9.6	96.5				120.2
105	98.0	4.00	9.3		9.9	101.0	0 -0.54	4.15	6.0	125.8
110	103.0		9.6		10.1	106.0				131.2
115	108.0		9.8		10.6	111.0				137.3
120	113.0		10.2		11.0	116.0				143.1
125	118.0		10.4	4.0	11.4	121.0	0 -0.63			149.0

注：尺寸 m 的极限偏差：当 $d_1 \leqslant 100$mm 时为 $^{+0.14}_{0}$；当 $d_1 > 100$mm 时为 $^{+0.18}_{0}$。

表 11.19　孔用弹性挡圈（A 型）（摘自 GB/T 893—2017）　（单位：mm）

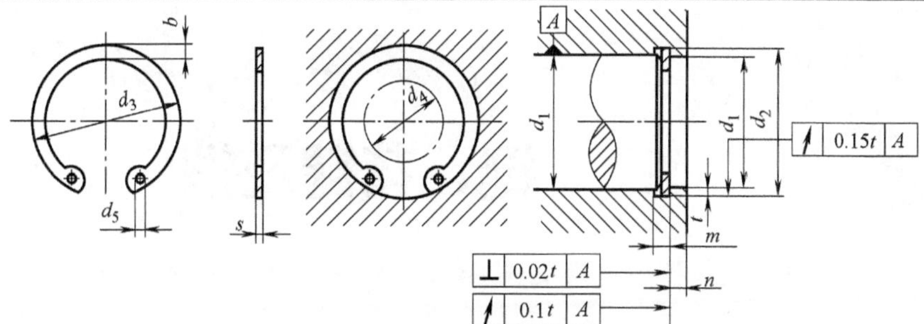

标记示例：

孔径 $d_1=50$mm，材料为 65Mn，热处理硬度 44～51HRC，经表面氧化处理的 A 型孔用弹性挡圈的标记为

挡圈　GB/T 893　50

公称规格 d_1	挡圈 d_3	挡圈 s	挡圈 $b\approx$	挡圈 d_5 min	沟槽（推荐）d_2 基本尺寸	沟槽（推荐）d_2 极限偏差	沟槽（推荐）m H13	沟槽（推荐）n min	d_4	公称规格 d_1	挡圈 d_3	挡圈 s	挡圈 $b\approx$	挡圈 d_5 min	沟槽（推荐）d_2 基本尺寸	沟槽（推荐）d_2 极限偏差	沟槽（推荐）m H13	沟槽（推荐）n min	d_4
8	8.7	0.80	1.1	1.0	8.4	+0.09 0	0.90	0.6	2.0	48	51.5	1.75	4.5	2.5	50.5	+0.30 0	1.85	3.8	34.5
9	9.8		1.3		9.4				2.7	50	54.2	2.00	4.6		53.0		2.15	4.5	36.3
10	10.8	1.00	1.4	1.2	10.4	+0.11 0	1.10		3.3	52	56.2		4.7		55.0				37.9
11	11.8		1.5		11.4				4.1	55	59.2		5.0		58.0				40.7
12	13		1.7	1.5	12.5			0.8	4.9	56	60.2		5.1		59.0				41.7
13	14.1		1.8		13.6			0.9	5.4	58	62.2		5.2		61.0				43.5
14	15.1		1.9	1.7	14.6				6.2	60	64.2		5.4		63.0				44.7
15	16.2		2.0		15.7			1.1	7.2	62	66.2		5.5		65.0				46.7
16	17.3		2.0		16.8			1.2	8.0	63	67.2		5.6		66.0				47.7
17	18.3		2.1		17.8			1.2	8.8	65	69.2	2.50	5.8	3.0	68.0		2.65		49.0
18	19.5		2.2	2.0	19.0	+0.13 0		1.5	9.4	68	72.5		6.1		71.0				51.6
19	20.5		2.2		20.0				10.4	70	74.5		6.2		73.0				53.6
20	21.5		2.3		21.0				11.2	72	76.5		6.4		75.0				55.6
21	22.5		2.4		22.0				12.2	75	79.5		6.6		78.0				58.6
22	23.5		2.5		23.0				13.2	78	82.5		6.6		81.0	+0.35 0			60.1
24	25.9	1.20	2.6		25.2	+0.21 0	1.30	1.8	14.8	80	85.5		6.8		83.5			5.3	62.1
25	26.9		2.7		26.2				15.5	82	87.5		7.0		85.5				64.1
26	27.9		2.8		27.2				16.1	85	90.5	3.00	7.0	3.5	88.5		3.15		66.9
28	30.1		2.9		29.4			2.1	17.9	88	93.5		7.2		91.5				69.9
30	32.1		3.0		31.4	+0.25 0		2.1	19.9	90	95.5		7.6		93.5				71.9
31	33.4		3.2	2.5	32.7			2.6	20.0	92	97.5		7.8		95.5				73.7
32	34.4		3.2		33.7				20.6	95	100.5		8.1		98.5				76.5
34	36.5	1.50	3.3		35.7		1.60		22.6	98	103.5		8.3		101.5				79.0
35	37.8		3.4		37.0			3.0	23.6	100	105.5		8.4		103.5				80.6
36	38.8		3.5		38.0				24.6	102	108.0	4.00	8.5		106.0	+0.54 0	4.15	6.0	82.0
37	39.8		3.6		39.0				25.4	105	112.0		8.7		109.0				85.0
38	40.8		3.7		40.0				26.4	108	115.0		8.9		112.0				88.0
40	43.5	1.75	3.9		42.5		1.85	3.8	27.8	110	117.0		9.0		114.0				88.2
42	45.5		4.1		44.5				29.6	112	119.0		9.1		116.0				90.0
45	48.5		4.3		47.5				32.0	115	122.0		9.3		119.0				93.0
47	50.5		4.4		49.5				33.5	120	127.0		9.7		124.0	+0.63 0			96.9

注：尺寸 m 的极限偏差：当 $d_1\leqslant 100$mm 时为 ${}^{+0.14}_{0}$；当 $d_1>100$mm 时为 ${}^{+0.18}_{0}$。

第 12 章 键、花键及销

12.1 普通平键

表 12.1 普通平键的尺寸与公差（摘自 GB/T 1096—2003） （单位：mm）

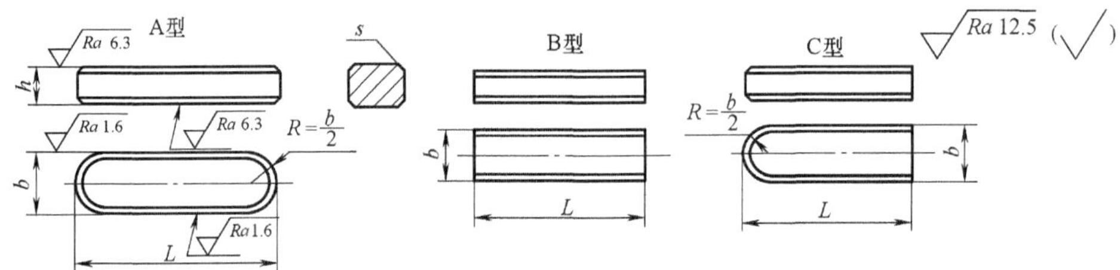

标记示例：

宽度 b=16mm，高度 h=10mm，长度 L=100mm，普通 A 型平键的标记为：GB/T 1096 键 16×10×100

宽度 b=16mm，高度 h=10mm，长度 L=100mm，普通 B 型平键的标记为：GB/T 1096 键 B 16×10×100

宽度 b=16mm，高度 h=10mm，长度 L=100mm，普通 C 型平键的标记为：GB/T 1096 键 C 16×10×100

宽度 b	基本尺寸		2	3	4	5	6	8	10	12	14	16	18	20	22
	极限偏差（h8）		0 -0.014		0 -0.018			0 -0.022		0 -0.027				0 -0.033	
高度 h	基本尺寸		2	3	4	5	6	7	8	8	9	10	11	12	14
	极限偏差	矩形（h11）	—		—			0 -0.090					0 -0.110		
		方形（h8）	0 -0.014		0 -0.018			—					—		
倒角或倒圆 s			0.16～0.25			0.25～0.40			0.40～0.60					0.60～0.80	
宽度 b	基本尺寸		25	28	32	36	40	45	50	56	63	70	80	90	100
	极限偏差（h8）		0 -0.033		0 -0.039					0 -0.046				0 -0.054	
高度 h	基本尺寸		14	16	18	20	22	25	28	32	32	36	40	45	50
	极限偏差	矩形（h11）	0 -0.110			0 -0.130					0 -0.160				
		方形（h8）	—			—					—				

（续）

倒角或倒圆 s	0.60～0.80	1.00～1.20	1.60～2.00	2.50～3.00
长度 L （极限偏差 h14）	10，12，14，16，18，20，22，25，28，32，36，40，45，50，56，63，70，80，90，100，110，125，140，160，180，200，250，280，320，360，400			

注：当键长大于 500mm 时，为减小由于直线度引起的问题，键长应小于 10 倍的键宽。

表 12.2　平键键槽的剖面尺寸与公差（摘自 GB/T 1095—2003）　（单位：mm）

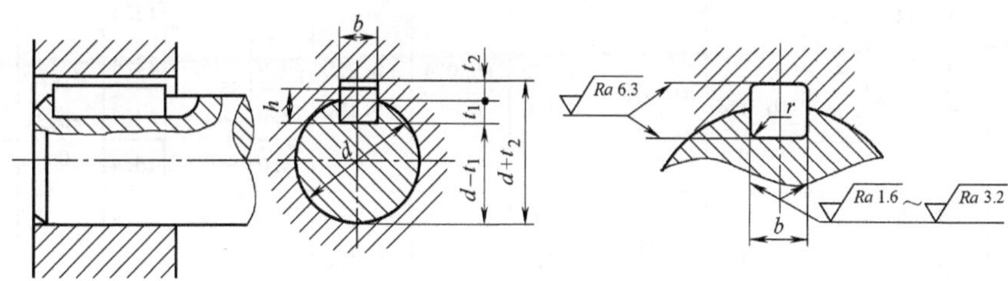

轴的公称直径 d	键尺寸 $b\times h$	键槽											
		宽度 b						深度				半径 r	
		基本尺寸	极限偏差					轴 t_1		毂 t_2			
			正常连接		紧密连接	松连接		基本尺寸	极限偏差	基本尺寸	极限偏差		
			轴 N9	毂 JS9	轴和毂 P9	轴 H9	毂 D10					最小	最大
6～8	2×2	2	-0.004 -0.029	±0.0125	-0.006 -0.031	+0.025 0	+0.060 +0.020	1.2	+0.1 0	1.0	+0.1 0	0.08	0.16
>8～10	3×3	3						1.8		1.4			
>10～12	4×4	4	0 -0.030	±0.015	-0.012 -0.042	+0.030 0	+0.078 +0.030	2.5		1.8			
>12～17	5×5	5						3.0		2.3		0.16	0.25
>17～22	6×6	6						3.5		2.8			
>22～30	8×7	8	0 -0.036	±0.018	-0.015 -0.051	+0.036 0	+0.098 +0.040	4.0	+0.2 0	3.3	+0.2 0		
>30～38	10×8	10						5.0		3.3		0.25	0.40
>38～44	12×8	12	0 -0.043	±0.0215	-0.018 -0.061	+0.043 0	+0.120 +0.050	5.0		3.3			
>44～50	14×9	14						5.5		3.8			
>50～58	16×10	16						6.0		4.3			
>58～65	18×11	18						7.0		4.4			
>65～75	20×12	20	0 -0.052	±0.026	-0.022 -0.074	+0.052 0	+0.149 +0.065	7.5		4.9		0.40	0.60
>75～85	22×14	22						9.0		5.4			
>85～95	25×14	25						9.0		5.4			
>95～110	28×16	28						10.0		6.4			
>110～130	32×18	32	0 -0.062	±0.031	-0.026 -0.088	+0.062 0	+0.180 +0.080	11.0		7.4			
>130～150	36×20	36						12.0	+0.3 0	8.4	+0.3 0	0.70	1.00
>150～170	40×22	40						13.0		9.4			
>170～200	45×25	45						15.0		10.4			
>200～230	50×28	50						17.0		11.4			

（续）

轴的公称直径 d	键尺寸 $b\times h$	键槽											
		宽度 b						深度				半径 r	
		基本尺寸	极限偏差					轴 t_1		毂 t_2			
			正常连接		紧密连接	松连接		基本尺寸	极限偏差	基本尺寸	极限偏差	最小	最大
			轴 N9	毂 JS9	轴和毂 P9	轴 H9	毂 D10						
>230~260	56×32	56	0 -0.074	±0.037	-0.032 -0.106	+0.074 0	+0.220 +0.100	20.0	+0.3 0	12.4	+0.3 0	1.20	1.60
>260~290	63×32	63						20.0		12.4			
>290~330	70×36	70						22.0		14.4			
>330~380	80×40	80						25.0		15.4		2.00	2.50
>380~440	90×45	90	0 -0.087	±0.0435	-0.037 -0.124	+0.087 0	+0.260 +0.120	28.0		17.4			
>440~500	100×50	100						31.0		19.4			

注：1. 导向型平键的轴槽与轮毂槽用较松键连接的公差。

2. 除轴伸外，在保证传递所需转矩条件下，允许采用较小截面的键，但 t_1 和 t_2 的数值必要时应重新计算，使键侧与轮毂槽接触高度各为 $h/2$。

3. 平键轴槽的长度公差用 H14。

4. 键槽的对称度公差：为便于装配，轴槽及轮毂槽对轴及轮毂轴心的对称度公差根据不同要求，一般可按 GB/T 1184—1996 中附表对称度公差 7~9 级选取。键槽（轴槽及轮毂槽）的对称度公差的公差尺寸是指键宽 b。

5. 表图中（$d-t_1$）和（$d+t_2$）两组组合尺寸的极限偏差按相应的 t_1 和 t_2 的极限偏差选取，但（$d-t_1$）的极限偏差值应取负号。

6. 表中“轴的公称直径 d”是沿用旧标准（1979 年）的数据，仅供设计者初选时参考，然后根据工况验算确定键的规格。

12.2 矩形花键

表 12.3 矩形花键的尺寸（摘自 GB/T 1144—2001）（单位：mm）

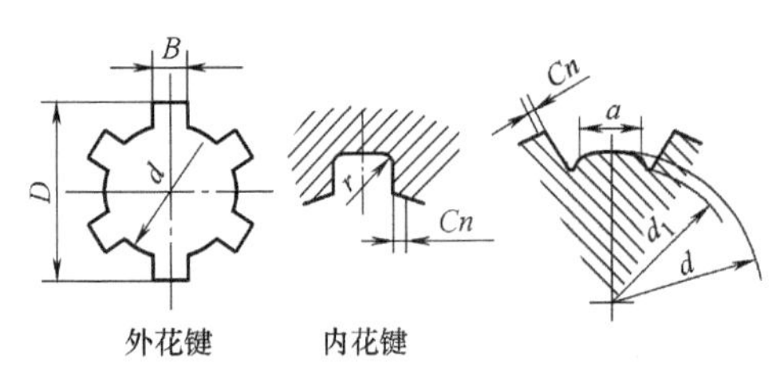

标记示例：

花键规格	$N\times d\times D\times B$ 例如 6×23×26×6
花键副	$6\times23\dfrac{H7}{f7}\times26\dfrac{H10}{a11}\times6\dfrac{H11}{d10}$ GB/T 1144—2001
内花键	6×23H7×26H10×6H11 GB/T 1144—2001
外花键	6×23f7×26a11×6d10 GB/T 1144—2001

小径 d	轻系列					中系列				
	规格 $N\times d\times D\times B$	C	r	参考		规格 $N\times d\times D\times B$	C	r	参考	
				d_{1min}	a_{min}				d_{1min}	a_{min}
11						6×11×14×3	0.2	0.1	14.4	1.0
13						6×13×16×3.5				
16						6×16×20×4	0.3	0.2		
18						6×18×22×5			16.6	1.0
21						6×21×25×5			19.5	2.0

（续）

小径 d	轻系列					中系列				
	规格 $N \times d \times D \times B$	C	r	参考		规格 $N \times d \times D \times B$	C	r	参考	
				$d_{1\min}$	$a_{\min}$				$d_{1\min}$	$a_{\min}$
23	6×23×26×6	0.2	0.1	22	3.5	6×23×28×6	0.3	0.2	21.2	1.2
26	6×26×30×6	0.3	0.2	24.5	3.8	6×26×32×6	0.4	0.3	23.6	1.2
28	6×28×32×7			26.6	4.0	6×28×34×7			25.8	1.4
32	8×32×36×6			30.3	2.7	8×32×38×6			29.4	1.0
36	8×36×40×7			34.4	3.5	8×36×42×7			33.4	1.0
42	8×42×46×8			40.5	5.0	8×42×48×8			39.4	2.5
46	8×46×50×9			44.6	5.7	8×46×54×9	0.5	0.4	42.6	1.4
52	8×52×58×10	0.4	0.3	49.6	4.8	8×52×60×10			48.6	2.5
56	8×56×62×10			53.5	6.5	8×56×65×10			52.0	2.5
62	8×62×68×12			59.7	7.3	8×62×72×12	0.6	0.5	57.7	2.4
72	10×72×78×12			69.6	5.4	10×72×82×12			67.7	1.0
82	10×82×88×12			79.3	8.5	10×82×92×12			77.0	2.9
92	10×92×98×14			89.6	9.9	10×92×102×14			87.3	4.5
102	10×102×108×16			99.6	11.3	10×102×112×16			97.7	6.2
112	10×112×120×18	0.5	0.4	108.8	10.5	10×112×125×18			106.2	4.1

注：1. N—齿数；D—大径；B—键宽或键槽宽。

2. d_1 和 a 值仅适用于展成法加工。

表 12.4　内、外花键的尺寸公差带（摘自 GB/T 1144—2001）

内花键				外花键			装配型式
d	D	B		d	D	B	
		拉削后不热处理	拉削后热处理				
一般用							
H7	H10	H9	H11	f7	a11	d10	滑动
				g7		f9	紧滑动
				h7		h10	固定
精密传动用							
H5	H10	H7、H9		f5	a11	d8	滑动
				g5		f7	紧滑动
				h5		h8	固定
H6				f6		d8	滑动
				g6		f7	紧滑动
				h6		h8	固定

注：1. 精密传动用的内花键，当需要控制键侧配合间隙时，槽宽可选 H7，一般情况下可选 H9。

2. d 为 H6 和 H7 的内花键，允许与提高一级的外花键配合。

表 12.5 矩形花键位置度和对称度（摘自 GB/T 1144—2001）　（单位：mm）

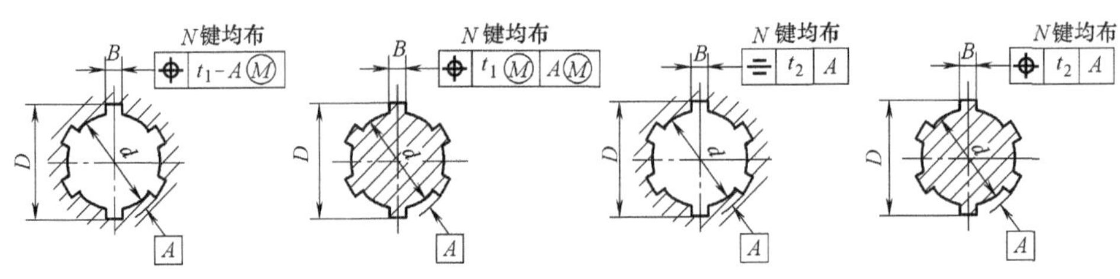

<table>
<tr><td colspan="2" rowspan="2">键槽宽或键宽 B</td><td>3</td><td>3.5~6</td><td>7~10</td><td>12~18</td></tr>
<tr><td colspan="4">t_1</td></tr>
<tr><td colspan="2">键槽</td><td>0.010</td><td>0.015</td><td>0.020</td><td>0.025</td></tr>
<tr><td rowspan="2">键宽</td><td>滑动、固定</td><td>0.010</td><td>0.015</td><td>0.020</td><td>0.025</td></tr>
<tr><td>紧滑动</td><td>0.006</td><td>0.010</td><td>0.013</td><td>0.016</td></tr>
<tr><td colspan="2"></td><td colspan="4">t_2</td></tr>
<tr><td colspan="2">一般用</td><td>0.010</td><td>0.012</td><td>0.015</td><td>0.018</td></tr>
<tr><td colspan="2">精密传动用</td><td>0.006</td><td>0.008</td><td>0.009</td><td>0.011</td></tr>
</table>

注：花键的等分度公差值等于键宽的对称度公差。

12.3 圆柱销

表 12.6 圆柱销（摘自 GB/T 119.1—2000 和 GB/T 119.2—2000）　（单位：mm）

圆柱销 不淬硬钢和奥氏体不锈钢
(摘自GB/T 119.1—2000)

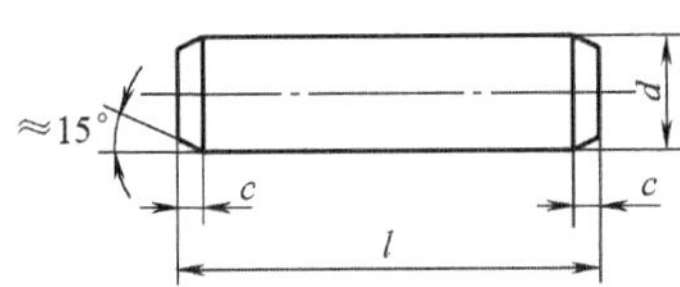

圆柱销 淬硬钢和马氏体不锈钢
(摘自GB/T 119.2—2000)

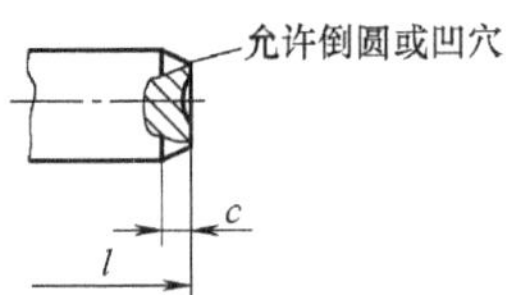

标记示例：

公称直径 $d=6$mm、公差为 m6、公称长度 $l=30$mm，材料为钢，不经淬火，不经表面处理的圆柱销的标记为

销　GB/T 119.1　6　m6×30

公称直径 $d=6$mm、公差为 m6、公称长度 $l=30$mm，材料为 A1 组奥氏体不锈钢、表面简单处理的圆柱销的标记为

销　GB/T 119.1　6　m6×30-A1

公称直径 $d=6$mm、公差为 m6、公称长度 $l=30$mm，材料为钢、普通淬火（A 型）、表面氧化处理的圆柱销的标记为

销　GB/T 119.2　6×30-A

公称直径 $d=6$mm、公差为 m6、公称长度 $l=30$mm、材料为 C1 组马氏体不锈钢、表面简单处理的圆柱销的标记为

销　GB/T 119.2　6×30-C1

（续）

d(m6/h8)	0.6	0.8	1	1.2	1.5	2	2.5	3	4	5	6	8	10	12	16	20	25	30	40	50
$c\approx$	0.12	0.16	0.2	0.25	0.3	0.35	0.4	0.5	0.63	0.8	1.2	1.6	2	2.5	3	3.5	4	5	6.3	8
商品规格 l	2~6	2~8	4~10	4~12	4~16	6~20	6~24	8~30	8~40	10~50	12~60	14~80	18~95	22~140	26~180	35~200	50~200	60~200	80~200	95~200
1m 长的质量/kg≈	0.002	0.004	0.006	—	0.014	0.024	0.037	0.054	0.097	0.147	0.221	0.395	0.611	0.887	1.57	2.42	3.83	5.52	9.64	15.2
l 系列	2,3,4,5,6,8,10,12,14,16,18,20,22,24,26,28,30,32,35,40,45,50,55,60,65,70,75,80,85,90,95,100,120,140,160,180,200																			
技术要求 材料	GB/T 119.1 钢：奥氏体不锈钢 A1。GB/T 119.2 钢：A 型，普通淬火；B 型，表面淬火；马氏体不锈钢 C1																			
技术要求 表面粗糙度	GB/T 119.1 公差 m6：$Ra \leqslant 0.8\mu m$；公差 h8：$Ra \leqslant 1.6\mu m$。GB/T 119.2 $Ra \leqslant 0.8\mu m$																			
技术要求 表面处理	①钢：不经处理；氧化；磷化；镀锌钝化。②奥氏体不锈钢：简单处理。③其他表面镀层或表面处理应由供需双方协议。④所有公差仅适用于涂、镀前的公差																			

注：1. d 的其他公差由供需双方协议。
2. GB/T 119.2 中 d 的尺寸范围为 1~20mm。
3. 公称长度大于 200mm（GB/T 119.1）和大于 100mm（GB/T 119.2），按 20mm 递增。

12.4 圆锥销

表 12.7 圆锥销（摘自 GB/T 117—2000） （单位：mm）

A 型（磨削）：锥面表面粗糙度 $Ra=0.8\mu m$
B 型（切削或冷镦）：锥面表面粗糙度 $Ra=3.2\mu m$

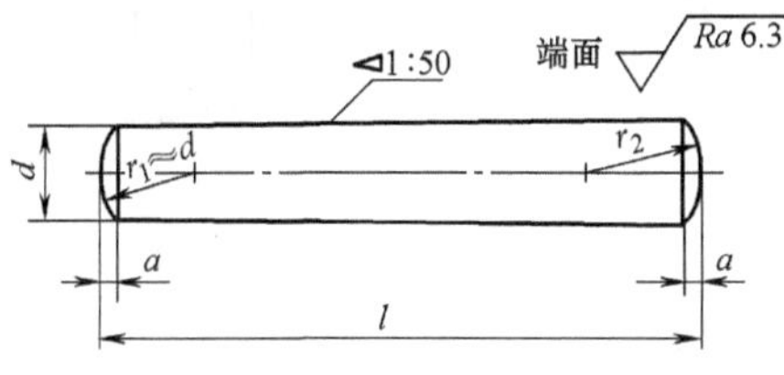

$$r_2 \approx \frac{a}{2}+d+\frac{(0.02l)^2}{8a}$$

标记示例：
公称直径 d=6mm，公称长度 l=30mm，材料为 35 钢，热处理硬度 28~38HRC，表面氧化处理的 A 型圆锥销的标记为
销 GB/T 117 6×30

d(h10)	0.6	0.8	1	1.2	1.5	2	2.5	3	4	5	6	8	10	12	16	20	25	30	40	50
$a\approx$	0.08	0.1	0.12	0.16	0.2	0.25	0.3	0.4	0.5	0.63	0.8	1	1.2	1.6	2	2.5	3	4	5	6.3
商品规格 l	4~8	5~12	6~16	6~20	8~24	10~35	10~35	12~45	14~55	18~60	22~90	22~120	26~160	32~180	40~200	45~200	50~200	55~200	60~200	65~200
1m 长的质量/kg≈	0.003	0.005	0.007	—	0.015	0.027	0.04	0.062	0.11	0.16	0.3	0.5	0.74	1.03	1.77	2.66	4.09	5.85	10.1	15.7
l 系列	4,5,6,8,10,12,14,16,18,20,22,24,26,28,30,32,35,40,45,50,55,60,65,70,75,80,85,90,95,100,120,140,160,180,200																			
技术要求 材料	易切钢：Y12、Y15（GB/T 8731）；碳素钢：34、45（GB/T 699）；合金钢：30CrMnSiA（GB/T 3077）；不锈钢：1Cr13、2Cr13（GB/T 1220）、Cr17Ni2（GB/T 1220）；0Cr18Ni9Ti（GB/T 1220）																			
技术要求 表面处理	①钢：不经处理；氧化；磷化；镀锌钝化。②不锈钢：简单处理。③其他表面镀层或表面处理应由供需双方协议。④所有公差仅适用于涂、镀前的公差																			

注：1. d 的其他公差，如 a11、c11 和 f8，由供需双方协议。
2. 公称长度为大于 200mm，按 20mm 递增。

第13章 滚动轴承

13.1 深沟球轴承

表 13.1 深沟球轴承（摘自 GB/T 276—2013）

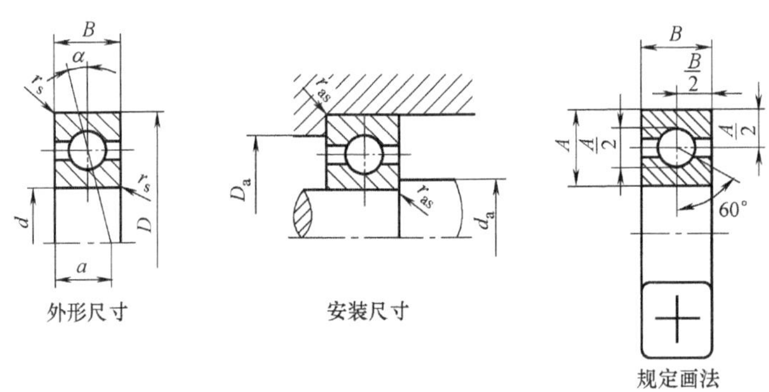

标记示例：

代号为6210的轴承的标记为 滚动轴承 6210 GB/T 276—2013

F_a/C_{0r}	e	Y	径向当量动载荷	径向当量静载荷
0.014	0.19	2.30	当$\frac{F_a}{F_r}\leqslant e$时，$P_r=F_r$ 当$\frac{F_a}{F_r}>e$时，$P_r=0.56F_r+YF_a$	$P_{0r}=F_r$ $P_{0r}=0.6F_r+0.5F_a$ 取上列两式计算结果中的较大值
0.028	0.22	1.99		
0.056	0.26	1.71		
0.084	0.28	1.55		
0.11	0.30	1.45		
0.17	0.34	1.31		
0.28	0.38	1.15		
0.42	0.42	1.04		
0.56	0.44	1.00		

轴承代号	外形尺寸/mm				安装尺寸/mm			径向基本额定动载荷 C_r/kN	径向基本额定静载荷 C_{0r}/kN	极限转速/(r/min)		原轴承代号
	d	D	B	r_s min	d_a min	D_a max	r_{as} max			脂润滑	油润滑	
(1)0尺寸系列												
6000	10	26	8	0.3	12.4	23.6	0.3	4.58	1.98	20000	28000	100
6001	12	28	8	0.3	14.4	25.6	0.3	5.10	2.38	19000	26000	101
6002	15	32	9	0.3	17.4	29.6	0.3	5.58	2.85	18000	24000	102
6003	17	35	10	0.3	19.4	32.6	0.3	6.00	3.25	17000	22000	103
6004	20	42	12	0.6	25	37	0.6	9.38	5.02	15000	19000	104
6005	25	47	12	0.6	30	42	0.6	10.0	5.85	13000	17000	105

（续）

轴承代号	外形尺寸/mm				安装尺寸/mm			径向基本额定动载荷 C_r/kN	径向基本额定静载荷 C_{0r}/kN	极限转速/(r/min)		原轴承代号
	d	D	B	r_s min	d_a min	D_a max	r_{as} max			脂润滑	油润滑	
6006	30	55	13	1	36	49	1	13.2	8.30	10000	14000	106
6007	35	62	14	1	41	56	1	16.2	10.5	9000	12000	107
6008	40	68	15	1	46	62	1	17.0	11.8	8500	11000	108
6009	45	75	16	1	51	69	1	21.0	14.8	8000	10000	108
6010	50	80	16	1	56	74	1	22.0	16.2	7000	9000	110
6011	55	90	18	1.1	62	83	1	30.2	21.8	6300	8000	111
6012	60	95	18	1.1	67	88	1	31.5	24.2	6000	7500	112
6013	65	100	18	1.1	72	93	1	32.0	24.8	5600	7000	113
6014	70	110	20	1.1	77	103	1	38.5	30.5	5300	6700	114
6015	75	115	20	1.1	82	108	1	40.2	33.2	5000	6300	115
6016	80	125	22	1.1	87	118	1	47.5	39.8	4800	6000	116
6017	85	130	22	1.1	92	123	1	50.8	42.8	4500	5600	117
6018	90	140	24	1.5	99	131	1.5	58.0	49.8	4300	5300	118
6019	95	145	24	1.5	104	136	1.5	57.8	50.0	4000	5000	119
6020	100	150	24	1.5	109	141	1.5	64.5	56.2	3800	4800	120
(0)2尺寸系列												
6200	10	30	9	0.6	15	25	0.6	5.10	2.38	19000	26000	200
6201	12	32	10	0.6	17	27	0.6	6.82	3.05	18000	24000	201
6202	15	35	11	0.6	20	30	0.6	7.65	3.72	17000	22000	202
6203	17	40	12	0.6	22	35	0.6	9.58	4.78	16000	20000	203
6204	20	47	14	1	26	41	1	12.8	6.65	14000	18000	204
6205	25	52	15	1	31	46	1	14.0	7.88	12000	16000	205
6206	30	62	16	1	36	56	1	19.5	11.5	9500	13000	206
6207	35	72	17	1.1	42	65	1	25.5	15.2	8500	11000	207
6208	40	80	18	1.1	47	73	1	29.5	18.0	8000	10000	208
6209	45	85	19	1.1	52	78	1	31.5	20.5	7000	9000	209
6210	50	90	20	1.1	57	83	1	35.0	23.2	6700	8500	210
6211	55	100	21	1.5	64	91	1.5	43.2	29.0	6000	7500	211
6212	60	110	22	1.5	69	101	1.5	47.8	32.8	5600	7000	212
6213	65	120	23	1.5	74	111	1.5	57.2	40.0	5000	6300	213
6214	70	125	24	1.5	79	116	1.5	60.8	45.0	4800	6000	214
6215	75	130	25	1.5	84	121	1.5	66.0	49.5	4500	5600	215
6216	80	140	26	2	90	130	2	71.5	54.2	4300	5300	216
6217	85	150	28	2	95	140	2	83.2	63.8	4000	5000	217
6218	90	160	30	2	100	150	2	95.8	71.5	3800	4800	218
6219	95	170	32	2.1	107	158	2.1	110	82.8	3600	4500	219
6220	100	180	34	2.1	112	168	2.1	122	92.8	3400	4300	220

（续）

轴承代号	外形尺寸/mm				安装尺寸/mm			径向基本额定动载荷 C_r/kN	径向基本额定静载荷 C_{0r}/kN	极限转速/(r/min)		原轴承代号
	d	D	B	r_s min	d_a min	D_a max	r_{as} max			脂润滑	油润滑	
(0)3 尺寸系列												
6300	10	35	11	0.6	15	30	0.6	7.65	3.48	18000	24000	300
6301	12	37	12	1	18	31	1	9.72	5.08	17000	22000	301
6302	15	42	13	1	21	36	1	11.5	5.42	16000	20000	302
6303	17	47	14	1	23	41	1	13.5	6.58	15000	19000	303
6304	20	52	15	1.1	27	45	1	15.8	7.88	13000	17000	304
6305	25	62	17	1.1	32	55	1	22.2	11.5	10000	14000	305
6306	30	72	19	1.1	37	65	1	27.0	15.2	9000	12000	306
6307	35	80	21	1.5	44	71	1.5	33.2	19.2	8000	10000	307
6308	40	90	23	1.5	49	81	1.5	40.8	24.0	7000	9000	308
6309	45	100	25	1.5	54	91	1.5	52.8	31.8	6300	8000	309
6310	50	110	27	2	60	100	2	61.8	38.0	6000	7500	310
6311	55	120	29	2	65	110	2	71.5	44.8	5300	6700	311
6312	60	130	31	2.1	72	118	2.1	81.8	51.8	5000	6300	312
6313	65	140	33	2.1	77	128	2.1	93.8	60.5	4500	5600	313
6314	70	150	35	2.1	82	138	2.1	105	68.0	4300	5300	314
6315	75	160	37	2.1	87	148	2.1	112	76.8	4000	5000	315
6316	80	170	39	2.1	92	158	2.1	122	86.5	3800	4800	316
6317	85	180	41	3	99	166	2.5	132	96.5	3600	4500	317
6318	90	190	43	3	104	176	2.5	145	108	3400	4300	318
6319	95	200	45	3	109	186	2.5	155	122	3200	4000	319
6320	100	215	47	3	114	201	2.5	172	140	2800	3600	320
(0)4 尺寸系列												
6403	17	62	17	1.1	24	55	1	22.5	10.8	11000	15000	403
6404	20	72	19	1.1	27	65	1	31.0	15.2	9500	13000	404
6405	25	80	21	1.5	34	71	1.5	38.2	19.2	8500	11000	405
6406	30	90	23	1.5	39	81	1.5	47.5	24.5	8000	10000	406
6407	35	100	25	1.5	44	91	1.5	56.8	29.5	6700	8500	407
6408	40	110	27	2	50	100	2	65.5	37.5	6300	8000	408
6409	45	120	29	2	55	110	2	77.5	45.5	5600	7000	409
6410	50	130	31	2.1	62	118	2.1	92.2	55.2	5300	6700	410
6411	55	140	33	2.1	67	128	2.1	100	62.5	4800	6000	411
6412	60	150	35	2.1	72	138	2.1	108	70.0	4500	5600	412
6413	65	160	37	2.1	77	148	2.1	118	78.5	4300	5300	413
6414	70	180	42	3	84	166	2.5	140	99.5	3800	4800	414
6415	75	190	45	3	89	176	2.5	155	115	3600	4500	415
6416	80	200	48	3	94	186	2.5	162	125	3400	4300	416
6417	85	210	52	4	103	192	3	175	138	3200	4000	417
6418	90	225	54	4	108	207	3	192	158	2800	3600	418
6420	100	250	58	4	118	232	3	222	195	2400	3200	420

注：1. 表中 C_r 值适用于轴承为真空脱气轴承钢材料。如为普通电炉钢，C_r 值降低；如为真空重熔或电渣重熔轴承钢，C_r 值提高。

2. 表中 r_{smin} 为 r_s 的单向最小倒角尺寸；r_{asmax} 为 r_{as} 的单向最大倒角尺寸。

13.2　角接触球轴承

表 13.2　角接触球轴承（摘自 GB/T 292—2007）

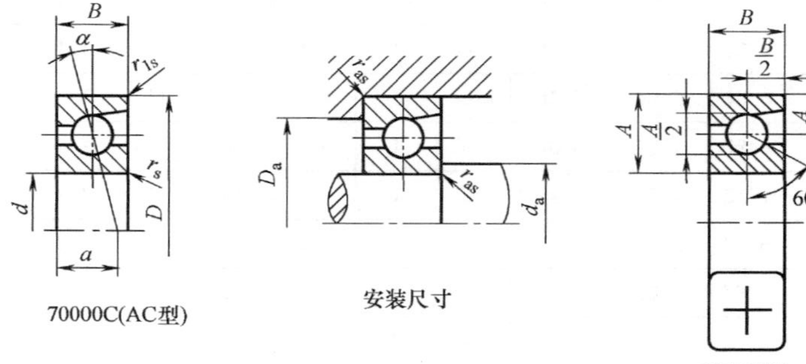

70000C(AC型)　　安装尺寸　　规定画法

标记示例：

代号为 7210C 的轴承的标记为　　滚动轴承　7210C　GB/T 292—2007

<table>
<tr><th>F_a/C_{0r}</th><th>e</th><th>Y</th><th>70000C</th><th>70000AC</th></tr>
<tr><td>0.015</td><td>0.38</td><td>1.47</td><td rowspan="4">径向当量动载荷
当$\frac{F_a}{F_r}\leqslant e$ 时，$P_r=F_r$
当$\frac{F_a}{F_r}>e$ 时，$P_r=0.44F_r+YF_a$</td><td rowspan="4">径向当量动载荷
当$\frac{F_a}{F_r}\leqslant 0.68$ 时，$P_r=F_r$
当$\frac{F_a}{F_r}>0.68$ 时，$P_r=0.41F_r+0.87F_a$</td></tr>
<tr><td>0.029</td><td>0.40</td><td>1.40</td></tr>
<tr><td>0.058</td><td>0.43</td><td>1.30</td></tr>
<tr><td>0.087</td><td>0.46</td><td>1.23</td></tr>
<tr><td>0.12</td><td>0.47</td><td>1.19</td><td rowspan="5">径向当量静载荷
$P_{0r}=0.5F_r+0.46F_a$
$P_{0r}=F_r$
取上列两式计算结果中的较大值</td><td rowspan="5">径向当量静载荷
$P_{0r}=0.5F_r+0.38F_a$
$P_{0r}=F_r$
取上列两式计算结果中的较大值</td></tr>
<tr><td>0.17</td><td>0.50</td><td>1.12</td></tr>
<tr><td>0.29</td><td>0.55</td><td>1.02</td></tr>
<tr><td>0.44</td><td>0.56</td><td>1.00</td></tr>
<tr><td>0.58</td><td>0.56</td><td>1.00</td></tr>
</table>

（续）

轴承代号		外形尺寸/mm					安装尺寸/mm			70000C（$\alpha=15°$）			70000AC（$\alpha=25°$）			极限转速/(r/min)		原轴承代号	
		d	D	B	r_s	r_{1s}	d_a	D_a	r_{as}	a/mm	径向基本额定		a/mm	径向基本额定		脂润滑	油润滑		
					min		min	max			动载荷 C_r/kN	静载荷 C_{0r}/kN		动载荷 C_r/kN	静载荷 C_{0r}/kN				
7000C	7000AC	10	26	8	0.3	0.1	12.4	23.6	0.3	6.4	4.92	2.25	8.2	4.75	2.12	19000	28000	36100	46100
7001C	7001AC	12	28	8	0.3	0.1	14.4	25.6	0.3	6.7	5.42	2.65	8.7	5.20	2.55	18000	26000	36101	46101
7002C	7002AC	15	32	9	0.3	0.1	17.4	29.6	0.3	7.6	6.25	3.42	10	5.95	3.25	17000	24000	36102	46102
7003C	7003AC	17	35	10	0.3	0.1	19.4	32.6	0.3	8.5	6.60	3.85	11.1	6.30	3.68	16000	22000	36103	46103
7004C	7004AC	20	42	12	0.6	0.3	25	37	0.6	10.2	10.5	6.08	13.2	10.0	5.78	14000	19000	36104	46104
7005C	7005AC	25	47	12	0.6	0.3	30	42	0.6	10.8	11.5	7.45	14.4	11.2	7.08	12000	17000	36105	46105
7006C	7006AC	30	55	13	1	0.3	36	49	1	12.2	15.2	10.2	16.4	14.5	9.85	9500	14000	36106	46106
7007C	7007AC	35	62	14	1	0.3	41	56	1	13.5	19.5	14.2	18.3	18.5	13.5	8500	12000	36107	46107
7008C	7008AC	40	68	15	1	0.3	46	62	1	14.7	20.0	15.2	20.1	19.0	14.5	8000	11000	36108	46108
7009C	7009AC	45	75	16	1	0.3	51	69	1	16	25.8	20.5	21.9	25.8	19.5	7500	10000	36109	46109
7010C	7010AC	50	80	16	1	0.3	56	74	1	16.7	26.5	22.0	23.2	25.2	21.0	6700	9000	36110	36110
7011C	7011AC	55	90	18	1.1	0.6	62	83	1	18.7	37.2	30.5	25.9	35.2	29.2	6000	8000	36111	46111
7012C	7012AC	60	95	18	1.1	0.6	67	88	1	19.4	38.2	32.8	27.1	36.2	31.5	5600	7500	36112	46112
7013C	7013AC	65	100	18	1.1	0.6	72	93	1	20.1	40.0	35.5	28.2	38.0	33.8	5300	7000	36113	46113
7014C	7014AC	70	110	20	1.1	0.6	77	103	1	22.1	48.2	43.5	30.9	45.8	41.5	5000	6700	36114	46114
7015C	7015AC	75	115	20	1.1	0.6	82	108	1	22.7	49.5	46.5	32.2	46.8	44.2	4800	6300	36115	46115
7016C	7016AC	80	125	22	1.1	0.6	89	116	1.5	24.7	58.5	55.8	34.9	55.5	53.2	4500	6000	36116	46116
7017C	7017AC	85	130	22	1.1	0.6	94	121	1.5	25.4	62.5	60.2	36.1	59.2	57.2	4300	5600	36117	46117
7018C	7018AC	90	140	24	1.5	0.6	99	131	1.5	27.4	71.5	69.8	38.8	67.5	66.5	4000	5300	36118	46118
7019C	7019AC	95	145	24	1.5	0.6	104	136	1.5	28.1	73.5	73.2	40	69.5	69.8	3800	5000	36119	46119
7020C	7020AC	100	150	24	1.5	0.6	109	141	1.5	28.7	79.2	78.5	41.2	75	74.8	3800	5000	36120	46120

（续）

轴承代号		外形尺寸/mm					安装尺寸/mm			70000C（$\alpha=15°$）			70000AC（$\alpha=25°$）			极限转速/(r/min)		原轴承代号	
		d	D	B	r_s	r_{1s}	d_a	D_a	r_{as}	a/mm	径向基本额定		a/mm	径向基本额定		脂润滑	油润滑		
					min		min	max			动载荷 C_r/kN	静载荷 C_{0r}/kN		动载荷 C_r/kN	静载荷 C_{0r}/kN				
7200C	7200AC	10	30	9	0.6	0.3	15	25	0.6	7.2	5.82	2.95	9.2	5.58	2.82	18000	26000	36200	46200
7201C	7201AC	12	32	10	0.6	0.3	17	27	0.6	8	7.35	3.52	10.2	7.10	3.35	17000	24000	36201	46201
7202C	7202AC	15	35	11	0.6	0.3	20	30	0.6	8.9	8.68	4.62	11.4	8.35	4.40	16000	22000	36202	46202
7203C	7203AC	17	40	12	0.6	0.3	22	35	0.6	9.9	10.8	5.95	12.8	10.5	5.65	15000	20000	36203	46203
7204C	7204AC	20	47	14	1	0.3	26	41	1	11.5	14.5	8.22	14.9	14.0	7.82	13000	18000	36204	46204
7205C	7205AC	25	52	15	1	0.3	31	46	1	12.7	16.5	10.5	16.4	15.8	9.88	11000	16000	36205	46205
7206C	7206AC	30	62	16	1	0.3	36	56	1	14.2	23.0	15.0	18.7	22.0	14.2	9000	13000	36206	46206
7207C	7207AC	35	72	17	1.1	0.3	42	65	1	15.7	30.5	20.0	21	29.0	19.2	8000	11000	36207	46207
7208C	7208AC	40	80	18	1.1	0.6	47	73	1	17	36.8	25.8	23	35.2	24.5	7500	10000	36208	46208
7209C	7209AC	45	85	19	1.1	0.6	52	78	1	18.2	38.5	28.5	24.7	36.8	27.2	6700	9000	36209	46209
7210C	7210AC	50	90	20	1.1	0.6	57	83	1	19.4	42.8	32.0	26.3	40.8	30.5	6300	8500	36210	46210
7211C	7211AC	55	100	21	1.5	0.6	64	91	1.5	20.9	52.8	40.5	28.6	50.5	38.5	5600	7500	36211	46211
7212C	7212AC	60	110	22	1.5	0.6	69	101	1.5	22.4	61.0	48.5	30.8	58.2	46.2	5300	7000	36212	46212
7213C	7213AC	65	120	23	1.5	0.6	74	111	1.5	24.2	69.8	55.2	33.5	66.5	52.5	4800	6300	36213	46213
7214C	7214AC	70	125	24	1.5	0.6	79	116	1.5	25.3	70.2	60.0	35.1	69.2	57.5	4500	6000	36214	46214
7215C	7215AC	75	130	25	1.5	0.6	84	121	1.5	26.4	79.2	65.8	36.6	75.2	63.0	4300	5600	36215	46215
7216C	7216AC	80	140	26	2	1	90	130	2	27.7	89.5	78.2	38.9	85.0	74.5	4000	5300	36216	46216
7217C	7217AC	85	150	28	2	1	95	140	2	29.9	99.8	85.0	41.6	94.8	81.5	3800	5000	36217	46217
7218C	7218AC	90	160	30	2	1	100	150	2	31.7	122	105	44.2	118	100	3600	4800	36218	46218
7219C	7219AC	95	170	32	2.1	1.1	107	158	2.1	33.8	135	115	46.9	128	108	3400	4500	36219	46219
7220C	7220AC	100	180	34	2.1	1.1	112	168	2.1	35.8	148	128	49.7	142	122	3200	4300	36220	46220

（续）

轴承代号		外形尺寸/mm					安装尺寸/mm			70000C（$\alpha=15°$）			70000AC（$\alpha=25°$）			极限转速/(r/min)		原轴承代号	
		d	D	B	r_s min	r_{1s} min	d_a min	D_a max	r_{as} max	a/mm	径向基本额定 动载荷 C_r/kN	径向基本额定 静载荷 C_{0r}/kN	a/mm	径向基本额定 动载荷 C_r/kN	径向基本额定 静载荷 C_{0r}/kN	脂润滑	油润滑		
7301C	7301AC	12	37	12	1	0.3	18	31	1	8.6	8.10	5.22	12	8.08	4.88	16000	22000	36301	46301
7302C	7302AC	15	42	13	1	0.3	21	36	1	9.6	9.38	5.95	13.5	9.08	5.58	15000	20000	36302	46302
7303C	7303AC	17	47	14	1	0.3	23	41	1	10.4	12.8	8.62	14.8	11.5	7.08	14000	19000	36303	46303
7304C	7304AC	20	52	15	1.1	0.6	27	45	1	11.3	14.2	9.68	16.3	13.8	9.10	12000	17000	36304	46304
7305C	7305AC	25	62	17	1.1	0.6	32	55	1	13.1	21.5	15.8	19.1	20.8	14.8	9500	14000	36305	46305
7306C	7306AC	30	72	19	1.1	0.6	37	65	1	15	26.5	19.8	22.2	25.2	18.5	8500	12000	36306	46306
7307C	7307AC	35	80	21	1.5	0.6	44	71	1.5	16.6	34.2	26.8	24.5	32.8	24.8	7500	10000	36307	46307
7308C	7308AC	40	90	23	1.5	0.6	49	81	1.5	18.5	40.2	32.3	27.5	38.5	30.5	6700	9000	36308	46308
7309C	7309AC	45	100	25	1.5	0.6	54	91	1.5	20.2	49.2	39.8	30.2	47.5	37.2	6000	8000	36309	46309
7310C	7310AC	50	110	27	2	1	60	100	2	22	53.5	47.2	33	55.5	44.5	5600	7500	36310	46310
7311C	7311AC	55	120	29	2	1	65	110	2	23.8	70.5	60.5	35.8	67.2	56.8	5000	6700	36311	46311
7312C	7312AC	60	130	31	2.1	1.1	72	118	2.1	25.6	80.5	70.2	38.7	77.8	65.8	4800	6300	36312	46312
7313C	7313AC	65	140	33	2.1	1.1	77	128	2.1	27.4	91.5	80.5	41.5	89.8	75.5	4300	5600	36313	46313
7314C	7314AC	70	150	35	2.1	1.1	82	138	2.1	29.2	102	91.5	44.3	98.5	86.0	4000	5300	36314	46314
7315C	7315AC	75	160	37	2.1	1.1	87	148	2.1	31	112	105	7.2	108	97.0	3800	5000	36315	46315
7316C	7316AC	80	170	39	2.1	1.1	92	158	2.1	32.8	122	118	50	118	108	3800	4800	36316	46316
7317C	7317AC	85	180	41	3	1.1	99	166	2.5	34.6	132	128	52.8	125	122	3400	4500	36317	46317
7318C	7318AC	90	190	43	3	1.1	104	176	2.5	36.4	142	142	55.6	135	135	3200	4300	36318	46318
7319C	7319AC	95	200	45	3	1.1	109	186	2.5	38.2	152	158	58.5	145	148	3000	4000	36319	46319
7320C	7320AC	100	215	47	3	1.1	114	201	2.5	40.2	162	175	61.9	165	178	2600	3600	36320	46320

注：r_{amin} 为 r_a 的单向最小倒角尺寸；r_{1smin} 为 r_{1s} 的单向最小倒角尺寸。

13.3 圆锥滚子轴承

表 13.3 圆锥滚子轴承（摘自 GB/T 297—2015）

30000 型

安装尺寸

规定画法

标记示例：

代号为 30310 的轴承的标记为 滚动轴承 30310 GB/T 297—2015

径向当量动载荷	径向当量静载荷
当 $\frac{F_a}{F_r} \leqslant e$ 时，$P_r = F_r$ 当 $\frac{F_a}{F_r} > e$ 时，$P_r = 0.4F_r + YF_a$	$P_{0r} = F_r$ $P_{0r} = 0.5F_r + Y_0F_a$ 取上列两式计算结果中的较大值

轴承代号	外形尺寸/mm								安装尺寸/mm									计算系数			基本额定		极限转速/(r/min)		原轴承代号
	d	D	T	B	C	r_s min	r_{1s} min	a ≈	d_a min	d_b max	D_a min	D_a max	D_b min	a_1 min	a_2 min	r_{as} max	r_{bs} max	e	Y	Y_0	动载荷 C_r/kN	静载荷 C_{0r}/kN	脂润滑	油润滑	
02 尺寸系列																									
30203	17	40	13.25	12	11	1	1	9.9	23	23	34	34	37	2	2.5	1	1	0.35	1.7	1	20.8	21.8	9000	12000	7023E
30204	20	47	15.25	14	12	1	1	11.2	26	27	40	41	43	2	3.5	1	1	0.35	1.7	1	28.2	30.5	8000	10000	7024E
30205	25	52	16.25	15	13	1	1	12.5	31	31	44	46	48	2	3.5	1	1	0.37	1.6	0.9	32.2	37.0	7000	9000	7025E
30206	30	62	17.25	16	14	1	1	13.8	36	37	53	56	58	2	3.5	1	1	0.37	1.6	0.9	43.2	50.5	6000	7500	7026E
30207	35	72	18.25	17	15	1.5	1.5	15.3	42	44	62	65	67	3	3.5	1.5	1.5	0.37	1.6	0.9	54.2	63.5	5300	6700	7027E
30208	40	80	19.75	18	16	1.5	1.5	16.9	47	49	69	73	75	3	4	1.5	1.5	0.37	1.6	0.9	63.0	74.0	5000	6300	7028E

（续）

轴承代号	外形尺寸/mm								安装尺寸/mm										计算系数			基本额定		极限转速/(r/min)		原轴承代号
	d	D	T	B	C	r_s min	r_{1s} min	a ≈	d_a min	d_b max	D_a min	D_a max	D_b min	a_1 min	a_2 min	r_{as} max	r_{bs} max	e	Y	Y_0	动载荷 C_r/kN	静载荷 C_{0r}/kN	脂润滑	油润滑	
02 尺寸系列																									
30209	45	85	20.75	19	16	1.5	1.5	18.6	52	53	74	78	80	3	5	1.5	1.5	0.4	1.5	0.8	67.8	83.5	4500	5600	7209E
30210	50	90	21.75	20	17	1.5	1.5	20	57	58	79	83	86	3	5	1.5	1.5	0.42	1.4	0.8	73.2	92.0	4300	5300	7210E
30211	55	100	22.75	21	18	2	1.5	21	64	64	88	91	95	4	5	2	1.5	0.4	1.5	0.8	90.8	115	3800	4800	7211E
30212	60	110	23.75	22	19	2	1.5	22.3	69	69	96	101	103	4	5	2	1.5	0.4	1.5	0.8	102	130	3600	4500	7212E
30213	65	120	24.75	23	20	2	1.5	23.8	74	77	106	111	114	4	5	2	1.5	0.4	1.5	0.8	120	152	3200	4000	7213E
30214	70	125	26.75	24	21	2	1.5	25.8	79	81	110	116	119	4	5.5	2	1.5	0.42	1.4	0.8	132	175	3000	3800	7214E
30215	75	130	27.25	25	22	2	1.5	27.4	84	85	115	121	125	4	5.5	2	1.5	0.44	1.4	0.8	138	185	2800	3600	7215E
30216	80	140	28.25	26	22	2.5	2	28.1	90	90	124	130	133	4	6	2.1	2	0.42	1.4	0.8	160	212	2600	3400	7216E
30217	85	150	30.5	28	24	2.5	2	30.3	95	96	132	140	142	5	6.5	2.1	2	0.42	1.4	0.8	178	238	2400	3200	7217E
30218	90	160	32.5	30	26	2.5	2	32.3	100	102	140	150	151	5	6.5	2.1	2	0.42	1.4	0.8	200	270	2200	3000	7218E
30219	95	170	34.5	32	27	3	2.5	34.2	107	108	149	158	160	5	7.5	2.5	2.1	0.42	1.4	0.8	228	308	2000	2800	7219E
30220	100	180	37	34	29	3	2.5	36.4	112	114	157	168	169	5	8	2.5	2.1	0.42	1.4	0.8	255	350	1900	2600	7220E
03 尺寸系列																									
30302	15	42	14.25	13	11	1	1	9.6	21	22	36	36	38	2	3.5	1	1	0.29	2.1	1.2	22.8	21.5	9000	12000	7302E
30303	17	47	15.25	14	12	1	1	10.4	23	25	40	41	43	3	3.5	1	1	0.29	2.1	1.2	28.2	27.2	8500	11000	7303E
30304	20	52	16.25	15	13	1.5	1.5	11.1	27	28	44	45	48	3	3.5	1.5	1.5	0.3	2	1.1	33.0	33.2	7500	9500	7304E
30305	25	62	18.25	17	15	1.5	1.5	13	32	34	54	55	58	3	3.5	1.5	1.5	0.3	2	1.1	46.8	48.0	6300	8000	7305E
30306	30	72	20.75	19	16	1.5	1.5	15.3	37	40	62	65	66	3	5	1.5	1.5	0.31	1.9	1.1	59.0	63.0	5600	7000	7306E
30307	35	80	22.75	21	18	2	1.5	16.8	44	45	70	71	74	3	5	2	1.5	0.31	1.9	1.1	75.2	82.5	5000	6300	7307E
30308	40	90	25.25	23	20	2	1.5	19.5	40	52	77	81	84	3	5.5	2	1.5	0.35	1.7	1	90.8	100	4500	5600	7308E
30309	45	100	27.25	25	22	2	1.5	21.3	54	59	86	91	94	3	5.5	2	1.5	0.35	1.7	1	108	130	4000	5000	7309E
30310	50	110	29.25	27	23	2.5	2	23	60	65	95	100	103	4	6.5	2	2	0.35	1.7	1	130	158	3800	4800	7310E
30311	55	120	31.5	29	25	2.5	2	24.9	65	70	104	110	112	4	6.5	2.5	2	0.35	1.7	1	152	188	3400	4300	7311E

（续）

轴承代号	外形尺寸/mm								安装尺寸/mm									计算系数			基本额定		极限转速 /(r/min)		原轴承代号
	d	D	T	B	C	r_s min	r_{1s} min	a ≈	d_a min	d_b max	D_a min	D_a max	D_b min	a_1 min	a_2 min	r_{as} max	r_{bs} max	e	Y	Y_0	动载荷 C_r/kN	静载荷 C_{0r}/kN	脂润滑	油润滑	
03 尺寸系列																									
30312	60	130	33.5	31	26	3	2.5	26.6	72	76	112	118	121	5	7.5	2.5	2.1	0.35	1.7	1	170	210	3200	4000	7312E
30313	65	140	36	33	28	3	2.5	28.7	77	83	122	128	131	5	8	2.5	2.1	0.35	1.7	1	195	242	2800	3600	7313E
30314	70	150	38	35	30	3	2.5	30.7	82	89	130	138	141	5	8	2.5	2.1	0.35	1.7	1	218	272	2600	3400	7314E
30315	75	160	40	37	31	3	2.5	32	87	95	139	148	150	5	9	2.5	2.1	0.35	1.7	1	252	318	2400	3200	7315E
30316	80	170	42.5	39	33	3	2.5	34.4	92	102	148	158	160	5	9.5	2.5	2.1	0.35	1.7	1	278	352	2200	3000	7316E
30317	85	180	44.5	41	34	4	3	35.9	99	107	156	166	168	6	10.5	3	2.5	0.35	1.7	1	305	388	2000	2800	7317E
30318	90	190	46.5	43	36	4	3	37.5	104	113	165	176	178	6	10.5	3	2.5	0.35	1.7	1	342	440	1900	2600	7318E
30319	95	200	49.5	45	38	4	3	40.1	109	118	172	186	185	6	11.5	3	2.5	0.35	1.7	1	370	478	1800	2400	7319E
30320	100	215	51.5	47	39	4	3	42.2	114	127	184	201	199	6	12.5	3	2.5	0.35	1.7	1	405	525	1600	2000	7320E
22 尺寸系列																									
32206	30	62	21.25	20	17	1	1	15.6	36	36	52	56	58	3	4.5	1	1	0.37	1.6	0.9	51.8	63.8	6000	7500	7506E
32207	35	72	24.25	23	19	1.5	1.5	17.9	42	42	61	65	68	3	5.5	1.5	1.5	0.37	1.6	0.9	70.5	89.5	5300	6700	7507E
32208	40	80	24.75	23	19	1.5	1.5	18.9	47	48	68	73	75	3	6	1.5	1.5	0.37	1.6	0.9	77.8	97.5	5000	6300	7508E
32209	45	85	24.75	23	19	1.5	1.5	20.1	52	53	73	78	81	3	6	1.5	1.5	0.4	1.5	0.8	80.8	105	4500	5600	7509E
32210	50	90	24.75	23	19	1.5	1.5	21	57	57	78	83	86	3	6	1.5	1.5	0.42	1.4	0.8	82.8	108	4300	5300	7510E
32211	55	100	26.75	25	21	2	1.5	22.8	64	62	87	91	96	4	6	2	1.5	0.4	1.5	0.8	108	142	3800	4800	7511E
32212	60	110	29.75	28	24	2	1.5	25	69	68	95	101	105	4	6	2	1.5	0.4	1.5	0.8	132	180	3600	4500	7512E
32213	65	120	32.75	31	27	2	1.5	27.3	74	75	104	111	115	4	6	2	1.5	0.4	1.5	0.8	160	222	3200	4000	7513E
32214	70	125	33.25	31	27	2	1.5	28.8	79	79	108	116	120	4	6.5	2	1.5	0.42	1.4	0.8	168	238	3000	3800	7514E
32215	75	130	33.25	31	27	2	1.5	30	84	84	115	121	126	4	6.5	2	1.5	0.44	1.4	0.8	170	242	2800	3600	7515E

（续）

轴承代号	外形尺寸/mm								安装尺寸/mm									计算系数			基本额定		极限转速/(r/min)		原轴承代号
	d	D	T	B	C	r_s min	r_{1s} min	a ≈	d_a min	d_b max	D_a min	D_a max	D_b min	a_1 min	a_2 min	r_{as} max	r_{bs} max	e	Y	Y_0	动载荷 C_r/kN	静载荷 C_{0r}/kN	脂润滑	油润滑	
22尺寸系列																									
32216	80	140	35.25	33	28	2.5	2	31.4	90	89	122	130	135	5	7.5	2.1	2	0.42	1.4	0.8	198	278	2600	3400	7516E
32217	85	150	38.5	36	30	2.5	2	33.9	95	95	130	140	143	5	8.5	2.1	2	0.42	1.4	0.8	228	325	2400	3200	7517E
32218	90	160	42.5	40	34	2.5	2	36.8	100	101	138	150	153	5	8.5	2.1	2	0.42	1.4	0.8	270	395	2200	3000	7518E
32219	95	170	45.5	43	37	3	2.5	39.2	107	106	145	158	163	5	8.5	2.5	2.1	0.42	1.4	0.8	302	448	2000	2800	7519E
32220	100	180	49	46	39	3	2.5	41.9	112	113	154	168	172	5	10	2.5	2.1	0.42	1.4	0.8	340	512	1900	2600	7520E
23尺寸系列																									
32303	17	47	20.25	19	16	1	1	12.3	23	24	39	41	43	3	4.5	1	1	0.29	2.1	1.2	35.2	36.2	8500	11000	7603E
32304	20	52	22.25	21	18	1.5	1.5	13.6	27	26	43	45	48	3	4.5	1.5	1.5	0.3	2	1.1	42.8	46.2	7500	9500	7604E
32305	25	62	25.25	24	20	1.5	1.5	15.9	32	32	52	55	58	3	5.5	1.5	1.5	0.3	2	1.1	61.5	68.8	6300	8000	7605E
32306	30	72	28.75	27	23	1.5	1.5	18.9	37	38	59	65	66	4	6	1.5	1.5	0.31	1.9	1.1	81.5	96.5	5600	7000	7606E
32307	35	80	32.75	31	25	2	1.5	20.4	44	43	66	71	74	4	8.5	2	1.5	0.31	1.9	1.1	99.0	118	5000	6300	7607E
32308	40	90	35.25	33	27	2	1.5	23.3	49	49	73	81	83	4	8.5	2	1.5	0.35	1.7	1	115	148	4500	5600	7608E
32309	45	100	38.25	36	30	2	1.5	25.6	54	56	82	91	93	4	8.5	2	1.5	0.35	1.7	1	145	188	4000	5000	7609E
32310	50	110	42.25	40	33	2.5	2	28.2	60	61	90	100	102	5	9.5	2.5	2	0.35	1.7	1	178	235	3800	4800	7610E
32311	55	120	45.5	43	35	2.5	2	30.4	65	66	99	110	111	5	10	2.5	2	0.35	1.7	1	202	270	3400	4300	7611E
32312	60	130	48.5	46	37	3	2.5	32	72	72	107	118	122	6	11.5	2.5	2.1	0.35	1.7	1	228	302	3200	4000	7612E
32313	65	140	51	48	39	3	2.5	34.3	77	79	117	128	131	6	12	2.5	2.1	0.35	1.7	1	260	350	2800	3600	7613E
32314	70	150	54	51	42	3	2.5	36.5	82	84	125	138	141	6	12	2.5	2.1	0.35	1.7	1	298	408	2600	3400	7614E

（续）

轴承代号	外形尺寸/mm								安装尺寸/mm									计算系数			基本额定		极限转速/(r/min)		原轴承代号
	d	D	T	B	C	r_s min	r_{1s} min	a ≈	d_a min	d_b max	D_a min	D_a max	D_b min	a_1 min	a_2 min	r_{as} max	r_{bs} max	e	Y	Y_0	动载荷 C_r/kN	静载荷 C_{0r}/kN	脂润滑	油润滑	
23 尺寸系列																									
32315	75	160	58	55	45	3	2.5	39.4	87	91	133	148	150	7	13	2.5	2.1	0.35	1.7	1	348	482	2400	3200	7615E
32316	80	170	61.5	58	48	3	2.5	42.1	92	97	142	158	160	7	13.5	2.5	2.1	0.35	1.7	1	388	542	2200	3000	7616E
32317	85	180	63.5	60	49	4	3	43.5	99	102	150	166	168	8	14.5	3	2.5	0.35	1.7	1	422	592	2000	2800	7617E
32318	90	190	67.5	64	53	4	3	46.2	104	107	157	176	178	8	14.5	3	2.5	0.35	1.7	1	478	682	1900	2600	7618E
32319	95	200	71.5	67	55	4	3	49	109	114	166	186	187	8	16.5	3	2.5	0.35	1.7	1	515	738	1800	2400	7619E
32320	100	215	77.5	73	60	4	3	52.9	114	122	177	201	201	8	17.5	3	2.5	0.35	1.7	1	600	872	1600	2000	7620E

注：1. 表中 C_r 值适用于轴承为真空脱气轴承钢材料，如为普通电炉钢，C_r 值降低；如为真空重熔或电渣重熔轴承钢，C_r 值提高。

2. 后缀带 E 为加强型圆锥滚子轴承，优先选用。

13.4 圆柱滚子轴承

表 13.4 圆柱滚子轴承（摘自 GB/T 283—2021）

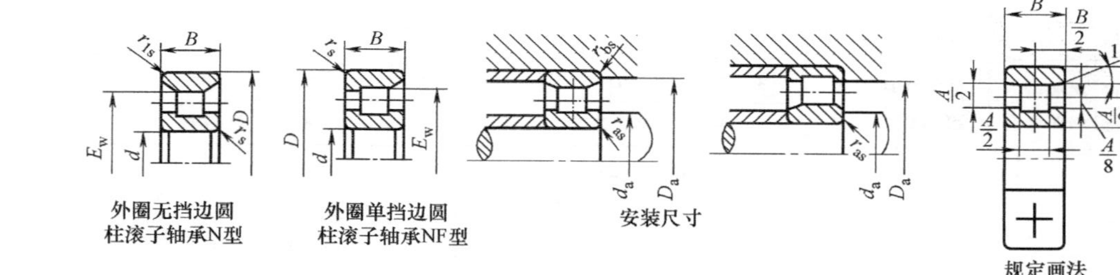

标记示例：代号为 N216E 的轴承标记为 滚动轴承 N216E GB/T 283—2021

（续）

径向当量动载荷		径向当量静载荷
$P_r=F_r$	对轴向承载的轴承（NF 型 02,03 系列） 当 $0\leqslant F_a/F_r\leqslant0.12$ 时，$P_r=F_r+0.3F_a$ 当 $0.12\leqslant F_a/F_r\leqslant0.3$ 时，$P_r=0.94F_r+0.8F_a$	$P_{0r}=F_{0r}$

轴承代号		外形尺寸/mm							安装尺寸/mm				径向基本额定动载荷 C_r/kN		径向基本额定静载荷 C_{0r}/kN		极限转速/(r/min)		原轴承代号	
		d	D	B	r_s	r_{1s}	E_w		d_a	D_a	r_{as}	r_{bs}								
					min		N 型	NF 型	min	max			N 型	NF 型	N 型	NF 型	脂润滑	油润滑		
(0)2 尺寸系列																				
N204	NF204	20	47	14	1	0.6	41.5	40	25	42	1	0.6	25.8	12.5	24.0	11.0	12000	16000	2204E	12204
N205	NF205	25	52	15	1	0.6	46.5	45	30	47	1	0.6	27.5	14.2	26.8	12.8	10000	14000	2205E	12205
N206	NF206	30	62	16	1	0.6	55.5	53.5	36	56	1	0.6	36.0	19.5	35.5	18.2	8500	11000	2206E	12206
N207	NF207	35	72	17	1.1	0.6	64	61.8	42	64	1	0.6	46.5	28.5	48.0	28.0	7500	9500	2207E	12207
N208	NF208	40	80	18	1.1	1.1	71.5	70	47	72	1	1.1	51.5	37.5	53.0	38.2	7000	9000	2208E	12208
N209	NF209	45	85	19	1.1	1.1	76.5	75	52	77	1	1.1	58.5	39.8	63.8	41.0	6300	8000	2209E	12209
N210	NF210	50	90	20	1.1	1.1	81.5	80.4	57	83	1	1	61.2	43.2	69.2	48.5	6000	7500	2210E	12210
N211	NF211	55	100	21	1.5	1.1	90	88.5	64	91	1.5	1	80.2	52.8	95.5	60.2	5300	6700	2211E	12211
N212	NF212	60	110	22	1.5	1.5	100	97.5	69	100	1.5	1.5	89.8	62.8	102	73.5	5000	6300	2212E	12212
N213	NF213	65	120	23	1.5	1.5	108.5	105.5	74	108	1.5	1.5	102	73.2	118	87.5	4500	5600	2213E	12213
N214	NF214	70	125	24	1.5	1.5	113.5	110.5	79	114	1.5	1.5	112	73.2	135	87.5	4300	5300	2214E	12214
N215	NF215	75	130	25	1.5	1.5	118.5	116.5	84	120	1.5	1.5	125	89.0	155	110	4000	5000	2215E	12215
N216	NF216	80	140	26	2	2	127.3	125.3	90	128	2	2	132	102	165	125	3800	4800	2216E	12216
(0)3 尺寸系列																				
N304	NF304	20	52	15	1.1	0.6	45.5	44.5	26.5	47	1	0.6	29.0	18.0	25.5	15.0	11000	15000	2304E	12304
N305	NF305	25	62	17	1.1	1.1	54	53	31.5	55	1	1	38.5	25.2	35.8	22.5	9000	12000	2305E	12305
N306	NF306	30	72	19	1.1	1.1	62.5	62	37	64	1	1	49.2	33.5	48.2	31.5	8000	10000	2306E	12306
N307	NF307	35	80	21	1.5	1.1	70.2	68.2	44	71	1.5	1	62.0	41.0	63.2	39.2	7000	9000	2307E	12307
N308	NF308	40	90	23	1.5	1.5	80	77.5	49	80	1.5	1.5	76.8	48.8	77.8	47.5	6300	8000	2308E	12308

（续）

轴承代号		外形尺寸/mm							安装尺寸/mm				径向基本额定动载荷 C_r/kN		径向基本额定静载荷 C_{0r}/kN		极限转速/(r/min)		原轴承代号	
		d	D	B	r_s	r_{1s}	E_w		d_a	D_a	r_{as}	r_{bs}								
					min		N型	NF型	min	max			N型	NF型	N型	NF型	脂润滑	油润滑		
(0)3尺寸系列																				
N309	NF309	45	100	25	1.5	1.5	88.5	86.5	54	89	1.5	1.5	93.0	66.8	98.0	66.8	5600	7000	2309E	12309
N310	NF310	50	110	27	2	2	97	95	60	98	2	2	105	76.0	112	79.5	5300	6700	2310E	12310
N311	NF311	55	120	29	2	2	106.5	104.5	65	107	2	2	128	97.8	138	105	4800	6000	2311E	12311
N312	NF312	60	130	31	2.1	2.1	115	113	72	116	2.1	2.1	142	118	155	128	4500	5600	2312E	12312
N313	NF313	65	140	33	2.1	2.1	124.5	121.5	77	125	2.1	2.1	170	125	188	135	4000	5000	2313E	12313
N314	NF314	70	150	35	2.1	2.1	133	130	82	134	2.1	2.1	195	145	220	162	3800	4800	2314E	12314
N315	NF315	75	160	37	2.1	2.1	143	139.5	87	143	2.1	2.1	228	165	260	188	3600	4500	2315E	12315
N316	NF316	80	170	39	2.1	2.1	151	147	92	151	2.1	2.1	245	175	282	200	3400	4300	2316E	12316

注：1. 表中 C_r 值适用于轴承为真空脱气轴承钢材料。如为普通电炉钢，C_r 值降低；如为真空重熔或电渣重熔轴承钢，C_r 值提高。

2. 后缀带 E 为加强型圆柱滚子轴承，应优先选用。

3. r_{smin} 为 r_s 的单向最小倒角尺寸；r_{1smin} 为 r_{1s} 的单向最小倒角尺寸。

第14章 润滑与密封

14.1 润滑装置与润滑剂

表 14.1 直通式压注油杯（摘自 JB/T 7940.1—1995） （单位：mm）

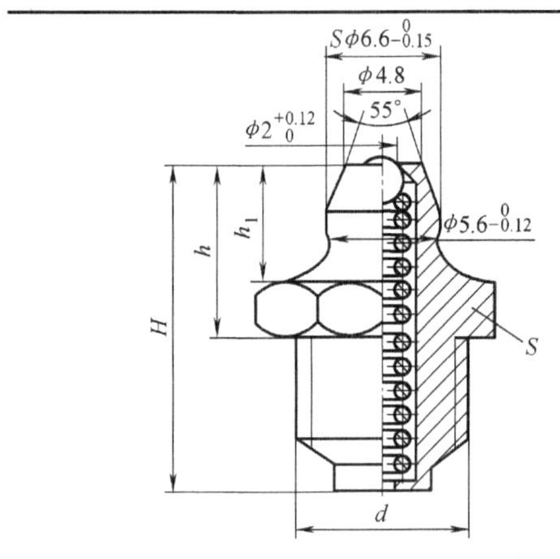

标记示例

选择螺纹为 M10×1 的直通式压注油杯的标记为

油杯 M10×1 JB/T 7940.1—1995

d	H	h	h_1	S	钢球（按 GB/T 308.1—2013）
M6	13	8	6	8	
M8×1	16	9	6.5	10	3
M10×1	18	10	7	11	

表 14.2 接头式压注油杯（摘自 JB/T 7940.2—1995） （单位：mm）

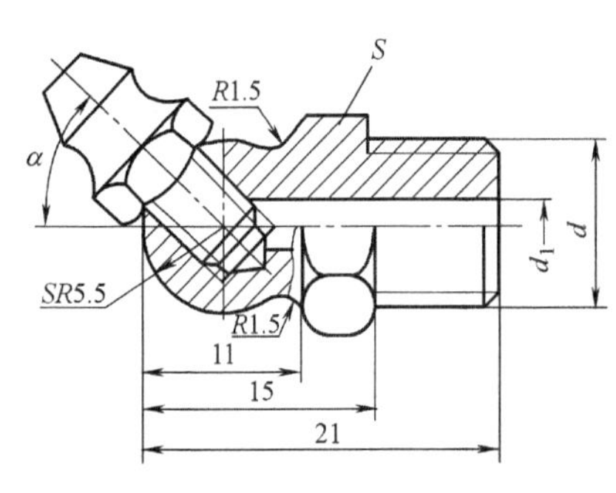

标记示例

连接螺纹为 M10×1 的 45°接头式压注油杯的标记为

油杯 45° M10×1 JB/T 7940.2—1995

d	d_1	α	S	直通式压注油杯（按 JB/T 7940.1—1995）
M6	3			
M8×1	4	45°、90°	11	M6
M10×1	5			

表 14.3 压配式压注油杯（摘自 JB/T 7940.4—1995） （单位：mm）

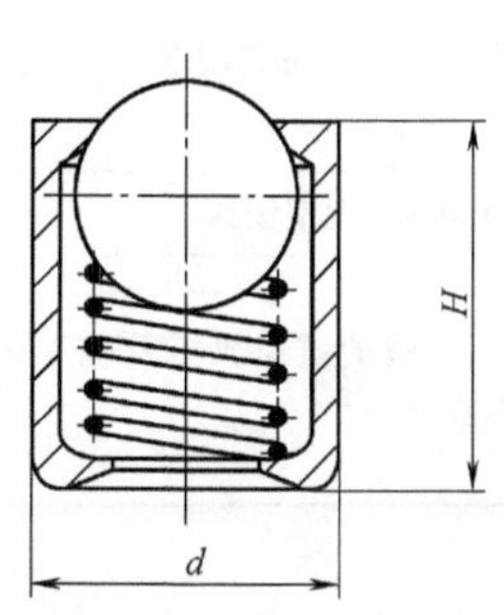

标记示例
d=6mm 的压配式压注式油杯的标记为
油杯 6 JB/T 7940.4—1995

d 公称尺寸	d 极限偏差	H	钢球（按 GB/T 308.1—2013）
6	+0.040 +0.028	6	4
8	+0.049 +0.034	10	5
10	+0.058 +0.040	12	6
16	+0.063 +0.045	20	11
25	+0.085 +0.064	30	13

表 14.4 旋盖式油杯（摘自 JB/T 7940.3—1995） （单位：mm）

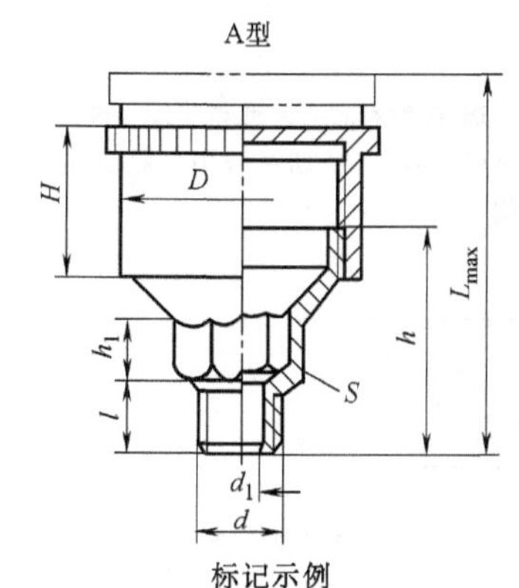

标记示例
最小容量 25cm³ 的 A 型旋盖式油杯的标记为
A25 JB/T 7940.3—1995

最小容量/cm^3	d	l	H	h	h_1	d_1	D	L_{max}	S
1.5	M8×1	8	14	22	7	3	16	33	10
3	M10×1		15	23	8	4	20	35	13
6			17	26			26	40	
12	M14×1.5	12	20	30	10	5	32	47	18
18			22	32			36	50	
25			24	34			41	55	
50	M16×1.5		30	44			51	70	21
100			38	52			68	85	

注：B 型旋盖式油杯见 JB/T 7940.3—1995。

表 14.5 常用润滑油的主要性质和用途

名称	代号	运动黏度/(mm^2/s) 40℃	倾点/℃ 不高于	闪点(开口)/℃ 不低于	主要用途
L-AN 全损耗系统用油（GB/T 443—1989）	L-AN5	4.14~5.06	-5	80	各种高速轻载机械轴承的润滑和冷却（循环式或油箱式），如转速在 10000r/min 以上的精密机械、机床及纺织纱锭的润滑和冷却
	L-AN7	6.12~7.48		110	
	L-AN10	9.00~11.00		130	
	L-AN15	13.5~16.5		150	小型机床齿轮箱、传动装置轴承，中小型电动机、风动工具等
	L-AN22	19.8~24.2			
	L-AN32	28.8~35.2			一般机床齿轮变速箱，中小型机床导轨及 100kW 以上电动机轴承

（续）

名称	代号	运动黏度/(mm^2/s)	倾点/℃	闪点(开口)/℃	主要用途
		40℃	不高于	不低于	
L-AN全损耗系统用油(GB/T 443—1989)	L-AN46	41.4~50.6	-5	160	大型机床、大型刨床
	L-AN68	61.2~74.8			低速重载的纺织机械及重型机床，锻造、铸造设备
	L-AN100	90~110		180	
	L-AN150	135~165			
工业闭式齿轮油(GB/T 5903—2011)	L-CKC68	61.2~74.8	-12	180	煤炭、水泥、冶金等工业部门大型闭式齿轮传动装置的润滑
	L-CKC100	90~110		200	
	L-CKC150	135~165	-9		
	L-CKC220	198~242			
	L-CKC320	288~352			
	L-CKC460	414~506			
	L-CKC680	612~748	-5		
蜗轮蜗杆油(SH/T 0094—1991)	L-CKE220	198~242	-6	200	铜-钢配对的圆柱形和双包络等类型的承受轻载荷，传动过程中平稳无冲击的蜗杆副
	L-CKE320	288~352			
	L-CKE460	414~506		220	
	L-CKE680	612~748			
	L-CKE1000	900~1100			

注：表中所列为蜗轮蜗杆油一级品的数值。

表 14.6 常用润滑脂的主要性质和用途

名称	代号	滴点/℃	工作锥入度/(1/10mm)	特点和用途
		不低于	25℃，150g	
钙基润滑脂(GB/T 491—2008)	1号	80	310~340	有耐水性能。用于工作温度为55~60℃的各种工农业、交通运输等机械设备的轴承润滑，特别适用于有水或潮湿的场合
	2号	85	265~295	
	3号	90	220~250	
	4号	95	175~205	
钠基润滑脂(GB/T 492—1989)	2号	160	265~295	不耐水(或潮湿)。用于工作温度为-10~110℃的一般中负荷机械设备的轴承润滑
	3号	160	220~250	
石墨钙基润滑脂(SH/T 0369—1992)	ZG-S	80	—	人字齿轮、起重机、挖掘机的底盘齿轮、矿山机械、绞车钢丝绳等高负荷、高压力、低速度的粗糙机械润滑及一般开式齿轮润滑，耐潮湿
通用锂基润滑脂(GB/T 7324—2010)	1号	170	310~340	适用于工作温度为-20~120℃的各种机械的滚动轴承、滑动轴承及其他摩擦部位的润滑
	2号	175	265~295	
	3号	180	220~250	

14.2 密封装置

表 14.7 油封毡圈及槽（摘自 FZ/T 92010—1991） （单位：mm）

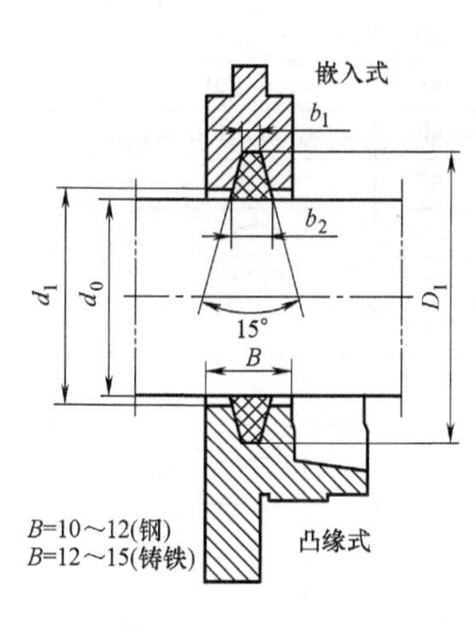

毡圈

标记示例

轴径 d_0 = 40mm 的油封毡圈的标记为

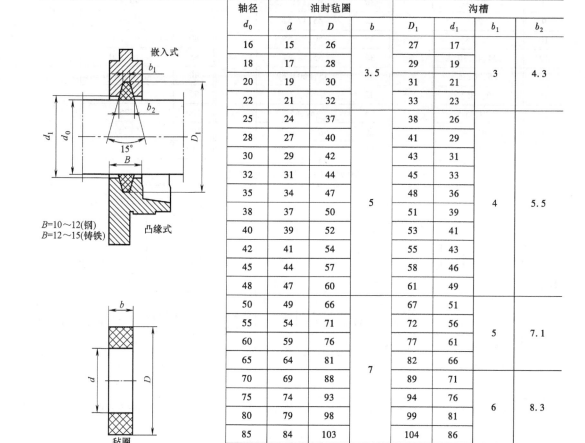

毡圈　40　FZ/T 92010—1991

轴径	油封毡圈			沟槽			
d_0	d	D	b	D_1	d_1	b_1	b_2
16	15	26	3.5	27	17	3	4.3
18	17	28		29	19		
20	19	30		31	21		
22	21	32		33	23		
25	24	37	5	38	26	4	5.5
28	27	40		41	29		
30	29	42		43	31		
32	31	44		45	33		
35	34	47		48	36		
38	37	50		51	39		
40	39	52		53	41		
42	41	54		55	43		
45	44	57		58	46		
48	47	60		61	49		
50	49	66	7	67	51	5	7.1
55	54	71		72	56		
60	59	76		77	61		
65	64	81		82	66		
70	69	88		89	71	6	8.3
75	74	93		94	76		
80	79	98		99	81		
85	84	103		104	86		
90	89	110	8.5	111	91	7	9.6
95	94	115		116	96		
100	99	124	9.5	125	101	8	11.1
105	104	129		130	106		

表 14.8 旋转轴唇形密封圈类型、尺寸及安装要求（摘自 GB/T 13871.1—2007） （单位：mm）

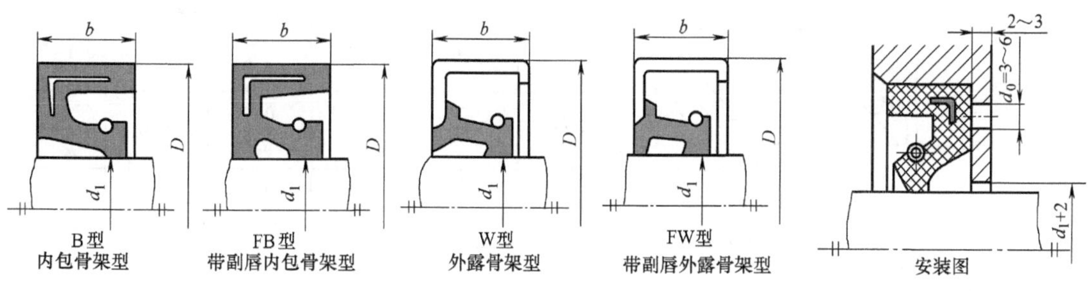

（续）

d_1	D	b	d_1	D	b	d_1	D	b
6	16、22	7	25	40、47、52	7	60	80、85	8
7	22		28	40、47、52		65	85、90	10
8	22、24		30	42、47、(50)、52		70	90、95	
9	22		32	45、47、52	8	75	95、100	
10	22、25		35	50、52、55		80	100、110	
12	24、25、30		38	55、58、62		85	110、120	12
15	26、30、35		40	55、(60)、62		90	(115)、120	
16	30、(35)		42	55、62		95	120	
18	30、35		45	62、65		100	125	
20	35、40、(45)		50	68、(70)、72		105	(130)	
22	35、40、47		55	72、(75)、80		110	140	

旋转轴唇形密封圈的安装要求

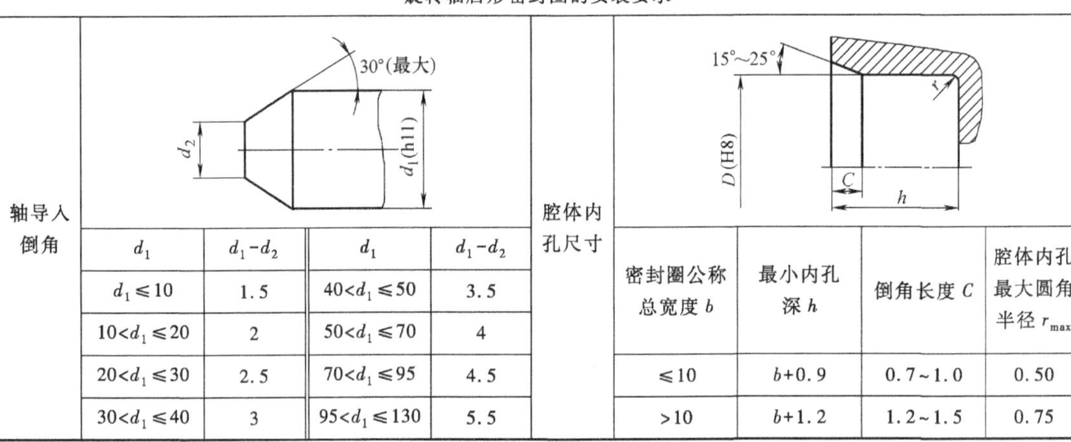

轴导入倒角

d_1	d_1-d_2	d_1	d_1-d_2
$d_1\leqslant10$	1.5	$40<d_1\leqslant50$	3.5
$10<d_1\leqslant20$	2	$50<d_1\leqslant70$	4
$20<d_1\leqslant30$	2.5	$70<d_1\leqslant95$	4.5
$30<d_1\leqslant40$	3	$95<d_1\leqslant130$	5.5

腔体内孔尺寸

密封圈公称总宽度 b	最小内孔深 h	倒角长度 C	腔体内孔最大圆角半径 r_{max}
≤10	b+0.9	0.7~1.0	0.50
>10	b+1.2	1.2~1.5	0.75

注：1. 标准中考虑国内实际情况，除全部采用国际标准的公称尺寸外，还补充了若干种国内常用的规格，并加括号以示区别。

2. 安装要求中若轴端采用倒圆导入导角，则倒圆的圆角半径不小于表中 d_1-d_2 的值。

表 14.9　O 形橡胶密封圈（摘自 GB/T 3452.1—2005）　　（单位：mm）

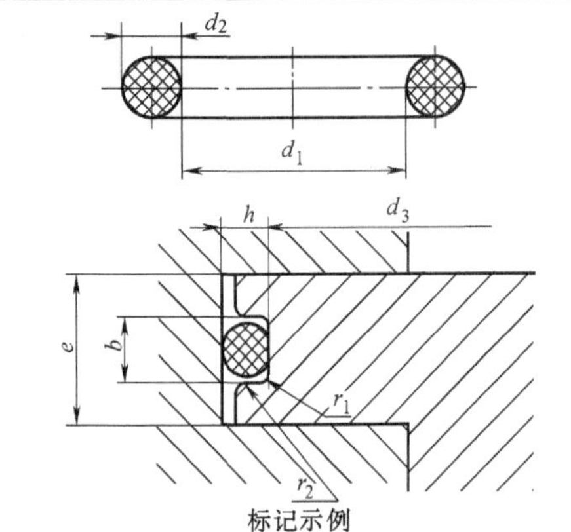

标记示例

内径 d_1 = 32.5mm，截面直径 d_2 = 2.65mm 的 A 系列 N 级 O 形密封圈的标记为

O 形圈 32.5×2.65-A-N　GB/T 3452.1—2005

沟槽尺寸（GB/T 3452.3—2005）

d_2	$b_0^{+0.25}$	h	d_3 偏差值	r_1	r_2
1.8	2.4	1.312	0 -0.04	0.2~0.4	0.1~0.3
2.65	3.6	2.0	0 -0.05	0.2~0.4	0.1~0.3
3.55	4.8	2.19	0 -0.06	0.4~0.8	0.1~0.3
5.3	7.1	4.31	0 -0.07	0.4~0.8	0.1~0.3
7.0	9.5	5.85	0 -0.09	0.8~1.2	0.1~0.3

（续）

d_1		d_2				d_1		d_2			d_1		d_2			
尺寸	公差±	1.80±0.08	2.65±0.09	3.55±0.10	5.30±0.13	尺寸	公差±	2.65±0.09	3.55±0.10	5.30±0.13	尺寸	公差±	2.65±0.09	3.55±0.10	5.30±0.13	7.00±0.15
14	0.22	*	*			54.5	0.51	*	*	*	95	0.79	*	*	*	
16	0.23	*	*			56	0.52	*	*	*	97.5	0.81	*	*	*	
18	0.25	*	*	*		58	0.54	*	*	*	100	0.82	*	*	*	
20	0.26	*	*	*		60	0.55	*	*	*	103	0.85	*	*	*	
22.4	0.28	*	*	*		63	0.57	*	*	*	106	0.87	*	*	*	
25	0.30	*	*	*		65	0.58	*	*	*	109	0.89	*	*	*	*
26.5	0.31	*	*	*		67	0.60	*	*	*	112	0.91	*	*	*	*
28	0.32	*	*	*		69	0.61	*	*	*	115	0.93	*	*	*	*
30	0.34	*	*	*		71	0.63	*	*	*	118	0.95	*	*	*	*
32.5	0.36	*	*	*		73	0.64	*	*	*	122	0.97	*	*	*	*
34.5	0.37	*	*	*		75	0.65	*	*	*	125	0.99	*	*	*	*
36.5	0.38	*	*	*		77.5	0.67	*	*	*	128	1.01	*	*	*	*
40	0.41	*	*	*	*	80	0.69	*	*	*	132	1.04	*	*	*	*
42.5	0.43	*	*	*	*	82.5	0.71	*	*	*	136	1.07	*	*	*	*
45	0.44	*	*	*	*	85	0.72	*	*	*	140	1.09	*	*	*	*
46.2	0.45	*	*	*	*	87.5	0.74	*	*	*	145	1.13	*	*	*	*
48.7	0.47	*	*	*	*	90	0.76	*	*	*	150	1.16	*	*	*	*
50	0.48	*	*	*	*	92.5	0.77	*	*	*	155	1.19	*	*	*	*

注：* 为可选规格。

表 14.10 迷宫式密封槽（摘自 JB/ZQ 4245—2006） （单位：mm）

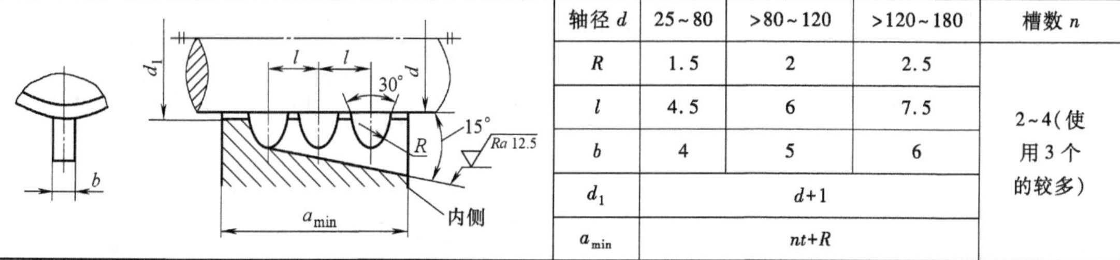

轴径 d	25~80	>80~120	>120~180	槽数 n
R	1.5	2	2.5	2~4（使用3个的较多）
l	4.5	6	7.5	
b	4	5	6	
d_1	$d+1$			
a_{min}	$nt+R$			

第 15 章

联 轴 器

15.1 联轴器轴孔和键槽的形式

表 15.1 联轴器轴孔和键槽的形式及尺寸（摘自 GB/T 3852—2017）（单位：mm）

圆柱形和圆锥形轴孔、键槽形式	圆柱形轴孔（Y 型）	有沉孔的短圆柱形轴孔（J 型）	有沉孔的圆锥形轴孔（Z 型）	圆锥形轴孔（Z_1 型）
	d, L	d, R, d_1, L, L_1	d_z, 1:10, R, d_1, L, L_1	d_z, 1:10, L
	平键单键槽（A 型）	120°布置平键双键槽（B 型）	180°布置平键双键槽（B_1 型）	圆锥形轴孔平键单键槽（C 型）
	b, t	t, b, 120°	b, t_1	1:10, b, t_2

尺寸系列

轴孔直径 d(H7) d_z(H10)	长度 L 长系列	长度 L 短系列	长度 L_1	沉孔尺寸 d_1	沉孔尺寸 R	A 型、B 型、B_1 型键槽 b(P9) 公称尺寸	b(P9) 极限偏差	t 公称尺寸	t 极限偏差	t_1 公称尺寸	t_1 极限偏差	C 型键槽 b(P9) 公称尺寸	b(P9) 极限偏差	t_2 公称尺寸	t_2 极限偏差
16	42	30	42	38	1.5	5	-0.012 -0.042	18.3	+0.1 0	20.6	+0.2 0	3	-0.006 -0.031	8.7	+0.100 0
18						6		20.8		23.6		4	-0.012 -0.042	10.1	
19								21.8		24.6				10.6	
20	52	38	52					22.8		25.6				10.9	
22								24.8		27.6				11.9	
24						8	-0.015 -0.051	27.3	+0.2 0	30.6	+0.4 0			13.4	
25	62	44	62	48				28.3		31.6		5		13.7	
28								31.3		34.6				15.2	

（续）

尺寸系列															
轴孔直径 d(H7) d_z(H10)	长度			沉孔尺寸		A 型、B 型、B_1 型键槽						C 型键槽			
	L		L_1	d_1	R	b(P9)		t		t_1		b(P9)		t_2	
	长系列	短系列				公称尺寸	极限偏差	公称尺寸	极限偏差	公称尺寸	极限偏差	公称尺寸	极限偏差	公称尺寸	极限偏差
30					1.5	8		33.3		36.6		5		15.8	
32	82	60	82	55			-0.015 -0.051	35.3		38.6			-0.012 -0.042	17.3	+0.100 0
35								38.3		41.6		6		18.8	
38								41.3		44.6				20.3	
40				65	2.0			43.3		46.6		10	-0.015 -0.051	21.2	
42								45.3		48.6				22.2	
45				80		10		48.8		52.6				23.7	
48	112	84	112					51.8		55.6		12		25.2	
50							-0.018 -0.061	53.8	+0.2 0	57.6	+0.4 0			26.2	
55				95				59.3		63.6		14		29.2	
56								60.3		64.6				29.7	+0.200 0
60								64.4		68.8			-0.018 -0.061	31.7	
63				105	2.5	18		67.4		71.8		16		32.2	
65	142	107	142					69.4		73.8				34.2	
70								74.9		79.8				36.8	
71				120		20	-0.022 -0.074	75.9		80.8		18		37.3	
75								79.9		84.8				39.3	

15.2 常用联轴器

表 15.2 弹性套柱销联轴器（摘自 GB/T 4323—2017）

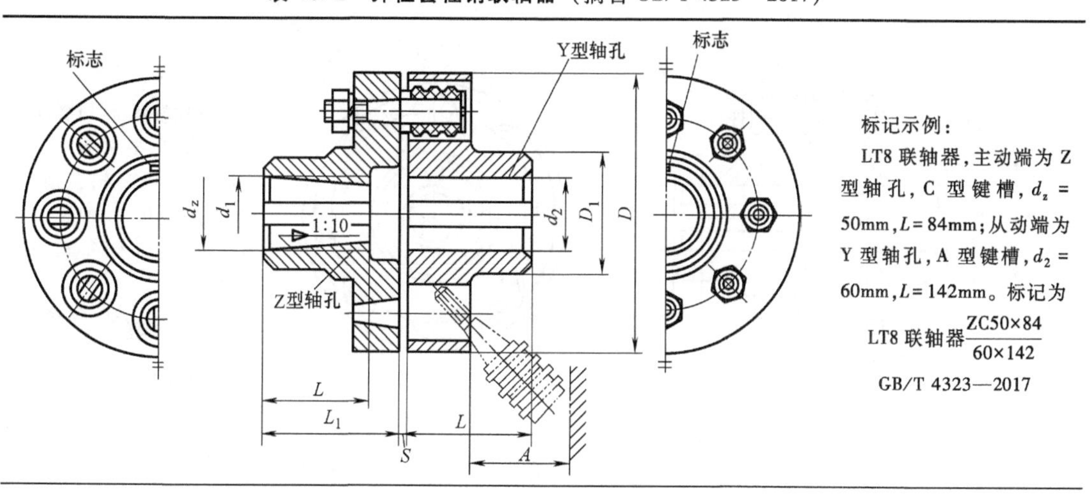

标记示例：

LT8 联轴器，主动端为 Z 型轴孔，C 型键槽，d_z = 50mm，L = 84mm；从动端为 Y 型轴孔，A 型键槽，d_2 = 60mm，L = 142mm。标记为

LT8 联轴器 $\frac{\text{ZC}50\times84}{60\times142}$

GB/T 4323—2017

(续)

型号	公称转矩 T_n /(N·m)	许用转速 [n] /(r/min)	轴孔直径 d_1、d_2、d_z /mm	轴孔长度/mm Y型 L	J,Z型 L_1	J,Z型 L	D /mm	D_1 /mm	S /mm	A /mm	转动惯量 /(kg·m²)	质量 /kg
LT1	16	8800	10,11	22	25	22	71	22	3	18	0.0004	0.7
			12,14	27	32	27						
LT2	25	7600	12,14	27	32	27	80	30	3	18	0.001	1.0
			16,18,19	30	42	30						
LT3	63	6300	16,18,19	30	42	30	95	35	4	35	0.002	2.2
			20,22	38	52	38						
LT4	100	5700	20,22,24	38	52	38	106	42	4	35	0.004	3.2
			25,28	44	62	44						
LT5	224	4600	25,28	44	62	44	130	56	5	45	0.011	5.5
			30,32,35	60	82	60						
LT6	355	3800	32,35,38	60	82	60	160	71	5	45	0.026	9.6
			40,42	84	112	84						
LT7	560	3600	40,42,45,48	84	112	84	190	80	5	45	0.06	15.7
LT8	1120	3000	40,42,45,48,50,55	84	112	84	224	95	6	65	0.13	24.0
			60,63,65	107	142	107						
LT9	1600	2850	50,55	84	112	84	250	110	6	65	0.20	31.0
			60,63,65,70	107	142	107						
LT10	3150	2300	63,65,70,75	107	142	107	315	150	8	80	0.64	60.2
			80,85,90,95	132	172	132						
LT11	6300	1800	80,85,90,95	132	172	132	400	190	10	100	2.06	114
			100,110	167	212	167						
LT12	12500	1450	100,110,120,125	167	212	167	475	220	12	130	5.00	212
			130	202	252	202						
LT13	22400	1150	120,125	167	212	167	600	280	14	180	16.0	416
			130,140,150	202	252	202						
			160,170	242	302	242						

注：1. 转动惯量和质量是按 Y 型最大轴孔长度、最小轴孔直径计算的数值。

2. 轴孔型式组合为 Y/Y、J/Y、Z/Y。

表 15.3　弹性柱销联轴器（摘自 GB/T 5014—2017）

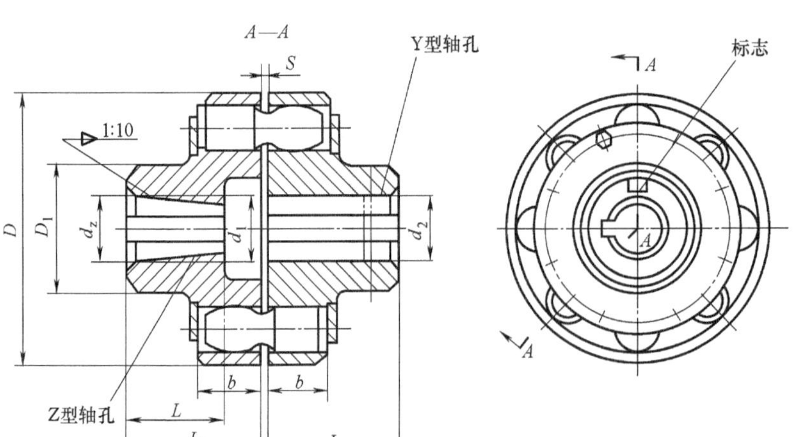

标记示例：

LX5 联轴器，主动端为 Z 型轴孔，C 型键槽，d_z = 55mm，L_1 = 84mm；从动端为 J 型轴孔，B 型键槽，d_2 = 50mm，L = 84mm。标记为

LX5 联轴器 $\frac{\text{ZC55×84}}{\text{JB50×84}}$

GB/T 5014—2017

（续）

型号	公称转矩 T_n/(N·m)	许用转速[n] /(r/min)	轴孔直径 d_1、d_2、d_z/mm	轴孔长度/mm			D/mm	D_1/mm	b/mm	S/mm	转动惯量 /(kg·m^2)
				Y 型	J,Z 型						
				L	L	L_1					
LX1	250	8500	12,14	32	27	—	90	40	20	2.5	0.002
			16,18,19	42	30	42					
			20,22,24	52	38	52					
LX2	560	6300	20,22,24	52	38	52	120	55	28	2.5	0.009
			25,28	62	44	62					
			30,32,35	82	60	82					
LX3	1250	4750	30,32,35,38	82	60	82	160	75	36	2.5	0.026
			40,42,45,48	112	84	112					
LX4	2500	3850	40,42,45,48,50,55,56	112	84	112	195	100	45	3	0.109
			60,63	142	107	142					
LX5	3150	3450	50,55,56	112	84	112	220	120	45	3	0.191
			60,63,65,70,71,75	142	107	142					
LX6	6300	2720	60,63,65,70,71,75	142	107	142	280	140	56	4	0.543
			80,85	172	132	172					
LX7	11200	2360	70,71,75	142	107	142	320	170	56	4	1.314
			80,85,90,95	172	132	172					
			100,110	212	167	212					
LX8	16000	2120	80,85,90,95	172	132	172	360	200	56	5	2.023
			100,110,120,125	212	167	212					
LX9	22400	1850	100,110,120,125	212	167	212	410	230	63	5	4.386
			130,140	252	202	252					
LX10	35500	1600	110,120,125	212	167	212	480	280	75	6	9.760
			130,140,150	252	202	252					
			160,170,180	302	242	302					

表 15.4 梅花形弹性联轴器（摘自 GB/T 5272—2017）

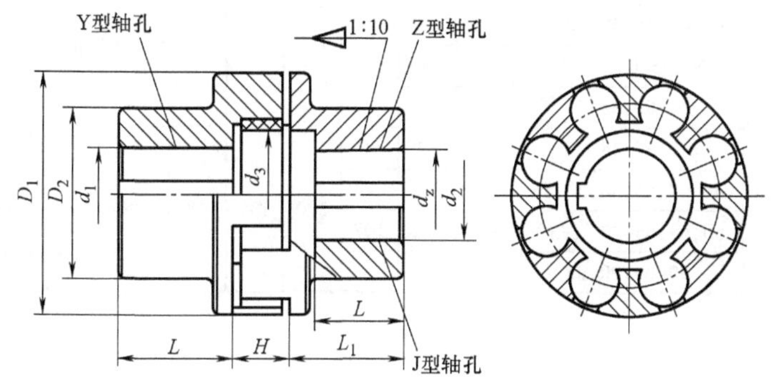

标记示例：

LM145 联轴器，主动端为 Y 型轴孔，A 型键槽，d_1 = 45mm，L = 112mm；从动端为 Y 型轴孔，A 型键槽，d_2 = 45mm，L = 112mm。标记为

LM145 联轴器 45×112 GB/T 5272—2017

（续）

型号	公称转矩 T_n /(N·m)	最大转矩 T_{max} /(N·m)	许用转速 [n] /(r/min)	轴孔直径 d_1、d_2、d_z/mm	轴孔长度/mm Y型 L	J、Z型 L_1	J、Z型 L	D_1 /mm	D_2 /mm	H /mm	转动惯量 /(kg·m²)	质量 /kg
LM50	28	50	15000	10,11	22	—	—	50	42	16	0.0002	1.00
				12,14	27	—	—					
				16,18,19	30	—	—					
				20,22,24	38	—	—					
LM70	112	200	11000	12,14	27	—	—	70	55	23	0.0011	2.50
				16,18,19	30	—	—					
				20,22,24	38	—	—					
				25,28	44	—	—					
				30,32,35,38	60	—	—					
LM85	160	288	9000	16,18,19	30	—	—	85	60	24	0.0022	3.42
				20,22,24	38	—	—					
				25,28	44	—	—					
				30,32,35,38	60	—	—					
LM105	355	640	7250	18,19	30	—	—	105	65	27	0.0051	5.15
				20,22,24	38	—	—					
				25,28	44	—	—					
				30,32,35,38	60	—	—					
				40,42	84	—	—					
LM125	450	810	6000	20,22,24	38	52	38	125	85	33	0.014	10.1
				25,28	44	62	44					
				30,32,35,38*	60	82	60					
				40,42,45,48,50,55	84	—	—					
LM145	710	1280	5250	25,28	44	62	44	145	95	39	0.025	13.1
				30,32,35,38	60	82	60					
				40,42,45*,48*,50*,55*	84	112	84					
				60,63,65	107	—	—					
LM170	1250	2250	4500	30,32,35,38	60	82	60	170	120	41	0.055	21.2
				40,42,45,48,50,55	84	112	84					
				60,63,65,70,75	107	—	—					
				80,85	132	—	—					
LM200	2000	3600	3750	35,38	60	82	60	200	135	48	0.119	33.0
				40,42,45,48,50,55	84	112	84					
				60,63,65,70*,75*	107	142	107					
				80,85,90,95	132	—	—					

注：* 无 J、Z 型轴孔型式。

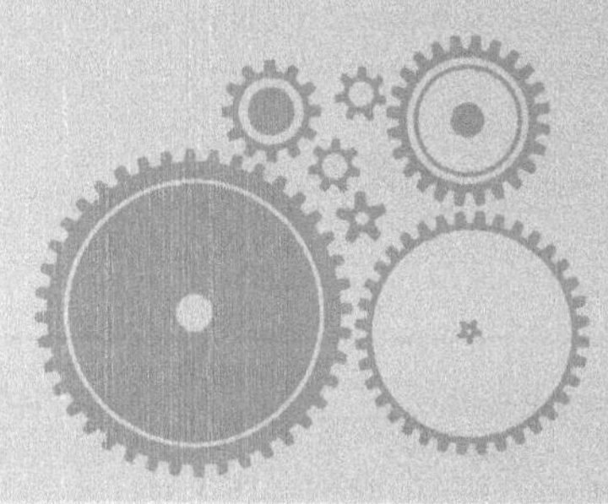

电 动 机

16.1 Y系列三相异步电动机的技术参数

Y系列电动机是按照国际电工委员会（IEC）标准设计的，具有高效节能、振动小、噪声低、寿命长等优点。其中，Y系列（IP44）三相异步电动机为一般用途全封闭自扇冷式笼型三相异步电动机，具有可防止灰尘、铁屑或其他杂物侵入电动机内部的特点，适用于电源电压为380V且无特殊要求的机械，如机床、泵、风机、运输机、搅拌机、农业机械等。

表16.1 Y系列（IP44）三相异步电动机的技术参数

电动机型号	额定功率/kW	满载转速/(r/min)	堵转转矩/额定转矩	最大转矩/额定转矩	质量/kg	电动机型号	额定功率/kW	满载转速/(r/min)	堵转转矩/额定转矩	最大转矩/额定转矩	质量/kg
同步转速3000r/min,2极						同步转速1500r/min,4极					
Y80M1-2	0.75	2825	2.2	2.3	16	Y80M1-4	0.55	1390	2.4	2.3	17
Y90M2-2	1.1	2825	2.2	2.3	17	Y80M2-4	0.75	1390	2.3	2.3	18
Y90S-2	1.5	2840	2.2	2.3	22	Y90S-4	1.1	1400	2.3	2.3	22
Y90L-2	2.2	2840	2.2	2.3	25	Y90L-4	1.5	1400	2.3	2.3	27
Y100L-2	3	2870	2.2	2.3	33	Y100L1-4	2.2	1430	2.2	2.3	34
Y112M-2	4	2890	2.2	2.3	45	Y100L2-4	3	1430	2.2	2.3	38
Y132S1-2	5.5	2900	2.0	2.3	64	Y112M-4	4	1440	2.2	2.3	43
Y132S2-2	7.5	2900	2.0	2.3	70	Y132S-4	5.5	1440	2.2	2.3	68
Y160M1-2	11	2900	2.0	2.3	117	Y132M-4	7.5	1440	2.2	2.3	81
Y160M2-2	15	2930	2.0	2.3	125	Y160M-4	11	1460	2.2	2.3	123
Y160L-2	18.5	2930	2.0	2.2	147	Y160L-4	15	1460	2.0	2.3	144
Y180M-2	22	2940	2.0	2.2	180	Y180M-4	18.5	1470	2.0	2.2	182
Y200L1-2	30	2950	2.0	2.2	240	Y180L-4	22	1470	2.0	2.2	190
Y200L2-2	37	2950	2.0	2.2	255	Y200L-4	30	1480	2.0	2.2	270
Y225M-2	45	2970	2.0	2.2	309	Y225S-4	37	1480	1.9	2.2	284
Y250M-2	55	2970	2.0	2.2	403	Y225M-4	45	1480	1.9	2.2	320
Y280S-2	75	2970	2.0	2.2	544	Y250M-4	55	1480	2.0	2.2	427
Y280M-2	90	2970	2.0	2.2	620	Y280S-4	75	1480	1.9	2.2	562
Y315S-2	110	2980	1.8	2.2	980	Y280M-4	90	1480	1.9	2.2	667

(续)

电动机型号	额定功率/kW	满载转速/(r/min)	堵转转矩/额定转矩	最大转矩/额定转矩	质量/kg	电动机型号	额定功率/kW	满载转速/(r/min)	堵转转矩/额定转矩	最大转矩/额定转矩	质量/kg
同步转速 1000r/min,6 极						同步转速 750r/min,8 极					
Y90S-6	0.75	910	2.0	2.2	23	Y132S-8	2.2	710	2.0	2.0	63
Y90L-6	1.1	910	2.0	2.2	25	Y132M-8	3	710	2.0	2.0	79
Y100L-6	1.5	940	2.0	2.2	33	Y160M1-8	4	720	2.0	2.0	118
Y112M-6	2.2	940	2.0	2.2	45	Y160M2-8	5.5	720	2.0	2.0	119
Y132S-6	3	960	2.0	2.2	63	Y160L-8	7.5	720	2.0	2.0	145
Y132M1-6	4	960	2.0	2.2	73	Y180L-8	11	730	1.7	2.0	184
Y132M2-6	5.5	960	2.0	2.2	84	Y200L-8	15	730	1.8	2.0	250
Y160M-6	7.5	970	2.0	2.0	119	Y225S-8	18.5	730	1.7	2.0	266
Y160L-6	11	970	2.0	2.0	147	Y225M-8	22	740	1.8	2.0	292
Y180L-6	15	970	2.0	2.0	195	Y250M-8	30	740	1.8	2.0	405
Y200L1-6	18.5	970	2.0	2.0	220	Y280S-8	37	740	1.8	2.0	520
Y200L2-6	22	970	2.0	2.0	250	Y280M-8	45	740	1.8	2.0	562
Y225M-6	30	980	1.7	2.0	292	Y315S-8	55	740	1.8	2.0	1008

注：电动机型号意义：以 Y132S2-2 为例，Y 表示系列型号，132 表示基座中心高，S 表示短机座（M—中机座；L—长机座），2 表示第 2 种铁心长度，2 为电动机的极数。

16.2 Y 系列三相异步电动机的外形及安装尺寸

表 16.2 机座带底脚、端盖上无凸缘的 Y 系列三相异步电动机的外形及安装尺寸

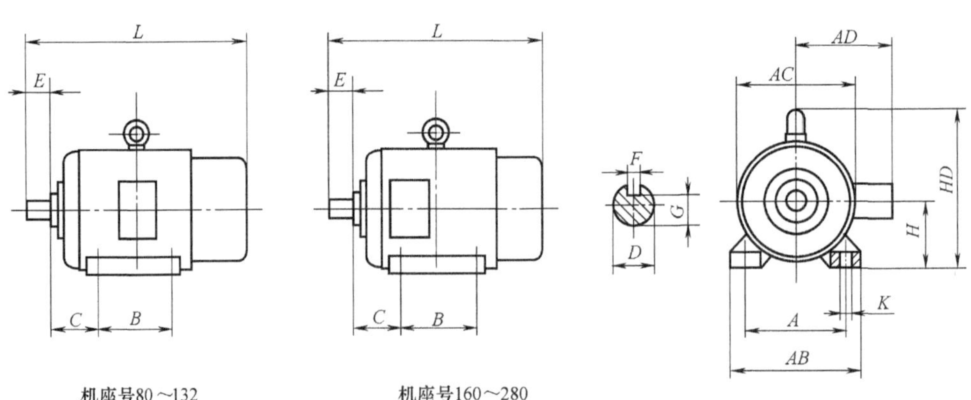

（续）

<table>
<tr><th rowspan="2">机座号</th><th rowspan="2">极数</th><th colspan="10">安装尺寸及公差/mm</th><th colspan="5">外形尺寸/mm</th></tr>
<tr><th>A</th><th>B</th><th>C</th><th colspan="2">D</th><th>E</th><th>F</th><th>G</th><th>H</th><th>K</th><th>AB</th><th>AC</th><th>AD</th><th>HD</th><th>L</th></tr>
<tr><td>80M</td><td>2,4</td><td>125</td><td rowspan="2">100</td><td>50</td><td>19</td><td rowspan="5">+0.009
-0.004</td><td rowspan="2">40</td><td>6</td><td>15.5</td><td>80</td><td rowspan="3">10</td><td>165</td><td>175</td><td>150</td><td>175</td><td>290</td></tr>
<tr><td>90S</td><td rowspan="4">2,4,6</td><td rowspan="2">140</td><td rowspan="2">56</td><td rowspan="2">24</td><td rowspan="4">8</td><td rowspan="2">20</td><td rowspan="2">90</td><td rowspan="2">180</td><td rowspan="2">195</td><td rowspan="2">160</td><td rowspan="2">195</td><td>315</td></tr>
<tr><td>90L</td><td>125</td><td>50</td><td>340</td></tr>
<tr><td>100L</td><td>160</td><td rowspan="3">140</td><td>63</td><td rowspan="2">28</td><td rowspan="2">60</td><td rowspan="2">24</td><td>100</td><td rowspan="4">12</td><td>205</td><td>215</td><td>180</td><td>245</td><td>380</td></tr>
<tr><td>112M</td><td>190</td><td>70</td><td>112</td><td>245</td><td>240</td><td>190</td><td>265</td><td>400</td></tr>
<tr><td>132S</td><td rowspan="7">2,4,6,8</td><td rowspan="2">216</td><td rowspan="2">89</td><td rowspan="2">38</td><td rowspan="6">+0.018
+0.002</td><td rowspan="2">80</td><td rowspan="2">10</td><td rowspan="2">33</td><td rowspan="2">132</td><td rowspan="2">280</td><td rowspan="2">275</td><td rowspan="2">210</td><td rowspan="2">315</td><td>475</td></tr>
<tr><td>132M</td><td>178</td><td>515</td></tr>
<tr><td>160M</td><td rowspan="2">254</td><td>210</td><td rowspan="2">108</td><td rowspan="2">42</td><td rowspan="5">110</td><td rowspan="2">12</td><td rowspan="2">37</td><td rowspan="2">160</td><td rowspan="4">14.5</td><td rowspan="2">330</td><td rowspan="2">335</td><td rowspan="2">265</td><td rowspan="2">385</td><td>605</td></tr>
<tr><td>160L</td><td>254</td><td>650</td></tr>
<tr><td>180M</td><td rowspan="2">279</td><td>241</td><td rowspan="2">121</td><td rowspan="2">48</td><td rowspan="2">14</td><td rowspan="2">42.5</td><td rowspan="2">180</td><td rowspan="2">355</td><td rowspan="2">380</td><td rowspan="2">285</td><td rowspan="2">430</td><td>670</td></tr>
<tr><td>180L</td><td>279</td><td>710</td></tr>
<tr><td>200L</td><td>318</td><td>305</td><td>133</td><td>55</td><td rowspan="10">+0.030
+0.011</td><td>16</td><td>49</td><td>200</td><td rowspan="4">18.5</td><td>395</td><td>420</td><td>315</td><td>475</td><td>775</td></tr>
<tr><td>225S</td><td>4,8</td><td rowspan="3">356</td><td>286</td><td rowspan="3">149</td><td>60</td><td>140</td><td>18</td><td>53</td><td rowspan="3">225</td><td rowspan="3">435</td><td rowspan="3">470</td><td rowspan="3">345</td><td rowspan="3">530</td><td>820</td></tr>
<tr><td rowspan="2">225M</td><td>2</td><td rowspan="2">311</td><td>55</td><td>110</td><td>16</td><td>49</td><td>815</td></tr>
<tr><td>4,6,8</td><td rowspan="2">60</td><td rowspan="7">140</td><td rowspan="4">18</td><td rowspan="2">53</td><td>845</td></tr>
<tr><td rowspan="2">250M</td><td>2</td><td rowspan="2">406</td><td rowspan="2">349</td><td rowspan="2">168</td><td rowspan="2">250</td><td rowspan="6">24</td><td rowspan="2">490</td><td rowspan="2">515</td><td rowspan="2">385</td><td rowspan="2">575</td><td rowspan="2">930</td></tr>
<tr><td>4,6,8</td><td rowspan="2">65</td><td rowspan="2">58</td></tr>
<tr><td rowspan="2">280S</td><td>2</td><td rowspan="4">457</td><td rowspan="2">368</td><td rowspan="4">190</td><td rowspan="4">280</td><td rowspan="4">550</td><td rowspan="4">580</td><td rowspan="4">410</td><td rowspan="4">640</td><td rowspan="2">1000</td></tr>
<tr><td>4,6,8</td><td>75</td><td>20</td><td>67.5</td></tr>
<tr><td rowspan="2">280M</td><td>2</td><td rowspan="2">419</td><td>65</td><td>18</td><td>58</td><td rowspan="2">1050</td></tr>
<tr><td>4,6,8</td><td>75</td><td>20</td><td>67.5</td></tr>
</table>

第 17 章 极限与配合、几何公差及表面粗糙度

17.1 极限与配合

轴和孔的公称尺寸、极限尺寸、极限偏差和尺寸公差如图 17.1 所示。轴和孔的基本偏差系列及配合种类（摘自 GB/T 1800.1—2020）如图 17.2 所示。各种基本偏差、配合的应用以及标准公差值、极限偏差值等见表 17.1~表 17.7。

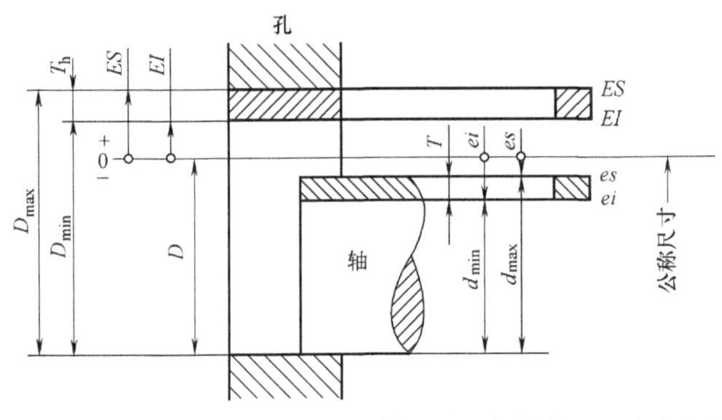

图 17.1 轴和孔的公称尺寸、极限尺寸、极限偏差和尺寸公差

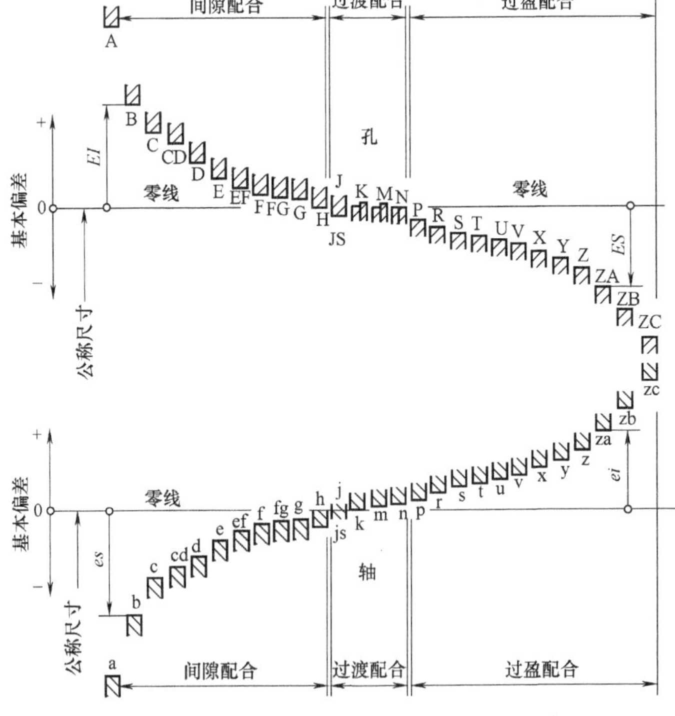

图 17.2 轴和孔的基本偏差系列及配合种类

表 17.1 基孔制轴的基本偏差的应用

配合种类	基本偏差	配合特性及应用
间隙配合	a、b	可得到特别大的间隙,很少应用
	c	可得到很大的间隙,一般适用于缓慢、松弛的动配合。用于工作条件较差(如农业机械),受力变形或为了便于装配而必须保证有较大的间隙时。推荐配合为 H11/c11,其较高等级的配合,如 H8/c7 适用于轴在高温下工作的紧密动配合,例如内燃机排气阀和导管
	d	一般用于 IT7~IT11 级,适用于松的转动配合,如密封盖、滑轮、空转带轮等与轴的配合。也适用于大直径滑动轴承的配合,如透平机、球磨机、轧滚成形和重型弯曲机及其他重型机械中的滑动支承
	e	多用于 IT7~IT9 级,通常适用于要求有明显间隙、易于转动的支承配合,如大跨距支承、多支点支承等配合,高等级的基本偏差 e 适用于大型、高速、重载支承,如涡轮发电机、大型电动机、内燃机、凸轮轴及摇臂支承等
	f	多用于 IT6~IT8 级的一般转动配合。当温度影响不大时,被广泛应用于普通润滑油(或润滑脂)润滑的支承,如齿轮箱、小电动机、泵等的转轴与滑动支承的配合
	g	配合间隙很小,制造成本高,除很轻载荷的精密装置外,不推荐用于转动配合,多用于 IT5~IT7 级,最适合不回转的精密滑动配合,也用于插销等定位配合。如精密连杆轴承、活塞、滑阀及连杆销等
	h	多用于 IT4~IT11 级,广泛用于无相对转动的零件,作为一般的定位配合。若没有温度、变形的影响,也用于精密滑动配合
过渡配合	js	为完全对称偏差(±IT/2),平均起来为稍有间隙的配合,多用于 IT4~IT7 级,要求间隙比基本偏差 h 配合时小,并允许略有过盈的定位配合,如联轴器、齿圈与钢制轮毂,一般可用手和木锤装配
	k	平均起来为没有间隙的配合。适用于 IT4~IT7 级,推荐用于稍有过盈的定位配合,例如为了消除振动用的定位配合,一般用木锤装配
	m	平均起来为具有小过盈的过渡配合,适用于 IT4~IT7 级,一般用木锤装配,但在最大过盈时,要求有相当大的压入力
	n	平均过盈比基本偏差 m 时稍大,很少存在间隙,适用于 IT4~IT7 级,用锤子或压力机装配,通常用于紧密的组件配合,H6/n5 为过盈配合
过盈配合	p	与 H6 或 H7 孔配合时是过盈配合,而与 H8 孔配合时是过渡配合。对于非铁类零件,为较轻的压入配合,当需要时易于拆装。对于钢、铸铁或铜-钢组件装配是标准压入配合
	r	对铁类零件为中等打入配合;对非铁类零件,为轻的打入配合,需要时可拆卸。与 H8 孔配合,直径在 100mm 以上时为过盈配合,直径小时为过渡配合
	s	用于钢和铁制零件的永久性和半永久性装配,过盈量充分,可产生相当大的结合力。当用弹性材料,如轻合金时,配合性质与铁类零件的基本偏差 p 相当,如套环压装在轴上、阀座等配合。尺寸较大时,为了避免损伤配合表面,需用热胀法或冷缩法装配
	t、u、v、x、y、z	过盈量依次增大,一般不推荐

表 17.2 公称尺寸至 1000mm 的标准公差数值（摘自 GB/T 1800.1—2020）

（单位：μm）

公称尺寸/mm	标准公差等级																	
	IT1	IT2	IT3	IT4	IT5	IT6	IT7	IT8	IT9	IT10	IT11	IT12	IT13	IT14	IT15	IT16	IT17	IT18
≤3	0.8	1.2	2	3	4	6	10	14	25	40	60	100	140	250	400	600	1000	1400
>3~6	1	1.5	2.5	4	5	8	12	18	30	48	75	120	180	300	480	750	1200	1800
>6~10	1	1.5	2.5	4	6	9	15	22	36	58	90	150	220	360	580	900	1500	2200
>10~18	1.2	2	3	5	8	11	18	27	43	70	110	180	270	430	700	1100	1800	2700
>18~30	1.5	2.5	4	6	9	13	21	33	52	84	130	210	330	520	840	1300	2100	3300
>30~50	1.5	2.5	4	7	11	16	25	39	62	100	160	250	390	620	1000	1600	2500	3900
>50~80	2	3	5	8	13	19	30	46	74	120	190	300	460	740	1200	1900	3000	4600
>80~120	2.5	4	6	10	15	22	35	54	87	140	220	350	540	870	1400	2200	3500	5400
>120~180	3.5	5	8	12	18	25	40	63	100	160	250	400	630	1000	1600	2500	4000	6300
>180~250	4.5	7	10	14	20	29	46	72	115	185	290	460	720	1150	1850	2900	4600	7200
>250~315	6	8	12	16	23	32	52	81	130	210	320	520	810	1300	2100	3200	5200	8100
>315~400	7	9	13	18	25	36	57	89	140	230	360	570	890	1400	2300	3600	5700	8900
>400~500	8	10	15	20	27	40	63	97	155	250	400	630	970	1550	2500	4000	6300	9700
>500~630	9	11	16	22	32	44	70	110	175	280	440	700	1100	1750	2800	4400	7000	11000
>630~800	10	13	18	25	36	50	80	125	200	320	500	800	1250	2000	3200	5000	8000	12500
>800~1000	11	15	21	28	40	56	90	140	230	360	560	900	1400	2300	3600	5600	9000	14000

注：1. 公称尺寸>500mm 的 IT1~IT5 的标准公差数值为试行的。

2. 公称尺寸≤1mm 时，无 IT14~IT18。

表 17.3 常用加工方法能达到的标准公差等级

加工方法	公差等级(IT)																	
	01	0	1	2	3	4	5	6	7	8	9	10	11	12	13	14	15	16
研磨	—	—	—	—	—	—	—											
珩磨						—	—	—	—									
内、外圆磨							—	—	—	—								
平面磨							—	—	—	—								
金刚石车							—	—	—									
金刚石镗							—	—	—									
拉削							—	—	—	—								
铰孔								—	—	—	—	—						
车									—	—	—	—	—					
镗									—	—	—	—	—					
铣削										—	—	—	—					
刨、插												—	—					
钻孔												—	—	—	—			
滚压、挤压												—	—					

（续）

加工方法	公差等级(IT)																
	01	0	1	2	3	4	5	6	7	8	9	10	11	12	13	14	15	16
冲压												—	—	—	—	—		
压铸													—	—	—	—		
粉末冶金成形								—	—	—								
粉末冶金烧结									—	—	—	—						
砂型铸造、气割																		—
锻造																	—	

表 17.4　优先配合特性及应用举例

基孔制	基轴制	优先配合特性及应用举例
$\frac{H11}{c11}$	$\frac{C11}{h11}$	间隙非常大，用于很松的、转动很慢的间隙配合，或要求大公差与大间隙的外露组件，或要求装配方便的、很松的配合
$\frac{H9}{d9}$	$\frac{D9}{h9}$	间隙很大的自由转动配合，用于精度为非主要要求的场合，或有大的温度变动、高转速或大的轴颈压力时
$\frac{H8}{f7}$	$\frac{F8}{h7}$	间隙不大的转动配合，用于中等转速与中等轴颈压力的精确转动，也用于装配较易的中等定位配合
$\frac{H7}{g6}$	$\frac{G7}{h6}$	间隙很小的滑动配合，用于不希望自由转动，但可自由移动和滑动并要求精密定位的场合，也可用于要求明确的定位配合
$\frac{H7}{h6}$，$\frac{H8}{h7}$ $\frac{H9}{h9}$，$\frac{H11}{h11}$	$\frac{H7}{h6}$，$\frac{H8}{h7}$ $\frac{H9}{h9}$，$\frac{H11}{h11}$	均为间隙定位配合，零件可自由装拆，而工作时一般相对静止不动。在最大实体条件下的间隙为零，在最小实体条件下的间隙由公差等级决定
$\frac{H7}{k6}$	$\frac{K7}{h6}$	过渡配合，用于精密定位
$\frac{H7}{n6}$	$\frac{N7}{h6}$	过渡配合，用于允许有较大过盈的更精密的定位
$\frac{H7}{p6}$	$\frac{P7}{h6}$	过盈定位配合，即小过盈配合，用于定位精度特别重要的场合，能以最好的定位精度达到部件的刚性及对中性要求
$\frac{H7}{s6}$	$\frac{S7}{h6}$	中等压入配合，适用于一般钢件，或用于薄壁件的冷缩配合，用于铸铁件可得到最紧的配合
$\frac{H7}{u6}$	$\frac{U7}{h6}$	压入配合，适用于可以承受大压入力的零件或不宜承受大压入力的冷缩配合

表 17.5　未注公差的线性尺寸的极限偏差数值（摘自 GB/T 1804—2000）

（单位：mm）

公差等级	公称尺寸分段							
	0.5~3	>3~6	>6~30	>30~120	>120~400	>400~1000	>1000~2000	>2000~4000
精密 f	±0.05	±0.05	±0.1	±0.15	±0.2	±0.3	±0.5	—
中等 m	±0.1	±0.1	±0.2	±0.3	±0.5	±0.8	±1.2	±2
粗糙 c	±0.2	±0.3	±0.5	±0.8	±1.2	±2	±3	±4
最粗 v	—	±0.5	±1	±1.5	±2.5	±4	±6	±8

注：在图样上、技术文件或标准中的表示方法示例：GB/T 1084—m（表示公差等级为中等）。

表 17.6 轴的极限偏差（摘自 GB/T 1800.2—2020） （单位：μm）

公称尺寸/mm		公差带																
		d					e				f					g		
大于	至	7	8*	▲9	10*	11*	6	7*	8*	9*	5*	6*	▲7	8*	9*	5*	▲6	7*
—	3	-20 -30	-20 -34	-20 -45	-20 -60	-20 -80	-14 -20	-14 -24	-14 -28	-14 -39	-6 -10	-6 -12	-6 -16	-6 -20	-6 -31	-2 -6	-2 -8	-2 -12
3	6	-30 -42	-30 -48	-30 -60	-30 -78	-30 -105	-20 -28	-20 -32	-20 -38	-20 -50	-10 -15	-10 -18	-10 -22	-10 -28	-10 -40	-4 -9	-4 -12	-4 -16
6	10	-40 -55	-40 -62	-40 -76	-40 -98	-40 -130	-25 -34	-25 -40	-25 -47	-25 -61	-13 -19	-13 -22	-13 -28	-13 -35	-13 -49	-5 -11	-5 -14	-5 -20
10	18	-50 -68	-50 -77	-50 -93	-50 -120	-50 -160	-32 -43	-32 -50	-32 -59	-32 -75	-16 -24	-16 -27	-16 -34	-16 -43	-16 -59	-6 -14	-6 -17	-6 -24
18	30	-65 -86	-65 -98	-65 -117	-65 -149	-65 -195	-40 -53	-40 -61	-40 -73	-40 -92	-20 -29	-20 -33	-20 -41	-20 -53	-20 -72	-7 -16	-7 -20	-7 -28
30	50	-80 -105	-80 -119	-80 -142	-80 -180	-80 -240	-50 -66	-50 -75	-50 -89	-50 -112	-25 -36	-25 -41	-25 -50	-25 -64	-25 -87	-9 -20	-9 -25	-9 -34
50	80	-100 -130	-100 -146	-100 -174	-100 -220	-100 -290	-60 -79	-60 -90	-60 -106	-60 -134	-30 -43	-30 -49	-30 -60	-30 -76	-30 -104	-10 -23	-10 -29	-10 -40
80	120	-120 -155	-120 -174	-120 -207	-120 -260	-120 -340	-72 -94	-72 -107	-72 -126	-72 -159	-36 -51	-36 -58	-36 -71	-36 -90	-36 -123	-12 -27	-12 -34	-12 -47
120	180	-145 -185	-145 -208	-145 -245	-145 -305	-145 -395	-85 -110	-85 -125	-85 -148	-85 -185	-43 -61	-43 -68	-43 -83	-43 -106	-43 -143	-14 -32	-14 -39	-14 -54
180	250	-170 -216	-170 -242	-170 -285	-170 -355	-170 -460	-100 -129	-100 -146	-100 -172	-100 -215	-50 -70	-50 -79	-50 -96	-50 -122	-50 -165	-15 -35	-15 -44	-15 -61
250	315	-190 -242	-190 -271	-190 -320	-190 -400	-190 -510	-110 -142	-110 -162	-110 -191	-110 -240	-56 -79	-56 -88	-56 -108	-56 -137	-56 -186	-17 -40	-17 -49	-17 -69
315	400	-210 -267	-210 -299	-210 -350	-210 -440	-210 -570	-125 -161	-125 -182	-125 -214	-125 -265	-62 -87	-62 -98	-62 -119	-62 -151	-62 -202	-18 -43	-18 -54	-18 -75
400	500	-230 -293	-230 -327	-230 -385	-230 -480	-230 -630	-135 -175	-135 -198	-135 -232	-135 -290	-68 -95	-68 -108	-68 -131	-68 -165	-68 -223	-20 -47	-20 -60	-20 -83

（续）

公称尺寸/mm		公差带																
		h										j			js			
大于	至	4	5*	▲6	▲7	8*	▲9	10*	▲11	12*	13	5	6	7	5*	6*	7*	8
—	3	0 -3	0 -4	0 -6	0 -10	0 -14	0 -25	0 -40	0 -60	0 -100	0 -140	±2	+4 -2	+6 -4	±2	±3	±5	±7
3	6	0 -4	0 -5	0 -8	0 -12	0 -18	0 -30	0 -48	0 -75	0 -120	0 -180	+3 -2	+6 -2	+8 -4	±2.5	±4	±6	±9
6	10	0 -4	0 -6	0 -9	0 -15	0 -22	0 -36	0 -58	0 -90	0 -150	0 -220	+4 -2	+7 -2	+10 -5	±3	±4.5	±7.5	±11
10	18	0 -5	0 -8	0 -11	0 -18	0 -27	0 -43	0 -70	0 -110	0 -180	0 -270	+5 -3	+8 -3	-12 -6	±4	±5.5	±9	±13.5
18	30	0 -6	0 -9	0 -13	0 -21	0 -33	0 -52	0 -84	0 -130	0 -210	0 -330	+5 -4	+9 -4	+13 -8	±4.5	±6.5	±10.5	±16.5
30	50	0 -7	0 -11	0 -16	0 -25	0 -39	0 -62	0 -100	0 -160	0 -250	0 -390	+6 -5	+11 -5	+15 -10	±5.5	±8	±12.5	±19.5
50	80	0 -8	0 -13	0 -19	0 -30	0 -46	0 -74	0 -120	0 -190	0 -300	0 -460	+6 -7	+12 -7	+18 -12	±6.5	±9.5	±15	±23
80	120	0 -10	0 -15	0 -22	0 -35	0 -54	0 -87	0 -140	0 -220	0 -350	0 -540	+6 -9	+13 -9	+20 -15	±7.5	±11	±17.5	±27
120	180	0 -12	0 -18	0 -25	0 -40	0 -63	0 -100	0 -160	0 -250	0 -400	0 -630	+7 -11	+14 -11	+22 -18	±9	±12.5	±20	±31.5
180	250	0 -14	0 -20	0 -29	0 -46	0 -72	0 -115	0 -185	0 -290	0 -460	0 -720	+7 -13	+16 -13	+25 -21	±10	±14.5	±23	±36
250	315	0 -16	0 -23	0 -32	0 -52	0 -81	0 -130	0 -210	0 -320	0 -520	0 -810	+7 -16	±16	±26	±11.5	±16	±26	±40.5
315	400	0 -18	0 -25	0 -36	0 -57	0 -89	0 -140	0 -230	0 -360	0 -570	0 -890	+7 -18	±18	+29 -28	±12.5	±18	±28.5	±44.5
400	500	0 -20	0 -27	0 -40	0 -63	0 -97	0 -155	0 -250	0 -400	0 -630	0 -970	+7 -20	±20	+31 -32	±13.5	±20	±31.5	±48.5

（续）

公称尺寸/mm		公差带																	
		js		k			m			n			p			r			
大于	至	9	10	5*	▲6	7*	5*	6*	7*	5*	▲6	7*	5*	▲6	7*	5*	6*	7*
—	3	±12.5	±20	+4 0	+6 0	+10 0	+6 +2	+8 +2	+12 +2	+8 +4	+10 +4	+14 +4	+10 +6	+12 +6	+16 +6	+14 +10	+16 +10	+20 +10
3	6	±15	±24	+6 +1	+9 +1	+13 +1	+9 +4	+12 +4	+16 +4	+13 +8	+16 +8	+20 +8	+17 +12	+20 +12	+24 +12	+20 +15	+23 +15	+27 +15
6	10	±18	±29	+7 +1	+10 +1	+16 +1	+12 +6	+15 +6	+21 +6	+16 +10	+19 +10	+25 +10	+21 +15	+24 +15	+30 +15	+25 +19	+28 +19	+34 +19
10	18	±21.5	±35	+9 +1	+12 +1	+19 +1	+15 +7	+18 +7	+25 +7	+20 +12	+23 +12	+30 +12	+26 +18	+29 +18	+36 +18	+31 +23	+34 +23	+41 +23
18	30	±26	±42	+11 +2	+15 +2	+23 +2	+17 +8	+21 +8	+29 +8	+24 +15	+28 +15	+36 +15	+31 +22	+35 +22	+43 +22	+37 +28	+41 +28	+49 +28
30	50	±31	±50	+13 +2	+18 +2	+27 +2	+20 +9	+25 +9	+34 +9	+28 +17	+33 +17	+42 +17	+37 +26	+42 +26	+51 +26	+45 +34	+50 +34	+59 +34
50	65	±37	±60	+15 +2	+21 +2	+32 +2	+24 +11	+30 +11	+41 +11	+33 +20	+39 +20	+50 +20	+45 +32	+51 +32	+62 +32	+54 +41	+60 +41	+71 +41
65	80															+56 +43	+62 +43	+73 +43
80	100	±43.5	±70	+18 +3	+25 +3	+38 +3	+28 +13	+35 +13	+48 +13	+38 +23	+45 +23	+58 +23	+52 +37	+59 +37	+72 +37	+66 +51	+73 +51	+86 +51
100	120															+69 +54	+76 +54	+89 +54
120	140	±50	±80	+21 +3	+28 +3	+43 +3	+33 +15	+40 +15	+55 +15	+45 +27	+52 +27	+67 +27	+61 +43	+68 +43	+83 +43	+81 +63	+88 +63	+103 +63
140	160															+83 +65	+90 +65	+105 +65
160	180															+86 +68	+93 +68	+108 +68
180	200	±57.5	±92.5	+24 +4	+33 +4	+50 +4	+37 +17	+46 +17	+63 +17	+51 +31	+60 +31	+77 +31	+70 +50	79 50	+96 +50	+97 +77	+106 +77	+123 +77
200	225															+100 +80	+109 +80	+126 +80
225	250															+104 +84	+113 +84	+130 +84
250	280	±65	±105	+27 +4	+36 +4	+56 +4	+43 +20	+52 +20	+72 +20	+57 +34	+66 +34	+86 +34	+79 +56	+88 +56	+108 +56	+117 +94	+126 +94	+146 +94
280	315															+121 +98	+130 +98	+150 +98
315	355	±70	±115	+29 +4	+40 +4	+61 +4	+46 +21	+57 +21	+78 +21	+62 +37	+73 +37	+94 +37	+87 +62	+98 +62	+119 +62	+133 +108	+144 +108	+165 +108
355	400															+139 +114	+150 +114	+171 +114
400	450	±77.5	±125	+32 +5	+45 +5	+68 +5	+50 +23	+63 +23	+86 +23	+67 +40	+80 +40	+103 +40	+95 +68	+108 +68	+131 +68	+153 +126	+166 +126	+189 +126
450	500															+159 +132	+172 +132	+195 +132

注：▲为优先公差带，* 为常用公差带，其余为一般用途公差带。

表 17.7 孔的极限偏差（摘自 GB/T 1800.2—2020） （单位：μm）

公称尺寸/mm		公差带													
		D					E			F				G	
大于	至	7	8*	▲9	10*	11*	8*	9*	10	6*	7*	▲8	9*	5	6*
—	3	+30 +20	+34 +20	+45 +20	+60 +20	+80 +20	+28 +14	+39 +14	+54 +14	+12 +6	+16 +6	+20 +6	+31 +6	+6 +2	+8 +2
3	6	+42 +30	+48 +30	+60 +30	+78 +30	+105 +30	+38 +20	+50 +20	+68 +20	+18 +10	+22 +10	+28 +10	+40 +10	+9 +4	+12 +4
6	10	+55 +40	+62 +40	+76 +40	+98 +40	+130 +40	+47 +25	+61 +25	+83 +25	+22 +13	+28 +13	+35 +13	+49 +13	+11 +5	+14 +5
10	18	+68 +50	+77 +50	+93 +50	+120 +50	+160 +50	+59 +32	+75 +32	+102 +32	+27 +16	+34 +16	+43 +16	+59 +16	+14 +6	+17 +6
18	30	+86 +65	+98 +65	+117 +65	+149 +65	+195 +65	+73 +40	+92 +40	+124 +40	+33 +20	+41 +20	+53 +20	+72 +20	+16 +7	+20 +7
30	50	+105 +80	+119 +80	+142 +80	+180 +80	+240 +80	+89 +50	+112 +50	+150 +50	+41 +25	+50 +25	+64 +25	+87 +25	+20 +9	+25 +9
50	80	+130 +100	+146 +100	+174 +100	+220 +100	+290 +100	+106 +60	+134 +60	+180 +60	+49 +30	+60 +30	+76 +30	+104 +30	+23 +10	+29 +10
80	120	+155 +120	+174 +120	+207 +120	+260 +120	+340 +120	+126 +72	+159 +72	+212 +72	+58 +36	+71 +36	+90 +36	+123 +36	+27 +12	+34 +12
120	180	+185 +145	+208 +145	+245 +145	+305 +145	+395 +145	+148 +85	+185 +85	+245 +85	+68 +43	+83 +43	+106 +43	+143 +43	+32 +14	+39 +14
180	250	+216 +170	+242 +170	+285 +170	+355 +170	+460 +170	+172 +100	+215 +100	+285 +100	+79 +50	+96 +50	+122 +50	+165 +50	+35 +15	+44 +15
250	315	+242 +190	+271 +190	+320 +190	+400 +190	+510 +190	+191 +110	+240 +110	+320 +110	+88 +56	+108 +56	+137 +56	+186 +56	+40 +17	+49 +17
315	400	+267 +210	+299 +210	+350 +210	+440 +210	+570 +210	+214 +125	+265 +125	+355 +125	+98 +62	+119 +62	+151 +62	+202 +62	+43 +18	+54 +18
400	500	+293 +230	+327 +230	+385 +230	+480 +230	+630 +230	+232 +135	+290 +135	+385 +135	+108 +68	+131 +68	+165 +68	+223 +68	+47 +20	+60 +20

（续）

公称尺寸/mm		公差带														
		G	H									J			JS		
大于	至	▲7	5	6	▲7	▲8	▲9	10*	▲11	12*	13	6	7	8	5	6*	7*
—	3	+12 +2	+4 0	+6 0	+10 0	+14 0	+25 0	+40 0	+60 0	+100 0	+140 0	+2 -4	+4 -6	+6 -8	±2	±3	±5
3	6	+16 +4	+5 0	+8 0	+12 0	+18 0	+30 0	+48 0	+75 0	+120 0	+180 0	+5 -3	±6	+10 -8	±2.5	±4	±6
6	10	+20 +5	+6 0	+9 0	+15 0	+22 0	+36 0	+58 0	+90 0	+150 0	+220 0	+5 -4	+8 -7	+12 -10	±3	±4.5	±7.5
10	18	+24 +6	+8 0	+11 0	+18 0	+27 0	+43 0	+70 0	+110 0	+180 0	+270 0	+6 -5	+10 -8	+15 -12	±4	±5.5	±9
18	30	+28 +7	+9 0	+13 0	+21 0	+33 0	+52 0	+84 0	+130 0	+210 0	+330 0	+8 -5	+12 -9	+20 -13	±4.5	±6.5	±10.5
30	50	+34 +9	+11 0	+16 0	+25 0	+39 0	+62 0	+100 0	+160 0	+250 0	+390 0	+10 -6	+14 -11	+24 -15	±5.5	±8	±12.5
50	80	+40 +10	+13 0	+19 0	+30 0	+46 0	+74 0	+120 0	+190 0	+300 0	+460 0	+13 -6	+18 -12	+28 -18	±6.5	±9.5	±15
80	120	+47 +12	+15 0	+22 0	+35 0	+54 0	+87 0	+140 0	+220 0	+350 0	+540 0	+16 -6	+22 -13	+34 -20	±7.5	±11	±17.5
120	180	+54 +14	+18 0	+25 0	+40 0	+63 0	+100 0	+160 0	+250 0	+400 0	+630 0	+18 -7	+26 -14	+41 -22	±9	±12.5	±20
180	250	+61 +15	+20 0	+29 0	+46 0	+72 0	+115 0	+185 0	+290 0	+460 0	+720 0	+22 -7	+30 -16	+47 -25	±10	±14.5	±23
250	315	+69 +17	+23 0	+32 0	+52 0	+81 0	+130 0	+210 0	+320 0	+520 0	+810 0	+25 -7	+36 -16	+55 -26	±11.5	±16	±26
315	400	+75 +18	+25 0	+36 0	+57 0	+89 0	+140 0	+230 0	+360 0	+570 0	+890 0	+29 -7	+39 -18	+60 -29	±12.5	±18	±28.5
400	500	+83 +20	+27 0	+40 0	+63 0	+97 0	+155 0	+250 0	+400 0	+630 0	+970 0	+33 -7	+43 -20	+66 -31	±13.5	±20	±31.5

（续）

公称尺寸/mm		公差带															
		JS			K			M			N			P			
大于	至	8*	9	10	6*	▲7	8*	6*	7*	8*	6*	▲7	8*	6*	▲7	8	9
—	3	±7	±12.5	±20	0 -6	0 -10	0 -14	-2 -8	-2 -12	-2 -16	-4 -10	-4 -14	-4 -18	-6 -12	-6 -16	-6 -20	-10 -31
3	6	±9	±15	±24	+2 -6	+3 -9	+5 -13	-1 -9	0 -12	+2 -16	-5 -13	-4 -16	-2 -20	-9 -17	-8 -20	-12 -30	-12 -42
6	10	±11	±18	±29	+2 -7	+5 -10	+6 -16	-3 -12	0 -15	+1 -21	-7 -16	-4 -19	-3 -25	-12 -21	-9 -24	-15 -37	-15 -51
10	18	±13.5	±21.5	±35	+2 -9	+6 -12	+8 -19	-4 -15	0 -18	+2 -25	-9 -20	-5 -23	-3 -30	-15 -26	-11 -29	-18 -45	-18 -61
18	30	±16.5	±26	±42	+2 -11	+6 -15	+10 -23	-4 -17	0 -21	+4 -29	-11 -24	-7 -28	-3 -36	-18 -31	-14 -35	-22 -55	-22 -74
30	50	±19.5	±31	±50	+3 -13	+7 -18	+12 -27	-4 -20	0 -25	+5 -34	-12 -28	-8 -33	-3 -42	-21 -37	-17 -42	-26 -65	-26 -88
50	80	±23	±37	±60	+4 -15	+9 -21	+14 -32	-5 -24	0 -30	+5 -41	-14 -33	-9 -39	-4 -50	-26 -45	-21 -51	-32 -78	-32 -106
80	120	±27	±43.5	±70	+4 -18	+10 -25	+16 -38	-6 -28	0 -35	+6 -48	-16 -38	-10 -45	-4 -58	-30 -52	-24 -59	-37 -91	-37 -124
120	180	±31.5	±50	±80	+4 -21	+12 -28	+20 -43	-8 -33	0 -40	+8 -55	-20 -45	-12 -52	-4 -67	-36 -61	-28 -68	-43 -106	-43 -143
180	250	±36	±57.5	±92.5	+5 -24	+13 -33	+22 -50	-8 -37	0 -46	+9 -63	-22 -51	-14 -60	-5 -77	-41 -70	-33 -79	-50 -122	-50 -165
250	315	±40.5	±65	±105	+5 -27	+16 -36	+25 -56	-9 -41	0 -52	+9 -72	-25 -57	-14 -66	-5 -86	-47 -79	-36 -88	-56 -137	-56 -186
315	400	±44.5	±70	±115	+7 -29	+17 -40	+28 -61	-10 -46	0 -57	+11 -78	-26 -62	-16 -73	-5 -94	-51 -87	-41 -98	-62 -151	-62 -202
400	500	±48.5	±77.5	±125	+8 -32	+18 -45	+29 -68	-10 -50	0 -63	+11 -86	-27 -67	-17 -80	-6 -103	-55 -95	-45 -108	-68 -165	-68 -223

注：▲为优先公差带，* 为常用公差带，其余为一般用途公差带。

17.2 几何公差

表 17.8 常用几何公差符号

分类	形状公差				位置公差								其他符号	
					定向			定位			跳动			
项目	直线度	平面度	圆度	圆柱度	平行度	垂直度	倾斜度	同轴度	对称度	位置度	圆跳动	全跳动	最大实体状态	理论正确尺寸
符号	—	⏥	○	⌭	//	⊥	∠	◎	⌯	⌖	↗	⌰	Ⓜ	50 (框)

表 17.9 直线度和平面度公差（摘自 GB/T 1184—1996）　　（单位：μm）

主参数 L 图例：

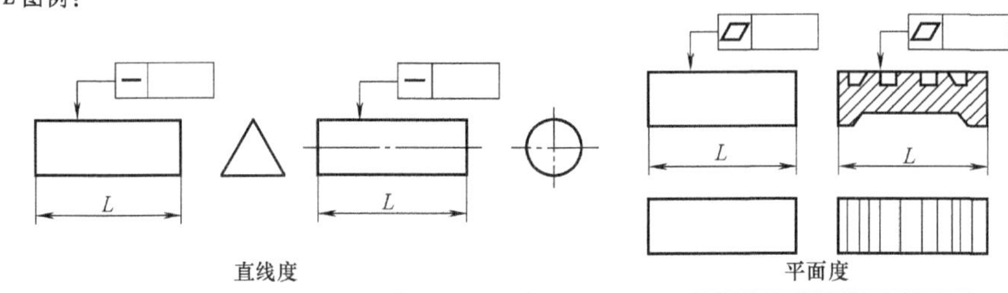

公差等级	主参数 L/mm													应用举例
	≤10	>10~16	>16~25	>25~40	>40~63	>63~100	>100~160	>160~250	>250~400	>400~630	>630~1000	>1000~1600	>1600~2500	
5	2	2.5	3	4	5	6	8	10	12	15	20	25	30	普通精度机床导轨，柴油机进、排气门导杆
6	3	4	5	6	8	10	12	15	20	25	30	40	50	
7	5	6	8	10	12	15	20	25	30	40	50	60	80	轴承体的支承面，压力机导轨及滑块，减速器箱体、液压泵、轴系支承轴承的接合面
8	8	10	12	15	20	25	30	40	50	60	80	100	120	
9	12	15	20	25	30	40	50	60	80	100	120	150	200	辅助机构及手动机械的支承面，液压管件和法兰的接合面
10	20	25	30	40	50	60	80	100	120	150	200	250	300	
11	30	40	50	60	80	100	120	150	200	250	300	400	500	离合器的摩擦片，汽车发动机缸盖接合面
12	60	80	100	120	150	200	250	300	400	500	600	800	1000	

表 17.10 圆度和圆柱度公差（摘自 GB/T 1184—1996）　　（单位：μm）

主参数 $d(D)$ 图例：

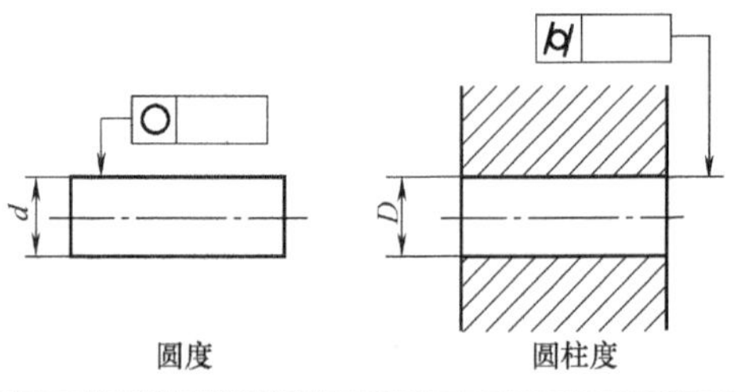

（续）

公差等级	主参数 $d(D)$/mm												应用举例
	>3~6	>6~10	>10~18	>18~30	>30~50	>50~80	>80~120	>120~180	>180~250	>250~315	>315~400	>400~500	
5	1.5	1.5	2	2.5	2.5	3	4	5	7	8	9	10	安装 P6、P0 级滚动轴承的配合面，中等压力下的液压装置工作面（包括泵、压缩机的活塞和气缸），风动绞车曲轴，通用减速器轴颈，一般机床主轴
6	2.5	2.5	3	4	4	5	6	8	10	12	13	15	
7	4	4	5	6	7	8	10	12	14	16	18	20	发动机的胀圈、活塞销及连杆中装衬套的孔等，千斤顶或压力缸活塞，水泵及减速器轴颈，液压传动系统的分配机构，拖拉机气缸体与气缸套配合面，炼胶机冷铸轧辊
8	5	6	8	9	11	13	15	18	20	23	25	27	
9	8	9	11	13	16	19	22	25	29	32	36	40	起重机、卷扬机用的滑动轴承，带软密封的低压泵的活塞和气缸，通用机械杠杆与拉杆、拖拉机的活塞环与套筒环
10	12	15	18	21	25	30	35	40	46	52	57	63	
11	18	22	27	33	39	46	54	63	72	81	89	97	
12	30	36	43	52	62	74	87	100	115	130	140	155	

表 17.11　平行度、垂直度和倾斜度公差（摘自 GB/T 1184—1996）（单位：μm）

主参数 L、$d(D)$ 图例：

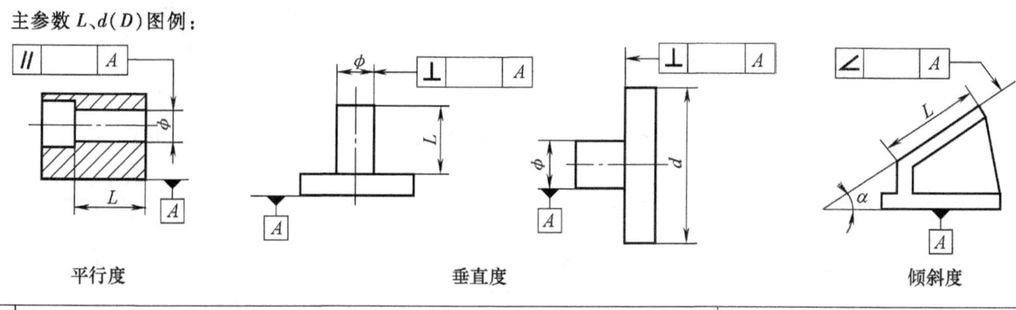

平行度　　垂直度　　倾斜度

公差等级	主参数 L、$d(D)$/mm													应用举例	
	≤10	>10~16	>16~25	>25~40	>40~63	>63~100	>100~160	>160~250	>250~400	>400~630	>630~1000	>1000~1600	>1600~2500	平行度	垂直度
5	5	6	8	10	12	15	20	25	30	40	50	60	80	机床主轴孔对基准面，重要轴承孔对基准面，主轴箱体重要孔间要求，一般减速器壳体孔、齿轮泵的轴孔端面	机床重要支承面，发动机轴和离合器的凸缘，气缸的支承端面，装 P4、P5 级轴承的箱体的轴肩

（续）

公差等级	主参数 L、d(D)/mm													应用举例	
	≤10	>10~16	>16~25	>25~40	>40~63	>63~100	>100~160	>160~250	>250~400	>400~630	>630~1000	>1000~1600	>1600~2500	平行度	垂直度
6	8	10	12	15	20	25	30	40	50	60	80	100	120	一般机床零件的工作面或基准面，压力机和锻锤的工作面，中等精度钻模的工作面，机床轴承孔对基准面，主轴箱体一般孔间，气缸轴线，变速器箱孔，主轴花键对定心直径，重型机械轴承盖的端面，卷扬机、手动传动装置中的传动轴	低精度机床主轴基准面和工作面、回转工作台轴向圆跳动，一般导轨，主轴箱体孔、刀架、砂轮架及工作台回转中心，机床轴肩、气缸配合面对其轴线，活塞销孔对活塞中心线，装 P6、P0 级轴承壳体孔的轴线等
7	12	15	20	25	30	40	50	60	80	100	120	150	200		
8	20	25	30	40	50	60	80	100	120	150	200	250	300		
9	30	40	50	60	80	100	120	150	200	250	300	400	500	低精度零件，重型机械滚动轴承端盖，柴油机和煤气发动机的曲轴孔、轴颈等	花键轴轴肩端面、带式输送机法兰盘等端面对轴线，手动卷扬机及传动装置中的轴承端面、减速器壳体平面等
10	50	60	80	100	120	150	200	250	300	400	500	600	800		
11	80	100	120	150	200	250	300	400	500	600	800	1000	1200	零件的非工作面，卷扬机，输送机上用的减速器壳体平面	农业机械齿轮端面等
12	120	150	200	250	300	400	500	600	800	1000	1200	1500	2000		

表 17.12　同轴度、对称度、圆跳动和全跳动公差（摘自 GB/T 1184—1996）

（单位：μm）

主参数 $d(D)$、B、L 图例：

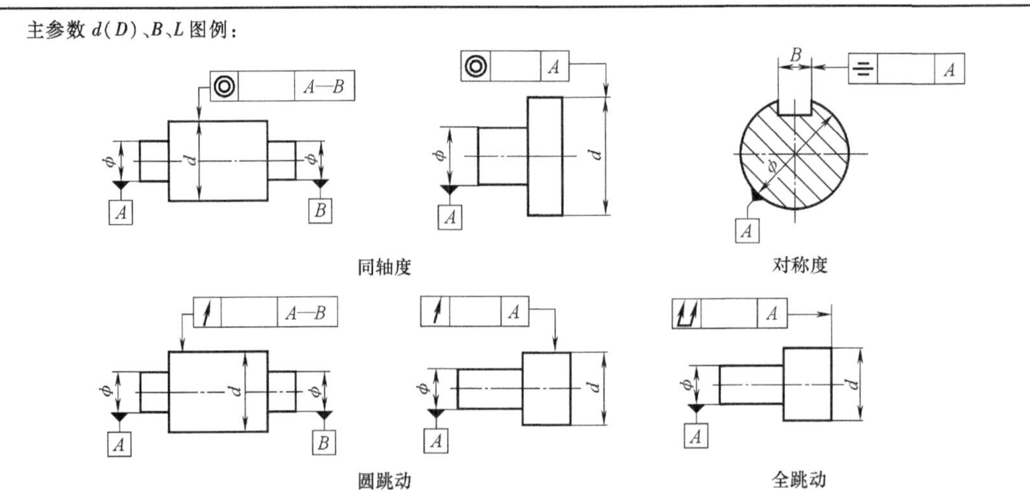

同轴度　　对称度

圆跳动　　全跳动

（续）

公差等级	主参数 $d(D)$、L、B/mm											应用举例
	>3~6	>6~10	>10~18	>18~30	>30~50	>50~120	>120~250	>250~500	>500~800	>800~1250	>1250~2000	
5	3	4	5	6	8	10	12	15	20	25	30	6级和7级精度齿轮轴的配合面，较高精度的高速轴，汽车发动机曲轴和分配轴的支承轴颈，较高精度机床的轴套
6	5	6	8	10	12	15	20	25	30	40	50	
7	8	10	12	15	20	25	30	40	50	60	80	8级和9级精度齿轮轴的配合面，拖拉机发动机分配轴的支承轴颈，普通精度高速轴（1000r/min以下），长度在1m以下的主传动轴，起重运输机的毂轮配合孔和导轮的配合面
8	12	15	20	25	30	40	50	60	80	100	120	
9	25	30	40	50	60	80	100	120	150	200	250	10级和11级精度齿轮轴的配合面，发动机汽缸配合面，水泵叶轮，离心泵叶轮，摩托车活塞，自行车中轴
10	50	60	80	100	120	150	200	250	300	400	500	
11	80	100	120	150	200	250	300	400	500	600	800	无特殊要求，一般按尺寸公差等级IT12制造的零件
12	150	200	250	300	400	500	600	800	1000	1200	1500	

17.3 表面粗糙度

表17.13 表面粗糙度主要评定参数 *Ra*、*Rz* 的数值系列（摘自GB/T 1031—2009）

（单位：μm）

基本系列	*Ra*	0.012	0.2	3.2	50	*Rz*	0.025	0.4	6.3	100	1600
		0.025	0.4	6.3	100		0.05	0.8	12.5	200	—
		0.05	0.8	12.5	—		0.1	1.6	25	400	—
		0.1	1.6	25	—		0.2	3.2	50	800	—
补充系列	*Ra*	0.008	0.125	2.0	32	*Rz*	0.032	0.50	8.0	125	
		0.010	0.160	2.5	40		0.040	0.63	10.0	160	
		0.016	0.25	4.0	63		0.063	1.00	16.0	250	
		0.020	0.32	5.0	80		0.080	1.25	20	320	
		0.032	0.50	8.0	—		0.125	2.0	32	500	
		0.040	0.63	10.0	—		0.160	2.5	40	630	
		0.063	1.00	16.0	—		0.25	4.0	63	1000	
		0.080	1.25	20	—		0.32	5.0	80	1250	

注：1. 在表面粗糙度常用的参数范围内（$Ra=0.025\sim6.3\mu m$，$Rz=0.1\sim25\mu m$），推荐优先选用 *Ra*。

2. 根据表面功能和生产的经济合理性，当选用基本系列的值不能满足要求时，可选取补充系列的值。

表17.14 表面粗糙度的参数值、加工方法和适用范围

Ra/μm	表面状况	加工方法	适用范围
100	除净毛刺	铸造、锻、热轧、冲切	不加工的平滑表面，如砂型铸造、冷铸、压力铸造、轧制、锻压、热压及各种型锻的表面
50,25	明显可见刀痕	粗车、镗、刨、钻	工序间加工时所得到的粗糙表面，以及预先经过机械加工，如粗车、粗铣等的零件表面
12.5	可见刀痕	粗车、刨、铣、钻	

（续）

Ra/μm	表面状况	加工方法	适用范围
6.3	微见刀痕	车、镗、刨、钻、铣、锉、磨、粗铰、铣齿	不重要零件的非配合表面，如支柱、轴、外壳、衬套、盖等的表面；紧固件的自由表面，不要求定心及配合特性的表面，如用钻头钻的螺栓孔等的表面；固定支承表面，如与螺栓头相接触的表面、键的非结合表面
3.2	微见加工痕迹	车、镗、刨、铣、刮 1~2 点/cm^2、拉、磨、锉、滚压、铣齿	和其他零件连接而又不是配合的表面，如外壳凸耳、扳手等的支承表面；要求有定心及配合特性的固定支承表面，如定心的轴肩、槽等的表面；不重要的紧固螺纹表面
1.6	可见加工痕迹的方向	车、镗、刨、铣、铰、拉、磨、滚压、刮 1~2 点/cm^2	定心及配合特性要求不精确的固定支承表面，如衬套、轴套和定位销的压入孔；不要求定心及配合特性的活动支承表面，如活动关节、花键连接、传动螺纹工作面等；重要零件的配合平面，如导向杆等
0.8	微见加工痕迹的方向	车、镗、拉、磨、立铣、刮 3~10 点/cm^2、滚压	要求保证定心及配合特性的表面，如锥形销和圆柱表面、安装滚动轴承的孔、滚动轴承的轴颈；不要求保证定心及配合特性的活动支承表面，高精度活动球接头表面、支承垫圈、磨削的轮齿
0.4	微辨加工痕迹的方向	铰、磨、镗、拉、刮 3~10 点/cm^2、滚压	要求能长期保持所规定配合特性的轴和孔的配合表面，如导柱、导套的工作表面；要求保证定心及配合特性的表面，如精密球轴承的压入座、轴瓦的工作表面、机床顶尖表面；工作时承受较大反复应力的重要零件表面；在不破坏配合特性的情况下工作，其耐久性和疲劳强度所要求的表面；圆锥定心表面，如曲轴和凸轮轴的工作表面
0.2	不可辨加工痕迹的方向	精磨、珩磨、研磨、超精加工	工作时承受较大往复应力的重要零件表面，保证零件的疲劳强度、防腐性和耐久性，并在工作时不破坏配合特性的表面，如轴颈表面、活塞和柱塞表面；IT5、IT6 公差等级配合的表面；圆锥定心表面；摩擦表面
0.1	暗光泽面	超精加工	工作时承受较大往复应力的重要零件表面，保证零件的疲劳强度、防腐性及在活动接头工作中的耐久性的表面，如活塞销表面、液压传动用的孔的表面；保证精确定心的圆锥表面
0.05	亮光泽面	超精加工	精密仪器及附件的摩擦面，量具工作面
0.025	镜状光泽面		
0.012	雾光镜面		

表 17.15　表面粗糙度代号的含义（摘自 GB/T 131—2006）

符号	含义
√Ra 1.6	表示去除材料，单向上限值，R 轮廓，粗糙度算术平均偏差为 1.6μm
√Ra 3.2（不允许去除材料）	表示不允许去除材料，单向上限值，R 轮廓，粗糙度算术平均偏差为 3.2μm
√Ra max 0.4	表示去除材料，单向上限值，R 轮廓，粗糙度算术平均偏差为 0.4μm，最大规则

表 17.16　表面结构要求在图样中的标注（摘自 GB/T 131—2006）

	图例	意义及说明
总原则	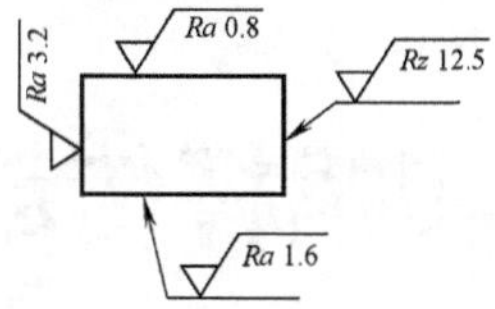	总原则是根据 GB/T 4458.4—2003《机械制图　尺寸注法》的规定，使表面结构的注写和读取方向与尺寸的注写和读取方向一致
标注在轮廓线上或指引线上	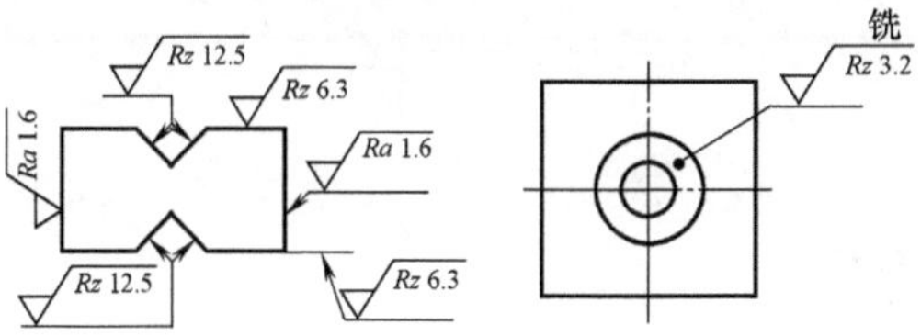	表面结构要求可标注在轮廓线上，其符号应从材料外指向接触表面。必要时，表面结构符号也可用带箭头或黑点的指引线引出标注
标注在延长线上	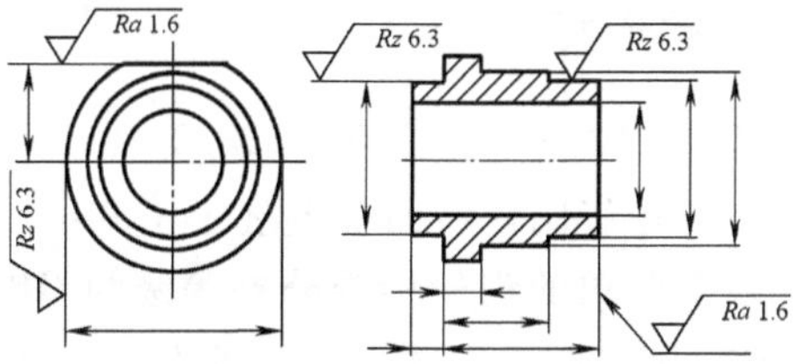	表面结构要求可以直接标注在延长线上，或用带箭头的指引线引出标注
标注在特征尺寸的尺寸线上或几何公差的框格上	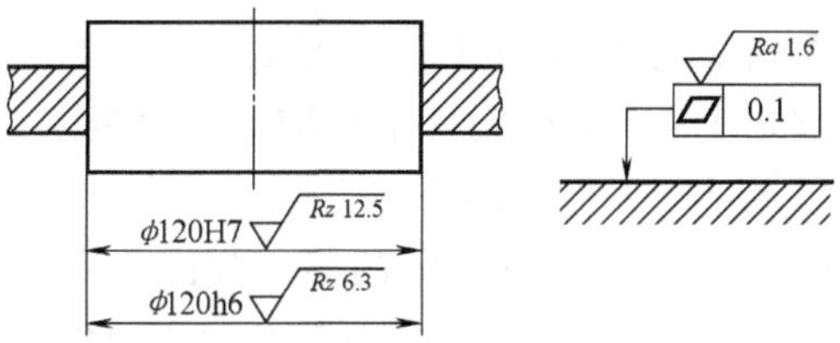 a) 标注在特征尺寸的尺寸线上　b) 标注在几何公差的框格上	在不致引起误解时，表面结构要求可以标注在给定的尺寸线上，如图 a 所示；也可标注在几何公差框格的上方，如图 b 所示
两种或多种工艺获得的同一表面的注法	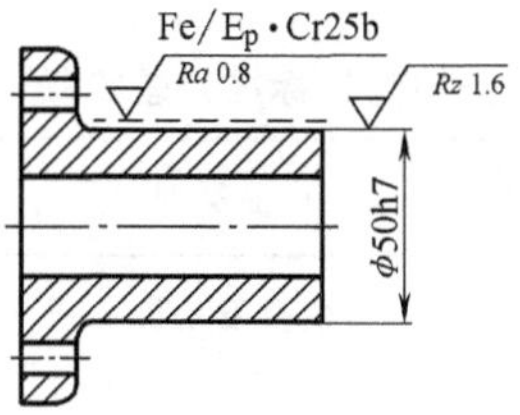	由几种不同的工艺方法获得的同一表面，当需要明确每种工艺方法的表面结构要求时，可按左图所示的方法标注（Fe/E_p · Cr25b：钢材、表面电镀铬，组合镀覆层特征为光亮，总厚度在 25μm 以上）

第18章 齿轮传动和蜗杆传动的精度

18.1 渐开线圆柱齿轮的精度

18.1.1 标准公差等级和检验项目的选择

渐开线圆柱齿轮精度标准体系由 GB/T 10095.1—2008、GB/T 10095.2—2008 及其指导性技术文件组成。GB/T 10095.1—2008 对轮齿同侧齿面公差规定了 0~12 级共 13 个标准公差等级，其中 0 级最高，12 级最低。如果要求的齿轮标准公差等级为 GB/T 10095.1—2008 的某一标准公差等级，而无其他规定时，则齿距、齿廓、螺旋线等各项偏差的允许值均按该标准公差等级确定，也可以按协议对工作和非工作齿面规定不同的标准公差等级，或对不同偏差项目规定不同的标准公差等级。另外，也可仅对工作齿面规定要求的标准公差等级。GB/T 10095.2—2008 对径向综合公差规定了 4~12 级共 9 个标准公差等级，其中 4 级最高，12 级最低；对径向圆跳动规定了 0~12 级共 13 个标准公差等级，其中 0 级最高，12 级最低。如果要求的齿轮标准公差等级为 GB/T 10095.2—2008 的某一标准公差等级，而无其他规定，则径向综合和径向圆跳动等各项偏差的允许值均按该标准公差等级确定。

表 18.1 中给出了常用机械设备的齿轮标准公差等级。表 18.2 给出了齿轮标准公差等级的适用范围和最后加工方法。

表 18.1 常用机械设备的齿轮标准公差等级

产品类型	标准公差等级	产品类型	标准公差等级
测量基准	2~5	航空发动机	4~8
蜗轮、齿轮	3~6	拖拉机	6~9
金属切削机床	3~8	通用减速器	6~9
内燃机车	6~7	轧钢机	6~10
汽车底盘	5~8	矿用绞车	8~10
轻型汽车	5~8	起重机械	7~10
载重汽车	6~9	农业机械	8~11

表 18.2 齿轮标准公差等级的适用范围和最后加工方法

标准公差等级	圆周速度 v/(m/s)		工作条件与适用范围	齿面的最后加工
	直齿	斜齿		
5 级	>20	>40	用于高平稳且低噪声的高速传动齿轮；精密机构中的齿轮；涡轮传动的齿轮；检测 8 级、9 级标准公差等级齿轮的测量齿轮；重要的航空、船用传动箱齿轮	特精密的磨齿和珩磨，用精密滚刀滚齿
6 级	≥15	≥30	用于高速下平稳工作，要求高效率及低噪声的齿轮；航空和汽车用齿轮；读数装置中的精密齿轮；机床传动齿轮	精密磨齿或剃齿
7 级	≥10	≥15	用于在高速和适度功率或大功率和适当速度下工作的齿轮；机床变速箱进给机构用齿轮；高速减速器用齿轮；读数装置中的齿轮	用精密刀具加工，对于淬硬齿轮，必须精整加工（磨齿、研齿、珩齿）
8 级	≥6	≥10	用于一般机械中无特殊精度要求的齿轮；机床变速箱齿轮；汽车制造业中不重要的齿轮；冶金、起重机械的齿轮；农业机械中重要的齿轮	滚齿、插齿均可，不用磨齿，必要时剃齿或研齿
9 级	≥2	≥4	用于无精度要求的粗糙工作的齿轮；重载、低速，不重要的工作机械用的传力齿轮；农业机械中的齿轮	不需要特殊的精加工工序

根据 GB/T 10095.1—2008 和 GB/T 10095.2—2008，齿轮的检验分为单项检验和综合检验，而综合检验又分为单面啮合综合检验和双面啮合综合检验，两种检验形式不能同时使用。标准没有规定齿轮的公差组和检验组，能明确评定齿轮标准公差等级的是单个齿距偏差 f_{pt}、齿距累积总偏差 F_p、齿廓总偏差 F_α、螺旋线总偏差 F_β 的允许值。一般节圆线速度大于 15m/s 的高速齿轮，增加检验齿距累积偏差 F_{pk}。建议供货方根据齿轮的使用要求、生产批量，在推荐的齿轮检验组中选取一个检验组评定齿轮质量。

表 18.3 所列为轮齿同侧齿面偏差的定义与代号。表 18.4 所列为径向综合偏差和径向圆跳动公差的定义与代号。

表 18.3 轮齿同侧齿面偏差的定义与代号（摘自 GB/T 10095.1—2008）

名称		代号	定义
齿距偏差	单个齿距偏差	f_{pt}	在端平面，接近齿高中部的一个与齿轮轴线同心的圆上，实际齿距与理论齿距的代数差
	齿距累积偏差	F_{pk}	任意 k 个齿距的实际弧长与理论弧长的代数差
	齿距累积总偏差	F_p	齿轮同侧齿面任意弧段（$k=1$ 至 $k=z$）内的最大齿距累积偏差

（续）

名称		代号	定义
齿廓偏差	齿廓总偏差	F_α	在计值范围内，包容实际齿廓迹线的两条设计齿廓迹线间的距离
	齿廓形状偏差	$f_{f\alpha}$	在计值范围内，包容实际齿廓迹线的，与平均齿廓迹线完全相同的两条迹线间的距离，且两条曲线与平均齿廓迹线的距离为常数
	齿廓倾斜偏差	$f_{H\alpha}$	在计值范围内，两端与平均齿廓迹线相交的两条设计齿廓迹线间的距离
螺旋线偏差	螺旋线总偏差	F_β	在计值范围内，包容实际螺旋线迹线的两条设计螺旋线迹线间的距离
	螺旋线形状偏差	$f_{f\beta}$	在计值范围内，包容实际螺旋线迹线的，与平均螺旋线迹线完全相同的两条曲线间的距离，且两条曲线与平均螺旋线迹线的距离为常数
	螺旋线倾斜偏差	$f_{H\beta}$	在计值范围的两端，与平均螺旋线迹线相交的两条设计螺旋线迹线间的距离
切向综合偏差	切向综合总偏差	F_i'	被测齿轮与测量齿轮单面啮合检验时，被测齿轮一转内，齿轮分度圆上实际圆周位移与理论圆周位移的最大差值（在检验过程中，两轮的同侧齿面处于单面啮合状态）
	一齿切向综合偏差	f_i'	在一个齿距内的切向综合偏差

表 18.4　径向综合偏差和径向圆跳动公差的定义与代号（摘自 GB/T 10095.2—2008）

名称	代号	定义
径向综合总偏差	F_i''	在径向（双面）综合检验时，产品齿轮的左、右齿面同时与测量齿轮接触，并转过一整圈时出现的中心距最大值与最小值之差
一齿径向综合偏差	f_i''	当产品齿轮啮合一整圈时，对应一个齿距（$360°/z$）的径向综合偏差值
径向圆跳动公差	F_r	当测头（球形、圆柱形、砧形）相继置于每个齿槽内时，它到齿轮轴线的最大和最小径向距离之差。检查中，测头在近似齿高中部与左、右齿面接触

齿轮偏差的检验项目，应从齿轮传动的质量控制要求出发，考虑测量工具和仪器状况，经济地选择。表 18.5 所列为常用齿轮偏差项目的检验组，设计时可参考选择。

表 18.5　推荐的齿轮检验组及项目

检验形式	检验组及项目	检验形式	检验组及项目
单项检验	f_{pt}、F_p、F_α、F_β、F_r	综合检验	F_i''、f_i''
	f_{pt}、F_p、F_α、F_β、F_r、F_{pk}		F_i'、f_i'（有协议要求时）
	f_{pt}、F_r（仅用于 10～12 级）		

18.1.2 齿轮各种偏差的允许值

表 18.6 单个齿距偏差$\pm f_{pt}$、齿距累积总偏差 F_p、齿廓总偏差 F_α、齿廓形状偏差 $f_{f\alpha}$、齿廓倾斜偏差$\pm f_{H\alpha}$、径向跳动公差 F_r、f_i'/K 的比值和公法线长度变动公差 F_w（摘自 GB/T 10095.1—2008、GB/T 10095.2—2008）

分度圆直径 d/mm		偏差项目		单个齿距偏差 $\pm f_{pt}$/μm				齿距累积总偏差 F_p/μm				齿廓总偏差 F_α/μm				齿廓形状偏差 $f_{f\alpha}$/μm				齿廓倾斜偏差 $\pm f_{H\alpha}$/μm				径向跳动公差 F_r/μm				f_i'/K 的比值				公法线长度变动公差 F_w/μm			
		模数 m/mm		标准公差等级																																			
大于	至	大于	至	5	6	7	8	5	6	7	8	5	6	7	8	5	6	7	8	5	6	7	8	5	6	7	8	5	6	7	8	5	6	7	8
5	20	0.5	2	4.7	6.5	9.5	13	11	16	23	32	4.6	6.5	9	13	3.5	5	7	10	2.9	4.2	6	8.5	9	13	18	25	14	19	27	38	10	14	20	29
		2	3.5	5	7.5	10	15	12	17	23	33	6.5	9.5	13	19	5	7	10	14	4.2	6	8.5	12	9.5	13	19	27	16	23	32	45				
20	50	0.5	2	5	7	10	14	14	20	29	41	5	7.5	10	15	4	5.5	8	11	3.3	4.6	6.5	9.5	11	16	23	32	14	20	29	41	12	16	23	32
		2	3.5	5.5	7.5	11	15	15	21	30	42	7	10	14	20	5.5	8	11	16	4.5	6.5	9	13	12	17	24	34	17	24	34	48				
		3.5	6	6	8.5	12	17	15	22	31	44	9	12	18	25	7	9.5	14	19	5.5	8	11	16	12	17	25	35	19	27	38	54				
50	125	0.5	2	5.5	7.5	11	15	18	26	37	52	6	8.5	12	17	4.5	6.5	9	13	3.7	5.5	7.5	11	15	21	29	42	16	22	31	44	14	19	27	37
		2	3.5	6	8.5	12	17	19	27	38	53	8	11	16	22	6	8.5	12	17	5	7	10	14	15	21	30	43	18	25	36	51				
		3.5	6	6.5	9	13	18	19	28	39	55	9.5	13	19	27	7.5	10	15	21	6	8.5	12	17	16	22	31	44	20	29	40	57				
125	280	0.5	2	6	8.5	12	17	24	35	49	69	7	10	14	20	5.5	7.5	11	15	4.4	6	9	12	20	28	39	55	17	24	34	49	16	22	31	44
		2	3.5	6.5	9	13	18	25	35	50	70	9	13	18	25	7	9.5	14	19	5.5	8	11	16	20	28	40	56	20	28	39	56				
		3.5	6	7	10	14	20	25	36	51	72	11	15	21	30	8	12	16	23	6.5	9.5	13	19	20	29	41	58	22	31	44	62				
280	560	0.5	2	6.5	9.5	13	19	32	46	64	91	8.5	12	17	23	6.5	9	13	18	5.5	7.5	11	15	26	36	51	73	19	27	39	54	19	26	37	53
		2	3.5	7	10	14	20	33	46	65	92	10	15	21	29	8	11	16	22	6.5	9	13	18	26	37	52	74	22	31	44	62				
		3.5	6	8	11	16	22	33	47	66	94	12	17	24	34	9	13	18	26	7.5	11	15	21	27	38	53	75	24	34	48	68				

注：1. 本表中 F_w 是根据我国的生产实践提出的，供参考。

2. 将 f_i'/K 数值乘以 K，即得到一齿切向综合偏差 f_i'：$f_i'=K(4.3+f_{pt}+F_\alpha)$，当重合度 $\varepsilon_\gamma<4$ 时，$K=0.2\left(\frac{\varepsilon_\gamma+4}{\varepsilon_\gamma}\right)$；当 $\varepsilon_\gamma\geqslant 4$ 时，$K=0.4$。

3. $F_i'=F_p+f_i'$。

4. $\pm F_{pk}=f_{pt}+1.6\sqrt{(k-1)m_n}$（5 级精度），通常取 $k=z/8$；按相邻两级的公比$\sqrt{2}$，可求得其他级$\pm F_{pk}$ 值。

表 18.7 螺旋线总偏差 F_β、螺旋线形状偏差 $f_{f\beta}$ 和螺旋线倾斜偏差 $\pm f_{H\beta}$（摘自 GB/T 10095.1—2008）

分度圆直径 d/mm		偏差项目		螺旋线总偏差 F_β/μm				螺旋线形状偏差 $f_{f\beta}$/μm 和螺旋线倾斜偏差 $\pm f_{H\beta}$/μm			
		齿宽 b/mm		标准公差等级							
大于	至	大于	至	5	6	7	8	5	6	7	8
5	20	4	10	6	8.5	12	17	4.4	6	8.5	12
		10	20	7	9.5	14	19	4.9	7	10	14
20	50	4	10	6.5	9	13	18	4.5	6.5	9	13
		10	20	7	10	14	20	5	7	10	14
		20	40	8	11	16	23	6	8	12	16
50	125	4	10	6.5	9.5	13	19	4.8	6.5	9.5	13
		10	20	7.5	11	15	21	5.5	7.5	11	15
		20	40	8.5	12	17	24	6	8.5	12	17
		40	80	10	14	20	28	7	10	14	20
125	280	4	10	7	10	14	20	5	7	10	14
		10	20	8	11	16	22	5.5	8	11	16
		20	40	9	13	18	25	6.5	9	13	18
		40	80	10	15	21	29	7.5	10	15	21
		80	160	12	17	25	35	8.5	12	17	25
280	560	10	20	8.5	12	17	24	6	8.5	12	17
		20	40	9.5	13	19	27	7	9.5	14	19
		40	80	11	15	22	31	8	11	16	22
		80	160	13	18	26	36	9	13	18	26
		160	250	15	21	30	43	11	15	22	30

表 18.8 径向综合总偏差 F_i'' 和一齿径向综合偏差 f_i''（摘自 GB/T 10095.2—2008）

分度圆直径 d/mm		偏差项目		径向综合总偏差 F_i''/μm				一齿径向综合偏差 f_i''/μm			
		法向模数 m_n/mm		标准公差等级							
大于	至	大于	至	5	6	7	8	5	6	7	8
5	20	0.2	0.5	11	15	21	30	2.0	2.5	3.5	5.0
		0.5	0.8	12	16	23	33	2.5	4.0	5.5	7.5
		0.8	1.0	12	18	25	35	3.5	5.0	7.0	10
		1.0	1.5	14	19	27	38	4.5	6.5	9.0	13
20	50	0.2	0.5	13	19	26	37	2.0	2.5	3.5	5.0
		0.5	0.8	14	20	28	40	2.5	4.0	5.5	7.5
		0.8	1.0	15	21	30	42	3.5	5.0	7.0	10
		1.0	1.5	16	23	32	45	4.5	6.5	9.0	13
		1.5	2.5	18	26	37	52	6.5	9.5	13	19

（续）

分度圆直径 d/mm		偏差项目		径向综合总偏差 $F_i''/\mu m$				一齿径向综合偏差 $f_i''/\mu m$			
		法向模数 m_n/mm		标准公差等级							
大于	至	大于	至	5	6	7	8	5	6	7	8
50	125	1.0	1.5	19	27	39	55	4.5	6.5	9.0	13
		1.5	2.5	22	31	43	61	6.5	9.5	13	19
		2.5	4.0	25	36	51	72	10	14	20	29
		4.0	6.0	31	44	62	88	15	22	31	44
		6.0	10	40	57	80	114	24	34	48	67
125	280	1.0	1.5	24	34	48	68	4.5	6.5	9.0	13
		1.5	2.5	26	37	53	75	6.5	9.5	13	19
		2.5	4.0	30	43	61	86	10	15	21	29
		4.0	6.0	36	51	72	102	15	22	31	44
		6.0	10	45	64	90	127	24	34	48	67
280	560	1.0	1.5	30	43	61	86	4.5	6.5	9.0	13
		1.5	2.5	33	46	65	92	6.5	9.5	13	19
		2.5	4.0	37	52	73	104	10	15	21	29
		4.0	6.0	42	60	84	119	15	22	31	44
		6.0	10	51	73	103	145	24	34	48	68

18.1.3 齿侧间隙及其检验项目

齿侧间隙是在中心距一定的情况下，用减薄轮齿齿厚的方法来获得的。齿侧间隙通常有两种表示方法：法向侧隙 j_{bn} 和圆周侧隙 j_{wt}。设计齿轮传动时，必须保证有足够的最小法向侧隙 j_{bnmin}，其值可按表 18.9 中推荐的数据查取。

表 18.9 对于中、大模数齿轮最小法向侧隙 j_{bnmin} 的推荐值（摘自 GB/Z 18620.2—2008）

（单位：mm）

模数 m_n	最小中心距 a					
	50	100	200	400	800	1600
1.5	0.09	0.11	—	—	—	—
2	0.10	0.12	0.15	—	—	—
3	0.12	0.14	0.17	0.24	—	—
5	—	0.18	0.21	0.28	—	—
8	—	0.24	0.27	0.34	0.47	—
12	—	—	0.35	0.42	0.55	—
18	—	—	—	0.54	0.67	0.94

控制齿厚的方法有两种：用齿厚极限偏差控制齿厚和用公法线长度极限偏差控制齿厚。

1. 用齿厚极限偏差 E_{sns} 和 E_{sni} 控制齿厚

分度圆齿厚偏差如图 18.1 所示。当主动轮与从动轮齿厚都做成最大值，即做成齿厚上极限偏差 E_{sns} 时，可获得最小法向侧隙 j_{bnmin}。通常取两齿轮的齿厚上极限偏差 E_{sns} 相等，

此时则有

$$j_{bnmin}=2\,|E_{sns}\cos\alpha_n|$$

故有

$$E_{sns}=\frac{-j_{bnmin}}{2\cos\alpha_n} \tag{18.1}$$

齿厚公差 T_{sn} 可按下式求得

$$T_{sn}=\sqrt{F_r^2+b_r^2}\,2\tan\alpha_n \tag{18.2}$$

式中，F_r 为齿圈径向跳动公差（μm）；α_n 为法向压力角（°）；b_r 为切齿径向进刀公差（μm），可按表 18.10 选取。

标准直齿圆柱齿轮弦齿厚 $\bar{s}_x$ 和弦齿高 $\bar{h}_x$ 见表 18.11。

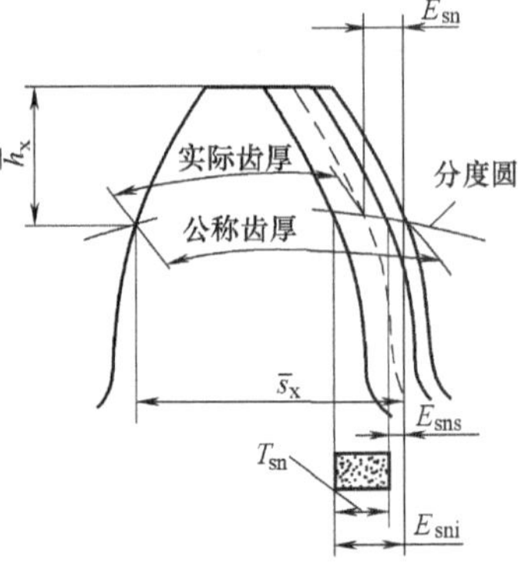

图 18.1　分度圆齿厚偏差

表 18.10　切齿径向进刀公差 b_r 值

齿轮标准公差等级	4	5	6	7	8	9
b_r	1.26IT7	IT8	1.26IT8	IT9	1.26IT9	IT10

注：查 IT 值的主参数为分度圆直径尺寸。

齿厚下极限偏差 E_{sni} 可按下式求得

$$E_{sni}=E_{sns}-T_{sn} \tag{18.3}$$

式中，T_{sn} 为齿厚公差（μm）。显然若齿厚偏差合格，实际齿厚偏差 E_{sn} 应处于齿厚公差带内。

2. 用公法线长度极限偏差控制齿厚

齿轮齿厚的变化必然引起公法线长度的变化。用公法线长度同样可以控制齿侧间隙。公法线长度的上极限偏差 E_{bns} 和下极限偏差 E_{bni} 与齿厚偏差有如下关系

$$E_{bns}=E_{sns}\cos\alpha_n-0.72F_r\sin\alpha_n \tag{18.4}$$

$$E_{bni}=E_{sni}\cos\alpha_n+0.72F_r\sin\alpha_n \tag{18.5}$$

例 18.1　已知齿轮传动中心距 $a=150$mm，齿轮法向模数 $m_n=3$mm，法向压力角 $\alpha_n=20°$，螺旋角 $\beta=8°6'34''$，齿数 $z=79$，8 级精度，试确定齿轮侧隙和齿厚偏差。

解：参考表 18.9，中心距 $a=150$mm，介于 100~200 之间，用插值法得到齿轮最小法向侧隙 $j_{bnmin}=0.155$mm。

由式（18.1）求得，齿厚上极限偏差为

$$E_{sns}=\frac{-j_{bnmin}}{2\cos\alpha_n}=\frac{-0.155}{2\cos20°}\text{mm}=-0.082\text{mm}$$

计算齿轮的分度圆直径为

$$d_2=\frac{m_n z}{\cos\beta}=\frac{3\times79}{\cos8°6'34''}\text{mm}=239.394\text{mm}$$

由表 18.6 查得，径向圆跳动公差 F_r 为

$$F_r=0.056\text{mm}$$

由表 18.10 和表 17.2 查得，切齿径向进刀公差 b_r 为

$$b_r=1.26\times\text{IT9}=1.26\times0.115\text{mm}=0.145\text{mm}$$

由式（18.2）求得，齿厚公差 T_{sn} 为

$$T_{sn}=\sqrt{F_r^2+b_r^2}\times2\tan\alpha_n=\sqrt{0.056^2+0.145^2}\times2\tan20°\text{mm}=0.113\text{mm}$$

故由式（18.3）求得齿厚下极限偏差为

$$E_{sni}=E_{sns}-T_{sn}=-0.082-0.113\text{mm}=-0.195\text{mm}$$

实际中，一般用公法线长度极限偏差控制齿厚偏差，由式（18.4）和式（18.5）得

公法线长度上极限偏差为

$$E_{bns}=E_{sns}\cos\alpha_n-0.72F_r\sin\alpha_n=-0.082\times\cos20°\text{mm}-0.72\times0.056\times\sin20°\text{mm}=-0.091\text{mm}$$

公法线长度下极限偏差为

$$E_{bni}=E_{sni}\cos\alpha_n+0.72F_r\sin\alpha_n=-0.195\times\cos20°\text{mm}+0.72\times0.056\times\sin20°\text{mm}=-0.169\text{mm}$$

表 18.11　标准圆柱齿轮分度圆上的弦齿厚 $\bar{s}_x$ 和弦齿高 $\bar{h}_x$（$m=m_n=1$，$\alpha=\alpha_n=20°$）

（单位：mm）

齿数 z	分度圆弦齿厚 $\bar{s}_x^*$	分度圆弦齿高 $\bar{h}_x^*$	齿数 z	分度圆弦齿厚 $\bar{s}_x^*$	分度圆弦齿高 $\bar{h}_x^*$	齿数 z	分度圆弦齿厚 $\bar{s}_x^*$	分度圆弦齿高 $\bar{h}_x^*$	齿数 z	分度圆弦齿厚 $\bar{s}_x^*$	分度圆弦齿高 $\bar{h}_x^*$
6	1.5529	1.1022	40	1.5704	1.0154	74	1.5707	1.0084	108	1.5707	1.0057
7	1.5508	1.0873	41	1.5704	1.0150	75	1.5707	1.0083	109	1.5707	1.0057
8	1.5607	1.0769	42	1.5704	1.0147	76	1.5707	1.0081	110	1.5707	1.0056
9	1.5628	1.0684	43	1.5705	1.0143	77	1.5707	1.0080	111	1.5707	1.0056
10	1.5643	1.0616	44	1.5705	1.0140	78	1.5707	1.0079	112	1.5707	1.0055
11	1.5654	1.0559	45	1.5705	1.0137	79	1.5707	1.0078	113	1.5707	1.0055
12	1.5663	1.0514	46	1.5705	1.0134	80	1.5707	1.0077	114	1.5707	1.0054
13	1.5670	1.0474	47	1.5705	1.0131	81	1.5707	1.0076	115	1.5707	1.0054
14	1.5675	1.0440	48	1.5705	1.0129	82	1.5707	1.0075	116	1.5707	1.0053
15	1.5679	1.0411	49	1.5705	1.0126	83	1.5707	1.0074	117	1.5707	1.0053
16	1.5683	1.0385	50	1.5705	1.0123	84	1.5707	1.0074	118	1.5707	1.0053
17	1.5686	1.0362	51	1.5706	1.0121	85	1.5707	1.0073	119	1.5707	1.0052
18	1.5688	1.0342	52	1.5706	1.0119	86	1.5707	1.0072	120	1.5707	1.0052
19	1.590	1.0324	53	1.5706	1.0117	87	1.5707	1.0071	121	1.5707	1.0051
20	1.5692	1.0308	54	1.5706	1.0114	88	1.5707	1.0070	122	1.5707	1.0051
21	1.5694	1.0294	55	1.5706	1.0112	89	1.5707	1.0069	123	1.5707	1.0050
22	1.5695	1.0281	56	1.5706	1.0110	90	1.5707	1.0068	124	1.5707	1.0050
23	1.5696	1.0268	57	1.5706	1.0108	91	1.5707	1.0068	125	1.5707	1.0049
24	1.5697	1.0257	58	1.5706	1.0106	92	1.5707	1.0067	126	1.5707	1.0049
25	1.5698	1.0247	59	1.5706	1.0105	93	1.5707	1.0067	127	1.5707	1.0049
26	1.5698	1.0237	60	1.5706	1.0102	94	1.5707	1.0066	128	1.5707	1.0048
27	1.5699	1.0228	61	1.5706	1.0101	95	1.5707	1.0065	129	1.5707	1.0048
28	1.5700	1.0220	62	1.5706	1.0100	96	1.5707	1.0064	130	1.5707	1.0047
29	1.5700	1.0213	63	1.5706	1.0098	97	1.5707	1.0064	131	1.5708	1.0047
30	1.5701	1.0205	64	1.5706	1.0097	98	1.5707	1.0063	132	1.5708	1.0047
31	1.5701	1.0199	65	1.5706	1.0095	99	1.5707	1.0062	133	1.5708	1.0047
32	1.5702	1.0193	66	1.5706	1.0094	100	1.5707	1.0061	134	1.5708	1.0046
33	1.5702	1.0187	67	1.5706	1.0092	101	1.5707	1.0061	135	1.5708	1.0046
34	1.5702	1.0181	68	1.5706	1.0091	102	1.5707	1.0060	140	1.5708	1.0044
35	1.5702	1.0176	69	1.5707	1.0090	103	1.5707	1.0060	145	1.5708	1.0043
36	1.5703	1.0171	70	1.5707	1.0088	104	1.5707	1.0059	150	1.5708	1.0041
37	1.5703	1.0167	71	1.5707	1.0087	105	1.5707	1.0059	齿条	1.5708	1.0000
38	1.5703	1.0162	72	1.5707	1.0086	106	1.5707	1.0058			
39	1.5703	1.0158	73	1.5707	1.0085	107	1.5707	1.0058			

注：1. 当 $m(m_n)\neq1$ 时，分度圆弦齿厚 $\bar{s}_x=\bar{s}_x^*\cdot m(\bar{s}_{nx}=\bar{s}_{nx}^*m_n)$；分度圆弦齿高 $\bar{h}_x=\bar{h}_x^*m(\bar{h}_{nx}=\bar{h}_{nx}^*m_n)$。

2. 对于斜齿圆柱齿轮和锥齿轮，使用本表时，应以当量齿数 z_v 代替齿数 z。

3. 当量齿数 z_v 为非整数时，可用线性插值法求出。

斜齿圆柱齿轮的公法线长度 W_n 在法向内测量，$W_n=(W'_k+\Delta W'_k)m_n$，式中 W'_k为与假想齿数 z'整数部分相对应的公法线长度，见表 18.12，$z'=K_\beta z$，K_β 是与斜齿圆柱齿轮分度圆柱螺旋角β有关的假想齿数系数，见表 18.13，$\Delta W'_k$是 $\Delta z'$的小数部分对应的公法线长度，见表 18.14。

由表 18.13 查得 $K_\beta=1.0289$，$z'=K_\beta z=1.0289\times79=81.283$

按 z'的整数部分，由表 18.12 查得 $W'_k=29.1797$（跨测齿数 $k=10$），按 z'的小数部分，由表 18.14 查得

$$\Delta W'_k=0.0039\text{mm}$$

所以

$$W_n=(W'_k+\Delta W'_k)m_n=(29.1797+0.0039)\times3\text{mm}=87.551\text{mm}$$

$$W_n=87.551_{-0.169}^{-0.091}$$

表 18.12 公法线长度 W'_k($m=1$mm，$\alpha=20°$) （单位：mm）

齿轮齿数 z	跨测齿数 k	公法线长度 W'_k	齿轮齿数 z	跨测齿数 k	公法线长度 W'_k	齿轮齿数 z	跨测齿数 k	公法线长度 W'_k	齿轮齿数 z	跨测齿数 k	公法线长度 W'_k	齿轮齿数 z	跨测齿数 k	公法线长度 W'_k
4	2	4.4842	38	5	13.8168	72	9	26.1050	106	12	35.4340	140	16	47.7187
5	2	4.4982	39	5	13.8308	73	9	26.1155	107	12	35.4481	141	16	47.7327
6	2	4.5122	40	5	13.8448	74	9	26.1295	108	13	38.4142	142	16	47.7408
7	2	4.5262	41	5	13.8588	75	9	26.1435	109	13	38.4282	143	16	47.7608
8	2	4.5402	42	5	13.8728	76	9	26.1575	110	13	38.4422	144	17	50.7170
9	2	4.5542	43	5	13.8868	77	9	26.1715	111	13	38.4562	145	17	50.7409
10	2	4.5683	44	5	13.9008	78	9	26.1855	112	13	38.4702	146	17	50.7549
11	2	4.5823	45	6	16.8670	79	9	26.1995	113	13	38.4842	147	17	50.7689
12	2	4.5965	46	6	16.8810	80	9	26.2135	114	13	38.4982	148	17	50.7829
13	2	4.6103	47	6	16.8950	81	10	29.1797	115	13	38.5122	149	17	50.7969
14	2	4.6243	48	6	16.9090	82	10	29.1937	116	13	38.5262	150	17	50.8109
15	2	4.6383	49	6	16.9230	83	10	29.2077	117	14	41.4924	151	17	50.8249
16	2	4.6523	50	6	16.9370	84	10	29.2217	118	14	41.5064	152	17	50.8389
17	2	4.6663	51	6	16.9510	85	10	29.2357	119	14	41.5204	153	18	53.8051
18	3	7.6324	52	6	16.9660	86	10	29.2497	120	14	41.5344	154	18	53.8191
19	3	7.6424	53	6	16.9790	87	10	29.2637	121	14	41.5484	155	18	53.8331
20	3	7.6604	54	7	19.9452	88	10	29.2777	122	14	41.5664	156	18	53.8471
21	3	7.6744	55	7	19.9591	89	10	29.2917	123	14	41.5764	157	18	53.8611
22	3	7.6884	56	7	19.9731	90	11	32.2579	124	14	41.5904	158	18	53.8751
23	3	7.7024	57	7	19.9871	91	11	32.2718	125	14	41.6044	159	18	53.8891
24	3	7.7165	58	7	20.0011	92	11	32.2858	126	15	44.5706	160	18	53.9031
25	3	7.7305	59	7	20.0152	93	11	32.2998	127	15	44.5846	161	18	53.9171
26	3	7.7445	60	7	20.0292	94	11	32.3136	128	15	44.5986	162	19	56.8833
27	4	10.7106	61	7	20.0432	95	11	32.3279	129	15	44.6126	163	19	56.8972
28	4	10.7246	62	7	20.0572	96	11	32.3419	130	15	44.6266	164	19	56.9113
29	4	10.7386	63	8	23.0233	97	11	32.3559	131	15	44.6405	165	19	56.9253
30	4	10.7526	64	8	23.0373	98	11	32.3699	132	15	44.6546	166	19	56.9393
31	4	10.7666	65	8	23.0513	99	12	35.3361	133	15	44.6686	167	19	56.9533
32	4	10.7806	66	8	23.0653	100	12	35.3500	134	15	44.6826	168	19	56.9673
33	4	10.7946	67	8	23.0793	101	12	35.3660	135	16	47.6490	169	19	56.9813
34	4	10.8086	68	8	23.0933	102	12	35.3780	136	16	47.6627	170	19	56.9953
35	4	10.8226	69	8	23.1073	103	12	35.3920	137	16	47.6767	171	20	59.9615
36	5	13.7888	70	8	23.1213	104	12	35.4060	138	16	47.6907	172	20	59.9754
37	5	13.8028	71	8	23.1353	105	12	35.4200	139	16	47.7047	173	20	56.9894

（续）

齿轮齿数 z	跨测齿数 k	公法线长度 W'_k	齿轮齿数 z	跨测齿数 k	公法线长度 W'_k	齿轮齿数 z	跨测齿数 k	公法线长度 W'_k	齿轮齿数 z	跨测齿数 k	公法线长度 W'_k	齿轮齿数 z	跨测齿数 k	公法线长度 W'_k
174	20	60.0034	180	21	63.0397	186	21	63.1236	192	22	66.1598	198	23	69.1961
175	20	60.0174	181	21	63.0536	187	21	63.1376	193	22	66.1738	199	23	69.2101
176	20	60.0314	182	21	63.0676	188	21	63.1516	194	22	66.1878	200	23	69.2241
177	20	60.0455	183	21	63.0816	189	22	66.1179	195	22	66.2018			
178	20	60.0595	184	21	63.0956	190	22	66.1318	196	22	66.2158			
179	20	60.0735	185	21	63.1099	191	22	66.1458	197	22	66.2298			

注：1. 对标准直齿圆柱齿轮，公法线长度 $W_k=W'_k m$，W'_k为 $m=1$mm，$\alpha=20°$时的公法线长度。

2. 对变位直齿圆柱齿轮，当变位系数 x 较小（$|x|\leqslant0.3$）时，跨测齿数 k 不变，按照表 18.12 查出，而公法线长度 $W_k=(W'_k+0.084x)m$；当变位系数 x 较大（$|x|>0.3$）时，跨测齿数 $k=z\dfrac{\alpha_x}{180°}+0.5$，式中，$\alpha_x=\arccos\dfrac{2d\cos\alpha}{d_a+d_f}$，公法线长度 $W_k=[2.9521(K-0.5)+0.014z+0.684x]m$。

3. 斜齿圆柱齿轮的公法线长度 W_n 在法向内测量，其值也可按表 18.12 确定，但必须根据假想齿数 z'查表。z'可按下式计算：$z'=K_\beta z$，式中 K_β 为与斜齿圆柱齿轮分度圆柱螺旋角 β 有关的假想齿数系数，见表 18.13。假想齿数常为非整数，其小数部分 $\Delta z'$所对应的公法线长度 $\Delta W'_k$可查表 18.14。故斜齿圆柱齿轮的公法线长度 $W_n=(W'_k+\Delta W'_k)m_n$，式中 m_n 为法向模数，W'_k为与假想齿数 z'整数部分相对应的公法线长度。

表 18.13 假想齿数系数 K_β（$\alpha_n=20°$）

β	K_β	β	K_β	β	K_β	β	K_β
1°	1.000	6°	1.016	11°	1.054	16°	1.119
2°	1.002	7°	1.022	12°	1.065	17°	1.136
3°	1.004	8°	1.028	13°	1.077	18°	1.154
4°	1.007	9°	1.036	14°	1.090	19°	1.173
5°	1.011	10°	1.045	15°	1.104	20°	1.194

注：当斜齿圆柱齿轮的分度圆柱螺旋角 β 为非整数时，假想齿数系数 K_β 可按线性插值法求出。

表 18.14 假想齿数小数部分 $\Delta z'$所对应的公法线长度 $\Delta W'_k$（单位：mm）

$\Delta z'$	0.00	0.01	0.02	0.03	0.04	0.05	0.06	0.07	0.08	0.09
0.0	0.0000	0.0001	0.0003	0.0004	0.0006	0.0007	0.0008	0.0010	0.0011	0.0013
0.1	0.0014	0.0015	0.0017	0.0018	0.0020	0.0021	0.0022	0.0024	0.0025	0.0027
0.2	0.0028	0.0029	0.0031	0.0032	0.0034	0.0035	0.0036	0.0038	0.0039	0.0041
0.3	0.0042	0.0043	0.0045	0.0046	0.0048	0.0049	0.0051	0.0052	0.0053	0.0055
0.4	0.0056	0.0057	0.0059	0.0060	0.0061	0.0063	0.0064	0.0066	0.0067	0.0069
0.5	0.0070	0.0071	0.0073	0.0074	0.0076	0.0077	0.0079	0.0080	0.0081	0.0083
0.6	0.0084	0.0085	0.0087	0.0088	0.0089	0.0091	0.0092	0.0094	0.0095	0.0097
0.7	0.0098	0.0099	0.0101	0.0102	0.0104	0.0105	0.0106	0.0108	0.0109	0.0111
0.8	0.0112	0.0114	0.0115	0.0116	0.0118	0.0119	0.0120	0.0122	0.0123	0.0124
0.9	0.0126	0.0127	0.0129	0.0130	0.0132	0.0133	0.0135	0.0136	0.0137	0.0139

注：查取示例：$\Delta z'=0.65$ 时，由表 18.14 查得 $\Delta W'_k=0.0091$。

18.1.4 齿轮副和齿坯的精度

表 18.15 齿轮副的中心距偏差 $\pm f_a$ （单位：μm）

齿轮副的中心距 a/mm		f_a	
		齿轮标准公差等级 5~6	齿轮标准公差等级 7~8
大于	至		
6	10	7.5	11
10	18	9	13.5
18	30	10.5	16.5
30	50	12.5	19.5
50	80	15	23
80	120	17.5	27
120	180	20	31.5
180	250	23	36
250	315	26	40.5
315	400	28.5	44.5
400	500	31.5	48.5

表 18.16 轴线平行度偏差 $f_{\Sigma\delta}$ 和 $f_{\Sigma\beta}$ 的最大推荐值

轴线平行度偏差图示	$f_{\Sigma\beta}$ 和 $f_{\Sigma\delta}$ 的最大推荐值
公称中心距 实际中心距 齿宽中间平面 轴线平面 $f_{\Sigma\beta}$ $f_{\Sigma\delta}$ $b/2$ L 垂直平面	垂直平面内的轴线平行度偏差 $f_{\Sigma\beta}=0.5\left(\frac{L}{b}\right)F_\beta$ 轴线平面内的轴线平行度偏差 $f_{\Sigma\delta}=2f_{\Sigma\beta}$

注：表中 b 为齿宽（mm），L 为齿轮副两轴中较大轴承跨距（mm），F_β 为螺旋线总偏差。

表 18.17 齿轮装配后接触斑点（摘自 GB/T 18620.4—2008）

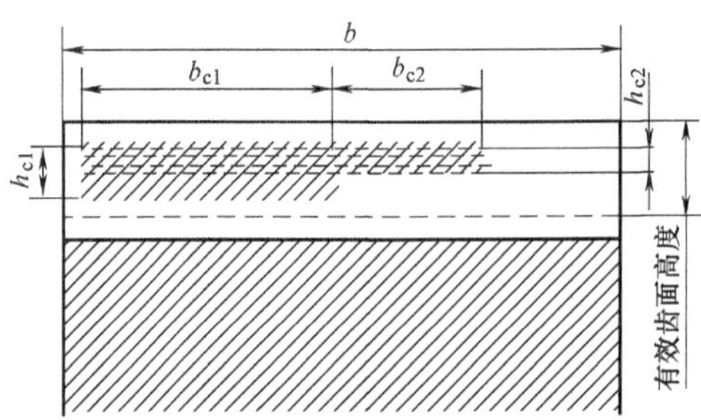

（续）

标准公差等级按 GB/T 10095	b_{c1} 占齿宽的百分比		h_{c1} 占有效齿面高度的百分比		b_{c2} 占齿宽的百分比		h_{c2} 占有效齿面高度的百分比	
	直齿轮	斜齿轮	直齿轮	斜齿轮	直齿轮	斜齿轮	直齿轮	斜齿轮
4 级及更高	50%	50%	70%	50%	40%	40%	50%	20%
5 和 6	45%	45%	50%	40%	35%	35%	30%	20%
7 和 8	35%	35%	50%	40%	35%	35%	30%	20%
9~12	25%	25%	50%	40%	25%	25%	30%	20%

表 18.18 齿轮公差（摘自 GB/Z 18620.3—2008）

齿轮标准公差等级		5	6	7	8	9	10	11	12
孔	尺寸公差	IT5	IT6	IT7		IT8		IT9	
轴	尺寸公差	IT5		IT6		IT7		IT8	
齿顶圆直径公差	作测量基准	IT8				IT9			
	不作测量基准	按 IT11 给定，但不大于 $0.1m_n$							

注：孔、轴的几何公差按包容要求，即Ⓔ。

表 18.19 齿轮径向和轴向圆跳动公差（单位：μm）

分度圆直径		齿轮标准公差等级			
大于	至	3、4	5、6	7、8	9~12
0	125	7	11	18	28
125	400	9	14	22	36
400	800	12	20	32	50
800	1600	18	28	45	71

18.1.5 图样标注

1. 齿轮标准公差等级的标注示例

1）7GB/T 10095.1—2008 表示齿轮各项偏差均应符合 GB/T 10095.1—2008 的要求，标准公差等级均为 7 级。

2）$7F_p6(F_\alpha、F_\beta)$GB/T 10095.1—2008

表示偏差 F_p、F_α 和 F_β 均应符合 GB/T 10095.1—2008 的要求，其中 F_p 为 7 级，F_α 和 F_β 为 6 级。

3）$6(F_i''、f_i'')$GB/T 10095.2—2008

表示偏差 F_i''和 f_i''均应符合 GB/T 10095.2—2008 的要求，标准公差等级均为 6 级。

2. 齿厚偏差的常用标注方法

1）$S_{n}{}^{E_{sns}}_{E_{sni}}$ 其中，S_n 为法向公称齿厚；E_{sns} 为齿厚上极限偏差；E_{sni} 为齿厚下极限偏差。

2）$W_{k}{}^{E_{bns}}_{E_{bni}}$。

其中，W_k 为跨 k 个齿的公法线公称长度；E_{bns} 为公法线长度上极限偏差；E_{bni} 为公法线长度下极限偏差。

18.2 锥齿轮的精度

18.2.1 精度等级和检验项目的选择

GB/T 11365—2019 对锥齿轮传动规定了 10 个精度等级，从 2 级到 11 级。其中 2 级精度最高，11 级精度最低。锥齿轮的精度应根据传动用途、使用条件、传递功率、圆周速度以及其他技术要求确定。锥齿轮及齿轮副的检验项目应根据工作要求和生产规模确定。对于 7、8、9 级精度的一般齿轮传动，推荐的检验项目如下：

1）分度偏差 F_x

2）齿圈跳动总偏差 F_r

3）一齿切向综合偏差 f_{is}

4）切向综合总偏差 F_{is}

5）单个齿距偏差 f_{pt}

6）齿距累积总偏差 F_P

7）一齿切向综合公差 f_{isT}

8）切向综合总公差 F_{isT}

9）齿距累积总公差 F_{pT}

10）齿圈跳动公差 F_{rT}

11）单个齿距公差 f_{ptT}

18.2.2 锥齿轮的公差

本节内容摘自 GB/T 11365—2019。

锥齿轮的公差值采用式（18.6）~式(18.12）计算，单位以微米（μm）表示，超出公式范围的部分不属于 GB/T 11365—2019 的规定，不能使用外推插值。对于这类齿轮的特殊公差要求由供需双方协商。由公式计算所得数值应按规定进行适当圆整。

两个相邻等级之间的分级系数为$\sqrt{2}$，乘以或除以$\sqrt{2}$可得到下一个更高或更低等级的公差。任何一个精度等级的公差值可通过 4 级精度锥齿轮未圆整的公差值乘以$\sqrt{2}^{(B-4)}$得到，B 为要求的精度等级。4 级精度锥齿轮的单个齿距公差 f_{ptT} 和齿距累积总公差 F_{pT} 见表 18.20 和表 18.21。

（1）单个齿距公差 f_{ptT}

$$f_{ptT}=(0.003d_T+0.3m_{mn}+5)(\sqrt{2})^{(B-4)} \tag{18.6}$$

式中，d_T 为公差基准直径（齿宽中点锥距（R_m）处与工作齿高中点相交处的直径）；m_{mn} 为齿宽中点法向模数。式（18.6）的应用仅限于精度等级 2 级到 11 级的如下范围：1.0mm≤m_{mn}≤50mm，5≤z≤400，5mm≤d_T≤2500mm。

（2）齿距累积总公差 F_{pT}

$$F_{pT}=(0.025d_T+0.3m_{mn}+19)(\sqrt{2})^{(B-4)} \tag{18.7}$$

式（18.7）的应用仅限于精度等级 2 级到 11 级的如下范围：1.0mm≤m_{mn}≤50mm，5≤z≤400，5mm≤d_T≤2500mm。

（3）齿圈跳动公差 F_{rT}

$$F_{rT}=0.8(0.025d_T+0.3m_{mn}+19)(\sqrt{2})^{(B-4)} \tag{18.8}$$

式（18.8）的应用仅限于精度等级4级到11级的如下范围：$1.0mm \leqslant m_{mn} \leqslant 50mm$，$5 \leqslant z \leqslant 400$，$5mm \leqslant d_T \leqslant 2500mm$。

（4）一齿切向综合公差 f_{isT}

一齿切向综合公差 f_{isT} 的最大值和最小值可用下面两式计算：

$$f_{isTmax}=f_{is(design)}+(0.375m_{mn}+5)(\sqrt{2})^{(B-4)} \tag{18.9}$$

$$f_{isTmin}=f_{is(design)}-(0.375m_{mn}+5)(\sqrt{2})^{(B-4)} \tag{18.10}$$

如果 f_{isTmin} 的值是负的，则取 $f_{isTmin}=0$。

式（18.9）、式（18.10）的应用仅限于精度等级2级到11级的如下范围：$1.0mm \leqslant m_{mn} \leqslant 50mm$，$5 \leqslant z \leqslant 400$，$5mm \leqslant d_T \leqslant 2500mm$。

式（18.9）、式（18.10）中，一齿切向综合偏差设计值 $f_{is(design)}$ 采用下述方法确定：

1）通过设计和试验分析确定。设计值大小的选择应考虑安装误差、齿形误差以及工作载荷等条件的影响。

2）如果缺乏设计和试验数据，可采用下式计算

$$f_{is(design)}=qm_{mn}+1.5 \tag{18.11}$$

式中，q 为系数，一般工业工程可取 $q=2\sim2.5$；交通运输行业可取 $q=1$；航空业可取 $q=2$。

（5）切向综合总公差 F_{isT}

$$F_{isT}=F_{pT}+f_{isTmax} \tag{18.12}$$

式（18.12）的应用仅限于精度等级2级到11级的如下范围：$1.0mm \leqslant m_{mn} \leqslant 50mm$，$5 \leqslant z \leqslant 400$，$5mm \leqslant d_T \leqslant 2500mm$。

表 18.20 单个齿距公差 f_{ptT}（4级精度）

轮齿尺寸	公差基准直径 d_T/mm							
模数 m_{mn}	100	200	400	600	800	1000	1500	2500
/mm	f_{ptT}/μm							
1	5.5	6.0	6.5	—	—	—	—	—
5	7.0	7.0	8.0	8.5	9.0	9.5	11	—
10	8.0	8.5	9.0	10	10	11	13	16
25	—	13	14	14	15	16	17	20
50	—	—	21	22	22	23	25	28

表 18.21 齿距累积总公差 F_{pT}（4级精度）

轮齿尺寸	公差基准直径 d_T/mm							
模数 m_{mn}	100	200	400	600	800	1000	1500	2500
/mm	F_{pT}/μm							
1	22	23	29	—	—	—	—	—
5	23	26	31	36	41	45	58	—
10	25	27	32	37	42	47	60	85
25	—	32	37	42	47	52	64	89
50	—	—	44	49	54	59	72	97

18.3 圆柱蜗杆、蜗轮的精度

18.3.1 精度等级和检验项目的选择

GB/T 10089—2018《圆柱蜗杆、蜗轮精度》对蜗杆传动规定了 12 个精度等级，1 级精度最高，12 级精度最低。蜗杆传动的精度检验项目应根据具体工作要求确定。对于一般用途的蜗杆传动推荐的检验项目如下：

(1) 蜗杆偏差

1) 蜗杆齿廓总偏差 $F_{\alpha1}$

2) 蜗杆轴向齿距偏差 f_{px}

3) 蜗杆相邻轴向齿距偏差 f_{ux}

4) 蜗杆径向跳动偏差 F_{r1}

5) 蜗杆导程偏差 F_{pz}

6) 蜗杆齿廓形状偏差 $f_{f\alpha1}$

7) 蜗杆齿廓倾斜偏差 $f_{H\alpha1}$

(2) 蜗轮偏差

1) 蜗轮齿廓总偏差 $F_{\alpha2}$

2) 蜗轮单个齿距偏差 f_{p2}

3) 蜗轮齿距累积总偏差 F_{p2}

4) 蜗轮相邻齿距偏差 f_{u2}

5) 蜗轮径向跳动偏差 F_{r2}

6) 蜗轮齿廓形状偏差 $f_{f\alpha2}$

(3) 啮合偏差

1) 单面啮合偏差 F_i'

2) 单面一齿啮合偏差 f_i'

3) 接触斑点

18.3.2 圆柱蜗杆、蜗轮的偏差

本节内容摘自 GB/T 10089—2018。

5 级精度的圆柱蜗杆、蜗轮的偏差值采用式 (18.13)~式 (18.22) 计算，单位为微米 (μm)。

(1) 单个齿距偏差 f_p

$$f_p=4+0.315(m_x+0.25\sqrt{d}) \tag{18.13}$$

(2) 相邻齿距偏差 f_u

$$f_u=5+0.4(m_x+0.25\sqrt{d}) \tag{18.14}$$

(3) 导程偏差 F_{pz}

$$F_{pz}=4+0.5z_1+5\cdot\sqrt[3]{z_1}\cdot(\lg m_x)^2 \tag{18.15}$$

(4) 齿距累积总偏差 F_{p2}

$$F_{p2}=7.25\cdot(d_2)^{\frac{1}{5}}\cdot(m_x)^{\frac{1}{7}} \tag{18.16}$$

(5) 齿廓总偏差 F_α

$$F_\alpha=\sqrt{(f_{H\alpha})^2+(f_{f\alpha})^2} \tag{18.17}$$

(6) 齿廓倾斜偏差 $f_{H\alpha}$

$$f_{H\alpha}=2.5+0.25(m_x+3\sqrt{m_x}) \tag{18.18}$$

(7) 齿廓形状偏差 $f_{f\alpha}$

$$f_{f\alpha}=1.5+0.25(m_x+9\sqrt{m_x}) \tag{18.19}$$

(8) 径向跳动偏差 F_r

$$F_r=1.68+2.18\sqrt{m_x}+(2.3+1.2\lg m_x)d^{\frac{1}{4}} \tag{18.20}$$

(9) 单面啮合偏差 F_i'

$$F_i'=5.8d^{\frac{1}{5}}(m_x)^{\frac{1}{7}}+0.8F_\alpha \tag{18.21}$$

(10) 单面一齿啮合偏差 f_i'

$$f_i'=0.7(f_p+F_\alpha) \tag{18.22}$$

式 (18.13)~式 (18.22) 中，m_x 为蜗杆轴向模数 (mm)；d 为分度圆直径 (mm)。m_x、d 和 z_1 的取值为各参数分段界限值的几何平均值。计算 F_α、F_i'、f_i' 偏差允许值时，应取 $f_{H\alpha}$、$f_{f\alpha}$、F_α、和 f_p 计算修约后的数值。

根据式 (18.13)~式 (18.22)，计算得 5 级精度轮齿偏差的允许值见表 18.22。

表 18.22 5 级精度轮齿偏差的允许值 (单位：μm)

模数 m (m_t, m_x) /mm	偏差		分度圆直径 d/mm				
	F_α		>10~50	>50~125	>125~280	>280~560	>560~1000
>0.5~2.0	5.5	f_u	6.0	6.5	7.0	7.5	8.0
		f_p	4.5	5.0	5.5	6.0	6.5
		F_{p2}	13.0	17.0	21.0	24.0	27.0
		F_r	9.0	11.0	12.0	14.0	16.0
		F_i'	15.0	18.0	21.0	24.0	26.0
		f_i'	7.0	7.5	7.5	8.0	8.5
>2.0~3.55	7.5	f_u	6.5	7.0	7.5	8.0	9.0
		f_p	5.0	5.5	6.0	6.5	7.0
		F_{p2}	16.0	20.0	24.0	28.0	31.0
		F_r	11.0	14.0	16.0	18.0	20.0
		F_i'	18.0	22.0	25.0	28.0	31.0
		f_i'	9.0	9.0	9.5	10.0	10.0
>3.55~6.0	9.5	f_u	7.5	7.5	8.0	9.0	9.5
		f_p	6.0	6.0	6.5	7.0	7.5
		F_{p2}	17.0	22.0	26.0	30.0	34.0
		F_r	13.0	16.0	18.0	20.0	23.0
		F_i'	21.0	25.0	28.0	31.0	35.0
		f_i'	11.0	11.0	11.0	12.0	12.0

（续）

模数 m（m_t,m_x）/mm	偏差 F_α		分度圆直径 d/mm >10~50	>50~125	>125~280	>280~560	>560~1000
>6.0~10.0	12.0	f_u	8.5	9.0	9.5	10.0	11.0
		f_p	7.0	7.0	7.5	8.0	8.5
		F_{p2}	18.0	23.0	28.0	32.0	36.0
		F_r	15.0	18.0	20.0	23.0	25.0
		F_i'	24.0	28.0	32.0	35.0	39.0
		f_i'	13.0	13.0	14.0	14.0	14.0
偏差 F_{pz}							
测量长度/mm		15	25	45	75	125	200	300
轴向模数 m_x/mm		>0.5~2.0	>2.0~3.55	>3.55~6.0	>6.0~10	>10~16	>16~25	>25~40
蜗杆头数 z_1	1	4.5	5.5	6.5	8.5	11.0	13.0	16.0
	2	5.0	6.0	8.0	10.0	13.0	16.0	19.0
	3 和 4	5.5	7.0	9.0	12.0	15.0	19.0	23.0
	5 和 6	6.5	8.5	11.0	14.0	17.0	22.0	27.0
	>6	8.5	10.0	13.0	16.0	21.0	26.0	31.0

表 18.22 中的值是按式（18.13）~式（18.22）计算并修约后得到的数值。修约的规则是：如果计算值小于 10μm，修约到最接近的相差小于 0.5μm 的小数或整数；如果计算值大于 10μm，修约到最接近的整数。

通过表 18.22 中 5 级精度轮齿偏差的允许值，可求得其他精度等级的偏差的允许值。两相邻精度等级的级间公比 φ 为：$\varphi=1.4$(1~9 级精度)；$\varphi=1.6$(9 级精度以下)；径向跳动偏差 F_r 的级间公比为 $\varphi=1.4$(1~12 级精度)。

例如，计算 7 级精度的偏差允许值时，5 级精度的未修约的计算值乘以 1.4^2，然后再按照规定的规则修约。

蜗杆副的接触斑点主要按其面积、形状、分布位置来评定，接触斑点的要求应符合表 18.23 的规定。

表 18.23　蜗杆副接触斑点的要求

精度等级	接触面积的百分比(%) 沿齿高不小于	沿齿长不小于	接触形状	接触位置
1 和 2	75	70	接触斑点在齿高方向无断缺，不允许成带状条纹	接触斑点痕迹的分布位置趋近齿面中部，允许略偏于啮入端。齿顶和啮入、啮出端的棱边处不允许接触
3 和 4	70	65		
5 和 6	65	60		
7 和 8	55	50	不作要求	接触斑点痕迹应偏于啮出端，但不允许在齿顶和啮入、啮出端的棱边接触
9 和 10	45	40		
11 和 12	30	30		

第19章 减速器附件

19.1 轴承盖和套杯

表 19.1 螺钉连接外装式轴承盖（材料：HT150）（单位：mm）

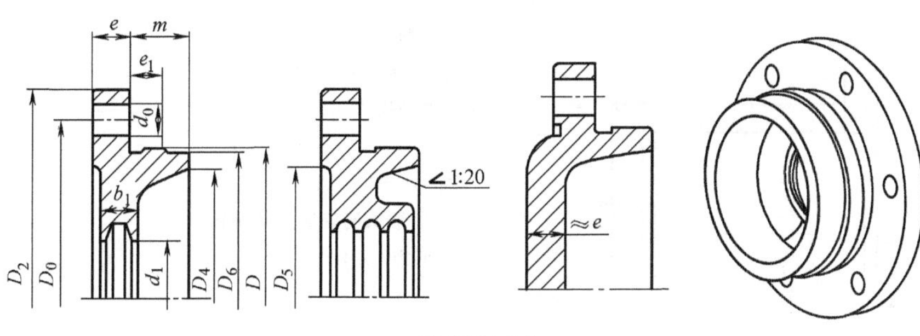

脂润滑轴承盖

R5～R10

h

b

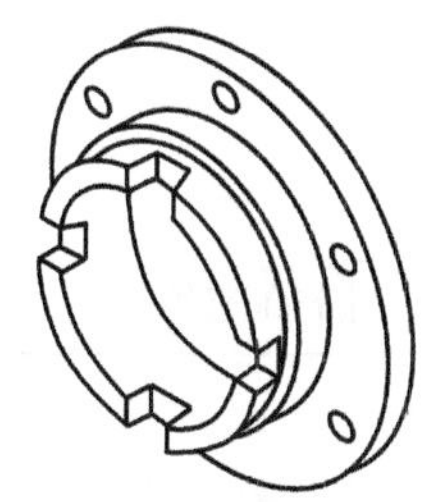

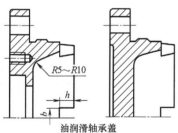

油润滑轴承盖

$d_0=d_3+1\text{mm}$

$D_0=D+2.5d_3$；$D_2=D_0+2.5d_3$；$e=1.2d_3$；$e_1\geqslant e$；m 由结构确定；$D_4=D-(10\sim15)\text{mm}$；$D_5=D_0-3d_3$；$D_6=D-(2\sim4)\text{mm}$；$d_1$、$b_1$ 由密封件尺寸确定；$b=5\sim10\text{mm}$，$h=(0.8\sim1)b$

轴承外径 D	螺钉直径 d_3	轴承盖的螺钉数
45～70	6	6
70～110	8	
110～150	10	
150～230	12～16	

表 19.2　嵌入式轴承盖（材料：HT150）　　（单位：mm）

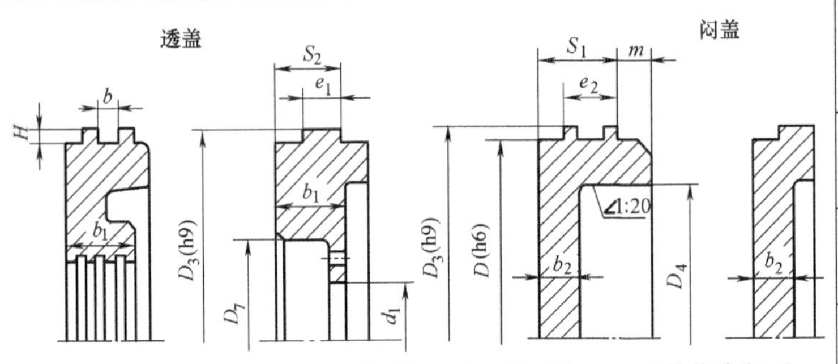

$e_1=5\sim8$mm；$e_2=8\sim12$mm；$S_1=15\sim20$mm；$S_2=10\sim15$mm；m 由结构确定；$D_3=D+e_2$，装有 O 形密封圈时，按 O 形圈外径取值（见表 14.9）。b_1 由密封件尺寸确定，如无密封件，可取 $b_2=8\sim10$mm。

液压气动用 O 形橡胶密封圈　沟槽尺寸（GB/T 3452.3—2005）

O 形密封圈截面直径 d_2	$b^{+0.25}_{0}$	H	d_3 偏差值
2.65	3.4	2.07	0 −0.05
3.55	4.6	2.74	0 −0.06
5.3	6.9	4.19	0 −0.07

表 19.3　套杯

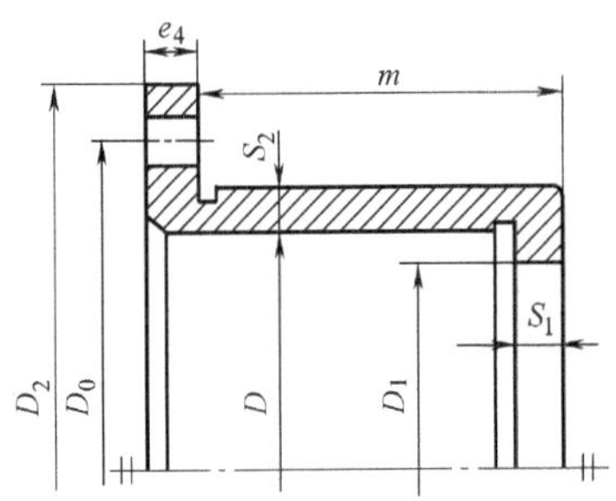

D 为轴承外径；

S_1、S_2、$e_4=7\sim12$mm；

m 由结构确定；

$D_0=D+2.5d_3+2S_2$；

$D_2=D_0+2.5d_3$；

D_1 由轴承的安装尺寸确定；

d_3 见表 19.1

19.2　挡油盘

表 19.4　挡油盘（用于高速轴）

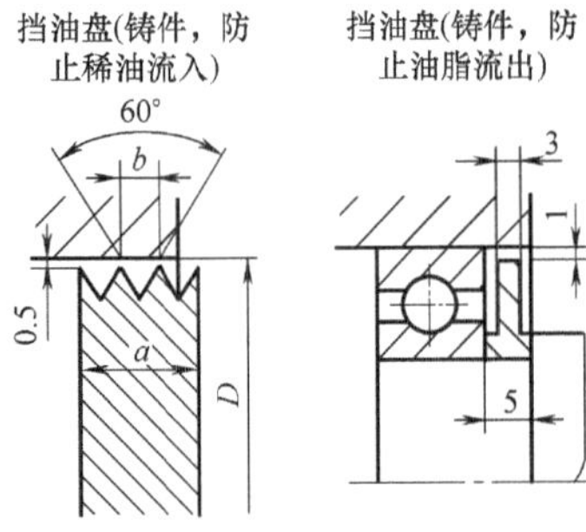

$a=6\sim9$mm；$b=2\sim3$mm；D 为轴承座孔直径；挡油盘的轮毂宽度尺寸由结构确定

表 19.5　挡油盘（用于低速轴）

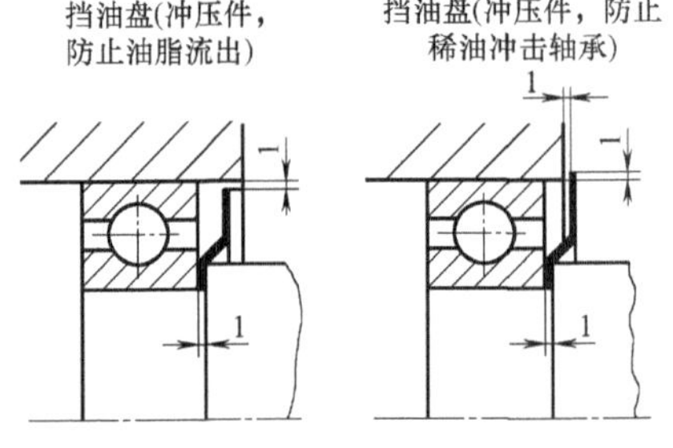

19.3　起吊装置

表 19.6　箱体上的起吊结构

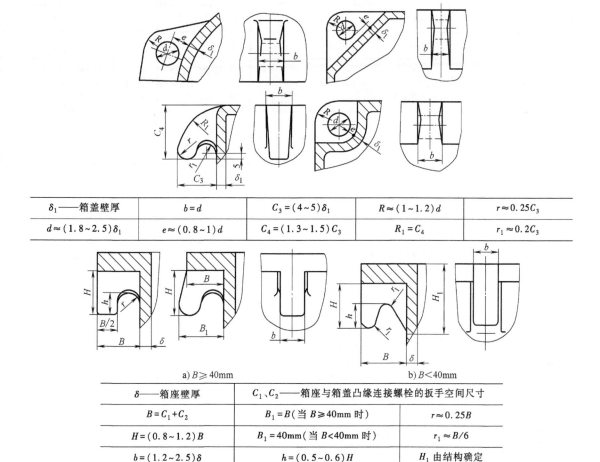

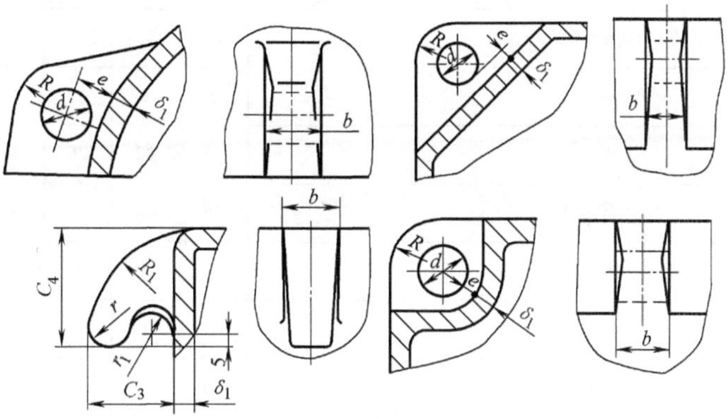

δ_1——箱盖壁厚	$b=d$	$C_3=(4\sim5)\delta_1$	$R\approx(1\sim1.2)d$	$r\approx0.25C_3$
$d\approx(1.8\sim2.5)\delta_1$	$e\approx(0.8\sim1)d$	$C_4=(1.3\sim1.5)C_3$	$R_1=C_4$	$r_1\approx0.2C_3$

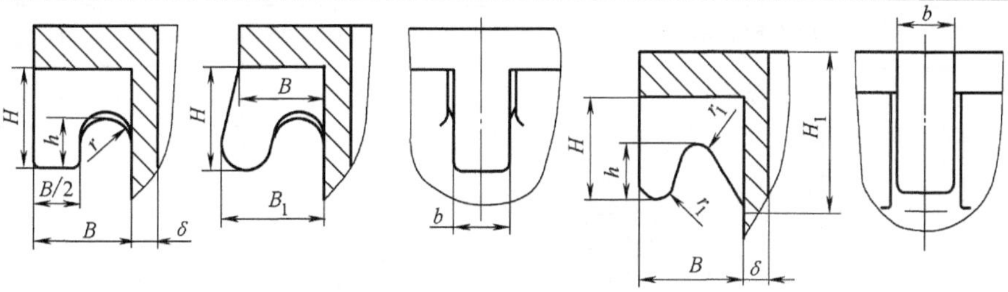

a) $B\geqslant40$mm　　b) $B<40$mm

δ——箱座壁厚	C_1、C_2——箱座与箱盖凸缘连接螺栓的扳手空间尺寸	
$B=C_1+C_2$	$B_1=B$(当 $B\geqslant40$mm 时)	$r\approx0.25B$
$H=(0.8\sim1.2)B$	$B_1=40$mm(当 $B<40$mm 时)	$r_1\approx B/6$
$b=(1.2\sim2.5)\delta$	$h=(0.5\sim0.6)H$	H_1 由结构确定

表 19.7　吊环螺钉（摘自 GB 825—1988）　　（单位：mm）

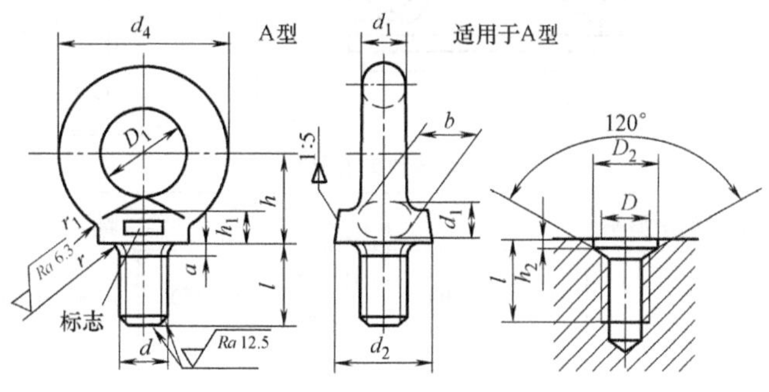

标记示例：螺纹规格为 M20，材料为 20 钢，经正火处理，不经表面处理的 A 型吊环螺钉的标记为螺钉 M20 GB/T 825—1988

（续）

螺纹规格 d	M8	M10	M12	M16	M20	M24	M30
d_1(max)	9.1	11.1	13.1	15.2	17.4	21.4	25.7
D_1(公称)	20	24	28	34	40	48	56
d_2(max)	21.1	25.1	29.1	35.2	41.4	49.4	57.7
h_1(max)	7	9	11	13	15.1	19.1	23.2
h	18	22	26	31	36	44	53
d_4(参考)	36	44	52	62	72	88	104
r_1	4	4	6	6	8	12	15
r(min)	1	1	1	1	1	2	2
l(公称)	16	20	22	28	35	40	45
a(max)	2.5	3	3.5	4	5	6	7
b	10	12	14	16	19	24	28
D_2(公称 min)	13	15	17	22	28	32	38
h_2(公称 min)	2.5	3	3.5	4.5	5	7	8
最大起吊重量 /kN　单螺钉起吊 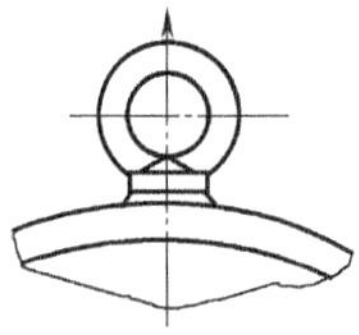	1.6	2.5	4	6.3	10	16	25
最大起吊重量 /kN　双螺钉起吊 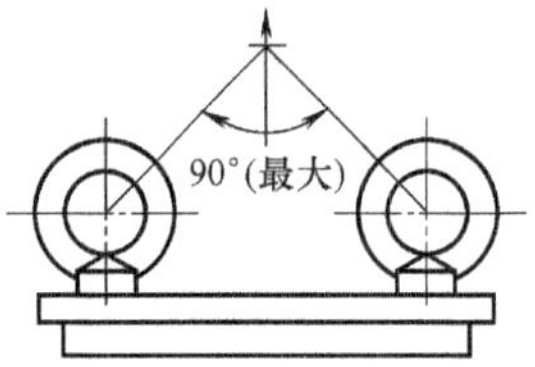	0.8	1.25	2	3.2	5	8	12.5

减速器重量 W

一级圆柱齿轮减速器						二级圆柱齿轮减速器					
中心距 a /mm	100	150	200	250	300	中心距 a /mm	150	200	250	300	350
重量 W/kN	0.31	0.83	1.52	2.55	3.43	重量 W/kN	1.32	2.25	2.99	4.80	7.11

注：1. 螺钉采用 20 或 25 钢制造，螺纹公差为 8g。

2. 表中 M8～M30 均为商品规格。

19.4　通气器

表 19.8　通气螺塞（无过滤装置）　　（单位：mm）

d	D	D_1	S	L	l	a	d_1
M10×1	13	11.5	10	16	8	2	3
M12×1.25	18	16.5	14	19	10	2	4
M16×1.5	22	19.6	17	23	12	2	5
M20×1.5	30	25.4	22	28	15	4	6
M22×1.5	32	25.4	22	29	15	4	7
M27×1.5	38	31.2	27	34	18	4	8
M30×2	42	36.9	32	36	18	4	8
M33×2	45	36.9	32	38	20	4	8
M36×3	50	41.6	36	46	25	5	8

注：S 为扳手口宽。

表 19.9　通气器（经两次过滤）　　（单位：mm）

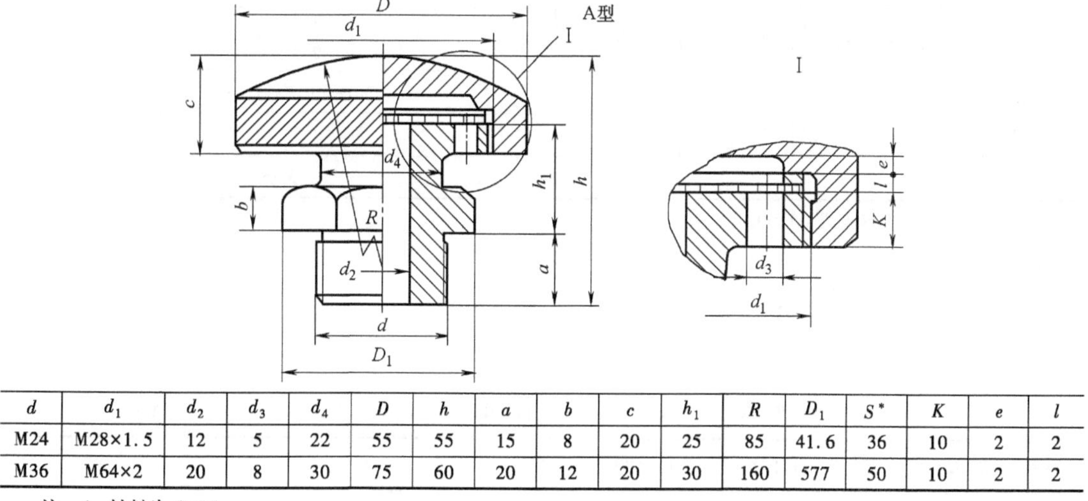

d	d_1	d_2	d_3	d_4	D	h	a	b	c	h_1	R	D_1	S^*	K	e	l
M24	M28×1.5	12	5	22	55	55	15	8	20	25	85	41.6	36	10	2	2
M36	M64×2	20	8	30	75	60	20	12	20	30	160	577	50	10	2	2

注：1. 材料为 Q235。

2. S^* 为螺母扳手宽度。

表 19.10　通气帽（经一次过滤）　　（单位：mm）

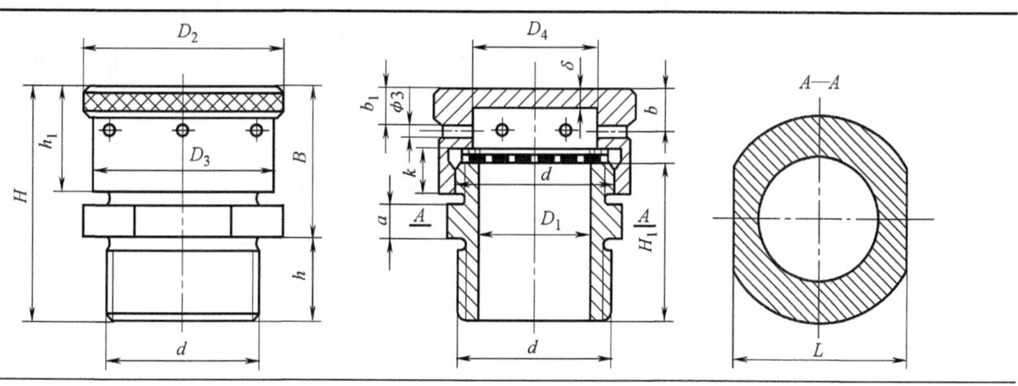

（续）

d	D_1	B	h	H	D_2	H_1	a	δ	k	b	h_1	b_1	D_3	D_4	L	孔数
M27×1.5	15	30	15	45	36	32	6	4	10	8	22	6	32	18	32	6
M36×2	20	40	20	60	48	42	8	4	12	11	29	8	42	24	41	6
M48×3	30	45	25	70	62	52	10	5	15	13	32	10	56	36	55	8

19.5 窥视孔和窥视孔盖

表 19.11 窥视孔和窥视孔盖 （单位：mm）

参数	数值
A	100、120、150、200
A_1	$A+(5\sim6)d_1$
A_2	$\frac{1}{2}(A+A_1)$
B	$B_1-(5\sim6)d_1$
B_1	箱体宽-(15~20)
B_2	$\frac{1}{2}(B+B_1)$
d_1	M6~M8，螺钉 4~6 个
R	5~10
h	3~5

注：材料为 Q235A 钢板或 HT150。

19.6 油标尺和油标

表 19.12 长形油标（摘自 JB/T 7941.3—1995） （单位：mm）

标记示例：$H=80$，A 型长形油标的标记为油标 A80 GB1161

H 基本尺寸	H 极限偏差	H_1	L	n（条数）
80	±0.17	40	110	2
100		60	130	3
125	±0.20	80	155	4
160		120	190	6

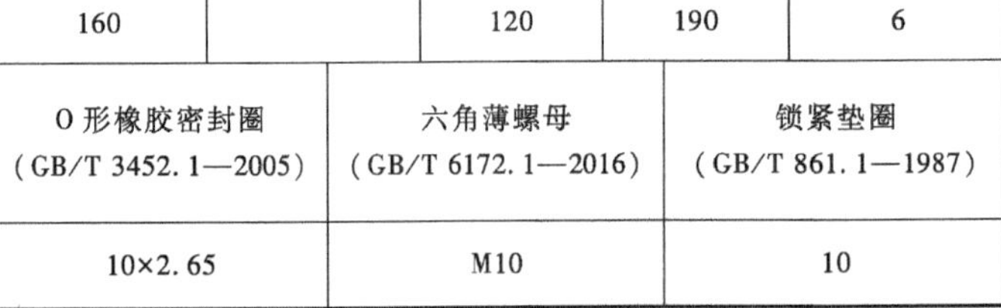

O 形橡胶密封圈（GB/T 3452.1—2005）	六角薄螺母（GB/T 6172.1—2016）	锁紧垫圈（GB/T 861.1—1987）
10×2.65	M10	10

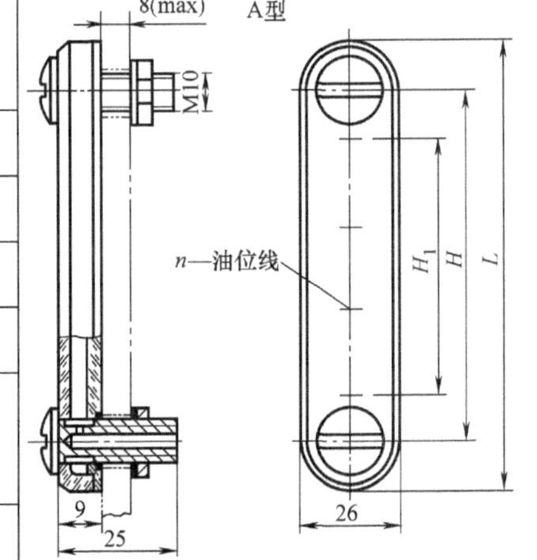

表 19.13 油标尺 （单位：mm）

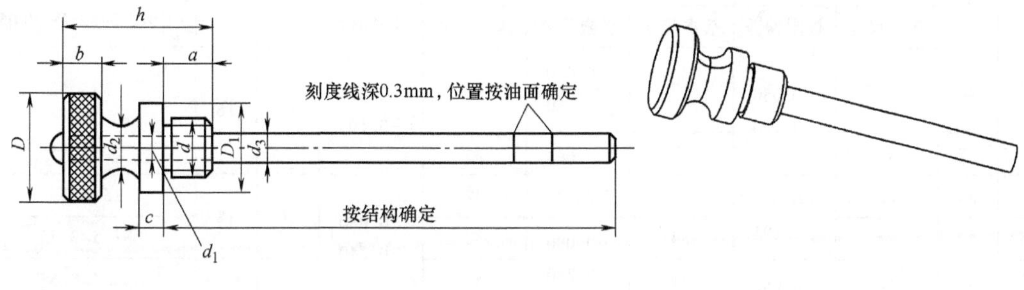

d	d_1	d_2	d_3	h	a	b	c	D	D_1
M12	4	12	6	28	10	6	4	20	16
M16	4	16	6	35	12	8	5	26	22
M20	6	20	8	42	15	10	6	32	26

表 19.14 管状油标（JB/T 7941.4—1995） （单位：mm）

H	O 形橡胶密封圈（GB/T 3452.1—2005）	六角薄螺母（GB/T 6172.1—2016）	锁紧垫圈（GB/T 861.1—1987）
80、100、125 160、200	11.8×2.65	M12	12
标记示例：$H=200$，A 型管状油标的标记为 油标 A200 JB/T 7941.4—1995			

注：B 型管状油标尺寸见 JB/T 7941.4—1995。

表 19.15 压配式圆形油标（摘自 JB/T 7941.1—1995） （单位：mm）

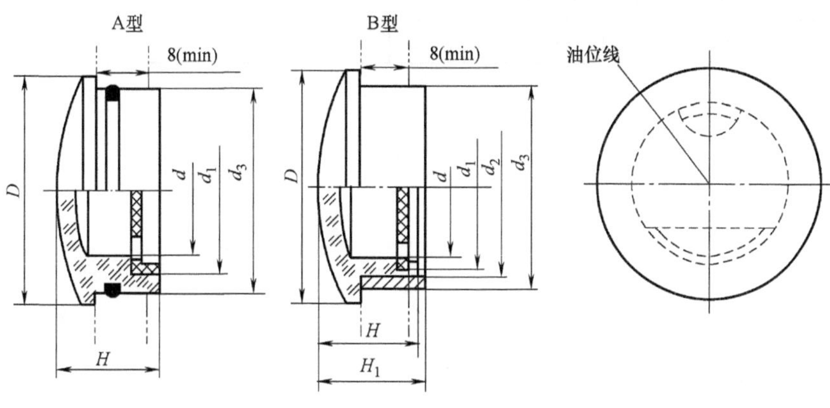

标记示例：油标视孔直径 $d=32$mm，A 型压配式圆形油标的标记为油标 A32 JB/T 7941.1—1995

（续）

<table>
<tr><th rowspan="2">d</th><th rowspan="2">D</th><th colspan="2">d_1</th><th colspan="2">d_2</th><th colspan="2">d_3</th><th rowspan="2">H</th><th rowspan="2">H_1</th><th rowspan="2">O 形橡胶密封圈（GB/T 3452.1—2005）</th></tr>
<tr><th>基本尺寸</th><th>极限偏差</th><th>基本尺寸</th><th>极限偏差</th><th>基本尺寸</th><th>极限偏差</th></tr>
<tr><td>12</td><td>22</td><td>12</td><td rowspan="2">-0.050
-0.160</td><td>17</td><td>-0.050
-0.160</td><td>20</td><td rowspan="2">-0.065
-0.195</td><td rowspan="2">14</td><td rowspan="2">16</td><td>15×2.65</td></tr>
<tr><td>16</td><td>27</td><td>18</td><td>22</td><td rowspan="2">-0.065
-0.195</td><td>25</td><td>20×2.65</td></tr>
<tr><td>20</td><td>34</td><td>22</td><td rowspan="2">-0.065
-0.195</td><td>28</td><td>32</td><td rowspan="3">-0.080
-0.240</td><td rowspan="2">16</td><td rowspan="2">18</td><td>25×3.55</td></tr>
<tr><td>25</td><td>40</td><td>28</td><td>34</td><td rowspan="2">-0.080
-0.240</td><td>38</td><td>31.5×3.55</td></tr>
<tr><td>32</td><td>48</td><td>35</td><td rowspan="2">-0.080
-0.240</td><td>41</td><td>45</td><td rowspan="2">18</td><td rowspan="2">20</td><td>38.7×3.55</td></tr>
<tr><td>40</td><td>58</td><td>45</td><td>51</td><td rowspan="3">-0.100
-0.290</td><td>55</td><td rowspan="3">-0.100
-0.290</td><td>48.7×3.55</td></tr>
<tr><td>50</td><td>70</td><td>55</td><td rowspan="2">-0.100
-0.290</td><td>61</td><td>65</td><td rowspan="2">22</td><td rowspan="2">24</td><td rowspan="2">—</td></tr>
<tr><td>63</td><td>85</td><td>70</td><td>76</td><td>80</td></tr>
</table>

19.7 油塞

表 19.16 油塞及油封垫（单位：mm）

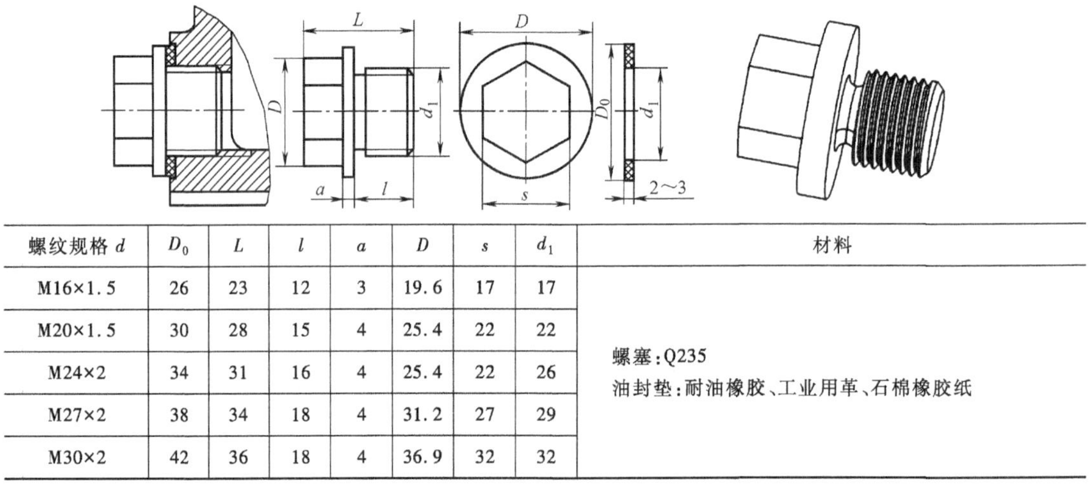

螺纹规格 d	D_0	L	l	a	D	s	d_1	材料
M16×1.5	26	23	12	3	19.6	17	17	螺塞:Q235 油封垫:耐油橡胶、工业用革、石棉橡胶纸
M20×1.5	30	28	15	4	25.4	22	22	
M24×2	34	31	16	4	25.4	22	26	
M27×2	38	34	18	4	31.2	27	29	
M30×2	42	36	18	4	36.9	32	32	

第3篇　参考图例、设计题目及设计实例

第20章 参考图例

20.1 装配图图例

20.1.1 一级圆柱齿轮减速器

一级圆柱齿轮减速器装配图（轴承采用脂润滑），如图 20.1 所示。

一级圆柱齿轮减速器装配图（轴承采用油润滑），如图 20.2 所示。

20.1.2 二级圆柱齿轮减速器

二级展开式圆柱齿轮减速器装配图（轴承采用脂润滑），如图 20.3 所示。

二级展开式圆柱齿轮减速器装配图（轴承采用油润滑），如图 20.4 所示。

二级展开式圆柱齿轮减速器装配图（嵌入式轴承盖，有甩油轮），如图 20.5 所示。

二级同轴式圆柱齿轮减速器装配图，如图 20.6 所示。

20.1.3 一级锥齿轮减速器

一级锥齿轮减速器装配图，如图 20.7 所示。

20.1.4 锥齿轮-圆柱齿轮减速器

锥齿轮-圆柱齿轮减速器装配图，如图 20.8 所示。

20.1.5 一级蜗杆减速器

一级蜗杆减速器装配图，如图 20.9 所示。

20.1.6 蜗杆齿轮减速器

蜗杆齿轮减速器装配图，如图 20.10 所示。

20.1.7 齿轮蜗杆减速器

齿轮蜗杆减速器装配图，如图 20.11 所示。

20.2 零件工作图图例

20.2.1 齿轮与齿轮轴零件工作图

斜齿圆柱齿轮零件工作图，如图 20.12 所示。

圆柱齿轮轴零件工作图，如图 20.13 所示。

锥齿轮轴零件工作图，如图 20.14 所示。

锥齿轮零件工作图，如图 20.15 所示。

20.2.2 蜗杆、蜗轮零件工作图

蜗杆零件工作图，如图 20.16 所示。

蜗轮零件工作图，如图 20.17 所示。

蜗轮轮芯零件工作图，如图 20.18 所示。

蜗轮轮缘零件工作图，如图 20.19 所示。

20.2.3 轴零件工作图

轴零件工作图，如图 20.20 所示。

20.2.4 箱体零件工作图

箱盖零件工作图，如图 20.21 所示。

箱座零件工作图，如图 20.22 所示。

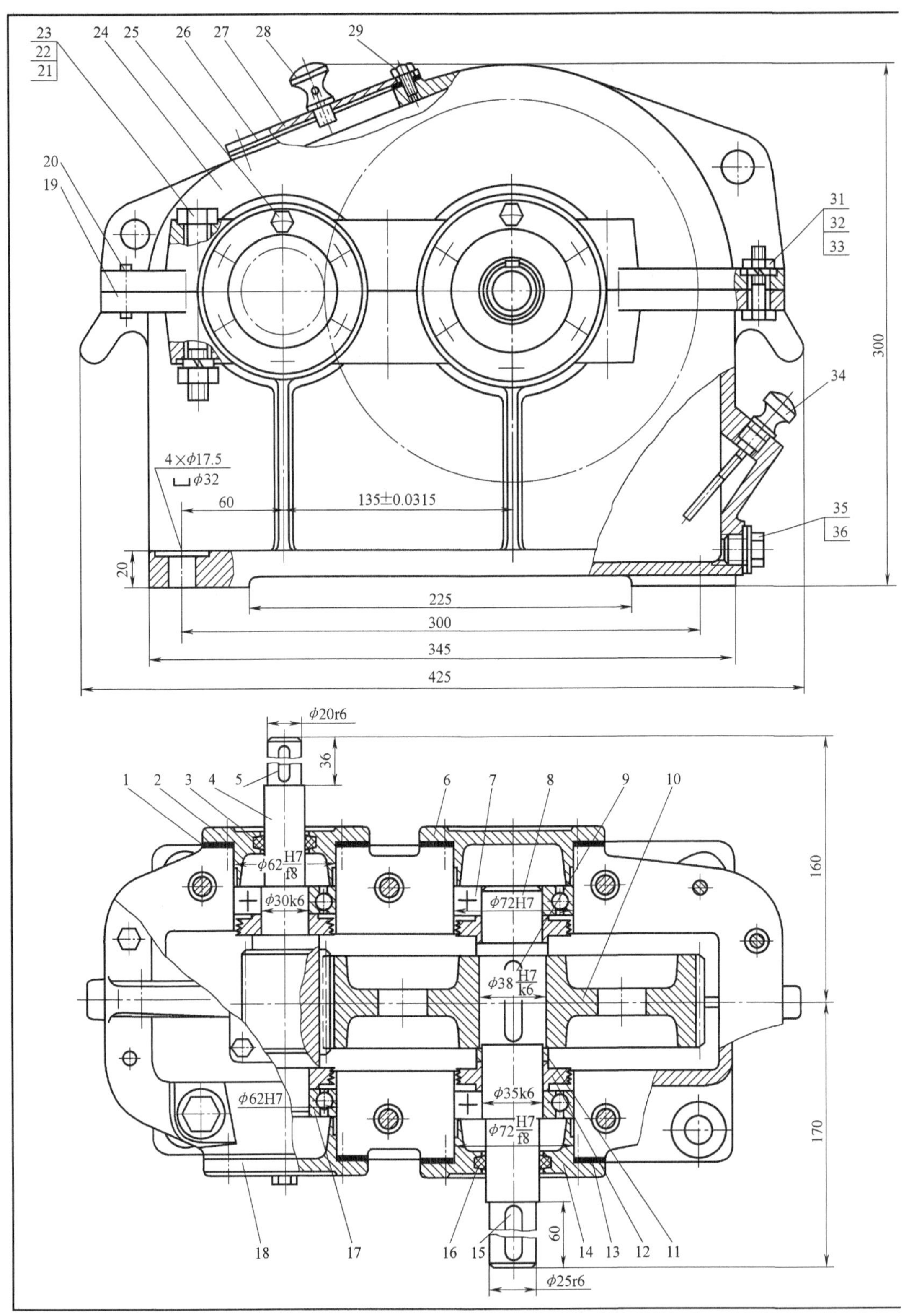

图 20.1　一级圆柱齿轮减速器

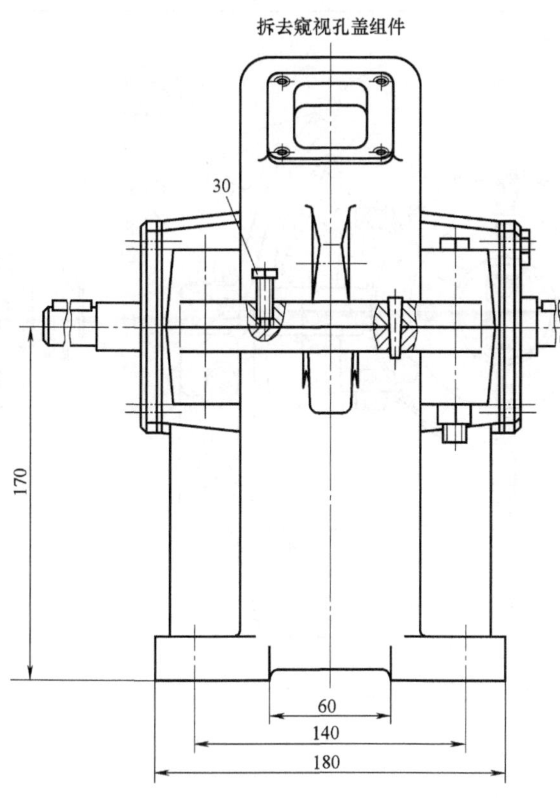

技术特性

输入功率/kW	输入轴转速/(r/min)	传动比 i
3.9	572	4.63

技术要求

1.装配前，清洗所有零件，机体内壁涂防锈油漆。
2.装配后，检查齿轮齿侧间隙 j_{bnmin}=0.141mm。
3.检验齿面接触斑点，沿齿宽方向为50%，沿齿高方向为55%，必要时可研磨或刮后研磨，以改善接触情况。
4.调整轴承轴向间隙0.2～0.3mm。
5.减速器的机体、密封处及剖分面不得漏油，剖分面可以涂密封漆或水玻璃，但不得使用垫片。
6.机座内装L-AN68润滑油至规定高度，轴承用ZN-3钠基脂润滑。
7. 机体表面涂灰色油漆。

注：本图是减速器设计的主要图样，还是设计零件工作图及装配、调试、维护减速器时的主要依据，因而，除了视图外还需要标注尺寸公差、零件编号、明细栏、技术要求和技术特性等。

序号	名称	数量	材料	备注
36	螺塞M18×1.5	1	Q235	JB/ZQ 4450—2006
35	垫片	1	石棉橡胶纸	
34	油标尺M12	1	Q235	
33	垫圈10	2	65Mn	GB/T 93—1987
32	螺母M10	2		GB/T 6170—2015 8级
31	螺栓M10×35	2		GB/T 5782—2016 8.8级
30	螺栓M10×35	1		GB/T 5782—2016 8.8级
29	螺栓M5×16	4		GB/T 5782—2016 8.8级
28	通气器	1	Q235	
27	窥视孔盖	1	Q235	
26	垫片	1	石棉橡胶纸	
25	螺栓M8×25	24		GB/T 5782—2016 8.8级
24	机盖	1	HT200	
23	螺栓M12×100	6		GB/T 5782—2016 8.8级
22	螺母M12	6		GB/T 6170—2015 8级
21	垫圈12	6	65Mn	GB/T 93—1987
20	销6×30	2	35	GB/T 117—2000
19	机座	1	HT200	
18	轴承端盖	1	HT200	
17	轴承6206	2		GB/T 276—2013
16	毡圈油封30	1	半粗羊毛毡	JB/ZQ 4606—1997
15	键8×56	1	45	GB/T 1096—2003
14	轴承端盖	1	HT200	
13	调整垫片	2组	08F	成组
12	挡油环	2	Q235	
11	套筒	1	Q235	
10	大齿轮	1	45	m=2, z=111
9	键10×45	1	45	GB/T 1096—2003
8	轴	1	45	
7	轴承6207	2		GB/T 276—2013
6	轴承端盖	1	HT200	
5	键6×28	1	45	GB/T 1096—2003
4	齿轮轴	1	45	m=2, z=24
3	毡圈油封25	1	半粗羊毛毡	JB/ZQ 4606—1997
2	轴承端盖	1	HT200	
1	调整垫片	2组	08F	成组

一级圆柱齿轮减速器		图号		比例	1:1
		质量		数量	
设计	(姓名)	(日期)	(校名)	共 页	
审核	(姓名)	(日期)	(班号)	第 页	

装配图（轴承采用脂润滑）

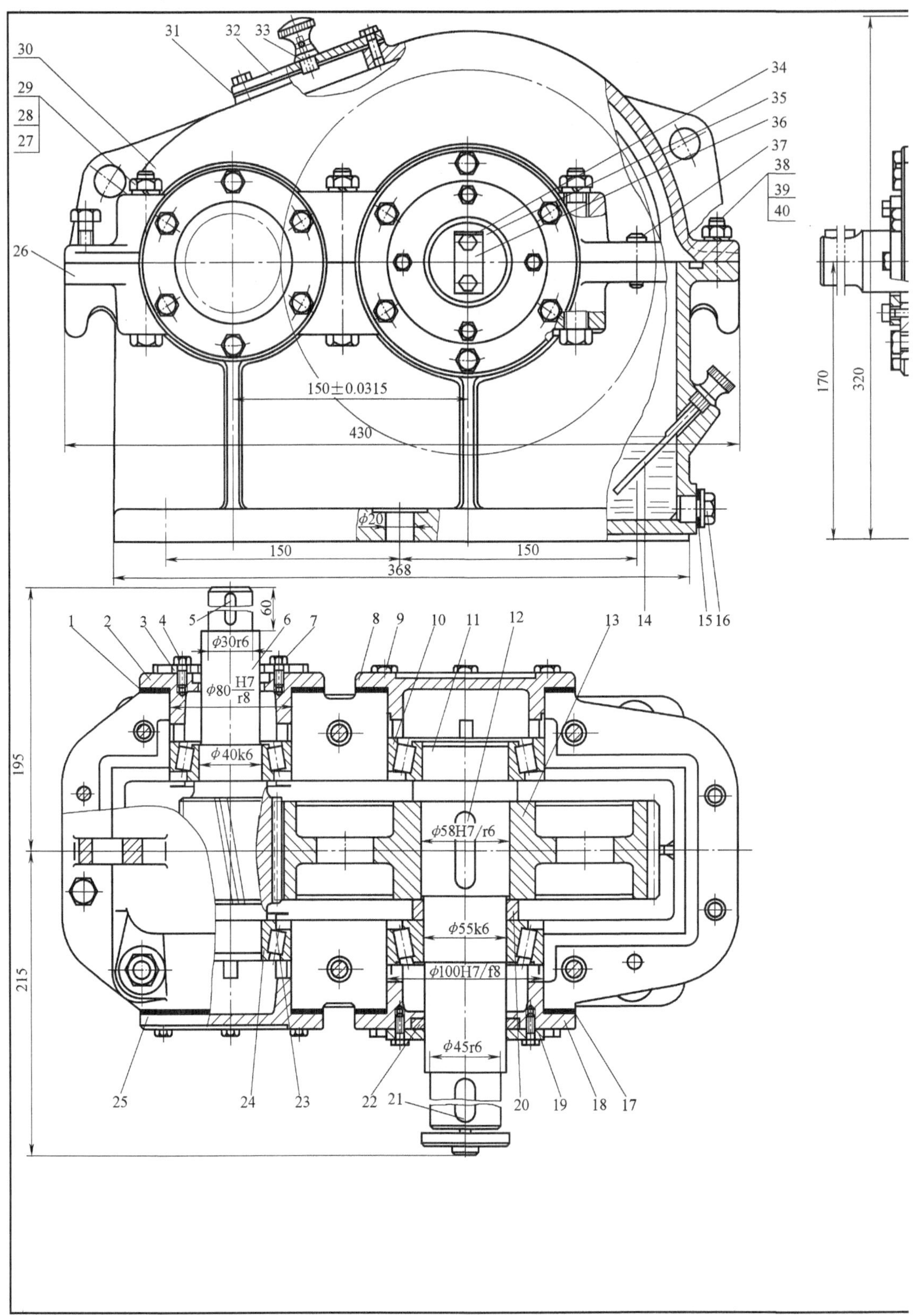

图 20.2　一级圆柱齿轮减速器

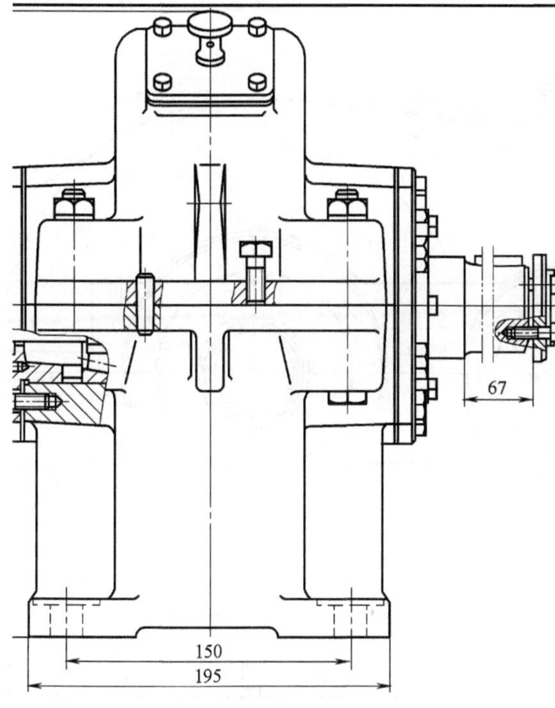

技术特性

输入功率/kW	输入轴转速/(r/min)	传动比 i
4	572	3.95

技术要求

1.装配前，滚动轴承用汽油清洗，其他零件用煤油清洗，箱体内不允许有任何杂物存在。箱体内壁涂上不被机油侵蚀的涂料两次。
2.齿轮副侧隙用铅丝检验不小于0.16mm，铅丝不得大于最小侧隙的四倍。
3.齿轮装配后用涂色法检验齿面接触斑点，沿齿高不小于40%，沿齿宽不小于50%，必要时可用研磨或刮后研磨以便改善接触情况。
4.滚动轴承的轴向间隙：ϕ40为0.05～0.1mm，ϕ55为0.08～0.15mm。
5.减速器剖分面、各接触面及密封处，均不得漏油。剖分面涂密封油漆或水玻璃，不允许使用任何填料。
6.箱座内装L-AN68润滑油至规定高度。
7.减速器外表面涂灰色油漆。

注：本图是减速器设计的图纸，也是绘制零件工作图及装配减速器时的主要依据，所以标注了件号、明细栏、技术要求、技术特性及必要的尺寸等

序号	名称	数量	材料	备注
40	垫圈10	2	65Mn	GB 859—1987
39	螺母M10	2		GB/T 6170—2015 5级
38	螺栓M10×35	3		GB/T 5781—20165.8级
37	销8×30	2	35	GB/T 117—2000
36	止动垫片	1	Q235	
35	轴端挡圈	1	Q235	
34	螺栓M6×20	2		GB/T 5781—20165.8级
33	通气器	1	Q235	
32	窥视孔盖	1	Q235	
31	垫片	1	石棉橡胶纸	
30	箱盖	1	HT200	
29	垫圈	6	65Mn	GB/T 93—1987
28	螺母M12	6		GB/T 6170—2015 5级
27	螺栓M12×100	6		GB/T 5782—20165.8级
26	箱座	1	HT200	
25	轴承端盖	1	HT150	
24	轴承30208E	2		GB/T 297—2015
23	挡油盘	2	Q235	
22	毡圈50	1	半粗羊毛毡	JB/ZQ 4606—1986
21	键14×56	1	45	GB/T 1096—2003
20	套筒	1	Q235	
19	密封盖	1	Q235	
18	轴承端盖	1	HT150	
17	调整垫片	2组	08F	成组
16	螺塞	1	Q235	
15	垫片	1	石棉橡胶纸	
14	油标尺	1	Q235	组合件
13	大齿轮	1	45	$m_n=3$；$z=79$
12	键16×56	1	45	GB/T 1096—2003
11	轴	1	45	
10	轴承30211E	2		GB/T 297—2015
9	螺栓M8×25	24		GB/T 5781—20165.8级
8	轴承端盖	1	HT200	
7	毡圈35	1	半粗羊毛毡	JB/ZQ 4606—1986
6	齿轮轴	1	45	$m_n=3$; $z=79$
5	键8×50	1	45	GB/T 1096—2003
4	螺栓M6×16	12		GB/T 5781—20165.8级
3	密封盖	1	Q235	
2	轴承端盖	1	HT200	
1	调整垫片	2组	08F	

一级圆柱齿轮减速器			图号		比例	1:1
			质量		数量	
设计	(姓名)	(日期)	(校名)		共 页	
审核	(姓名)	(日期)	(班名)		第 页	

装配图（轴承采用油润滑）

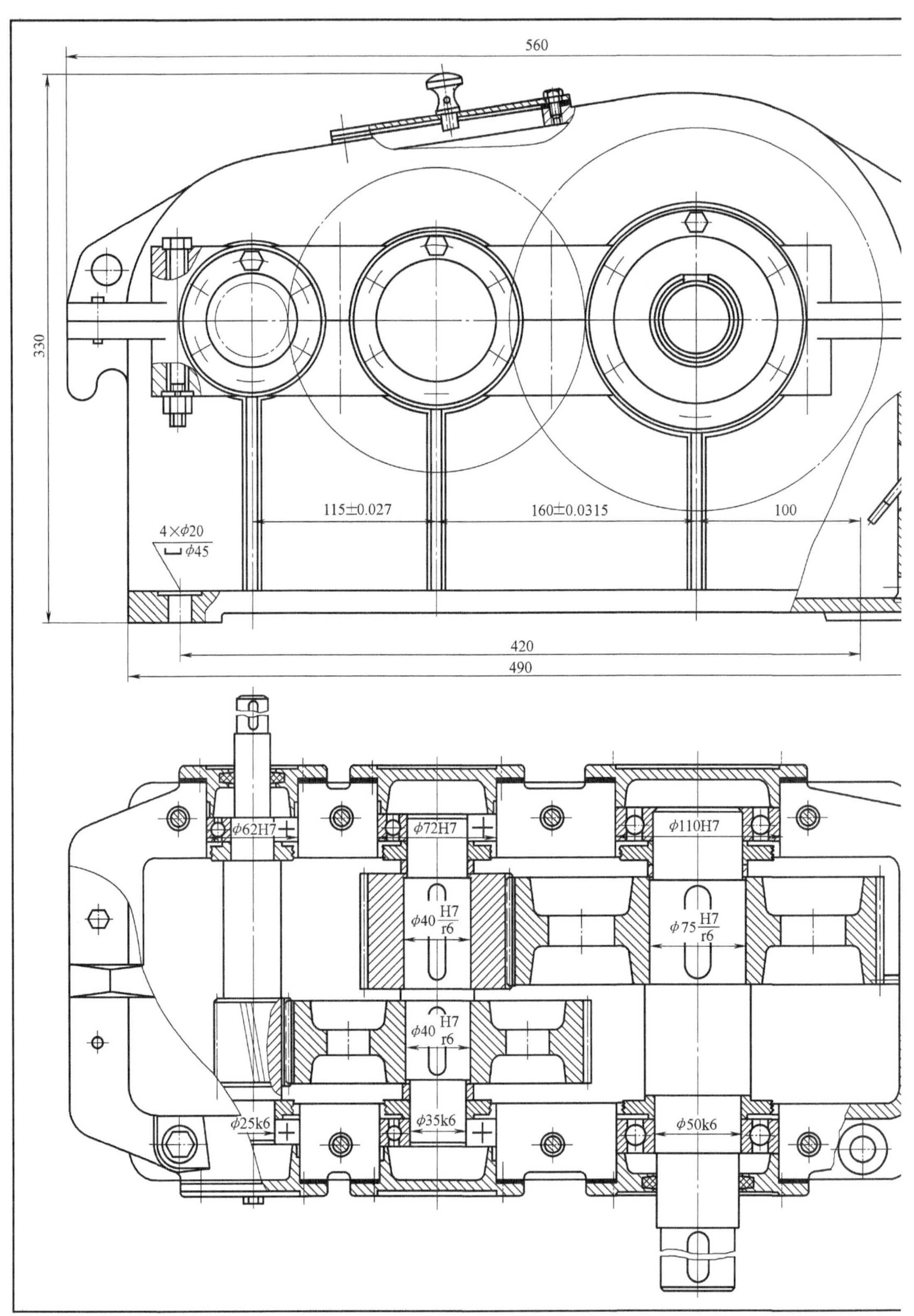

图 20.3　二级展开式圆柱齿轮减速器

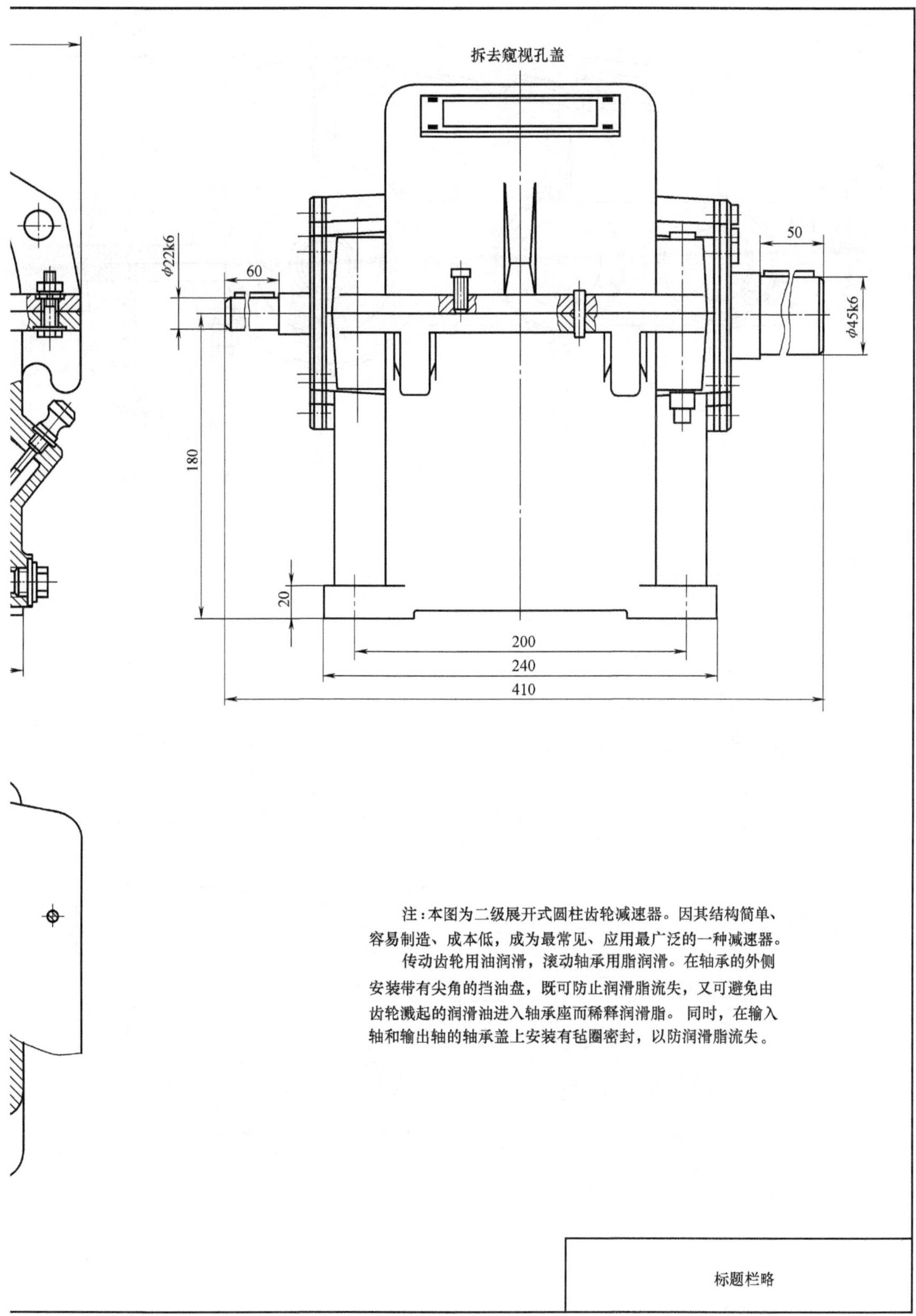

注：本图为二级展开式圆柱齿轮减速器。因其结构简单、容易制造、成本低，成为最常见、应用最广泛的一种减速器。

传动齿轮用油润滑，滚动轴承用脂润滑。在轴承的外侧安装带有尖角的挡油盘，既可防止润滑脂流失，又可避免由齿轮溅起的润滑油进入轴承座而稀释润滑脂。同时，在输入轴和输出轴的轴承盖上安装有毡圈密封，以防润滑脂流失。

装配图（轴承采用脂润滑）

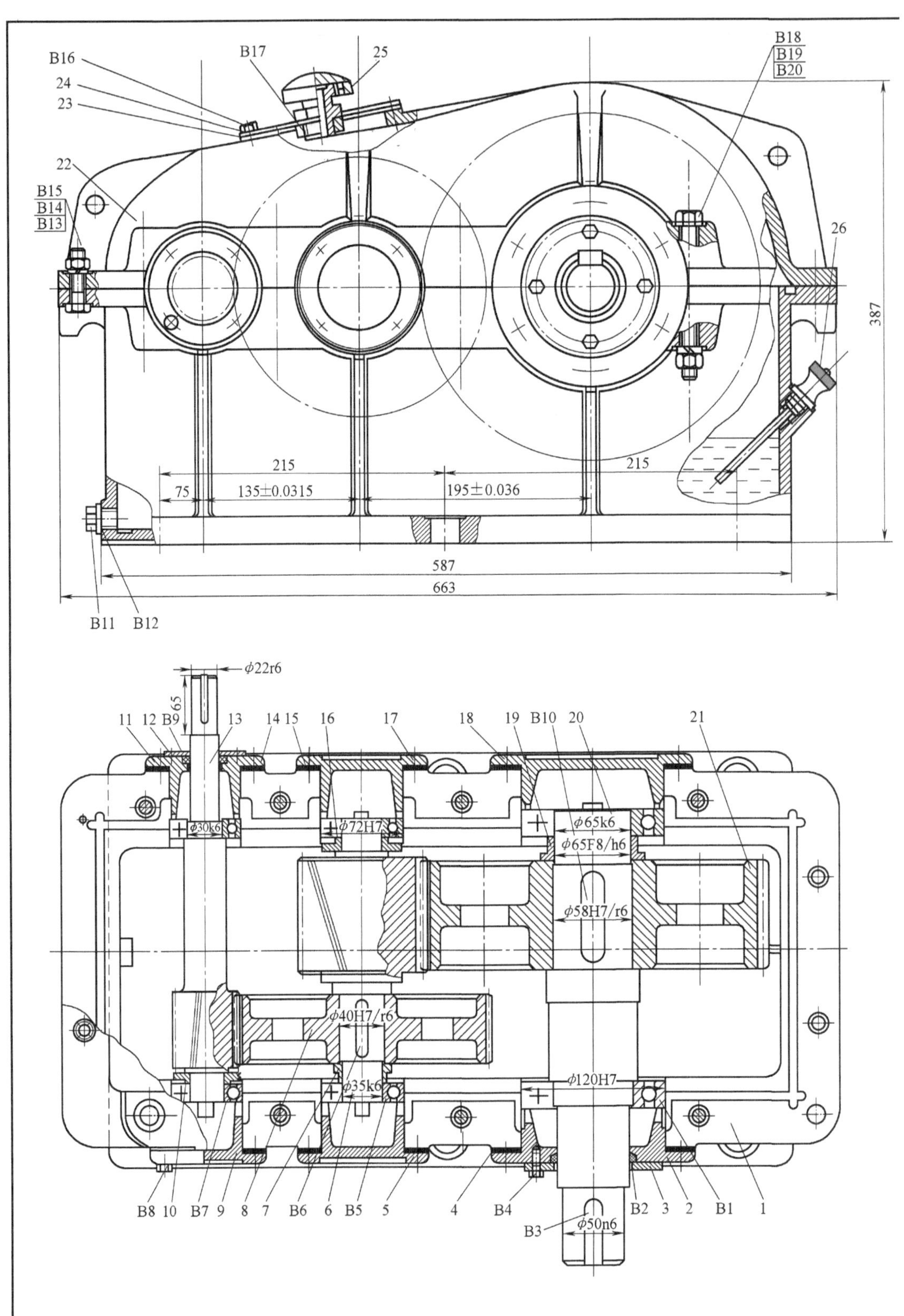

图 20.4　二级展开式圆柱齿轮减速器

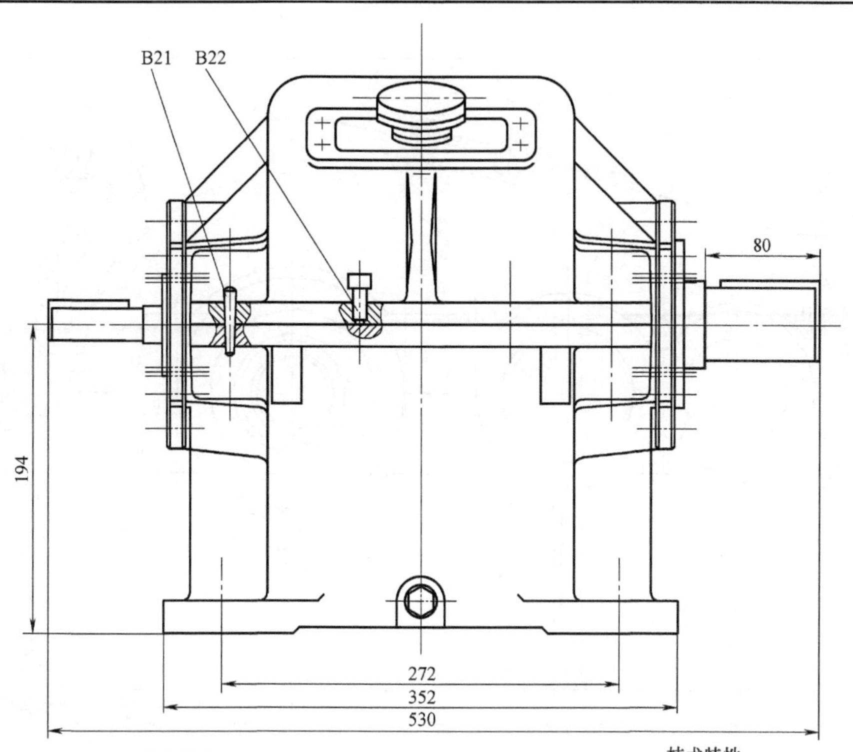

技术要求

1.装配前，箱体与其他铸件不加工面应清理干净，除去毛边、毛刺，并浸涂防锈漆。
2.零件在装配前用煤油清洗，轴承用汽油清洗，晾干后表面应涂油。
3.齿轮装配后，应用涂色法检查接触斑点，圆柱齿轮沿齿高不小于40%，沿齿长不小于50%。
4.调整、固定轴承时应留有轴向间隙0.2～0.5mm。
5.减速器内装N220工业齿轮油，油量达到规定深度。
6.箱体内壁涂耐油油漆，减速器外表面涂灰色油漆。
7.减速器剖分面，各接触面及密封处均不允许漏油，箱体剖分面应涂以密封胶或水玻璃，不允许使用其他任何填充料。
8.按试验规程进行试验。

技术特性

输入功率/kW	输入轴转速/(r/min)	效率 η	总传动比 i	传动特性			
				第一级		第二级	
				m_n	β	m_n	β
3	480	0.96	24	2.5	13°32′24″	4	13°27′32″

序号	零件名称	数量	材料	规格及标准代号	备注
26	油标尺	1	Q235		
25	通气器	1	Q235	M18×1.5	
24	底视孔盖	1	Q235		
23	密封垫	1	石棉橡胶纸		
22	上箱盖	1	HT200		
21	大齿轮	1	45		
20	低速轴	1	45		
19	套筒	1	Q235		
18	轴承盖	1	HT200		
17	调整垫片	2组	08F		
16	挡油盘	1	Q235		
15	轴承盖	1	HT200		
14	调整垫片	2组	08F		
13	高速轴	1	45		
12	密封圈盖	1	Q235		
11	轴承盖	1	HT200		
10	挡油盘	1	Q235		
9	轴承盖	1	HT200		
8	大齿轮	1	45		
7	套筒	1	Q235		
6	中间轴	1	45		
5	轴承盖	1	HT200		
4	调整垫片	2组	08F		
3	密封圈盖	1	Q235		
2	轴承盖	1	HT200		
1	箱座	1	HT200		

B22	起盖螺钉	1	Q235	M12×30 GB/T 5782—2016	
B21	销	2	35	A12×30 GB/T 117—2000	
B20	垫圈	8	65Mn	16 GB/T 93—1987	
B19	螺母	8	Q235	M16 GB/T 6170—2015	
B18	螺栓	8	Q235	M16×130 GB/T 5782—2016	
B17	螺母	1	Q235	M22×1.5 GB/T 6170—2015	
B16	螺钉	1	Q235	M5×16 GB/T 5782—2016	
B15	垫圈	4	65Mn	12 GB/T 93—1987	
B14	螺母	4	Q235	M12 GB/T 6170—2015	
B13	螺栓	4	Q235	M12×50 GB/T 5782—2016	
B12	封油垫圈	1	石棉橡胶纸		
B11	外六角螺塞	1	Q235	M20×1.5 JB/ZQ4450—1997	
B10	键	1	45	20×80 GB/T 1096—2013	
B9	油封	1	橡胶	30×55×12 HG4—338—1996	
B8	螺钉	24	Q235	M8×20 GB/T 5782—2016	
B7	深沟球轴承	2		6206 GB/T 276—2013	
B6	键	1	45	12×50 GB/T 1096—2003	
B5	深沟球轴承	2		6207 GB/T 276—2013	
B4	螺钉	4	Q235	M5×10 GB/T 5782—2016	
B3	键	1	45	C14×56 GB/T 1096—2003	
B2	油封	1	橡胶	65×90×12 HG4—338—1996	
B1	深沟球轴承	2		6213 GB/T 276—2013	备注

二级展开式圆柱齿轮减速器			比例		图号	
			数量		重量	
设计		(日期)	机械设计课程设计		(校名)	
审核		(日期)			(班级)	

装配图（轴承采用油润滑）

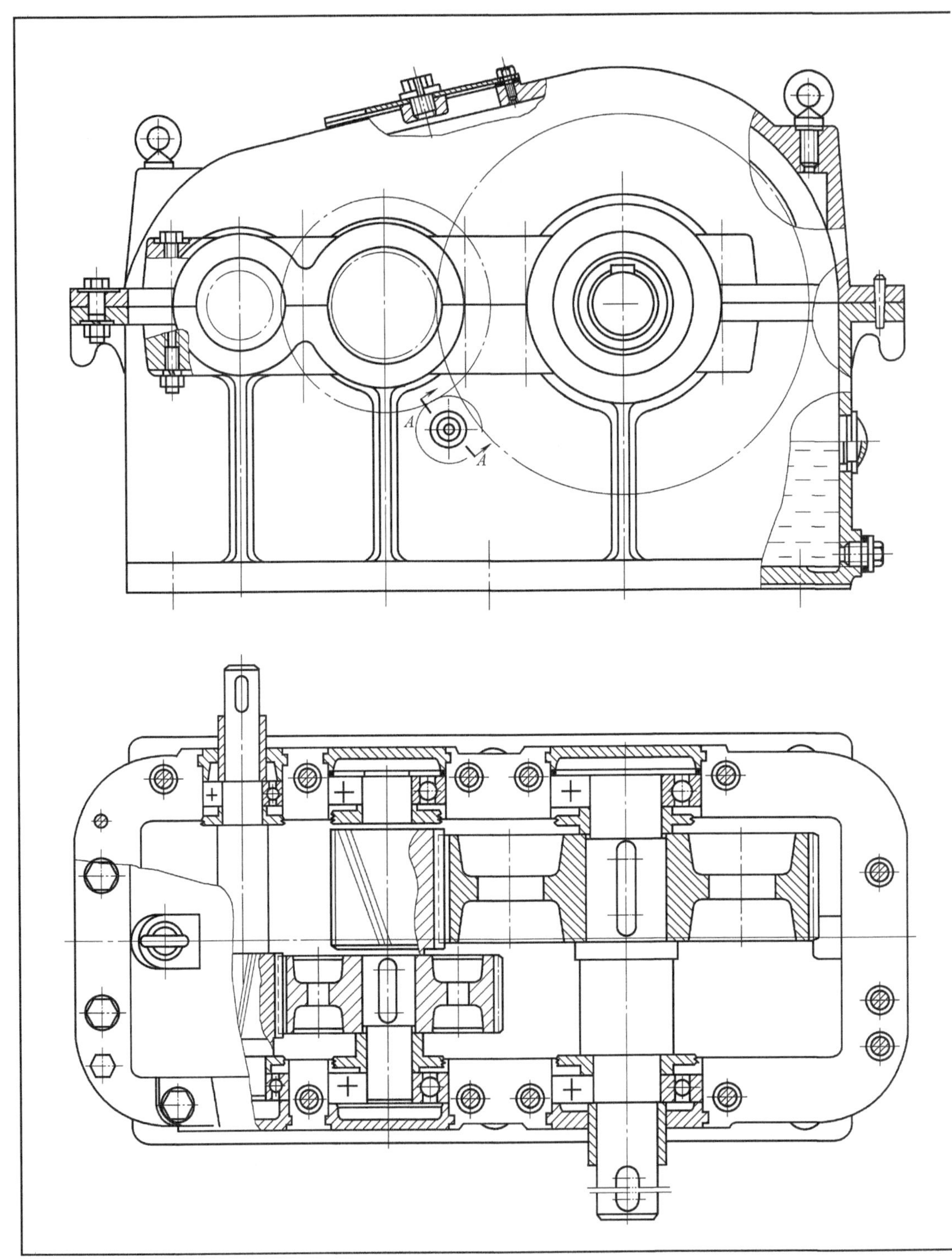

图 20.5　二级展开式圆柱齿轮减速器

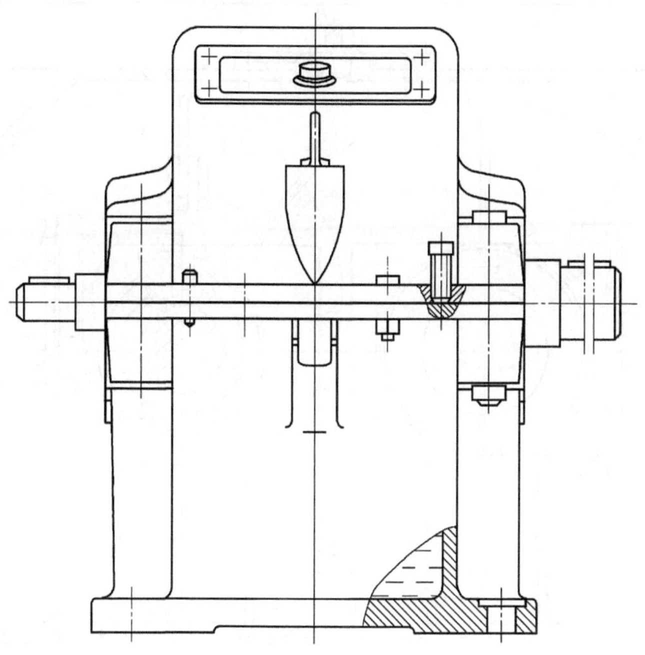

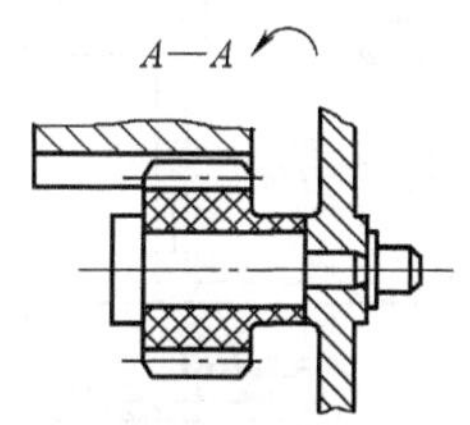

结构特点

本图所示为二级展开式圆柱齿轮减速器。二级圆柱齿轮减速器的不同分配方案，将影响减速器的重量，外观尺寸及润滑状况。本图所示结构能实现较大的传动比。*A*—*A*剖视图上的小齿轮为第一级两个齿轮的润滑而设置的。采用嵌入式端盖，结构简单，用垫片调整轴承的间隙。各轴承采用脂润滑，用挡油盘防止稀油溅入轴承。

标题栏略

装配图（嵌入式轴承盖、有甩油轮）

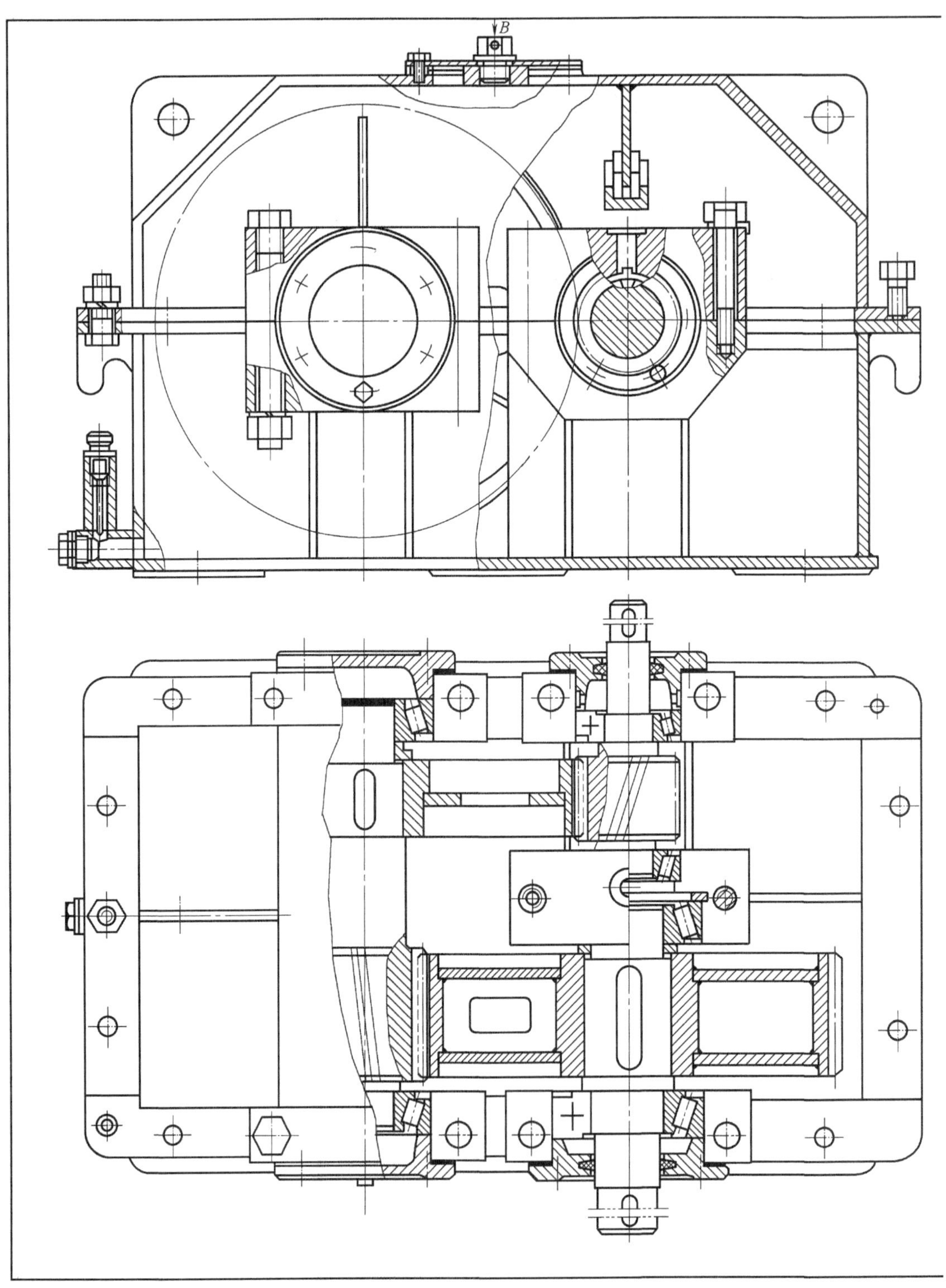

图 20.6　二级同轴式

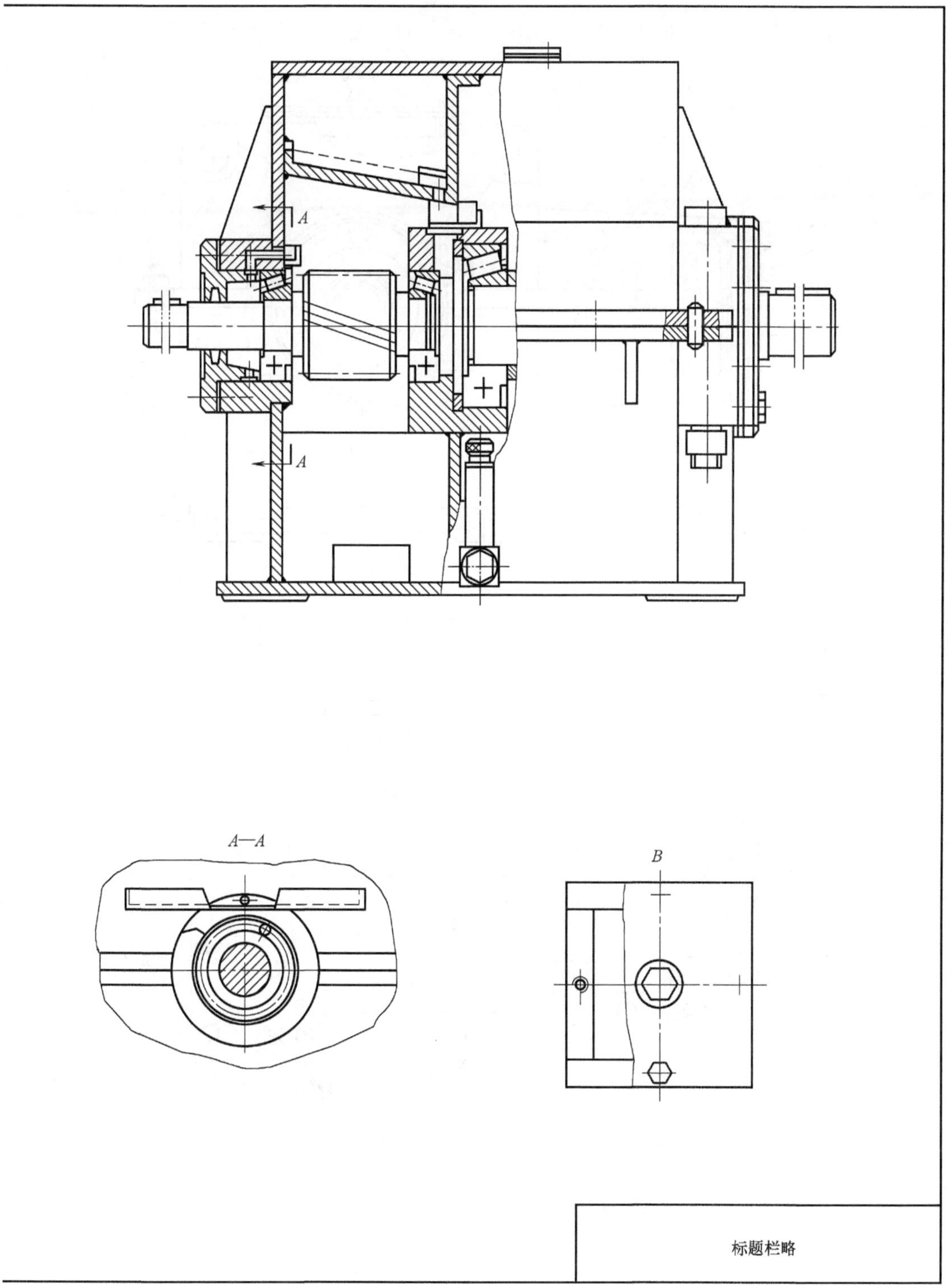

圆柱齿轮减速器装配图

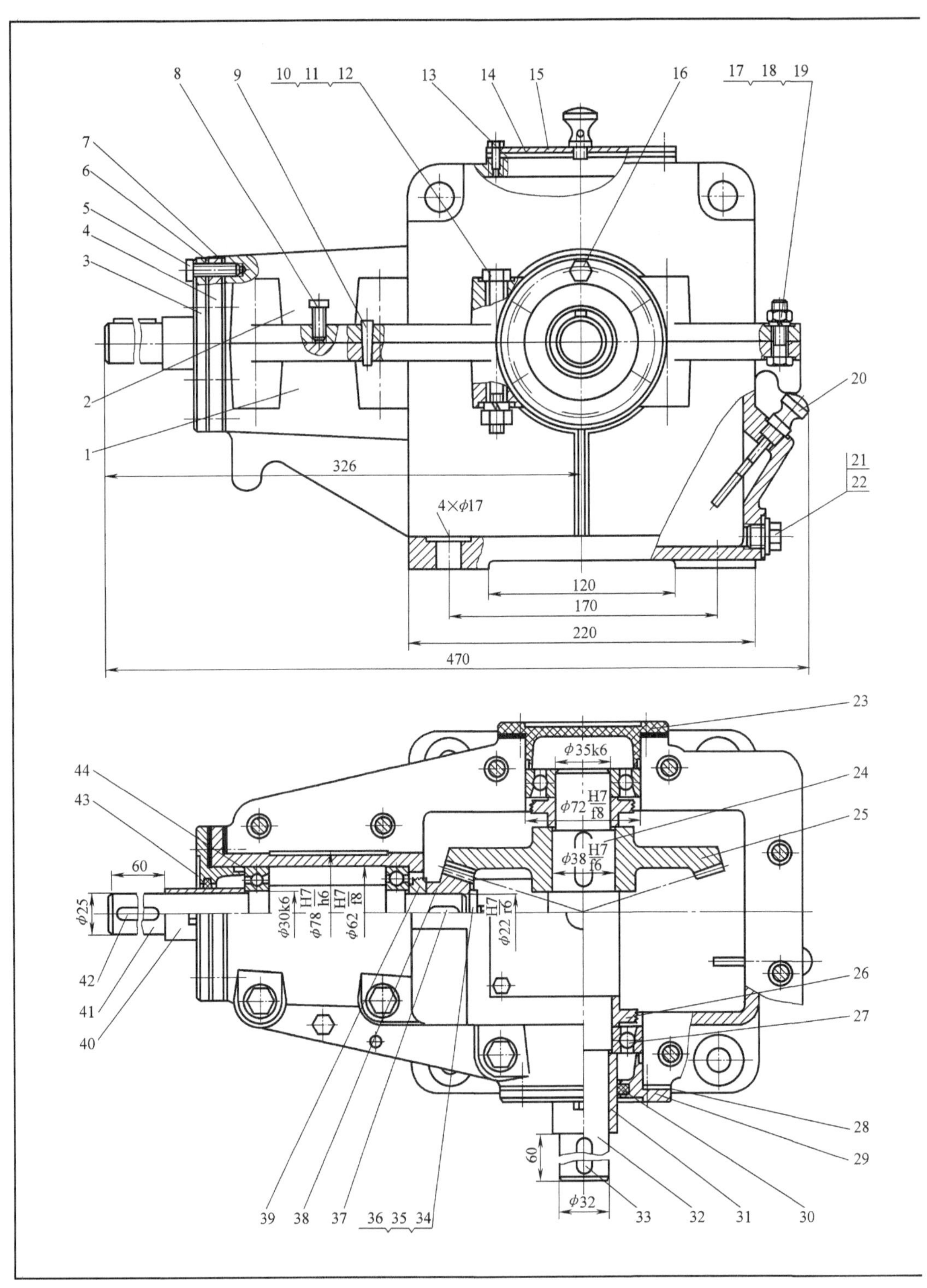

8
9
10 11 12
13
14
15
16
17 18 19
7
6
5
4
3
2
1
20
21
22
326
4×ϕ17
120
170
220
470
23
ϕ35k6
24
ϕ72 H7/f8
25
ϕ38 H7/f6
44
43
60
ϕ25
ϕ30k6
ϕ78 H7/h6
ϕ62 H7/f8
H7/r6
ϕ22 r6
42
41
40
26
27
28
29
60
ϕ32
39 38 37 36 35 34
33 32 31 30

图 20.7　一级锥齿轮

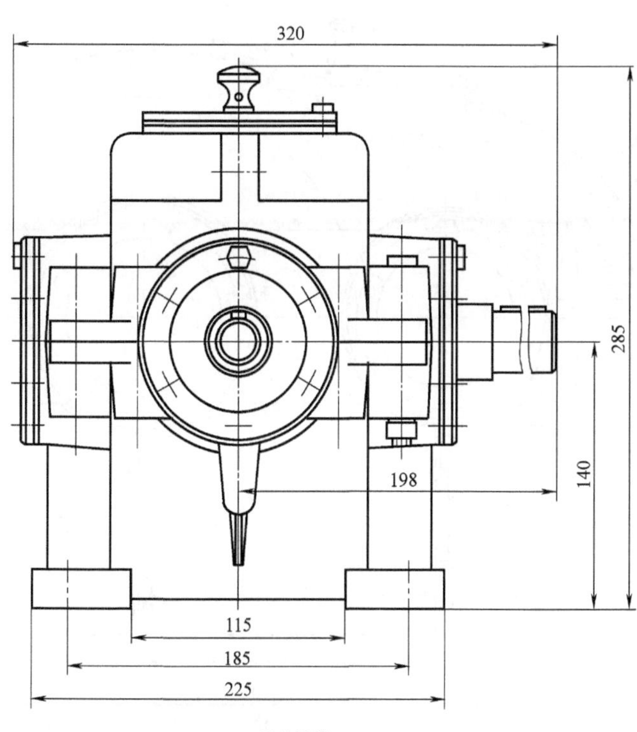

技术特性

输入功率/kW	输入轴转速/(r/min)	传动比i
3.8	940	3.22

技术要求

1.装配前，滚动轴承用汽油清洗，其他零件用煤油清洗，箱体内不允许有任何杂物存在，箱体内壁涂耐油油漆。
2.装配后，检查齿轮齿侧间隙j_{min}=0.16mm。
3.齿轮装配后，用涂色法检验齿面接触斑点，沿齿高和齿宽方向不小于50%，必要时可研磨或刮后研磨，以改善接触情况。
4.滚动轴承的轴向间隙为0.2～0.3mm。
5.减速器各密封处不得漏油。剖分面涂密封胶或水玻璃，不允许使用任何填料。
6.减速器内装L－AN68润滑油至规定高度。轴承用ZN-3钠基脂润滑。
7.减速器外表面涂灰色油漆。

注：本图为一级锥齿轮减速器的常用结构，其特点是结构简单、机体刚度高。小锥齿轮与轴是分开的，装拆比较方便。轴承采用面对面安装，右轴承的外环用凸台固定，左轴承的外环用轴承盖固定。并通过轴承盖处的垫片来调整轴承间隙。由于小锥齿轮轴承座较长，其根部直径较大，故在确定轴承旁凸台的高度时，大小轴承座的凸台高度应综合考虑。在绘图时，应注意小锥齿轮轴承座根部处的凸台的表达。

序号	名称	数量	材料	备注
44	轴承7206C	2		GB/T 292—2007
43	毡圈35	1	半粗羊毛毡	JB/ZQ 4606—1986
42	键8×56	1	45	GB/T 1096—2003
41	轴	1	45	
40	套筒	1	Q235	
39	挡油盘	2	Q235	
38	小锥齿轮	1	45	m_e=2.5, z=22
37	键6×20	1	45	GB/T 1096—2003
36	挡圈B30	1	Q235	GB 891—1986
35	垫圈10	2	65Mn	GB/T 93—1987
34	螺栓M10×25	1		GB/T 5782—2016 8.8级
33	键10×56	1	45	GB/T 1096—2003
32	轴	1	45	
31	套筒	1	Q235	
30	毡圈40	1	半粗羊毛毡	JB/ZQ 4606—1986
29	轴承端盖	1	HT200	
28	调整垫片	2组	08F	成组
27	轴承7207C	2		GB/T 276—2013
26	挡油盘	2	Q235	
25	大锥齿轮	1	45	m_e=2.5, z=71
24	键10×32	1	45	GB/T 1096—2003
23	轴承端盖	1		
22	螺塞M14×15	1	Q235	JB/ZQ4450—1986
21	垫片	1	石棉橡胶纸	
20	油标尺M12	1	Q235	
19	垫圈10	2	65Mn	GB/T 93—1987
18	螺母M10	2		GB/T 6170—2015 8级
17	螺栓M10×35	2		GB/T 5782—2016 8.8级
16	螺栓M8×25	12		GB/T 5782—2016 8.8级
15	窥视孔盖及通气器	1	Q235	组件
14	垫片	1	石棉橡胶纸	
13	螺栓M5×16	4		GB/T 5782—2016 8.8级
12	螺栓M12×100	6		GB/T 5782—2016 8.8级
11	螺母M12	6		GB/T 6170—2015 8级
10	垫圈12	6	65Mn	GB/T 93—1987
9	销6×30	2	35	GB/T 117—2000
8	螺栓M10 35	1		GB/T 5782—2016 8.8级
7	调整垫片	1组	08F	成组
6	调整垫片	1组	08F	成组
5	螺栓M8 35	6		GB/T 5782—2016 8.8级
4	套杯	1	HT200	
3	轴承端盖	1	HT200	
2	箱盖	1	HT200	
1	箱座	1	HT200	

一级锥齿轮减速器			图号		比例	
			质量		数量	
设计	(姓名)	(日期)	(校名)		共 页	
审核	(姓名)	(日期)	(班号)		第 页	

减速器装配图

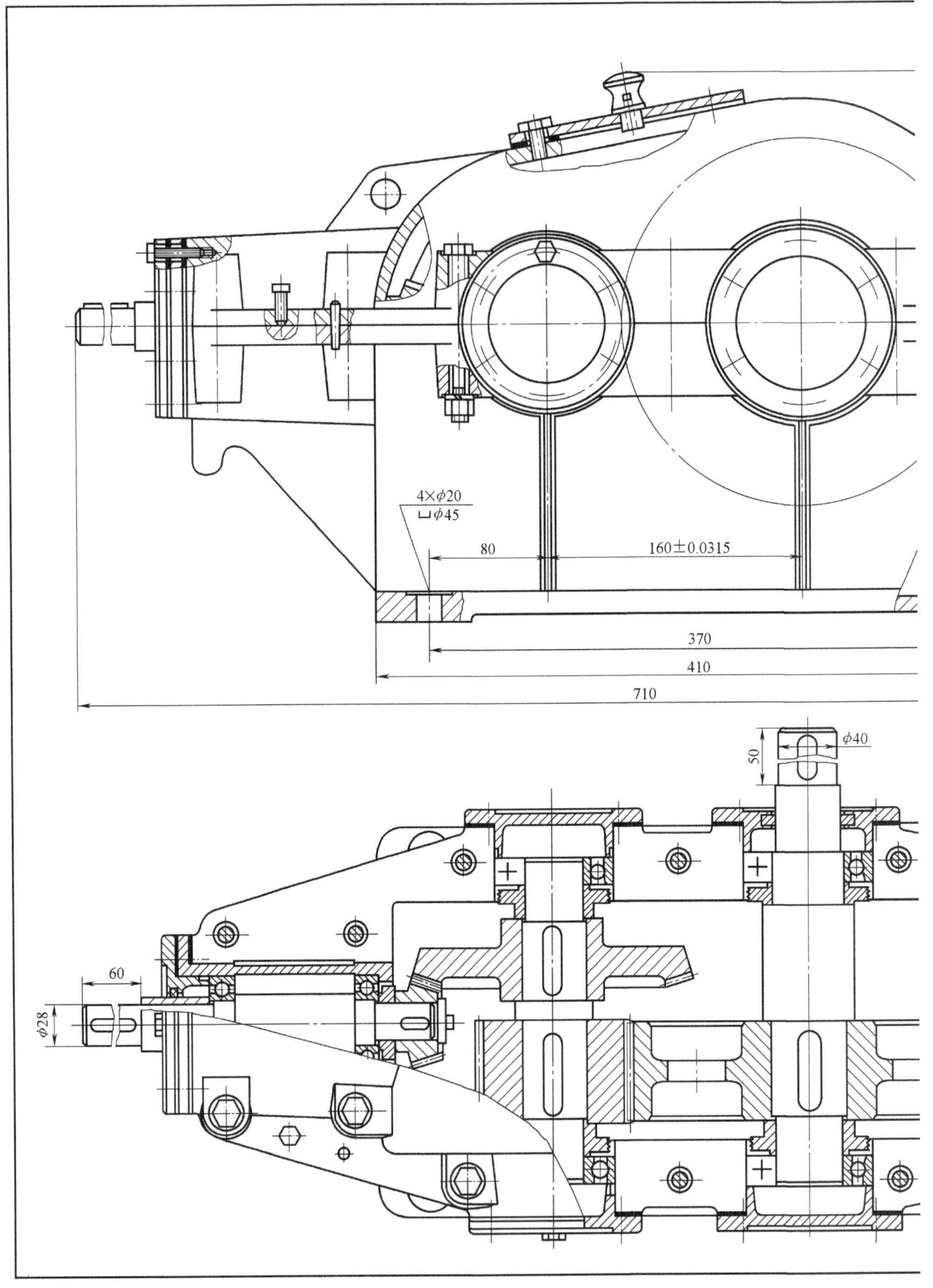

图 20.8　锥齿轮-圆柱齿轮

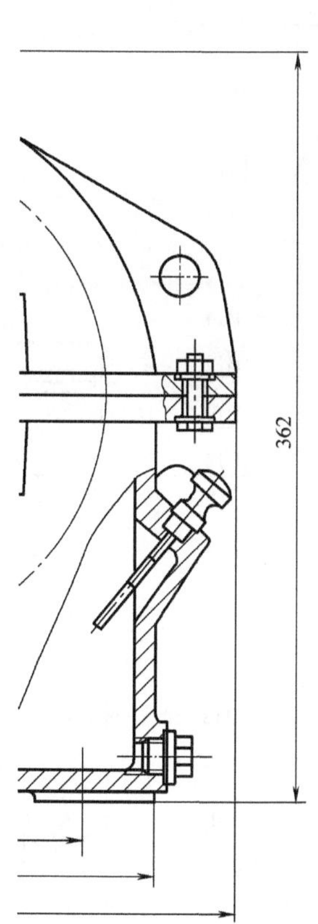

拆去窥视孔盖

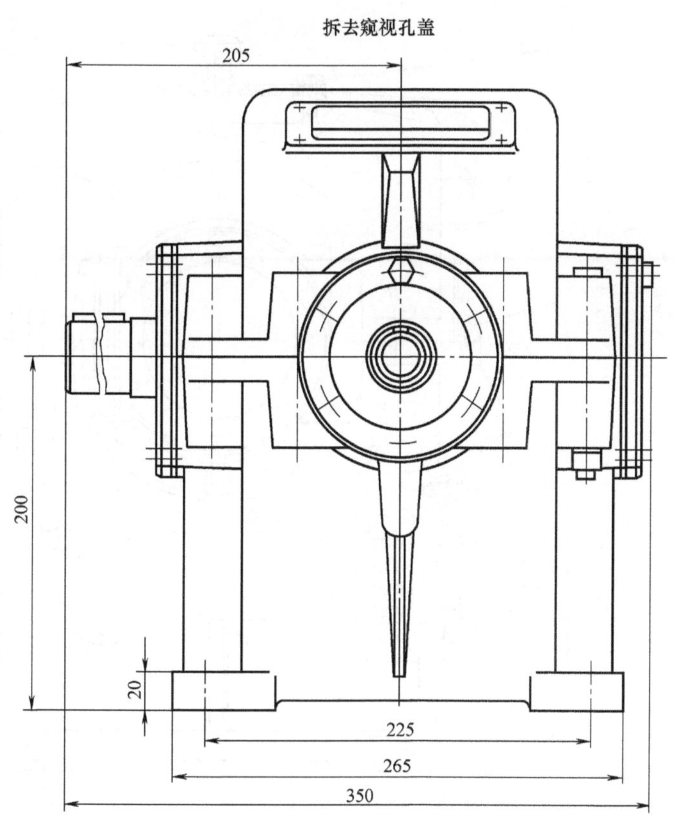

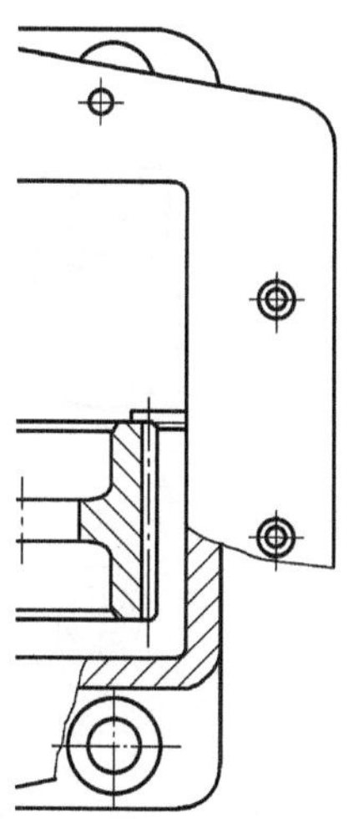

技术特性

输入功率/kW	输入轴转速/(r/min)	传动比 i
3.8	940	7.21

注：本图为锥齿轮-圆柱齿轮减速器的常用结构，其特点是结构简单、箱体刚度高。绘制主视图时，应保证锥齿轮不要与箱盖的圆弧内壁相干涉。

标题栏略

减速器装配图

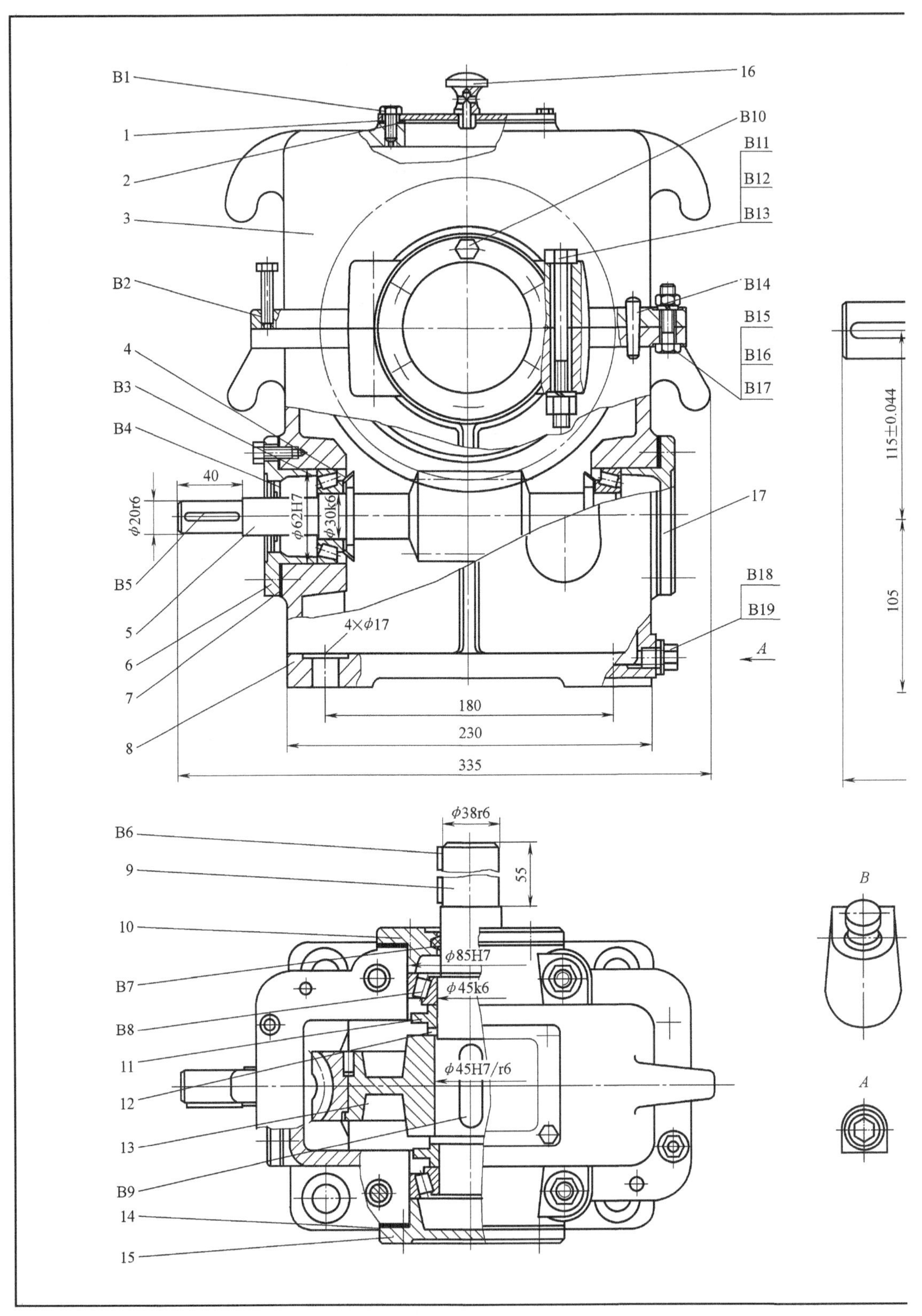

图 20.9　一级蜗杆减速器

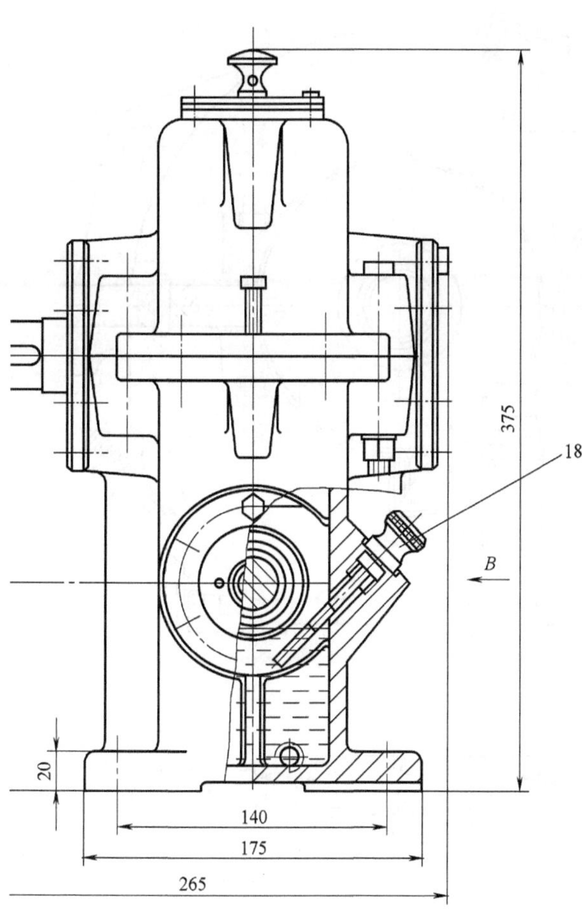

序号	名称	数量	材料	备注
B19	螺塞 M18×1.5	1	Q235	JB/ZQ4450—2006
B18	油圈 25×16	1	石棉橡胶纸	ZB 71—1962
B17	垫圈 10	2	65Mn	GB/T 93—1987
B16	螺母M10	2		GB/T 6170—2015 8级
B15	螺栓 M10×35	2		GB/T 5783—2016 8.8级
B14	销 6×30	2	35	GB/T 117—2000
B13	螺栓 M12×100	6		GB/T 5782—2016 8.8级
B12	螺母M12	6		GB/T 6170—2015 8级
B11	垫圈 12	6	65Mn	GB/T 93—1987
B10	螺栓 M8×20	24		GB/T 5783—2016 8.8级
B9	键 14×70	1	45	GB/T 1096—2003
B8	轴承 30209	2		GB/T 297—2015
B7	油封毡圈	1	粗羊毛毡	FZ/T92010—1991
B6	键B×50	1	45	GB/T 1096—2003
B5	键 6×36	1	45	GB/T 1096—2003
B4	密封圈25×40×7	1		GB/T 13871.1—2007
B3	轴承 30207	2		GB/T 297—2015
B2	螺栓 M10×35	1		GB/T 5783—2016 8.8级
B1	螺栓 M5×16	4		GB/T 5783—2016 8.8级
18	油标尺 M12	1		组合件
17	轴承端盖	1	HT200	
16	轴承螺栓	1	Q235	
15	通气器	1	HT200	
14	调整垫片	2组	08F	成组
13	蜗轮	1		$z_2=37, m=5$
12	套筒	1	Q235	
11	挡油盘	2	Q235	
10	轴承端盖	1	HT200	
9	轴	1	45	
8	箱座	1	HT200	
7	调整垫片	2组	08F	成组
6	轴承端盖	1	HT200	
5	蜗杆轴	1	45	$z_1=1, m=5$
4	挡油盘	2	Q235	
3	箱盖	1	HT200	
2	窥视孔盖	1	Q235	
1	垫片	1	石棉橡胶纸	

一级蜗杆减速器		图号		比例	
		质量		数量	
设计	(姓名)	(日期)	(校名) (班号)	共 页	
审核				第 页	

技术特性

输入功率/kW	输入轴转速/(r/min)	传动比 i
3.9	940	18.5

技术要求

1.装配前,应将所有零件清洗干净，箱体内壁涂防锈油漆。

2.装配后，检查齿轮齿侧间隙 j_{min}=0.14mm。

3.齿轮装配后，用涂色法检验齿面接触斑点，沿齿高不小于55%，沿齿宽不小于50%，必要时可用研磨或刮后研磨以改善接触情况。

4.蜗杆轴承的轴向间隙为0.04～0.07mm,蜗轮轴承的轴向间隙为0.057～0.07mm。

5.减速器的箱体、密封处及剖分面不得漏油,剖分面可以涂密封漆或水玻璃,但不得使用垫片。

6.箱座内装L-AN100润滑油至规定高度。轴承用ZN-3钠基脂润滑。

7.减速器外表面涂灰色油漆。

装配图（蜗杆下置式）

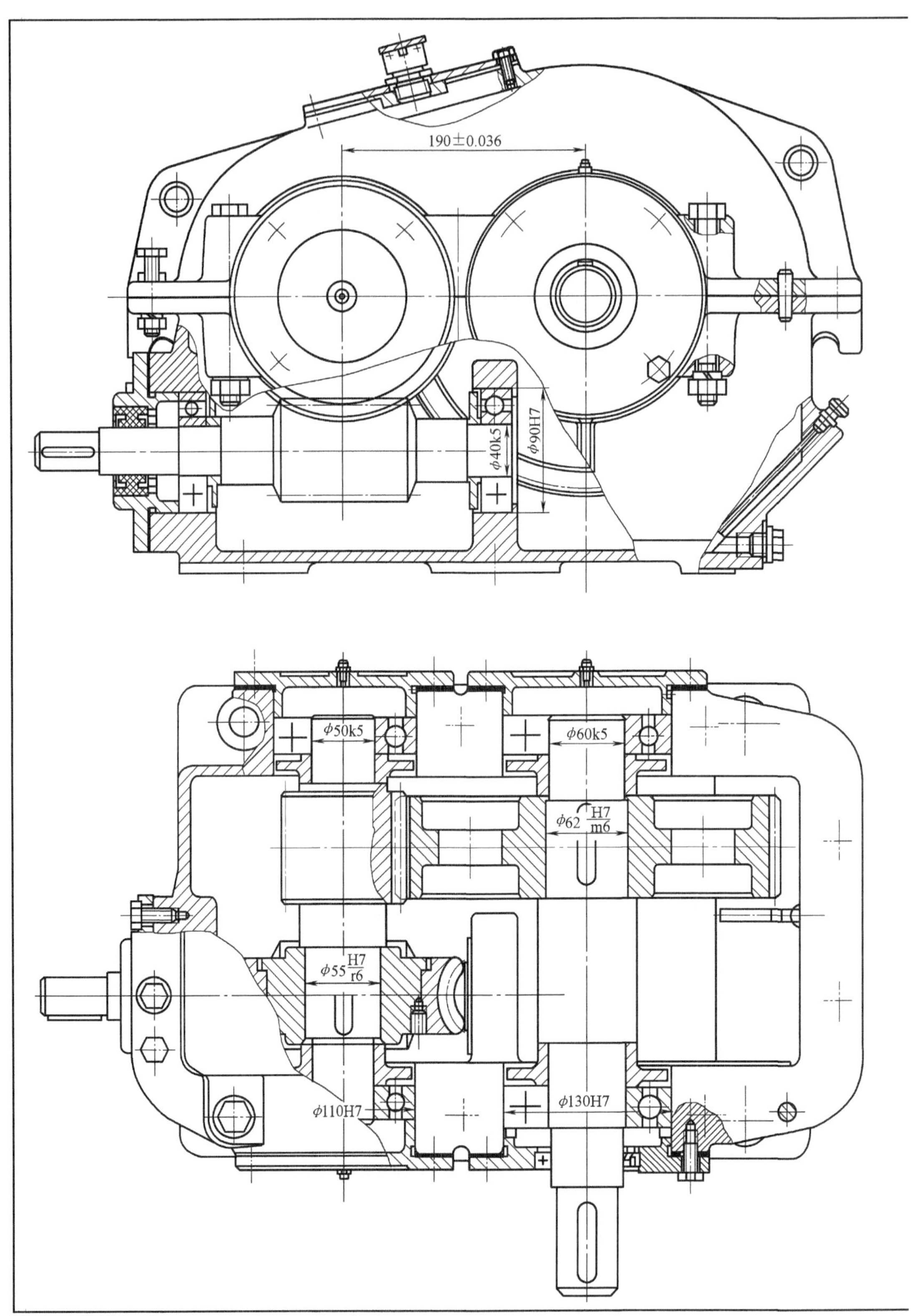
190±0.036
φ40k5
φ90H7
φ50k5
φ60k5
φ62 H7/m6
φ55 H7/r6
φ110H7
φ130H7

图 20.10　蜗杆齿轮

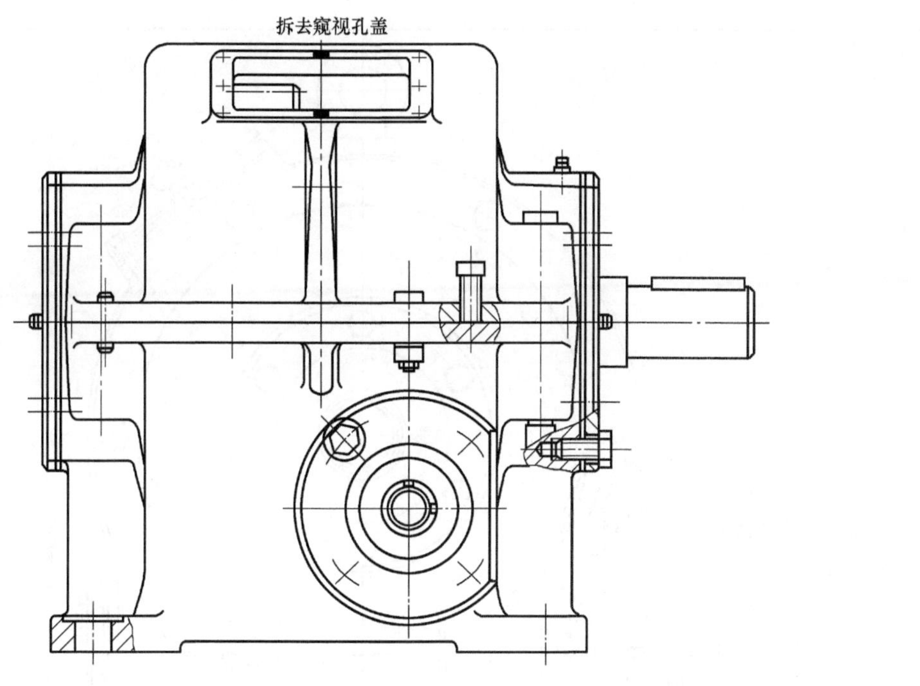

标题栏略

减速器装配图

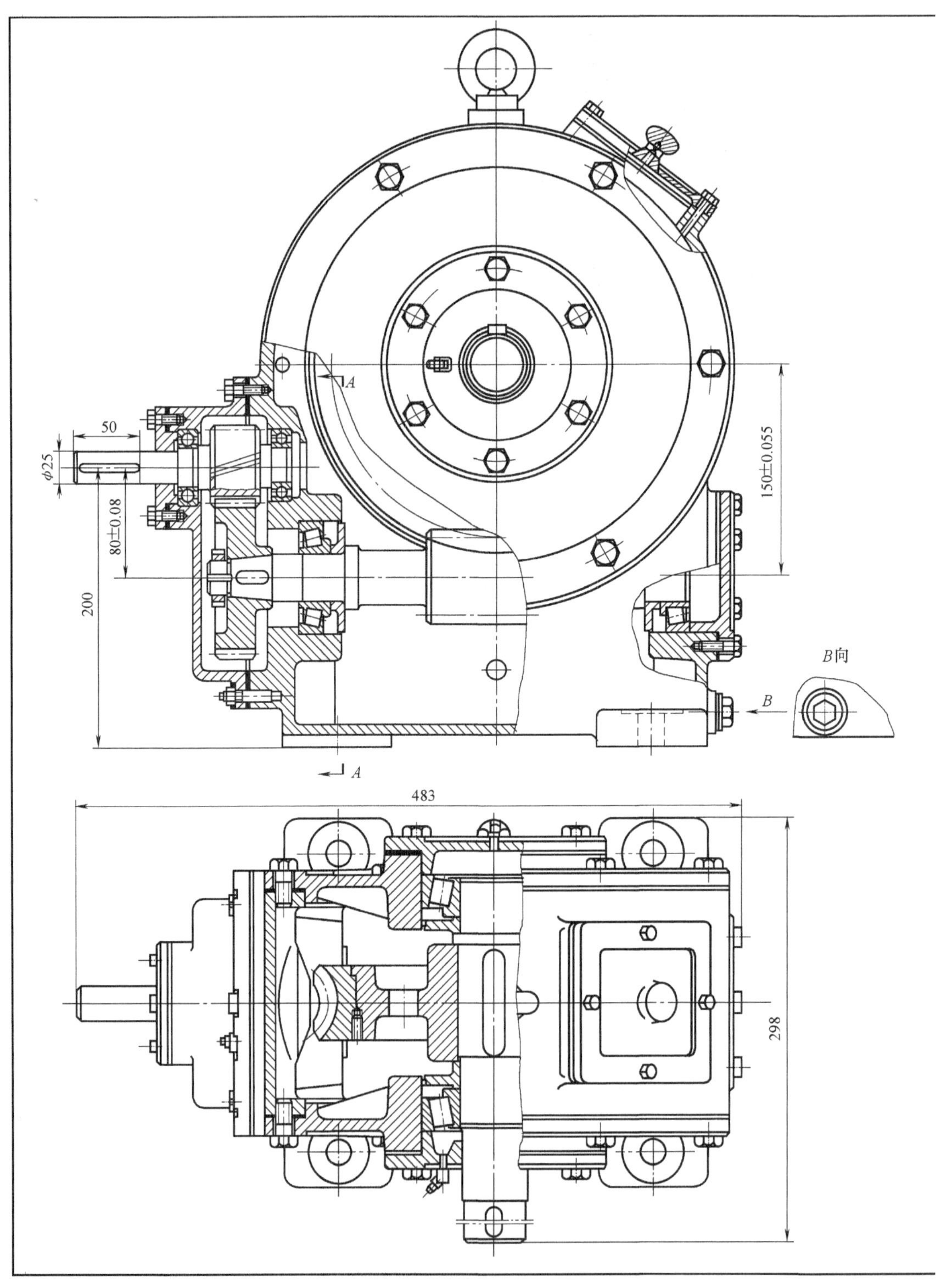

图 20.11　齿轮蜗杆

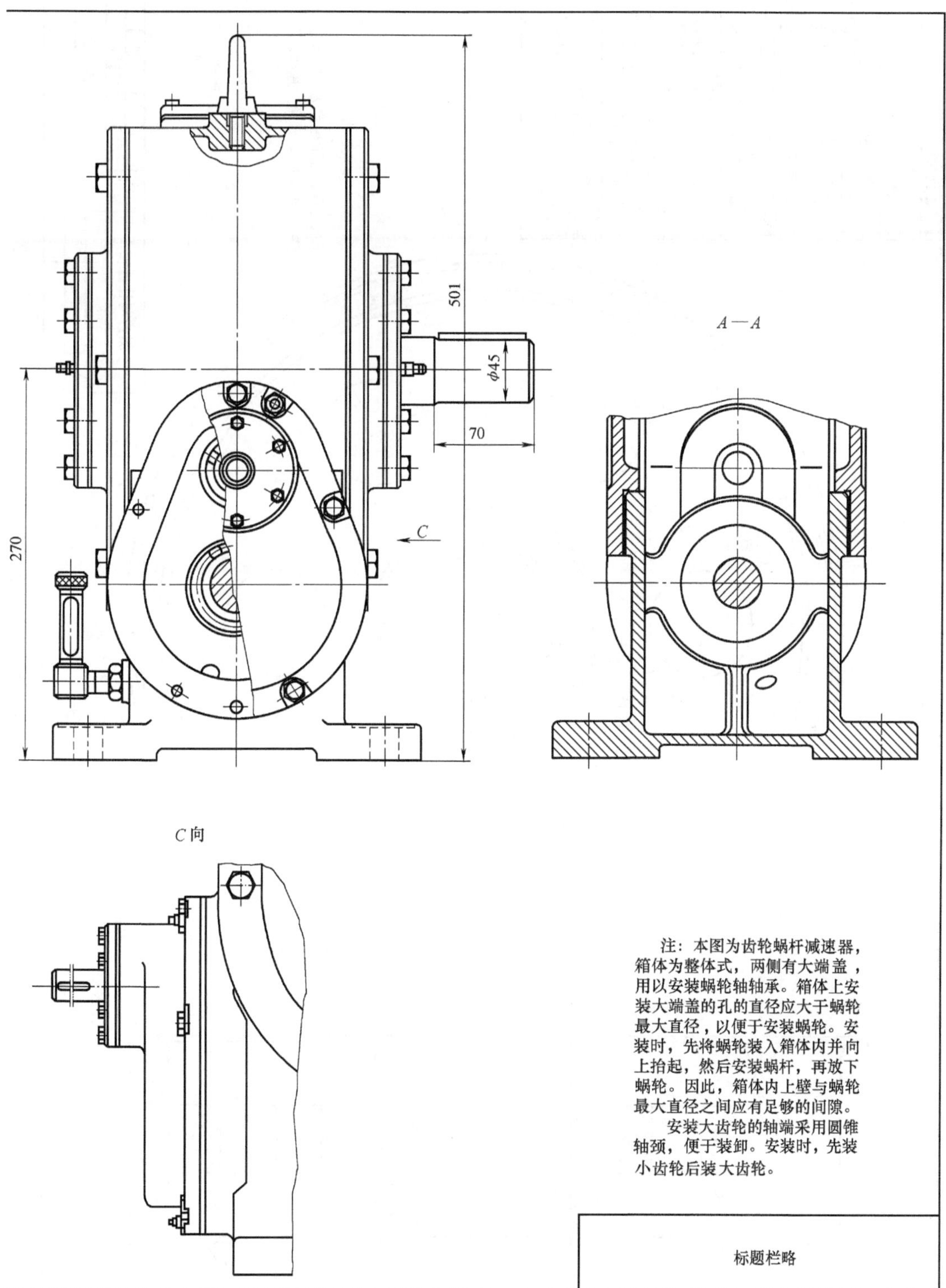
501
270
ϕ45
70
C
A—A
C向
注：本图为齿轮蜗杆减速器，箱体为整体式，两侧有大端盖，用以安装蜗轮轴轴承。箱体上安装大端盖的孔的直径应大于蜗轮最大直径，以便于安装蜗轮。安装时，先将蜗轮装入箱体内并向上抬起，然后安装蜗杆，再放下蜗轮。因此，箱体内上壁与蜗轮最大直径之间应有足够的间隙。
安装大齿轮的轴端采用圆锥轴颈，便于装卸。安装时，先装小齿轮后装大齿轮。
标题栏略

减速器装配图

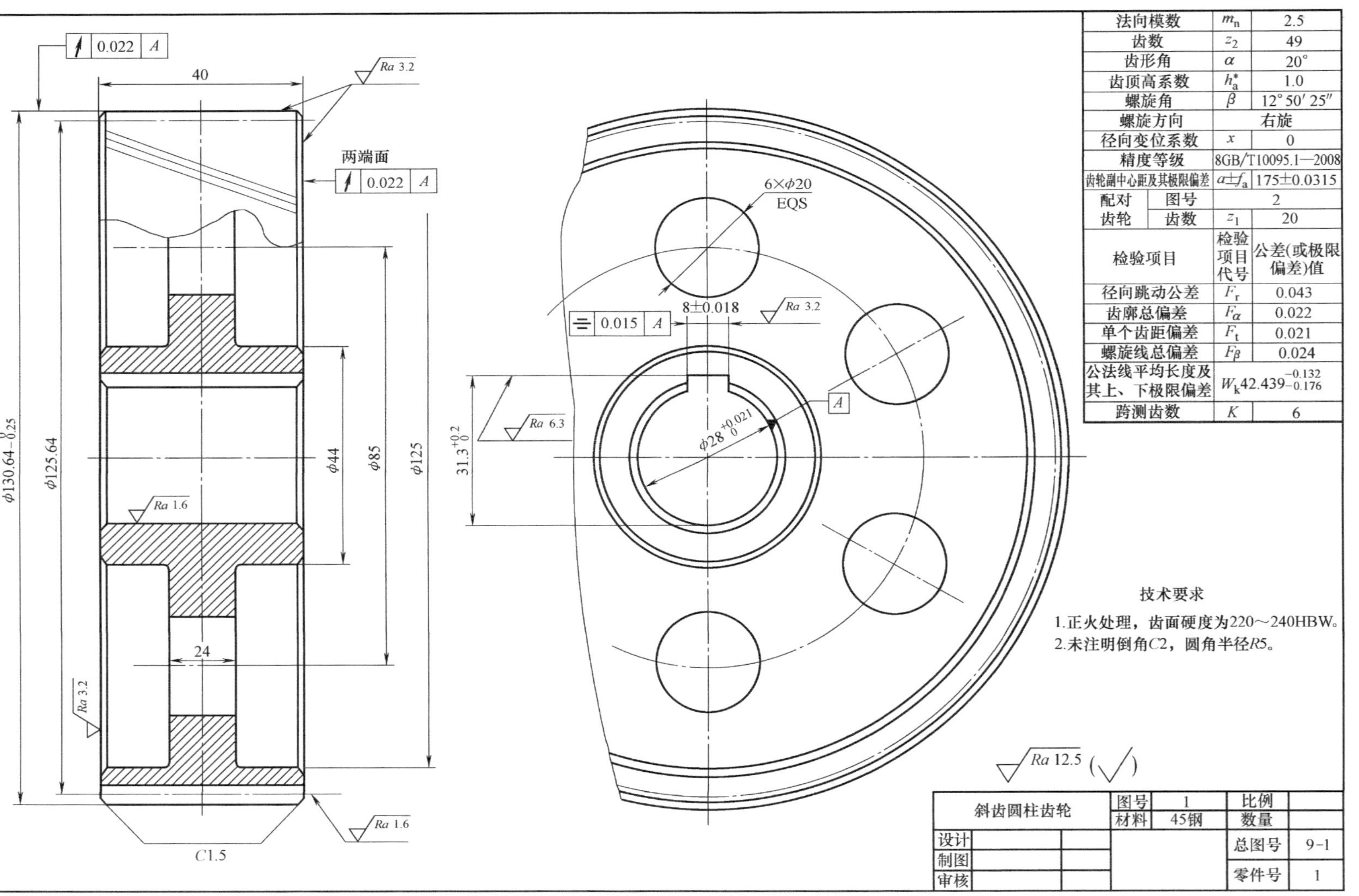
0.022 A
40
Ra 3.2
两端面
0.022 A
6×φ20
EQS
8±0.018
Ra 3.2
0.015 A
31.3 +0.2 0
Ra 6.3
A
φ28 +0.021 0
φ130.64 0 -0.25
φ125.64
φ44
φ85
φ125
Ra 1.6
24
Ra 3.2
Ra 1.6
C1.5
法向模数 | m_n | 2.5
齿数 | z_2 | 49
齿形角 | α | 20°
齿顶高系数 | h_a^* | 1.0
螺旋角 | β | 12°50′25″
螺旋方向 | 右旋
径向变位系数 | x | 0
精度等级 | 8GB/T10095.1—2008
齿轮副中心距及其极限偏差 | $a\pm f_a$ | 175±0.0315
配对齿轮 图号 | 2
配对齿轮 齿数 | z_1 | 20
检验项目 | 检验项目代号 | 公差(或极限偏差)值
径向跳动公差 | F_r | 0.043
齿廓总偏差 | F_α | 0.022
单个齿距偏差 | F_t | 0.021
螺旋线总偏差 | F_β | 0.024
公法线平均长度及其上、下极限偏差 | $W_k 42.439_{-0.176}^{-0.132}$
跨测齿数 | K | 6
技术要求
1.正火处理，齿面硬度为220～240HBW。
2.未注明倒角C2，圆角半径R5。
Ra 12.5 (√)
斜齿圆柱齿轮
图号 1
材料 45钢
比例
数量
总图号 9-1
零件号 1
设计
制图
审核

图 20.12　斜齿圆柱齿轮零件工作图

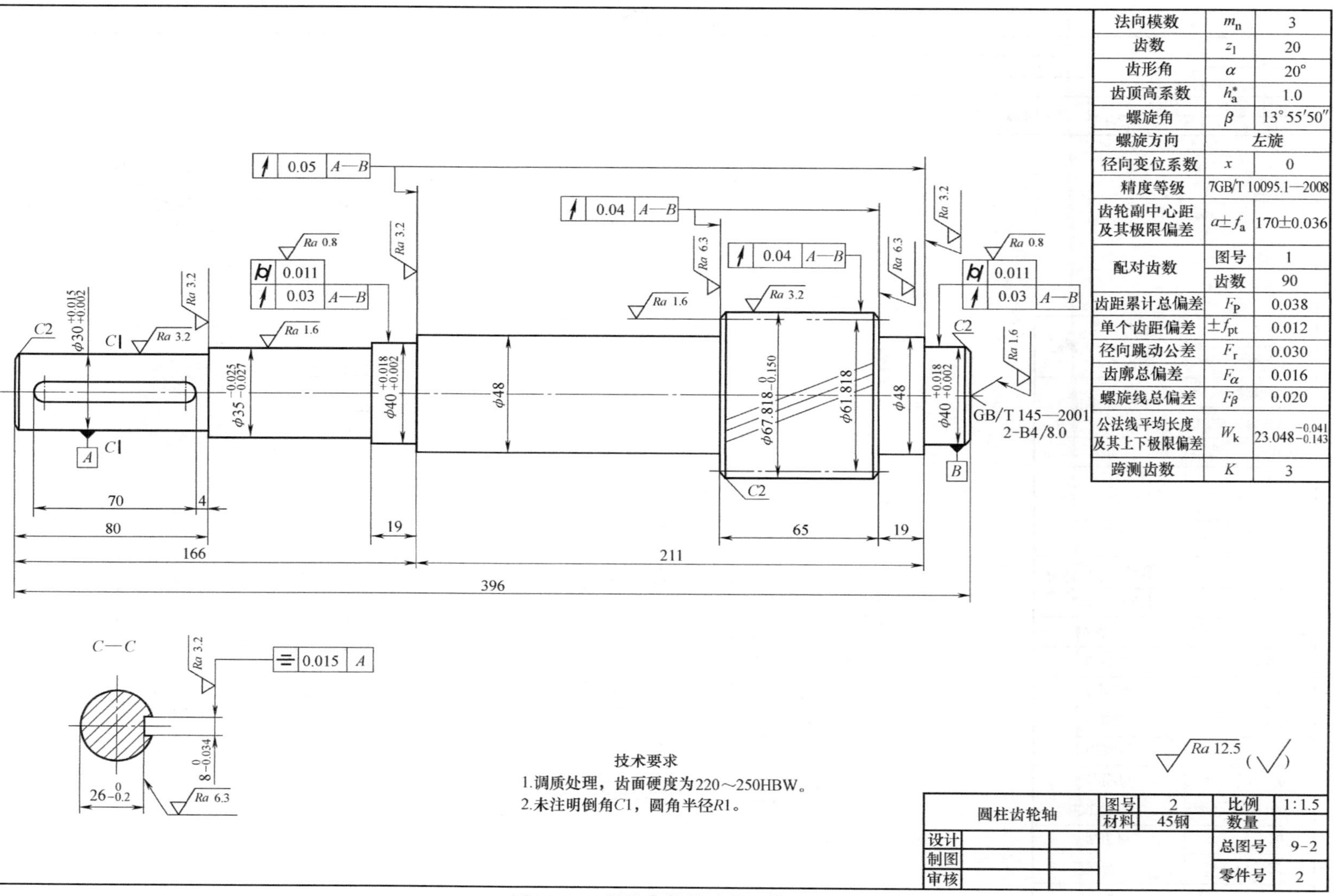

法向模数	m_n	3
齿数	z_1	20
齿形角	α	20°
齿顶高系数	h_a^*	1.0
螺旋角	β	13°55′50″
螺旋方向	左旋	
径向变位系数	x	0
精度等级	7GB/T 10095.1—2008	
齿轮副中心距及其极限偏差	$a\pm f_a$	170±0.036
配对齿数	图号	1
	齿数	90
齿距累计总偏差	F_p	0.038
单个齿距偏差	$\pm f_{pt}$	0.012
径向跳动公差	F_r	0.030
齿廓总偏差	F_α	0.016
螺旋线总偏差	F_β	0.020
公法线平均长度及其上下极限偏差	W_k	$23.048^{-0.041}_{-0.143}$
跨测齿数	K	3

图 20.13 圆柱齿轮轴零件工作图

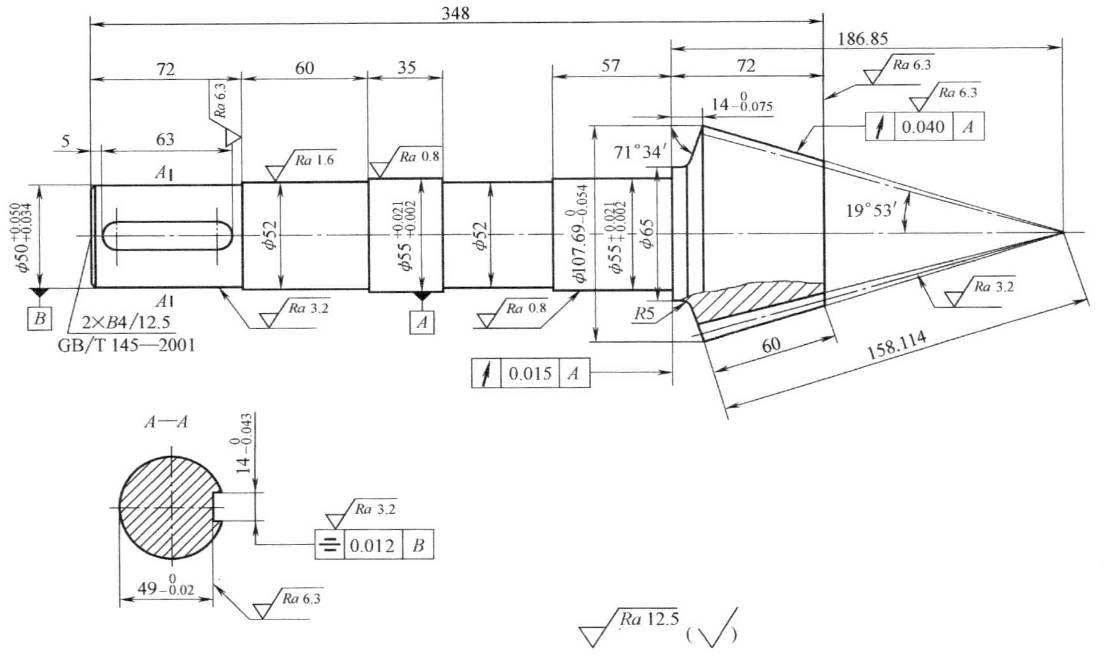

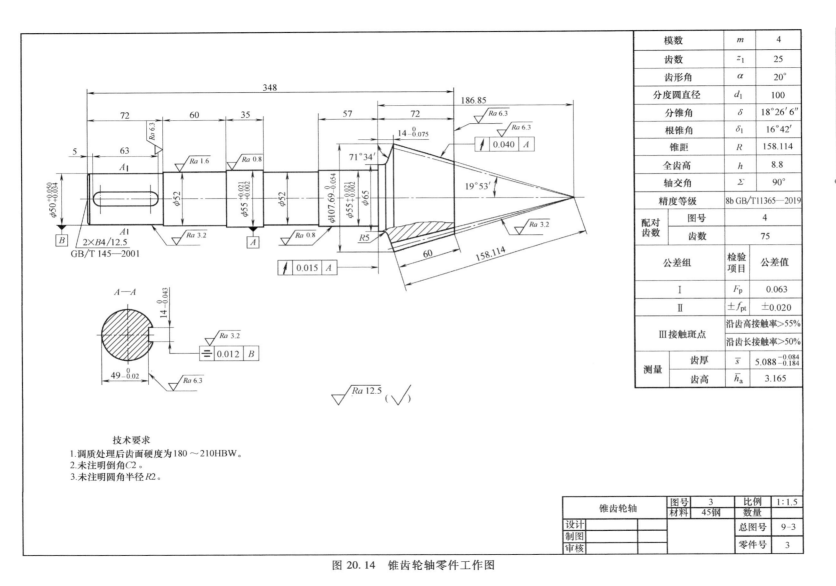

模数		m	4
齿数		z_1	25
齿形角		α	20°
分度圆直径		d_1	100
分锥角		δ	18°26′6″
根锥角		δ_1	16°42′
锥距		R	158.114
全齿高		h	8.8
轴交角		Σ	90°
精度等级		8b GB/T11365—2019	
配对齿数	图号	4	
	齿数	75	
公差组		检验项目	公差值
Ⅰ		F_p	0.063
Ⅱ		$\pm f_{pt}$	±0.020
Ⅲ接触斑点		沿齿高接触率>55%	
		沿齿长接触率>50%	
测量	齿厚	$\bar{s}$	$5.088^{-0.084}_{-0.184}$
	齿高	$\bar{h}_a$	3.165

技术要求

1.调质处理后齿面硬度为180～210HBW。
2.未注明倒角C2。
3.未注明圆角半径R2。

锥齿轮轴		图号	3	比例	1:1.5
		材料	45钢	数量	
设计				总图号	9-3
制图					
审核				零件号	3

图 20.14　锥齿轮轴零件工作图

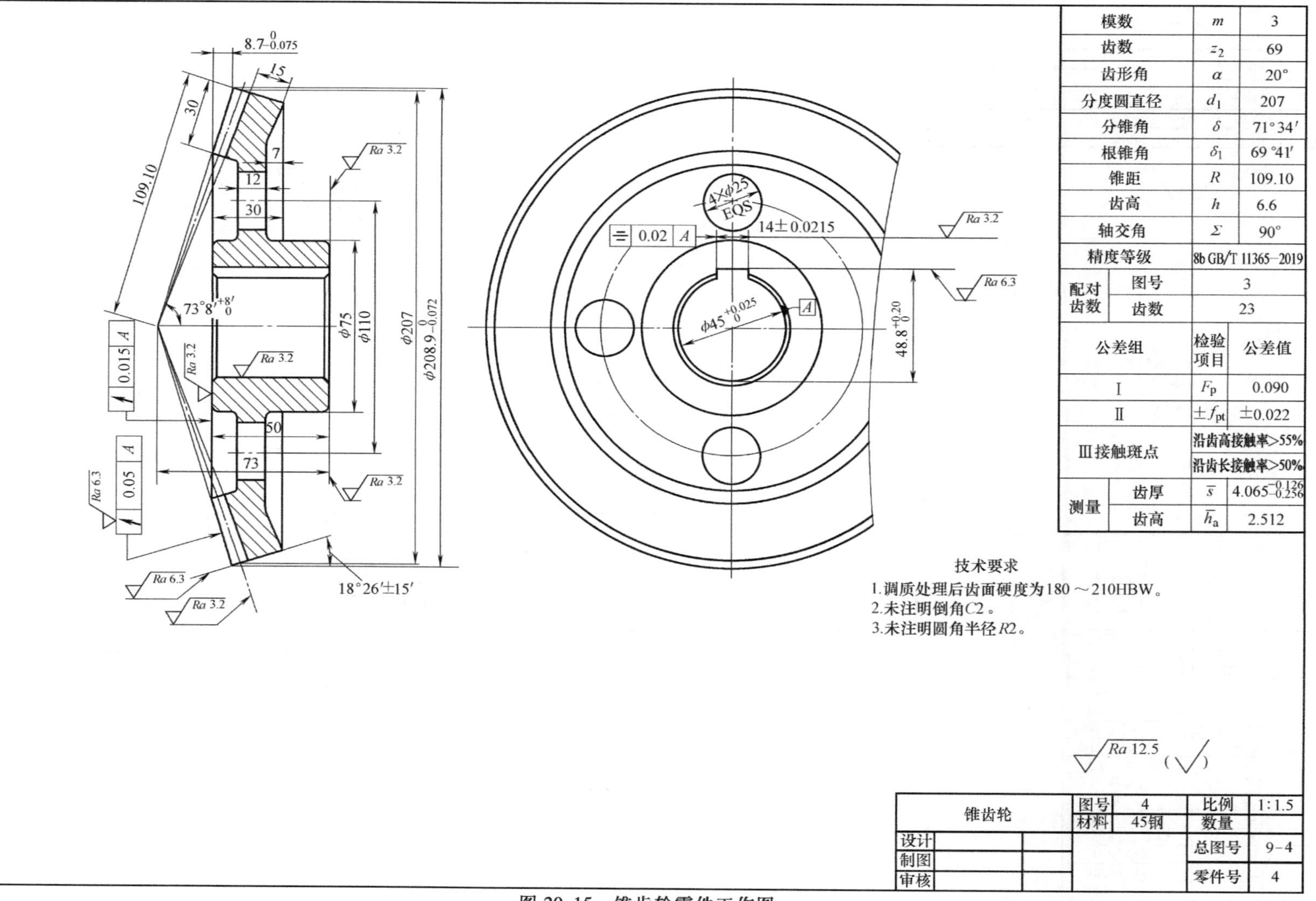

模数 m 3
齿数 z_2 69
齿形角 α 20°
分度圆直径 d_1 207
分锥角 δ 71°34′
根锥角 δ_1 69°41′
锥距 R 109.10
齿高 h 6.6
轴交角 Σ 90°
精度等级 8b GB/T 11365−2019
配对齿数 图号 3
齿数 23
公差组 检验项目 公差值
I F_p 0.090
II $\pm f_{pt}$ ±0.022
III接触斑点 沿齿高接触率>55%
沿齿长接触率>50%
测量 齿厚 $\bar{s}$ $4.065^{-0.126}_{-0.256}$
齿高 $\bar{h}_a$ 2.512
技术要求
1.调质处理后齿面硬度为180～210HBW。
2.未注明倒角C2。
3.未注明圆角半径R2。
锥齿轮
图号 4
比例 1:1.5
材料 45钢
数量
总图号 9-4
零件号 4
设计
制图
审核

图 20.15 锥齿轮零件工作图

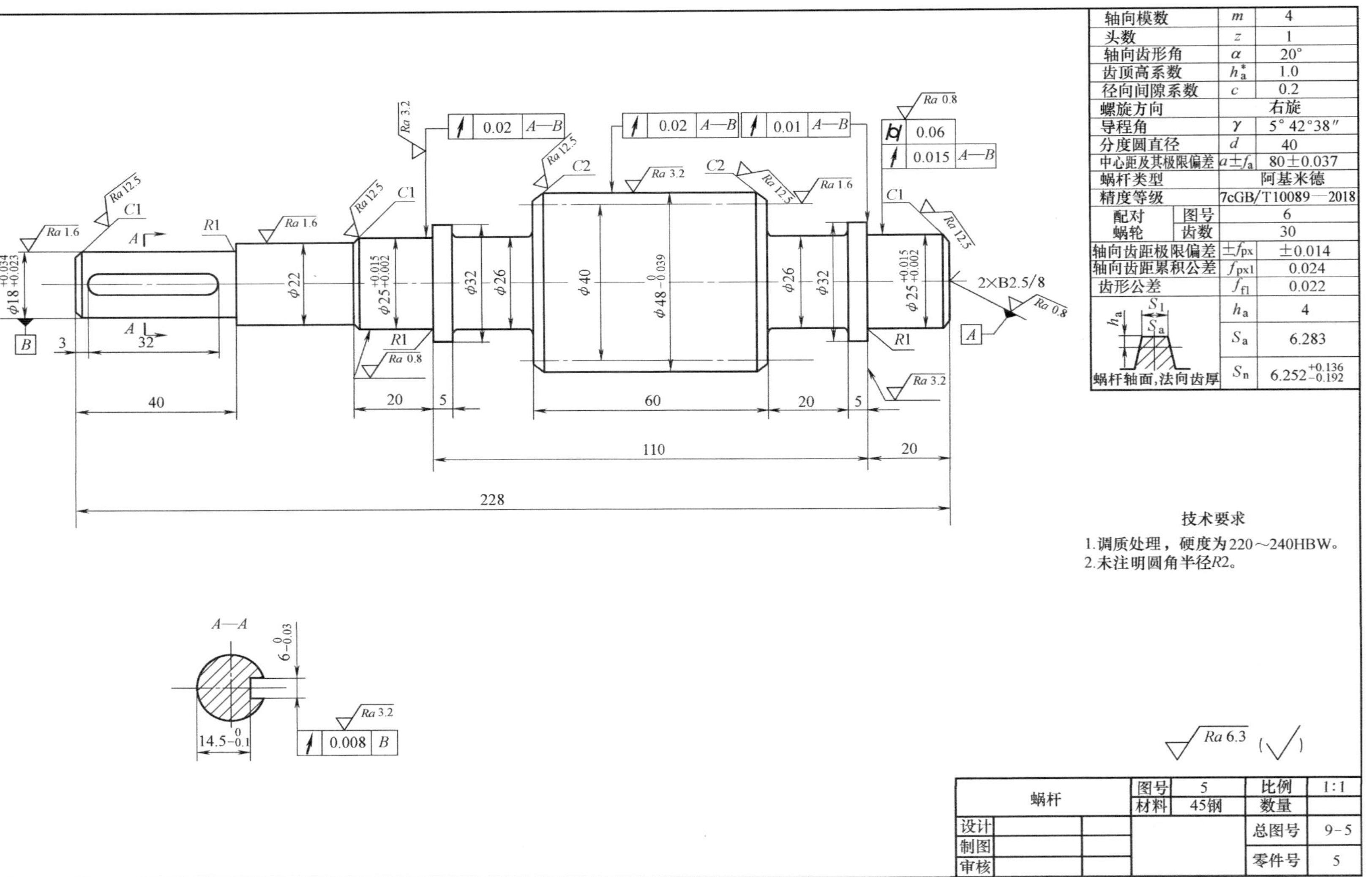

参数	符号	数值
轴向模数	m	4
头数	z	1
轴向齿形角	α	20°
齿顶高系数	h_a^*	1.0
径向间隙系数	c	0.2
螺旋方向		右旋
导程角	γ	5°42′38″
分度圆直径	d	40
中心距及其极限偏差	$a\pm f_a$	80±0.037
蜗杆类型		阿基米德
精度等级		7cGB/T10089—2018
配对蜗轮 图号		6
配对蜗轮 齿数		30
轴向齿距极限偏差	$\pm f_{px}$	±0.014
轴向齿距累积公差	f_{px1}	0.024
齿形公差	f_{f1}	0.022
蜗杆轴面，法向齿厚	h_a	4
	S_a	6.283
	S_n	$6.252^{+0.136}_{-0.192}$

图 20.16 蜗杆零件工作图

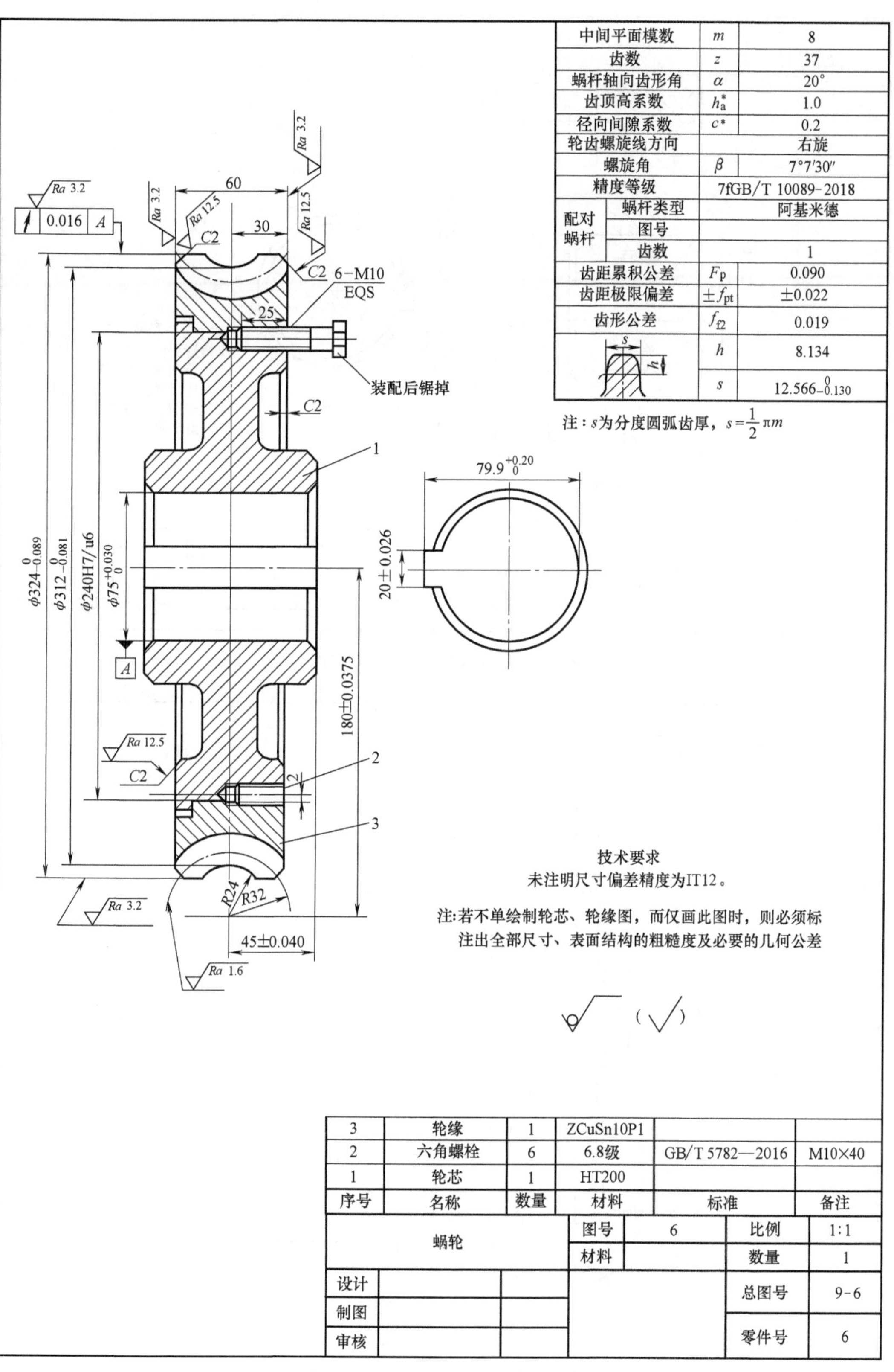

中间平面模数		m	8
齿数		z	37
蜗杆轴向齿形角		α	20°
齿顶高系数		h_a^*	1.0
径向间隙系数		c^*	0.2
轮齿螺旋线方向			右旋
螺旋角		β	7°7′30″
精度等级			7fGB/T 10089-2018
配对蜗杆	蜗杆类型		阿基米德
	图号		
	齿数		1
齿距累积公差		F_p	0.090
齿距极限偏差		$\pm f_{pt}$	±0.022
齿形公差		f_{f2}	0.019
		h	8.134
		s	$12.566_{-0.130}^{0}$

3	轮缘	1	ZCuSn10P1		
2	六角螺栓	6	6.8级	GB/T 5782—2016	M10×40
1	轮芯	1	HT200		
序号	名称	数量	材料	标准	备注

蜗轮	图号	6	比例	1:1
	材料		数量	1
设计			总图号	9-6
制图				
审核			零件号	6

图 20.17　蜗轮零件工作图

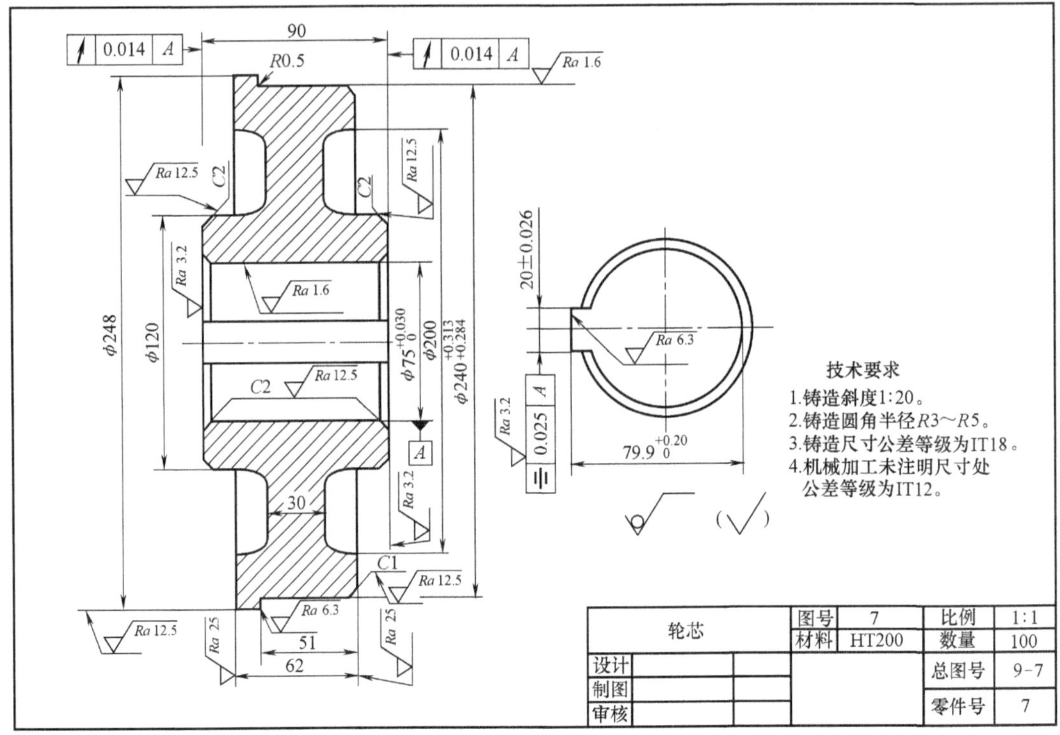

图 20.18 蜗轮轮芯零件工作图

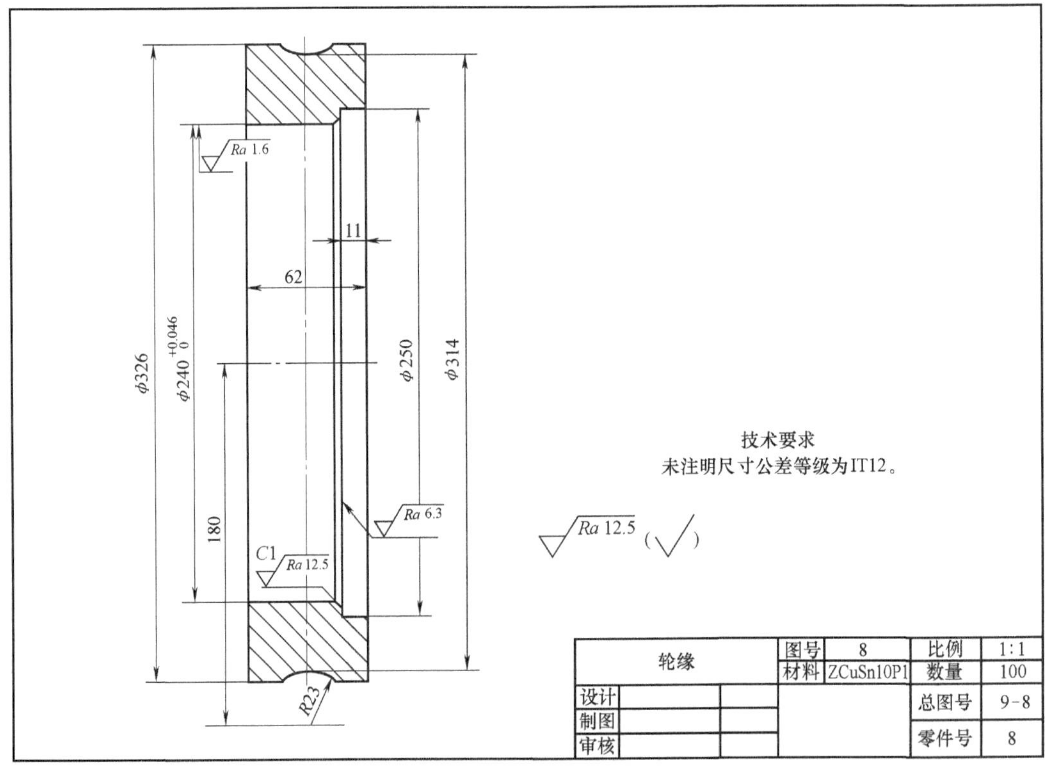

图 20.19 蜗轮轮缘零件工作图

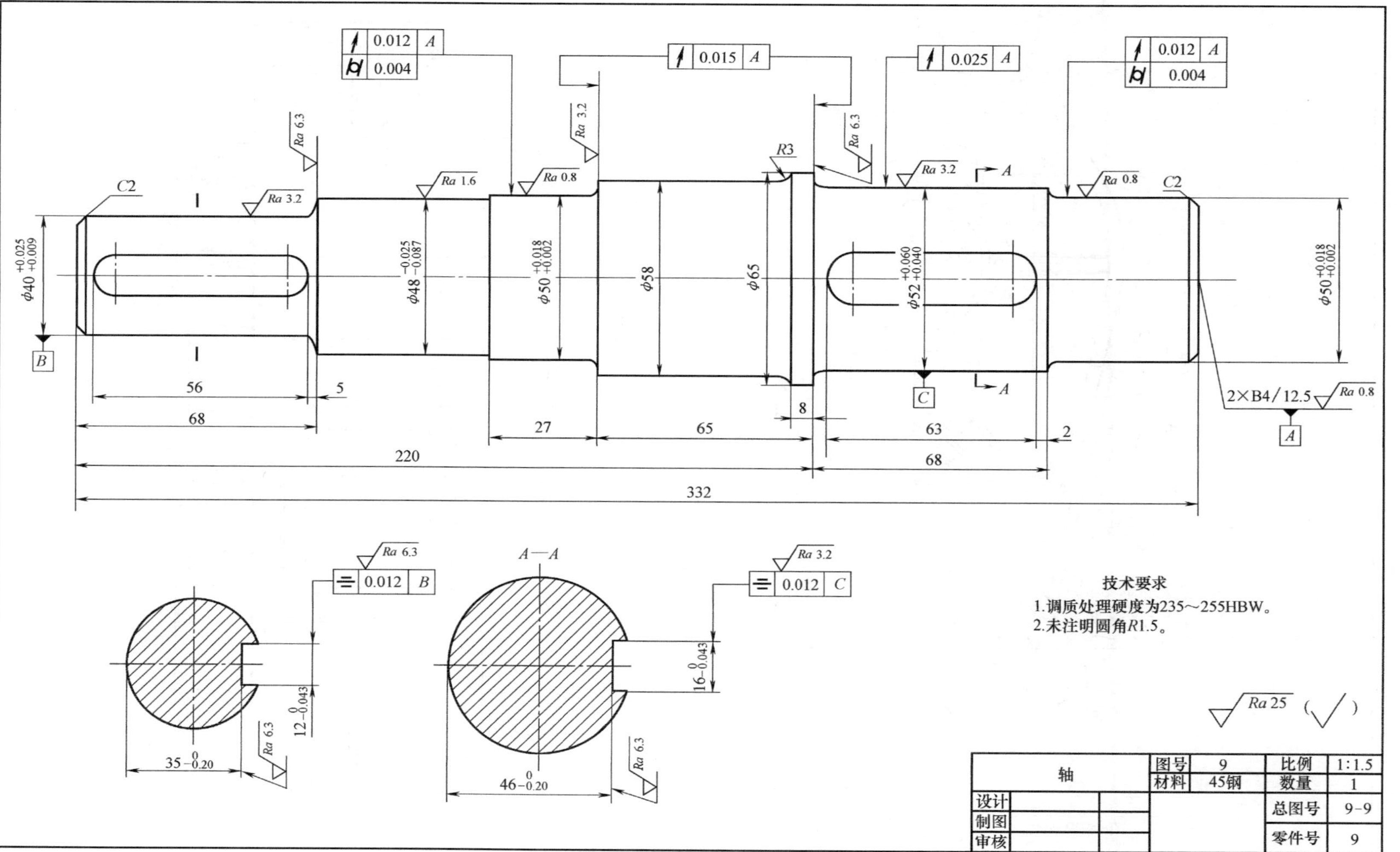

图 20.20 轴零件工作图

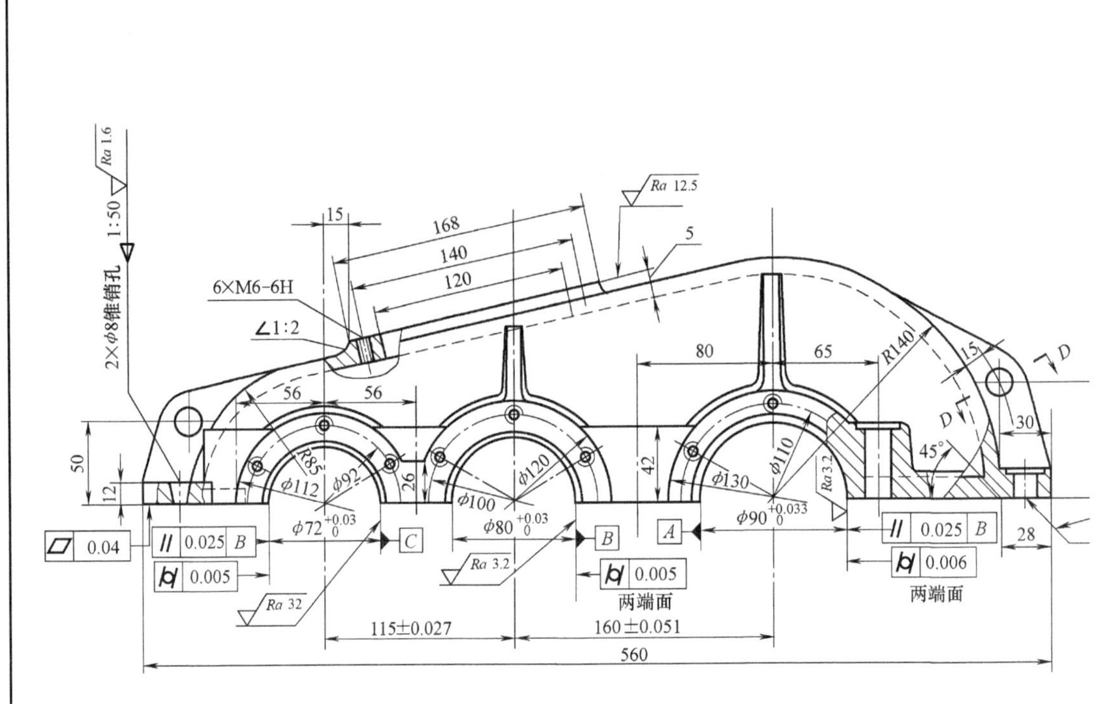

Ra 1.6
1:50
2×ϕ8锥销孔
6×M6-6H
∠1:2
Ra 12.5
15
168
140
120
5
80
65
R140
15
D
56
56
R85
ϕ92
ϕ112
ϕ120
ϕ100
ϕ130
ϕ110
42
26
50
12
Ra 3.2
45°
30
0.04
0.025 B
0.005
ϕ72 +0.03 0
C
ϕ80 +0.03 0
B
A
ϕ90 +0.033 0
0.025 B
0.006
28
Ra 3.2
0.005
两端面
两端面
Ra 32
115±0.027
160±0.051
560

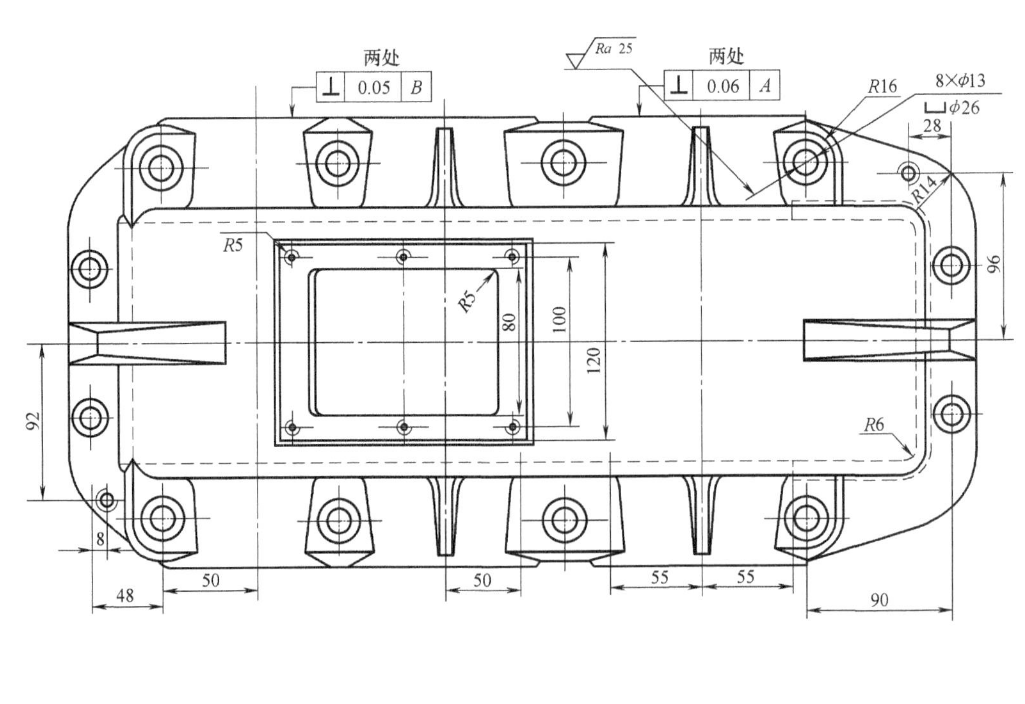

两处
0.05 B
Ra 25
两处
0.06 A
R16
8×ϕ13
ϕ26
28
R14
R5
R5
80
100
120
96
92
R6
8
48
50
50
55
55
90

图 20.21 箱盖零

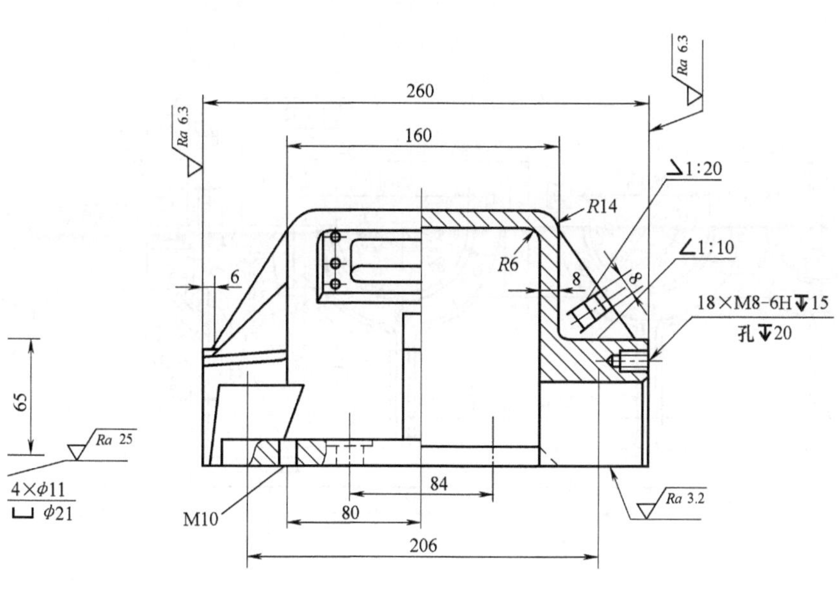

D—D 旋转

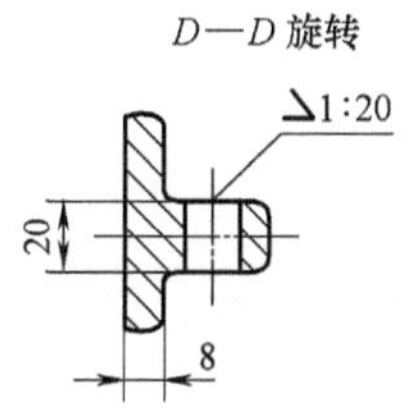

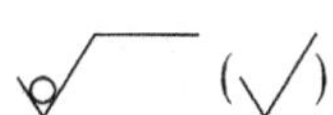

箱盖		图号	10	比例	1:1
		材料	HT200	数量	1
设计				总图号	9-10
制图					
审核				零件号	10

件工作图

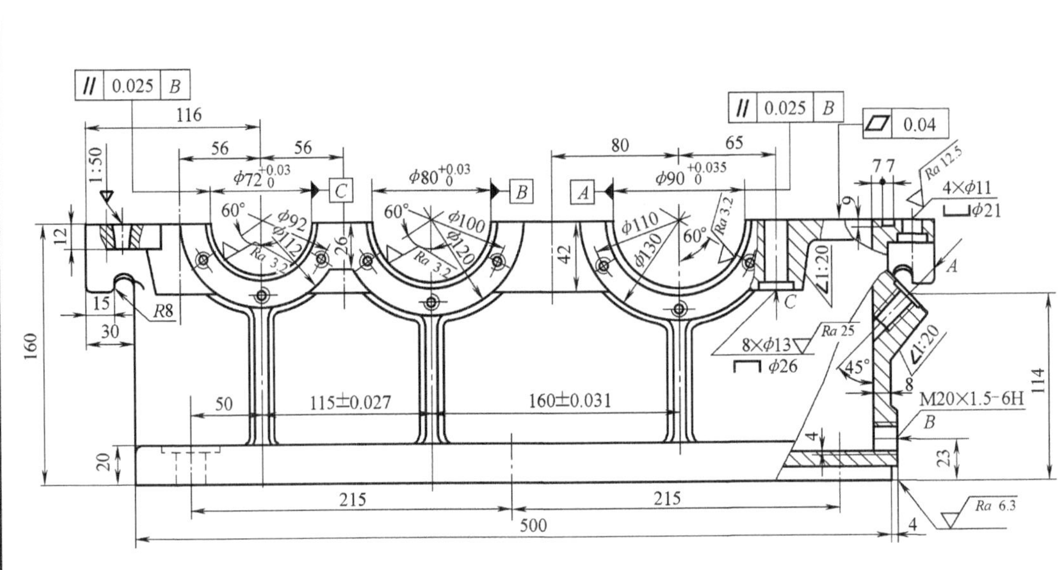

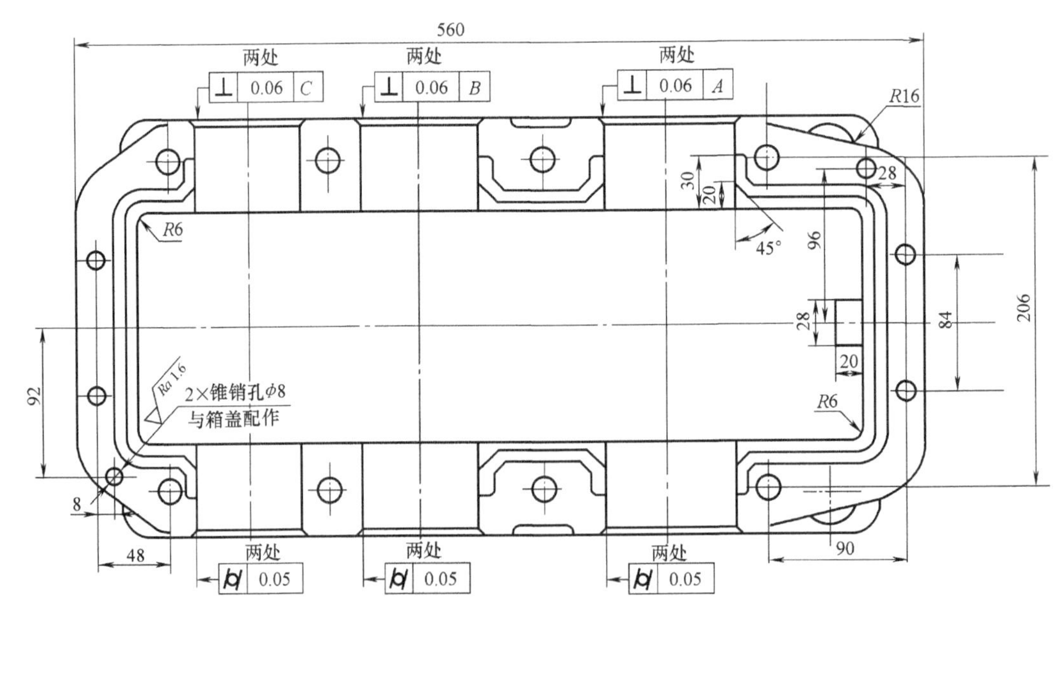

图 20.22　箱座零

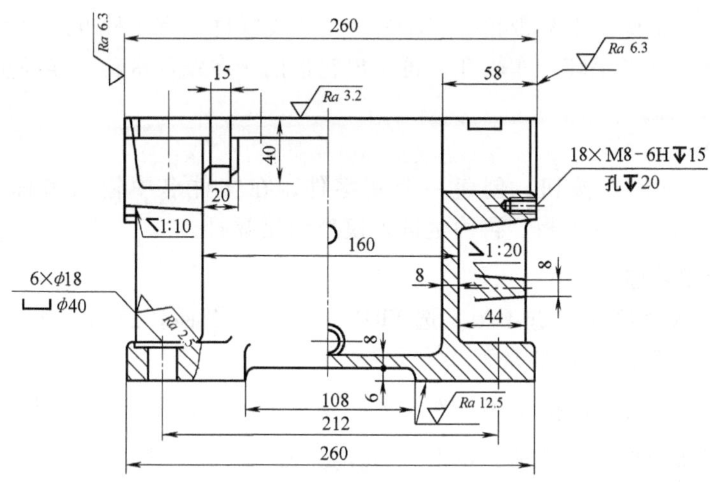

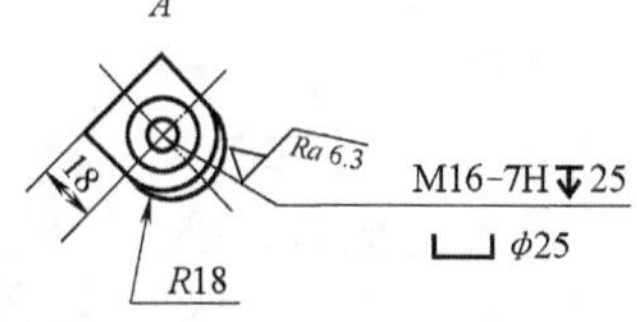

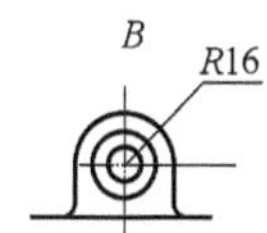

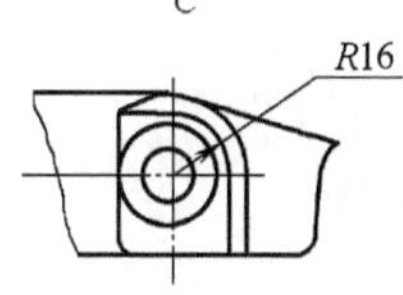

技术要求

1. 箱盖铸成后，应进行清砂、去毛刺，不得有砂眼、缩孔等缺陷，并进行时效处理。
2. 箱座和箱盖合箱后边缘应平齐，错位每边不大于1mm。
3. 剖分面的密合性，用塞尺检查，用0.05mm塞尺塞入深度不大于剖分面宽度的1/3。
4. 箱盖和箱座合箱后，先打上定位销，连接后进行镗孔。
5. 轴承孔中心线与剖分面不重合度应小于0.15mm。
6. 未注明铸造圆角半径*R*5～*R*10。
7. 未注明倒角*C*2。

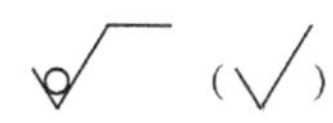

箱座			图号	11	比例	1:1
			材料	HT200	数量	1
设计					总图号	9-11
制图						
审核					零件号	11

件工作图

20.3 应用 Creo 的零件三维仿真实体造型

20.3.1 V 带轮三维实体造型

这里，简单介绍用 Creo8.0 设计 V 带轮。带轮是一个盘类零件，有多种方式设计，在此按带轮的机械加工的顺序，准备毛坯，车轴孔，再车出轮槽的顺序设计带轮，详细步骤详见视频，特征创建步骤如下：

1. 新建一个 prt 文件

单击文件菜单中的“新建”按钮，创建一个新零件，在文件名中输入名称“V-belt wheel”，选用“mns_part_solid”为模板，再确定进入模型创建截面。

2. 用拉伸命令生成毛坯

1）单击按钮，进入草绘设置选项板，选 FRONT 面为绘图面，选取 TOP 面为参照（也可以默认），单击草绘按钮进入草绘界面。

2）用圆命令绘制截面，双击直径尺寸，改为图样要求的尺寸，单击✓确定退出草绘界面进入拉伸的特征选项板，输入深度值，单击✓确定完成毛胚的创建。

3. 用孔特征打轴孔

单击“孔特征”进入放置孔的特征图标板，选轮毂的端面为放置平面，孔的放置方式为同心，选毛坯的外圆的轴线为同心参照，孔的直径根据设计为 50，孔的深度方式选为通孔。设置完成后，确定即可，完成的特征如图 20.23 所示，也可以用拉伸命令，以毛坯端面为草绘平面，绘制一个圆，再拉伸切除材料。

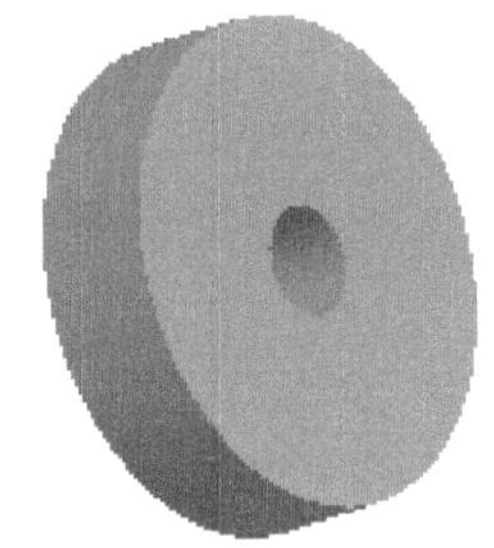

图 20.23 孔特征

4. 用拉伸命令切键槽

单击“拉伸”按钮，选轮毂的端面（或者 FRONT 面）为草绘面，TOP 面为参照面，进入草绘界面，绘制如图 20.24a 所示的截面，输入键槽的尺寸，确定并退出草绘状态。进入拉伸选项板，单击移除材料按钮，深度设置为穿过所有，单击确定，特征生成，如图 20.24b 所示。

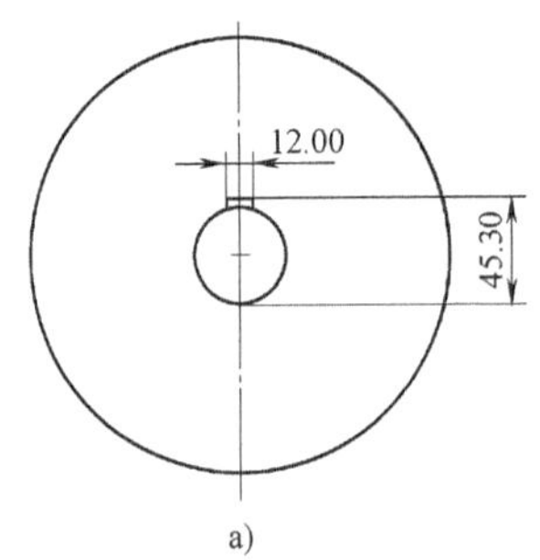

a)

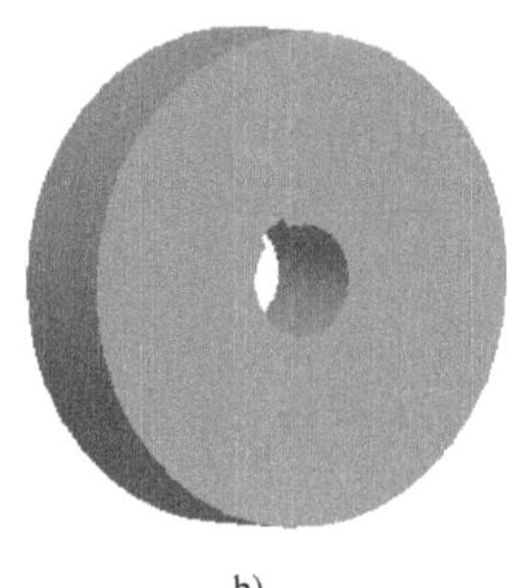

b)

图 20.24 键槽特征

5. 切除材料形成腹板

可以用拉伸或旋转来做，在此应用旋转命令，先建立旋转用基准轴，再在模型选项板单击“旋转” 进入草绘放置选项板，单击“定义”，进入草绘放置参考平面选取，选FRONT面为草绘平面，TOP面为参照面，单击“草绘”按钮进入草绘界面，绘制截面如图20.25a所示。确定并退出草绘状态进入旋转特征选项板，旋转角度为360°，选取毛胚的轴线为旋转轴，同时单击“移除”按钮去除材料，生成去除特征，如图20.25b所示。

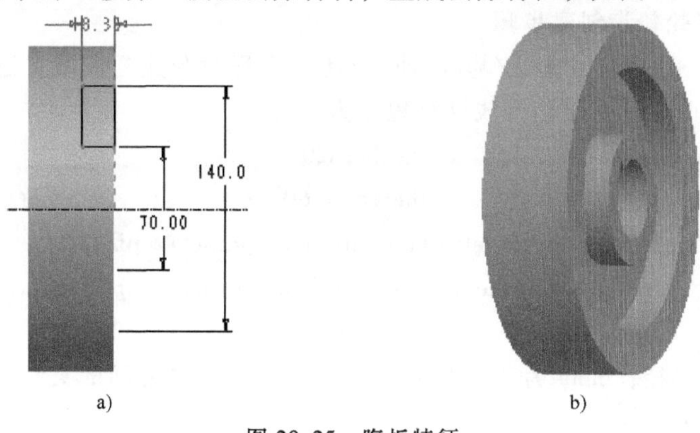

a)　　　　b)

图20.25　腹板特征

6. 镜像腹板特征

选定上一步建好的辐板特征，单击“镜像” 按钮，以轮缘对称面为镜像平面，完成另一侧腹板的创建。

7. 切割轮槽

用旋转命令去除材料。选FRONT面为草绘平面，TOP面为参照面，进入草绘界面，绘制的截面如图20.26a所示。确定并退出草绘状态。在旋转选项板选择轮毂孔的轴线为旋转轴线，生成去除特征，如图20.26b所示。

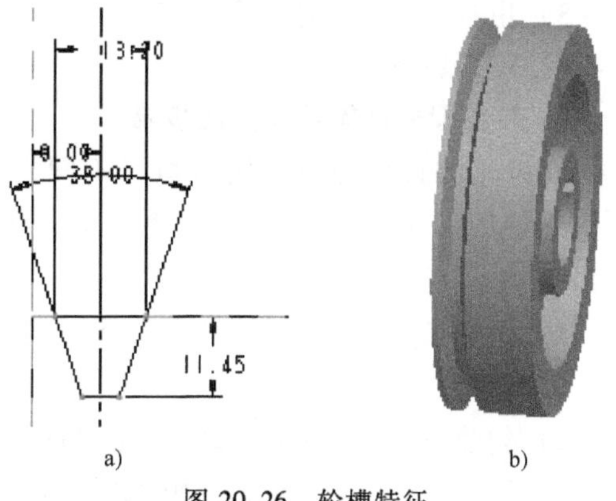

a)　　　　b)

图20.26　轮槽特征

8. 镜像轮槽特征

建立距离第一个轮槽为轮齿间距的基准平面，以此平面为镜像面完成第二、第三个轮槽的创建（可以用阵列，选轴线方向为阵列方向；也可以用复制粘贴命令平移）。至此完成整个V带轮的创建。最后完成的V带轮三维图如图20.27所示。

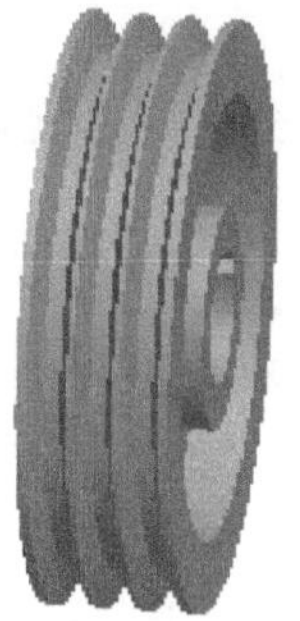

图20.27　V带轮三维图

V带轮三维造型

20.3.2 齿轮三维实体造型

齿轮毛坯、轮毂、辐板、键槽、轴孔的设计和V带轮三维实体造型的步骤1~6完全相同，只是齿轮的齿形与V带轮槽不同，在此只重点说明轮齿的创建过程。

1. 直齿圆柱齿轮轮齿创建步骤

1）建立渐开线曲线。用模型/基准/曲线/使用方程命令建立曲线，选取坐标系类型为笛卡儿坐标系，在此坐标系下渐开线计算程序为

r=rbcos20°

theta=t * 60

x=rb * cos(theta)+r * sin(theta) * theta * pi/180

y=rb * sin(theta)-r * cos(theta) * theta * pi/180

z=0

程序中，rb为基圆半径；theta为渐开线上一点的法线与x轴之间的夹角，其值的大小确定渐开线的长短；pi为π值。

将以上方程写入记事本，保存，确定，曲线生成。如果曲线方向不对，可以将方程中的x，y，z坐标对调加以调整。

2）镜像渐开线。先创建基准点、基准轴、基准平面，再镜像渐开线。

3）用拉伸命令创建一个轮齿。

4）阵列轮齿。

2. 斜齿圆柱齿轮轮齿创建步骤

斜齿轮的设计与直齿轮类似，不同之处是齿与轴线成一螺旋角，所以首先要建立分度圆螺旋线，再用混合扫描创建一个轮齿，相当于用直齿轮的渐开线齿型沿着螺旋线扫描。

1）添加参数及关系式。先用工具中的参数命令添加参数，再用工具中的关系命令添加基本关系。

2）创建螺旋线。先在right面绘制直线，再将直线投射到分度圆曲面。

也可以用螺旋线计算程序创建螺旋线：

r=150.516

theta=t * tooth_helix

tooth_helix=(face_width * tan(helix_angle)/r) * 180/pi

z=t * face_width

程序中，r为分度圆半径；helix_angle为分度圆螺旋角；tooth_helix为螺旋线缠在分度圆上的弧所对应分度圆上的圆心角；face_width为齿宽。

3）创建轮齿前端面齿形截面。

4）用选择性粘贴中的平移，旋转命令创建后端齿形截面。

5）用扫描混合命令创建一个齿。

6）阵列轮齿。

完成的齿轮三维图如图20.28所示。

斜齿轮三维造型

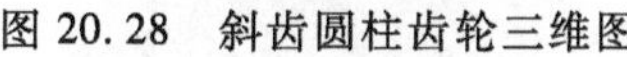

图 20.28　斜齿圆柱齿轮三维图

20.3.3　轴三维实体造型

轴的设计有多种方法，常采用的有两种：一是用旋转命令，将整个轴的外形一次成形，再切出键槽；二是用拉伸命令逐步添加各轴段特征，完成轴体创建。

1. 用旋转命令创建轴

1）创建基准轴。

2）用旋转命令创建轴主体。在 FRONT 面绘制如图 20.29 所示轴的剖面，退出草绘，进入旋转选项板，选上一步创建的基准轴为旋转轴，再确定即可完成轴主体创建。

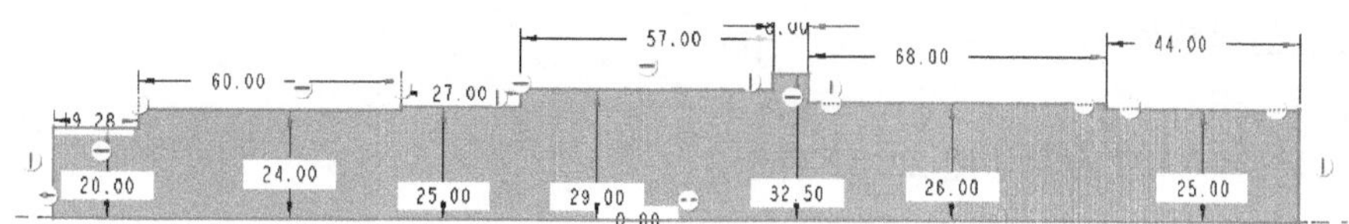

图 20.29　轴的剖面

3）创建键槽。先创建与轴的圆柱面相切、与 FRONT 面平行的基准平面，再用拉伸命令以此平面为草绘平面，绘制键槽剖面，移除材料，并输入键槽深度，完成键槽的创建。

4）倒角。

5）倒圆角。

最终完成的轴三维图如图 20.30 所示。

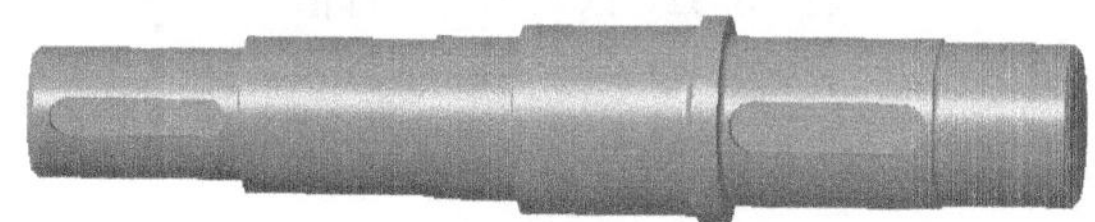

图 20.30　轴三维图

轴三维造型

2. 用拉伸命令创建轴

1）拉伸创建轴主体。用拉伸命令逐个画出各段轴，完成轴主体创建。

2）切出键槽。

3）倒角。

4）倒圆角。最终完成的轴三维图如图 20.30 所示。

20.3.4 蜗杆与蜗轮三维实体造型

1. 创建蜗杆轴

1）用拉伸或旋转命令创建除蜗杆齿的其他轴段。

2）用螺旋扫描创建蜗杆齿。先绘制扫描轨迹线，再绘制蜗杆轴向齿形作为螺旋扫描的剖面，最后在螺旋扫描选项板输入蜗杆轴向齿距，选定蜗杆的旋向就完成了蜗杆齿的创建，如图 20.31 所示。

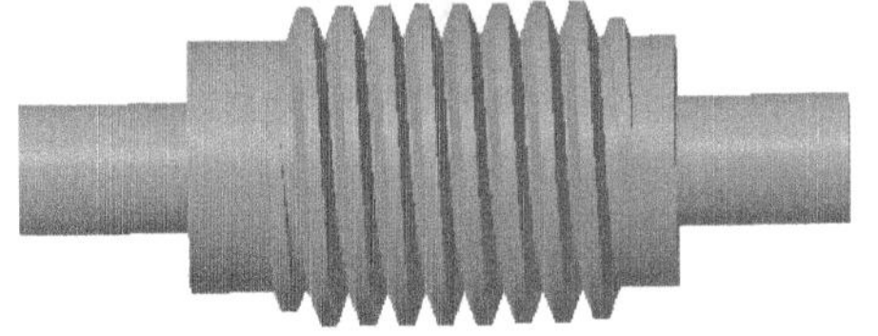

图 20.31 蜗杆轴三维图

蜗杆三维造型

2. 创建蜗轮

1）草绘曲线创建基本圆。

2）曲线方程创建渐开线。

3）镜像渐开线。

4）创建螺旋线。

5）扫描创建轮槽。

6）阵列轮槽。

完成的蜗轮零件三维图如图 20.32 所示。

图 20.32 蜗轮零件三维图

蜗轮三维造型

20.3.5 减速器箱体三维实体造型

上、下箱体创建过程类似，用到拉伸、镜像、孔、肋等命令，详细步骤参考视频，此处给出上箱体创建过程：

1）拉伸创建顶面。

2）拉伸创建凸缘。

3）拉伸前壁。

4）镜像创建后壁。

5）拉伸前轴承座。

上箱体三维造型

6）拉伸轴承旁凸台。

7）用孔特征创建轴承盖用螺钉孔。

8）拉伸创建轴承旁螺栓孔。

9）组合 5)～8）轴承座相关特征。

10）镜像后端轴承座组特征。

11）切除轴承座孔。

12）拉伸切除观察孔。

13）拉伸吊耳。

14）拉伸肋板。

下箱体三维造型

完成的箱体三维图如图 20.33 和图 20.34 所示。

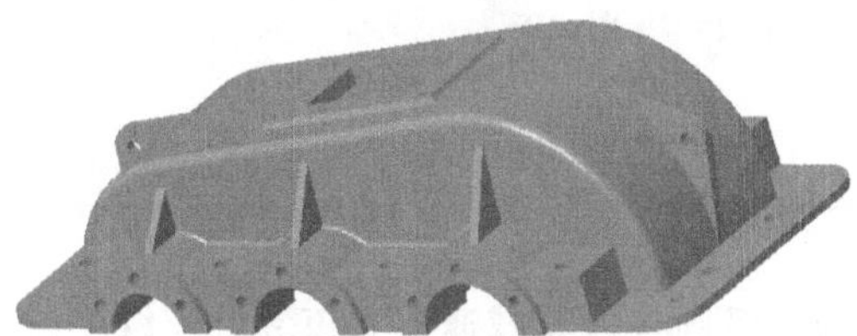

图 20.33　上箱体三维图

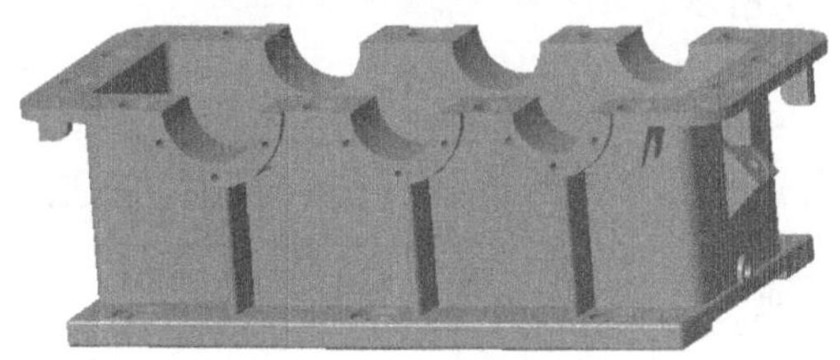

图 20.34　下箱体三维图

第21章 设计题目

21.1 设计带式输送机传动装置

21.1.1 一级圆柱齿轮减速器

设计用于带式输送机的一级圆柱齿轮减速器。该装置连续单向运转，载荷平稳，空载起动，工作期限10年，小批量生产，两班制工作，输送带速度允许误差±5%。

传动装置简图如图21.1所示：

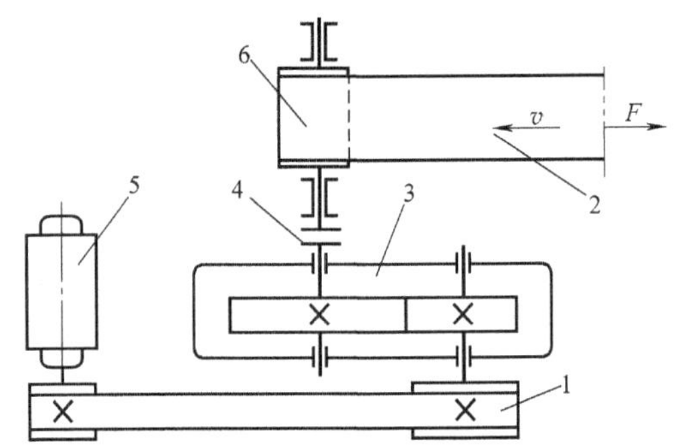

图21.1 一级圆柱齿轮减速器传动装置简图

1—V带传动 2—输送带 3——一级圆柱齿轮减速器 4—联轴器 5—电动机 6—滚筒

设计参数见表21.1：

表21.1 设计参数

题号	1	2	3	4	5	6	7	8	9	10
输送带曳引力 F/N	1100	1150	1200	1250	1300	1350	1450	1500	1500	1600
输送带工作速度 v/(m/s)	1.5	1.6	1.7	1.5	1.55	1.6	1.55	1.65	1.7	1.8
滚筒直径 D/mm	250	260	270	240	250	250	260	260	280	300

设计任务：

1. 减速器装配图1张。
2. 零件图2~3张。
3. 设计说明书1份。

21.1.2 二级展开式圆柱齿轮减速器

设计热处理车间零件清洗用输送设备。该输送设备的动力由电动机经减速装置后传至输送带。每日两班制工作，工作期限为 8 年。

传动装置简图如图 21.2 所示：

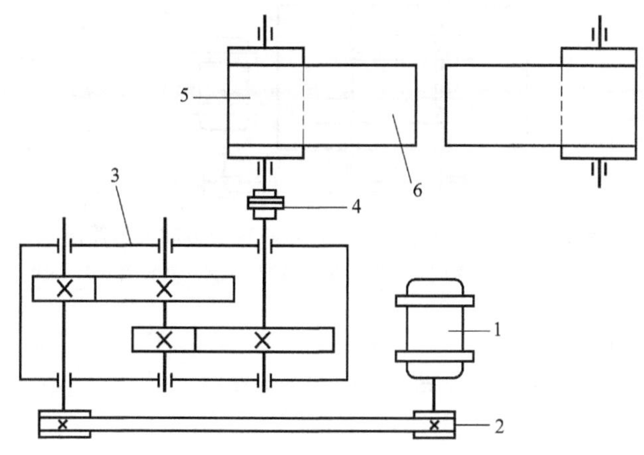

图 21.2 二级展开式圆柱齿轮减速器传动装置简图

1—电动机 2—带传动 3—二级展开式圆柱齿轮减速器 4—联轴器 5—滚筒 6—输送带

设计参数见表 21.2：

表 21.2 设计参数

已知条件	题号									
	1	2	3	4	5	6	7	8	9	10
滚筒直径 D/mm	300	330	350	350	380	300	360	320	360	380
输送带工作速度 v/(m/s)	0.63	0.75	0.85	0.8	0.8	0.7	0.83	0.75	0.85	0.9
输送带主动轴所需转矩 T/(N·m)	700	670	650	950	1050	900	660	900	900	950

设计任务：

1. 减速器装配图 1 张。
2. 零件图 3~4 张。
3. 设计说明书 1 份。

21.1.3 二级同轴式圆柱齿轮减速器

设计汽车发动机装配车间的带式运输机。该运输机由电动机经传动装置驱动，用以输送装配用零件。要求减速器在输送带方向具有最小的尺寸，且电动机必须与滚筒轴平行安置。每日两班制工作，工作期限为 10 年。

传动装置简图如图 21.3 所示：

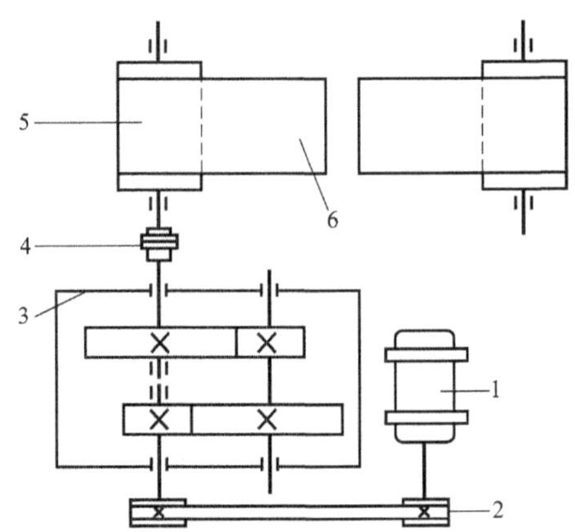

图 21.3　二级同轴式圆柱齿轮减速器传动装置简图

1—电动机　2—带传动　3—二级同轴式圆柱齿轮减速器　4—联轴器　5—滚筒　6—输送带

设计参数见表 21.3：

表 21.3　设计参数

已知条件	题号									
	1	2	3	4	5	6	7	8	9	10
滚筒直径 D/mm	300	350	320	360	400	350	380	365	370	365
输送带工作速度 v/(m/s)	0.68	0.75	0.7	0.8	0.9	0.77	0.8	0.8	0.8	0.8
输送带主动轴所需转矩 T/(N·m)	1300	1400	1350	1300	1300	1750	1700	1800	1850	1800

设计任务：

1. 减速器装配图 1 张。
2. 零件图 3~4 张。
3. 设计说明书 1 份。

21.1.4　一级蜗杆减速器

设计带式输送机的蜗杆减速器，单向运转，连续工作，空载起动，载荷平稳，三班制工作，减速器使用寿命不低于 10 年，输送带速度允许误差±5%。

传动装置简图如图 21.4 所示：

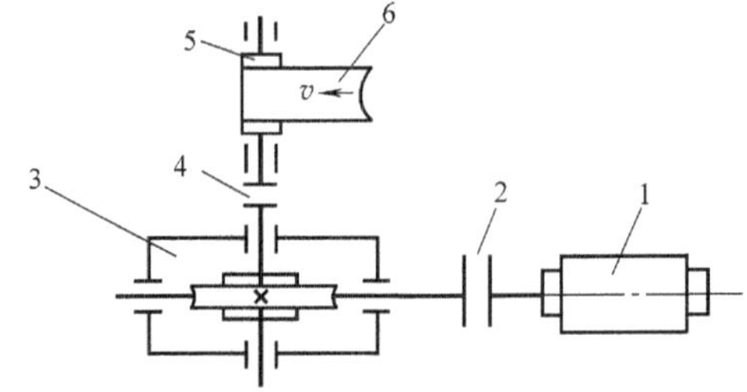

图 21.4　一级蜗杆减速器传动装置简图

1—电动机　2—联轴器　3—一级蜗杆减速器　4—联轴器　5—滚筒　6—输送带

设计参数见表 21.4：

表 21.4 设计参数

已知条件	输送带曳引力 F/N	输送带速度 v/(m/s)	滚筒直径 D/mm
参数	2000	1	400

设计任务：

1. 减速器装配图 1 张。
2. 零件图 2 张。
3. 设计说明书 1 份。

21.1.5 蜗杆齿轮减速器

设计热处理车间零件清洗用输送设备。该输送设备的动力由电动机经减速装置后传至输送带。每日两班制工作，工作期限为 8 年。

传动装置简图如图 21.5 所示：

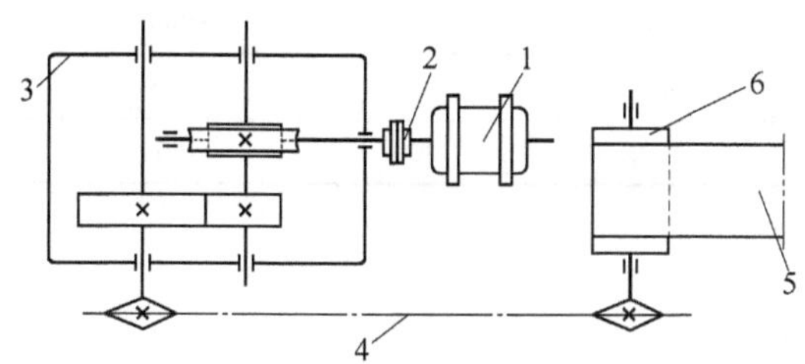

图 21.5 蜗杆齿轮减速器传动装置简图

1—电动机 2—联轴器 3—蜗杆齿轮减速器 4—链传动 5—输送带 6—滚筒

设计参数见表 21.5：

表 21.5 设计参数

已知条件	题号				
	1	2	3	4	5
输送带曳引力 F/N	2500	2800	3000	3800	4000
输送带工作速度 v/(m/s)	0.2	0.2	0.3	0.3	0.3
滚筒直径 D/mm	350	350	400	400	450

设计任务：

1. 减速器装配图 1 张。
2. 零件图 3~4 张。
3. 设计说明书 1 份。

21.1.6 齿轮蜗杆减速器

设计热处理车间零件清洗用输送设备。该输送设备的动力由电动机经减速装置后传至输送带。每日两班制工作，工作期限为 8 年。

传动装置简图如图 21.6 所示：

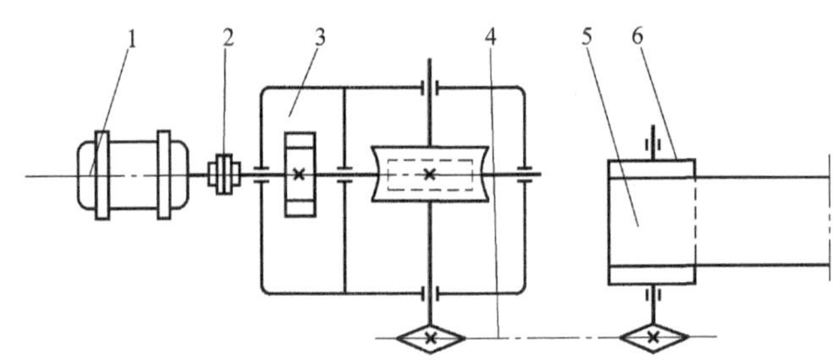

图 21.6 齿轮蜗杆减速器传动装置简图

1—电动机 2—联轴器 3—齿轮蜗杆减速器 4—链传动 5—输送带 6—滚筒

设计参数见表 21.6：

表 21.6 设计参数

已知条件	题号				
	1	2	3	4	5
输送带曳引力 F/N	8000	7500	9000	7500	7250
输送带工作速度 v/(m/s)	0.12	0.13	0.15	0.17	0.18
滚筒直径 D/mm	350	300	350	300	350

设计任务：

1. 减速器装配图 1 张。
2. 零件图 3~4 张。
3. 设计说明书 1 份。

21.1.7 锥齿轮-圆柱齿轮减速器

设计铸造车间的砂型运输设备。该输送设备的传动系统由电动机、减速器、输送带组成。每日两班制工作，工作期限为 10 年。

传动装置简图如图 21.7 所示：

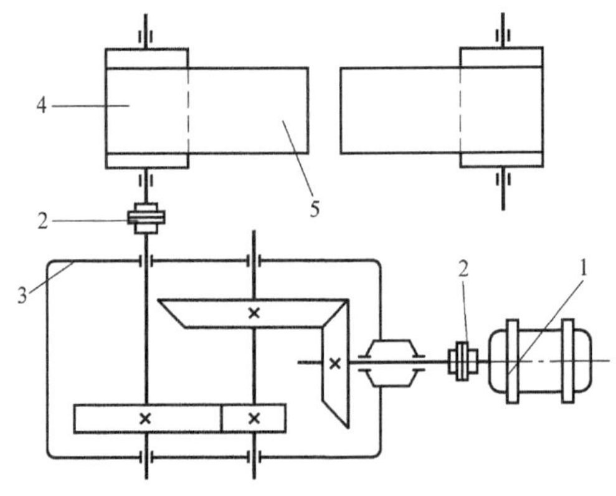

图 21.7 锥齿轮-圆柱齿轮减速器传动装置简图

1—电动机 2—联轴器 3—锥齿轮-圆柱齿轮减速器 4—滚筒 5—输送带

设计参数见表 21.7：

表 21.7 设计参数

已知条件	题号			
	1	2	3	4
输送带曳引力 F/N	6000	10000	21000	28000
输送带工作速度 v/(m/s)	0.8	0.9	0.85	0.85
滚筒直径 D/mm	300	300	280	200

设计任务：

1. 减速器装配图 1 张。
2. 零件图 3~4 张。
3. 设计说明书 1 份。

21.2 设计螺旋输送机传动装置

设计一用于螺旋输送机的一级圆柱齿轮减速器。该装置连续单向运转，工作时有轻微振动，使用期限为 8 年，生产 10 台，两班制工作，输送机工作转速允许误差为±5%。

传动装置简图如图 21.8 所示：

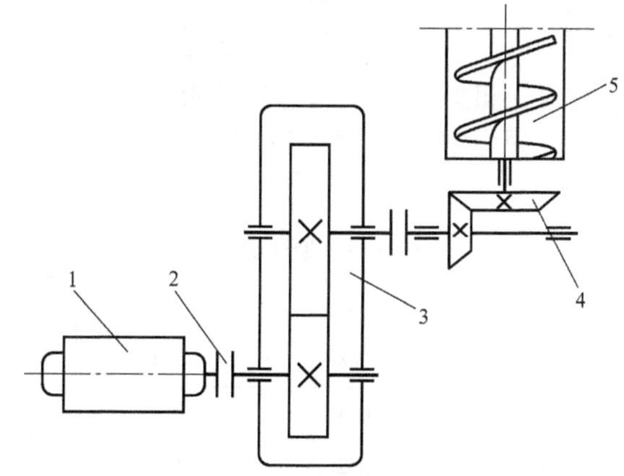

图 21.8 螺旋输送机传动装置简图

1—电动机 2—联轴器 3——一级圆柱齿轮减速器 4—开式锥齿轮传动 5—输送螺旋机

设计参数见表 21.8：

表 21.8 设计参数

题号	1	2	3	4	5	6	7	8	9	10
输送机工作轴转矩 T/(N·m)	700	720	750	780	800	820	850	880	900	950
输送机工作轴转速 n/(r/min)	150	145	140	140	135	130	125	125	120	120

设计任务：

1. 减速器装配图 1 张。
2. 零件图 3~4 张。
3. 设计说明书 1 份。

21.3 设计加料机传动装置

设计一爬升小车加料机用传动装置（闭式减速器）。单班制，间歇工作，轻微振动，使用寿命为 5 年，工作环境灰尘较大。

传动装置简图如图 21.9 所示：

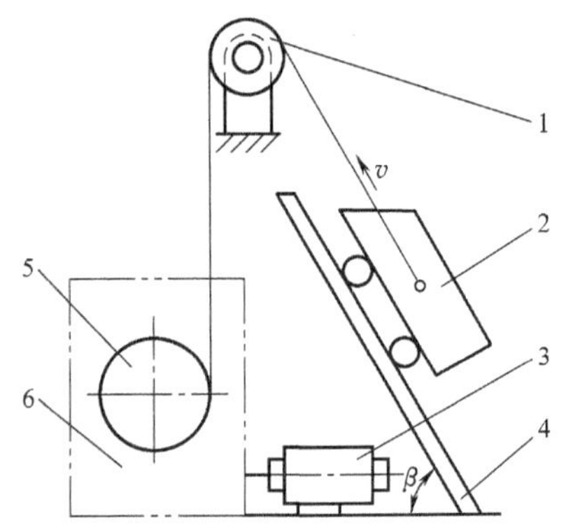

图 21.9 加料机传动装置简图

1—滑轮 2—小车 3—电动机 4—导轨（$\beta=60°$） 5—卷扬机 6—传动装置

设计参数见表 21.9：

表 21.9 设计参数

题号		1	2	3	4	5
小车	装料量/N	3000	3500	4000	4500	5000
	速度 v/(m/s)	0.4	0.4	0.4	0.4	0.4
	轨距/mm	662	662	662	662	662
	轮距/mm	500	500	500	500	500

设计任务：

1. 减速器装配图 1 张。
2. 零件图 3~4 张。
3. 设计说明书 1 份。

21.4 设计搅拌机传动装置

设计一搅拌机传动装置，如图 21.10 所示。其载荷图如图 21.11 所示。

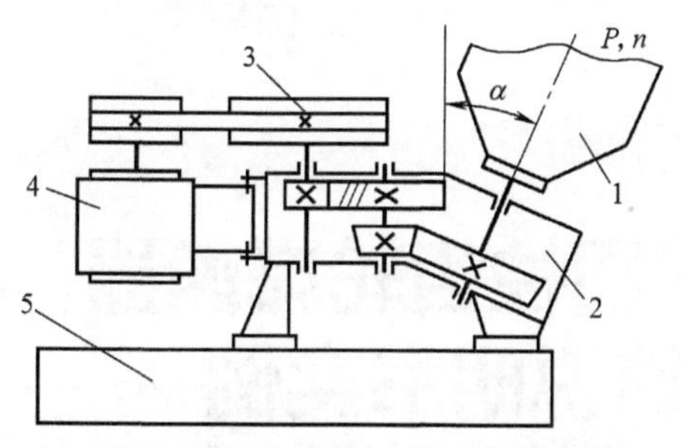

图 21.10 搅拌机传动装置简图

1—搅拌桶 2—减速箱 3—同步带 4—电动机 5—机座

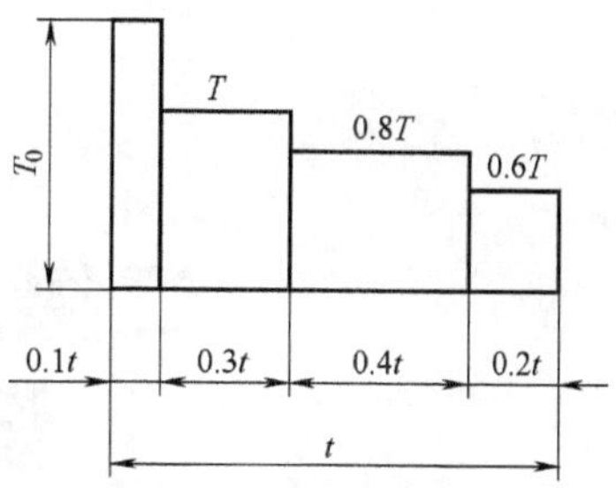

图 21.11 搅拌机传动装置载荷图

T—定转矩 T_0—启动转矩 t—传动机构运行时间

设计参数见表 21.10：

表 21.10 设计参数

已知条件	输出功率/kW	搅拌桶转速/(r/min)	搅拌桶中心线倾角/(°)	使用寿命/年	每年利用率	每天利用率
参数	1.3	30	70	5	0.5	0.5

设计任务：

1. 减速器装配图 1 张。
2. 零件图 3~4 张。
3. 设计说明书 1 份。

第22章 二级展开式圆柱齿轮减速器设计计算说明书实例

说明书实例如下：

目　录

设计任务书：

设计带式运输机上的传动装置，传动方案如图22.1所示。已知：输送带的有效拉力 $F=7000\text{N}$，输送带速度 $v=1.1\text{m/s}$，滚筒直径 $D=450\text{mm}$，单向运转，常温下工作，载荷有轻微冲击，使用年限10年，两班制工作，每年工作260天。

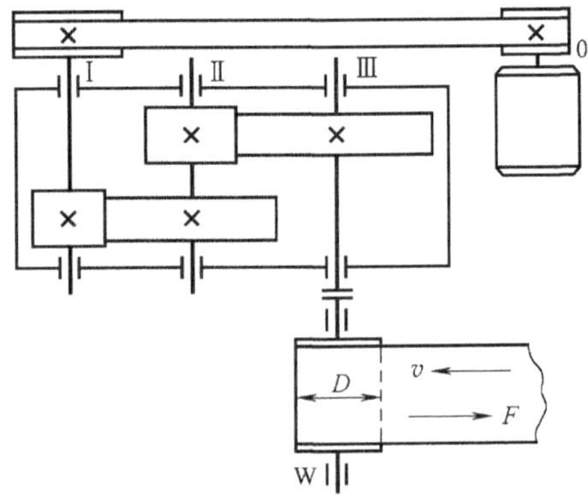

图22.1　带式运输机上的传动装置

（续）

设计项目及依据	设计结果
一、电动机的选择	
1. 电动机类型和结构形式的选择	
三相异步电动机结构简单、价格低廉、维护方便，Y 系列电动机具有效率高、性能好、噪声低、振动小等优点，故选用 Y 系列三相异步电动机。	选用： Y 系列三相异步电动机
2. 确定电动机功率	
(1)工作机的输出功率 P_W $$P_W=\frac{Fv}{1000}=\frac{7000\times1.1}{1000}=7.7\text{kW}$$	$P_W=7.7\text{kW}$
(2)传动装置总效率 $\eta_{总}$　由表 2.2 查得带传动效率 $\eta_{带}=0.95$，一对滚动轴承效率 $\eta_{承}=0.99$，一对圆柱齿轮传动效率 $\eta_{齿}=0.97$，联轴器传动效率 $\eta_{联}=0.99$，滚筒传动效率 $\eta_{筒}=0.96$，则 $$\eta_{总}=\eta_{带}\eta_{承}^4\eta_{齿}^2\eta_{联}\eta_{筒}=0.95\times0.99^4\times0.97^2\times0.99\times0.96=0.82$$	
(3)电动机的输出功率（电动机所需功率）P_0 $$P_0=\frac{P_W}{\eta_{总}}=\frac{7.7}{0.82}\text{kW}=9.39\text{kW}$$	$P_0=9.39\text{kW}$
(4)电动机额定功率 P_{0d}　由表 16.1 选取电动机额定功率 $P_{0d}=11\text{kW}$	$P_{0d}=11\text{kW}$
3. 确定电动机的转速	
输送带滚筒的转速为 $$n_w=\frac{60\times1000v}{\pi D}=\frac{60\times1000\times1.1}{3.14\times450}\text{r/min}=46.69\text{r/min}$$	$n_W=46.69\text{r/min}$
考虑总传动比与各级传动比分配范围，电动机的选择有以下几种方案，见表 22.1。	

表 22.1　几种不同转速供选电动机方案的比较

供选方案	1	2	3
电动机型号	Y160M-4	Y160L-6	Y180L-8
额定功率/kW	11	11	11
满载转速 n_m /(r/min)	1460	970	730
滚筒转速 n_W /(r/min)	46.69	46.69	46.69
总传动比 $i_{总}$	31.27	20.78	15.64
$i_{带}$	2.3	2.3	2.3
$i_{减}$	13.6	9.03	6.8

设计项目及依据	设计结果
4. 确定电动机型号、技术数据和安装尺寸	电动机型号 Y160M-4
根据总传动比 $i_{总}$ 及表 2.2，单级传动比荐用值范围，$i_{带}=2\sim4$；$i_{齿}=3\sim5$，以及电动机价格、重量等，选用满载转速 $n_m=1460$ r/min 为宜。	$n_m=1460\text{r/min}$
由表 16.1 选取电动机型号：Y160M-4，额定功率 $P_{0d}=11\text{kW}$，满载转速 $n_m=1460\text{r/min}$	$D=42\text{mm}$
由表 16.2 查得有关尺寸：伸出端轴径 $D=42\text{mm}$，伸出端长度 $E=110\text{mm}$，机座高度 $H=160\text{mm}$。	$E=110\text{mm}$ $H=160\text{mm}$

（续）

设计项目及依据	设计结果

二、传动装置总传动比的计算及各级传动比的分配

1. 总传动比的计算

总传动比为

$$i_{总}=\frac{n_m}{n_W}=\frac{1460}{46.69}=31.27$$

$i_{总}=31.27$

2. 各级传动比的分配

根据单级传动比范围，$i_{带}=2\sim4$，取 $i_{带}=2.3$，则减速器传动比为

$i_{带}=2.3$

$$i_{减}=\frac{i_{总}}{i_{带}}=\frac{31.27}{2.3}=13.6$$

$i_{减}=13.6$

$$i_{减}=i_1\cdot i_2$$

式中 i_1 为高速级传动比，i_2 为低速级传动比。由经验公式 $i_1\approx(1.3\sim1.4)i_2$，则

$$i_1=\sqrt{(1.3\sim1.4)i_{减}}，取\ i_1=1.3i_2，\ i_1=\sqrt{1.3i_{减}}=\sqrt{1.3\times13.6}=4.2$$

$i_1=4.2$

$i_2=\frac{i_{减}}{i_1}=\frac{13.6}{4.2}=3.24$，$i_1$、$i_2$ 均满足 $i_{齿}=3\sim5$，故合适。

$i_2=3.24$

三、传动装置运动及动力参数的计算

1. 计算各轴转速

$$n_0=n_m=1460\text{r/min}$$

$n_0=1460\text{r/min}$

$$n_{\mathrm{I}}=\frac{n_0}{i_{带}}=\frac{1460}{2.3}\text{r/min}=634.78\text{r/min}$$

$n_{\mathrm{I}}=634.78\text{r/min}$

$$n_{\mathrm{II}}=\frac{n_{\mathrm{I}}}{i_1}=\frac{634.78}{4.2}\text{r/min}=151.14\text{r/min}$$

$n_{\mathrm{II}}=151.14\text{r/min}$

$$n_{\mathrm{III}}=\frac{n_{\mathrm{II}}}{i_2}=\frac{151.14}{3.24}\text{r/min}=46.65\text{r/min}$$

$n_{\mathrm{III}}=46.65\text{r/min}$

2. 计算各轴输入功率

$$P_0=9.39\text{kW}$$

$P_0=9.39\text{kW}$

$$P_{\mathrm{I}}=P_0\eta_{带}=9.39\times0.95=8.92\text{kW}$$

$P_{\mathrm{I}}=8.92\text{kW}$

$$P_{\mathrm{II}}=P_{\mathrm{I}}\eta_{承}\ \eta_{齿}=8.92\times0.99\times0.97=8.57\text{kW}$$

$P_{\mathrm{II}}=8.57\text{kW}$

$$P_{\mathrm{III}}=P_{\mathrm{II}}\eta_{承}\ \eta_{齿}=8.57\times0.99\times0.97=8.23\text{kW}$$

$P_{\mathrm{III}}=8.23\text{kW}$

3. 计算各轴输入转矩

$$T_0=9.55\times10^6\ \frac{P_0}{n_0}=9.55\times10^6\times\frac{9.39}{1460}\text{N}\cdot\text{mm}=61421\text{N}\cdot\text{mm}$$

$T_0=61421\text{N}\cdot\text{mm}$

$$T_{\mathrm{I}}=9.55\times10^6\ \frac{P_{\mathrm{I}}}{n_{\mathrm{I}}}=9.55\times10^6\times\frac{8.92}{634.78}\text{N}\cdot\text{mm}=134198\text{N}\cdot\text{mm}$$

$T_{\mathrm{I}}=134198\text{N}\cdot\text{mm}$

$$T_{\mathrm{II}}=9.55\times10^6\ \frac{P_{\mathrm{II}}}{n_{\mathrm{II}}}=9.55\times10^6\times\frac{8.57}{151.14}\text{N}\cdot\text{mm}=541508\text{N}\cdot\text{mm}$$

$T_{\mathrm{II}}=541508\text{N}\cdot\text{mm}$

$$T_{\mathrm{III}}=9.55\times10^6\times\frac{P_{\mathrm{III}}}{n_{\mathrm{III}}}=9.55\times10^6\times\frac{8.23}{46.65}\text{N}\cdot\text{mm}=1684812\text{N}\cdot\text{mm}$$

$T_{\mathrm{III}}=1684812\text{N}\cdot\text{mm}$

各轴的运动和动力参数值见表 22.2。

表 22.2　各轴的运动和动力参数值

轴序号	0 轴（电机轴）	Ⅰ轴	Ⅱ轴	Ⅲ轴
转速 n(r/min)	1460	634.78	151.14	46.65
功率 P/kW	9.39	8.92	8.57	8.23
转矩 T/(N·mm)	61421	134198	541508	1684812

（续）

设计项目及依据	设计结果
四、带传动的设计计算	
1. 确定带传动计算功率 P_d	
由配套《机械设计》教材（以下简称为教材）表5.5，取工作情况系数 $K_A=1.3$，则计算功率为	$K_A=1.3$
$P_d=K_AP_0=1.3\times9.39\text{kW}=12.21\text{kW}$	$P_d=12.21\text{kW}$
2. 选取V带型号	
根据 P_d，n_1 由教材图5.12及表5.3选取 B 型普通V带。	B 型
3. 确定带轮基准直径 d_1、d_2	
(1)确定小带轮直径 d_1　由教材图5.12及表5.3选取 $d_1=132\text{mm}$。	$d_1=132\text{mm}$
(2)确定大带轮直径 d_2　$d_2=i_{带}d_1=2.3\times132=303.6\text{mm}$，由教材表5.3取标准值 $d_2=315\text{mm}$。	$d_2=315\text{mm}$
(3)验算带速 v	
$v=\dfrac{\pi d_1n_1}{60\times1000}=\dfrac{3.14\times132\times1460}{60\times1000}\text{m/s}=10.09\text{m/s}<25\text{m/s}$	$v=10.09\text{m/s}$
所以，满足要求。	
(4)验算传动比　忽略滑动率，实际传动比 $i=\dfrac{d_2}{d_1}=\dfrac{315}{132}=2.39$	$i=2.39$
(5)验算传动比相对误差　传动比相对误差为	
$\Delta i=\left\|\dfrac{i-i_{带}}{i}\right\|=\left\|\dfrac{2.39-2.3}{2.3}\right\|=3.9\%<5\%$	$\Delta i=3.9\%<5\%$
所以合适。	
4. 确定中心距 a 和基准带长 L_d	
(1)初定中心距 a_0	
$0.7(d_1+d_2)\leqslant a_0\leqslant2(d_1+d_2)$	
计算得 $313\text{mm}\leqslant a_0\leqslant894\text{mm}$，取 $a_0=500\text{mm}$。	
(2)计算带的基准长度 L_{d0}	
$L_{d0}\approx2a_0+\dfrac{\pi}{2}(d_1+d_2)+\dfrac{(d_2-d_1)^2}{4a_0}$	
$=2\times500\text{mm}+\dfrac{3.14}{2}\times(132+315)\text{mm}+\dfrac{(315-132)^2}{4\times500}\text{mm}=1719\text{mm}$	$L_d=1800\text{mm}$
查教材表5.2选取标准值，取 $L_d=1800\text{mm}$。	
(3)计算实际中心距 a	
$a\approx a_0+\dfrac{L_d-L_{d0}}{2}=500\text{mm}+\dfrac{1800-1719}{2}\text{mm}=541\text{mm}$	$a=541\text{mm}$
5. 验算包角 α_1	
$\alpha_1=180°-\dfrac{d_2-d_1}{a}\times57.3°=180°-\dfrac{315-132}{541}\times57.3°=161°>120°$	$\alpha_1=161°$
所以合适。	
6. 确定V带根数 z	
(1) 确定额定功率 P_0 及额定功率增量 ΔP_0　由 d_1 及 n_1 查教材表5.6，用线性插值法求得 $P_0=2.49\text{kW}$，查教材表5.7，求得 $\Delta P_0=0.46\text{kW}$。	$P_0=2.49\text{kW}$
(2)确定各修正系数　由教材表5.8查得 $K_\alpha=0.95$，由教材表5.9查得 $K_L=0.95$。	$\Delta P_0=0.46\text{kW}$
(3)确定V带根数 z	$K_\alpha=0.95$
$z\geqslant\dfrac{P_d}{(P_0+\Delta P_0)K_\alpha K_L}=\dfrac{12.21\text{kW}}{(2.49+0.46)\text{kW}\times0.95\times0.95}=4.56$	$K_L=0.95$
取 $z=5$ 根。	$z=5$ 根

（续）

设计项目及依据	设计结果
7. 确定单根 V 带初拉力 F_0 查教材表 5.1 得单位长度质量 $q=0.17\text{kg/m}$，得 $F_0=500\dfrac{P_d}{vz}\left(\dfrac{2.5}{K_\alpha}-1\right)+qv^2=500\times\dfrac{12.21}{10.09\times5}\times\left(\dfrac{2.5}{0.95}-1\right)\text{N}+0.17\times10.09^2\text{N}=215\text{N}$	$F_0=215\text{N}$
8. 计算压轴力 $F_Q=2zF_0\sin\dfrac{\alpha_1}{2}=2\times5\times215\sin\dfrac{161^\circ}{2}\text{N}=2124\text{N}$	$F_Q=2124\text{N}$
9. 带轮结构设计 (1)小带轮采用实心式结构　小带轮基准直径 $d_1=132\text{mm}$，外圆直径 $d_{a1}=d_1+2h=132\text{mm}+2\times3.5\text{mm}=139\text{mm}$ 小带轮轮缘宽 $B_1=(z-1)e+2f=(5-1)\times19\text{mm}+2\times12.5\text{mm}=101\text{mm}$（$h$、$e$、$f$ 查教材表 5.4） 小带轮轴孔直径 $d_{S1}=42\text{mm}$（电动机轴伸直径），轮毂长 $L_1=110\text{mm}$（电动机轴伸长）。 (2)大带轮采用孔板式结构　大带轮基准直径 $d_2=300\text{mm}$，外圆直径 $d_{a2}=d_2+2h=315\text{mm}+2\times3.5\text{mm}=322\text{mm}$，设与大带轮配合的轴头直径为 $d_{S2}=40\text{mm}$，轮毂长 $L_2=(1.5\sim2)d_{S2}$，取大带轮轮毂长 $L_2=2\times40\text{mm}=80\text{mm}$，大带轮轮缘宽 $B_2=B_1=101\text{mm}$。	$d_1=132\text{mm}$ $d_{a1}=139\text{mm}$ $B_1=101\text{mm}$ $L_1=110\text{mm}$ $d_2=315\text{mm}$ $d_{a2}=322\text{mm}$ $B_2=101\text{mm}$ $L_2=80\text{mm}$
五、高速级齿轮传动设计计算 **1. 选择齿轮类型、标准公差等级、材料及齿数** (1)类型选择　选用斜齿圆柱齿轮传动。 (2)精度选择　输送机为一般工作机，速度不高，故选用 7 级精度。 (3)材料选择　由教材表 7.1 选择小齿轮材料为 40Gr，调质处理，齿面硬度为 280HBW；大齿轮材料为 45 钢，调质处理，齿面硬度为 240HBW。两齿轮齿面硬度差为 280HBW−240HBW=40HBW，在 25~50HBW 范围内。 (4)初选齿数　小齿轮齿数 $z_1=32$；大齿轮齿数 $z_2=uz_1=4.2\times32=134.4$，取 $z_2=135$。 (5)初选螺旋角　$\beta=13^\circ$	选用斜齿圆柱齿轮传动 选用 7 级精度 小齿轮为 40Gr 调质，齿面硬度为 280HBW 大齿轮为 45 钢调质，齿面硬度为 240HBW $z_1=32$，$z_2=135$ 初选 $\beta=13^\circ$
2. 按齿面接触疲劳强度设计 设计公式为 $d_1\geqslant\sqrt[3]{\dfrac{2KT_1}{\psi_d}\cdot\dfrac{u+1}{u}\left(\dfrac{Z_EZ_HZ_\varepsilon Z_\beta}{[\sigma_H]}\right)^2}$ (1)确定设计公式中各参数 1)初选载荷系数 $K_t=1.3$ 2)小齿轮传递的转矩 $T_1=T_{\text{I}}=134198\text{N}\cdot\text{mm}$（见表 22.2） 3)选取齿宽系数 ψ_d。由教材表 7.4 得 $\psi_d=1$ 4)弹性系数 Z_E。由教材表 7.6 得 $Z_E=189.8\sqrt{\text{MPa}}$ 5)小、大齿轮的接触疲劳极限 σ_{Hlim1}、σ_{Hlim2}。由教材图 7.23c 得 $\sigma_{\text{Hlim1}}=750\text{MPa}$，$\sigma_{\text{Hlim2}}=580\text{MPa}$	$K_t=1.3$ $T_1=134198\text{N}\cdot\text{mm}$ $\psi_d=1$ $Z_E=189.8\sqrt{\text{MPa}}$ $\sigma_{\text{Hlim1}}=750\text{MPa}$ $\sigma_{\text{Hlim2}}=580\text{MPa}$

（续）

设计项目及依据	设计结果
6）应力循环次数	
$N_{L1}=60\gamma n_1 t_h=60\times1\times634.78\times(16\times260\times10)=1.6\times10^9$	$N_{L1}=1.6\times10^9$
$N_{L2}=\dfrac{N_{L1}}{u}=\dfrac{1.6\times10^9}{4.2}=3.8\times10^8$	$N_{L2}=3.8\times10^8$
7）接触寿命系数 Z_{N1}、Z_{N2}。由教材图 7.24，取 $Z_{N1}=1.0$，$Z_{N2}=1.08$	$Z_{N1}=1.0$
8）计算许用接触应力$[\sigma_{H1}]$、$[\sigma_{H2}]$	$Z_{N2}=1.08$
取失效率不大于 1%，由教材表 7.5 得最小安全系数 $S_{Hmin}=1$	$S_{Hmin}=1$
$[\sigma_{H1}]=\dfrac{\sigma_{Hlim1}Z_{N1}}{S_{Hmin}}=\dfrac{750\times1.0}{1}\text{MPa}=750\text{MPa}$	$[\sigma_{H1}]=750\text{MPa}$
$[\sigma_{H2}]=\dfrac{\sigma_{Hlim2}Z_{N2}}{S_{Hmin}}=\dfrac{580\times1.08}{1}\text{MPa}=626\text{MPa}$	$[\sigma_{H2}]=626\text{MPa}$
$[\sigma_H]=\dfrac{([\sigma_{H1}]+[\sigma_{H2}])}{2}=\dfrac{(750+626)}{2}\text{MPa}=688\text{MPa}$	$[\sigma_H]=688\text{MPa}$
9）节点区域系数 Z_H。由教材图 7.26 得 $Z_H=2.43$	$Z_H=2.43$
10）计算端面重合度 ε_α	
$\varepsilon_\alpha=\left[1.88-3.2\left(\dfrac{1}{z_1}+\dfrac{1}{z_2}\right)\right]\cos\beta=\left[1.88-3.2\left(\dfrac{1}{32}+\dfrac{1}{135}\right)\right]\cos13°=1.71$	$\varepsilon_\alpha=1.71$
11）计算纵向重合度 ε_β。由齿轮几何计算公式得	
$\varepsilon_\beta=\dfrac{b\sin\beta}{\pi m_n}\approx0.318\psi_d z_1\tan\beta=0.318\times1\times32\tan13°=2.35$	$\varepsilon_\beta=2.35$
12）计算重合度系数 Z_ε。因 $\varepsilon_\beta>1$，取 $\varepsilon_\beta=1$，故	
$Z_\varepsilon=\sqrt{\dfrac{4-\varepsilon_\alpha}{3}(1-\varepsilon_\beta)+\dfrac{\varepsilon_\beta}{\varepsilon_\alpha}}=\sqrt{\dfrac{1}{\varepsilon_\alpha}}=\sqrt{\dfrac{1}{1.71}}=0.76$	$Z_\varepsilon=0.76$
13）螺旋角系数 Z_β。	
$Z_\beta=\sqrt{\cos\beta}=\sqrt{\cos13°}=0.987$	$Z_\beta=0.987$
（2）设计计算	
1）试算小齿轮 1 分度圆直径 d_{1t}，设计公式为 $d_{1t}\geqslant\sqrt[3]{\dfrac{2KT_1}{\psi_d}\cdot\dfrac{u+1}{u}\left(\dfrac{Z_E Z_H Z_\varepsilon Z_\beta}{[\sigma_H]}\right)^2}$	
$d_{1t}=\sqrt[3]{\dfrac{2\times1.3\times134198}{1}\cdot\dfrac{4.2+1}{4.2}\cdot\left(\dfrac{189.8\times2.43\times0.76\times0.987}{688}\right)^2}\text{mm}=47.80\text{mm}$	$d_{1t}=47.80\text{mm}$
2）计算齿轮圆周速度 v	
$v=\dfrac{\pi d_{1t}n_1}{60\times1000}=\dfrac{\pi\times47.80\times634.78}{60\times1000}\text{m/s}=1.59\text{m/s}$	$v=1.59\text{m/s}$
按教材中表 7.2 校核速度，因 $v<15$ m/s，故合适。	
3）计算载荷系数 K	$K_A=1.25$
由教材中表 7.3，使用系数 $K_A=1.25$；根据 $v=1.59\text{m/s}$，7 级精度查教材图 7.9 得动载系数 $K_v=1.07$；单齿对啮合，取齿间载荷分配系数 $K_\alpha=1.2$；查教材图 7.11a 曲线 2 得齿向载荷分布系数 $K_\beta=1.08$ 则	$K_v=1.07$ $K_\alpha=1.2$ $K_\beta=1.08$
$K=K_A K_v K_\alpha K_\beta=1.25\times1.07\times1.2\times1.08=1.73$	$K=1.73$

（续）

设计项目及依据	设计结果

4）校正分度圆直径 d_{1j}

$$d_{1j}=d_{1t}\sqrt[3]{\frac{K}{K_t}}=47.80\times\sqrt[3]{\frac{1.73}{1.3}}\text{mm}=52.58\text{mm}$$

设计结果：$d_{1j}=52.58\text{mm}$

3. 主要几何尺寸计算

（1）计算模数 m_n

$$m_n=\frac{d_{1j}\cos\beta}{z_1}=\frac{52.58\cos13^\circ}{32}\text{mm}=1.60\text{mm}$$，按标准取 $m_n=2\text{mm}$。

设计结果：$m_n=2\text{mm}$

（2）计算中心距 a

$$a=\frac{m_n}{2\cos\beta}(z_1+z_2)=\frac{2}{2\times\cos13^\circ}\times(32+135)\text{mm}=171.39\text{mm}$$

圆整取 $a=175\text{mm}$。

设计结果：$a=175\text{mm}$

（3）计算螺旋角 β

$$\beta=\arccos\frac{m_n(z_1+z_2)}{2a}=\arccos\frac{2\text{mm}\times(32+135)}{2\times175\text{mm}}=17^\circ23'29''$$

设计结果：$\beta=17^\circ23'29''$

（4）计算分度圆直径 d_1、d_2

$$d_1=\frac{m_nz_1}{\cos\beta}=\frac{2\times32}{\cos17^\circ23'29''}\text{mm}=67.07\text{mm}$$

$$d_2=\frac{m_nz_2}{\cos\beta}=\frac{2\times135}{\cos17^\circ23'29''}\text{mm}=282.93\text{mm}$$

设计结果：$d_1=67.07\text{mm}$，$d_2=282.93\text{mm}$

（5）齿宽 b

$$b=\psi_d d_1=1.0\times67.07\text{mm}=67.07\text{mm}$$，取 $b_2=68\text{mm}$

$$b_1=b_2+(5\sim10)\text{mm}$$，取 $b_1=73\text{mm}$

设计结果：$b_1=73\text{mm}$，$b_2=68\text{mm}$

（6）齿顶圆直径 d_{a1}、d_{a2}

$$d_{a1}=d_1+2m_n=67.07+2\times2\text{mm}=71.07\text{mm}$$

$$d_{a2}=d_2+2m_n=282.93+2\times2\text{mm}=286.93\text{mm}$$

设计结果：$d_{a1}=71.07\text{mm}$，$d_{a2}=286.93\text{mm}$

（7）齿根圆直径 d_{f1}、d_{f2}

$$d_{f1}=d_1-2.5m_n=67.07\text{mm}-2.5\times2\text{mm}=62.07\text{mm}$$

$$d_{f2}=d_2-2.5m_n=282.93\text{mm}-2.5\times2\text{mm}=277.93\text{mm}$$

设计结果：$d_{f1}=62.07\text{mm}$，$d_{f2}=277.93\text{mm}$

（8）齿高 h

$$h=2.25m_n=2.25\times2\text{mm}=4.5\text{mm}$$

设计结果：$h=4.5\text{mm}$

高速级齿轮传动的主要参数见表 22.3。

表 22.3 高速级齿轮传动的主要参数

中心距 a/mm	模数 m_n/mm	齿数 z	螺旋角 β	齿宽 b/mm	分度圆直径 d/mm	齿顶圆直径 d_a/mm	齿根圆直径 d_f/mm	齿高 h/mm
175	2	$z_1=32$	$17^\circ23'29''$	$b_1=73$	$d_1=67.07$	$d_{a1}=71.07$	$d_{f1}=62.07$	4.5
		$z_2=135$		$b_2=68$	$d_2=282.93$	$d_{a2}=286.93$	$d_{f2}=277.93$	

4. 校核齿根弯曲疲劳强度

校核公式为

$$\sigma_F=\frac{2KT_1}{bm_nd_1}Y_{Fa}Y_{Sa}Y_\varepsilon Y_\beta\leqslant[\sigma_F]$$

（1）确定校核公式中各参数

1）小、大齿轮的弯曲疲劳极限 σ_{Flim1}、σ_{Flim2}。由教材图 7.21c，取 $\sigma_{Flim1}=620\text{MPa}$，$\sigma_{Flim2}=450\text{MPa}$。

设计结果：$\sigma_{Flim1}=620\text{MPa}$，$\sigma_{Flim2}=450\text{MPa}$

（续）

设计项目及依据	设计结果
2）弯曲寿命系数 Y_{N1}、Y_{N2}。由教材图 7.19 得 $Y_{N1}=0.86$，$Y_{N2}=0.88$。	$Y_{N1}=0.86, Y_{N2}=0.88$
3）尺寸系数 Y_X。由教材图 7.20，取 $Y_X=1$	$Y_X=1$
4）计算许用弯曲应力[σ_{F1}]、[σ_{F2}]。取失效率不大于 1%，由教材表 7.5 得最小安全系数 $S_{Fmin}=1.25$。	$S_{Fmin}=1.25$
$$[\sigma_{F1}]=\frac{\sigma_{Flim1}Y_{N1}Y_X}{S_{Fmin}}=\frac{620\times0.86\times1}{1.25}\text{MPa}=427\text{MPa}$$	$[\sigma_{F1}]=427\text{MPa}$
$$[\sigma_{F2}]=\frac{\sigma_{Flim2}Y_{N2}Y_X}{S_{Fmin}}=\frac{450\times0.88\times1}{1.25}\text{MPa}=317\text{MPa}$$	$[\sigma_{F2}]=317\text{MPa}$
5）当量齿数 z_{v1}、z_{v2}	
$$z_{v1}=\frac{z_1}{\cos^3\beta}=\frac{32}{\cos^3 17°23'29''}=36.82$$	$z_{v1}=36.82$
$$z_{v2}=\frac{z_2}{\cos^3\beta}=\frac{135}{\cos^3 17°23'29''}=155.35$$	$z_{v2}=155.35$
6）当量齿轮的端面重合度 $\varepsilon_{\alpha v}$	
$$\varepsilon_{\alpha v}=\left[1.88-3.2\left(\frac{1}{z_{v1}}+\frac{1}{z_{v2}}\right)\right]\cos\beta$$	
$$=\left[1.88-3.2\left(\frac{1}{36.82}+\frac{1}{155.35}\right)\right]\cos17°23'29''=1.69$$	$\varepsilon_{\alpha v}=1.69$
7）重合度系数 Y_ε	
$$Y_\varepsilon=0.25+\frac{0.75}{\varepsilon_{\alpha v}}=0.25+\frac{0.75}{1.69}=0.69$$	$Y_\varepsilon=0.69$
8）螺旋角系数 Y_β	
$$Y_{\beta\min}=1-0.25\varepsilon_\beta=1-0.25\times2.35=0.41$$	
$$Y_\beta=1-\varepsilon_\beta\frac{\beta°}{120°}=1-1\times\frac{17.3914°}{120°}=0.86>Y_{\beta\min}$$（当 $\varepsilon_\beta\geqslant1$ 时，按 $\varepsilon_\beta=1$ 计算）	$Y_\beta=0.86$
9）齿型系数 Y_{Fa1}、Y_{Fa2}。由当量齿数 z_{v1}、z_{v2}，查教材图 7.17 得 $Y_{Fa1}=2.46$；$Y_{Fa2}=2.15$。	$Y_{Fa1}=2.46$ $Y_{Fa2}=2.15$
10）应力修正系数 Y_{Sa1}、Y_{Sa2}。由教材图 7.18 得 $Y_{Sa1}=1.65$；$Y_{Sa2}=1.84$。	$Y_{Sa1}=1.65$
（2）弯曲强度校核计算	$Y_{Sa2}=1.84$
$$\sigma_{F1}=\frac{2KT_1}{bm_nd_1}Y_{Fa1}Y_{Sa1}Y_\varepsilon Y_\beta=\frac{2\times1.73\times134198}{68\times2\times67.07}\times2.46\times1.65\times0.69\times0.86\text{MPa}$$	$\sigma_{F1}=122.61\text{MPa}$
$$=122.61\text{MPa}<[\sigma_{F1}]=427\text{MPa}$$	
$$\sigma_{F2}=\sigma_{F1}\frac{Y_{Fa2}Y_{Sa2}}{Y_{Fa1}Y_{Sa1}}=122.61\times\frac{2.15\times1.84}{2.46\times1.65}\text{MPa}=119.50\text{MPa}<[\sigma_{F2}]=317\text{MPa}$$	$\sigma_{F2}=119.50\text{MPa}$
所以，弯曲强度满足要求。	
5. 结构设计	
根据齿轮的尺寸，小齿轮采用齿轮轴结构；大齿轮采用腹板式齿轮结构。	小齿轮：齿轮轴
具体结构见零件工作图。	大齿轮：腹板式
六、低速级齿轮传动设计计算	
1. 选择齿轮类型、精度等级、材料及齿数	
（1）类型选择　选用斜齿圆柱齿轮传动。	选用斜齿圆柱齿轮传动
（2）精度选择　输送机为一般工作机，速度不高，故选用 7 级精度。	选用 7 级精度

（续）

设计项目及依据	设计结果
(3)材料选择　由教材表7.1选择小齿轮材料为40Gr，调质处理，齿面硬度为280HBW；大齿轮材料为45钢，调质处理，齿面硬度为240HBW。两齿轮齿面硬度差为280HBW-240HBW=40HBW，在25~50HBW范围内。	小齿轮：40Gr调质，齿面硬度为280HBW 大齿轮：45钢，调质，齿面硬度为240HBW
(4)初选齿数　小齿轮齿数 $z_3=29$，大齿轮齿数 $z_4=uz_1=3.24\times29=93.96$，取 $z_4=94$。 传动装置总传动比误差验算： $$i_{总实际}=i_{带}\ i_1 i_2=\frac{315}{132}\times\frac{135}{32}\times\frac{94}{29}=32.626$$ 由前述，$i_{总理论}=31.27$，则	$z_3=29$，$z_4=94$
$$\Delta i_{总}=\left\|\frac{i_{总实际}-i_{总理论}}{i_{总理论}}\right\|\times100\%=\left\|\frac{32.626-31.27}{31.27}\right\|\times100\%=4.3\%<5\%$$ 所以满足传动比误差要求，可用。	$\Delta i_{总}=4.3\%$
(5)初选螺旋角　$\beta=13°$	初选 $\beta=13°$
2. 按齿面接触疲劳强度设计 设计公式为 $$d_3=\sqrt[3]{\frac{2K_tT_{Ⅱ}}{\psi_d}\cdot\frac{u+1}{u}\left(\frac{Z_EZ_HZ_\varepsilon Z_\beta}{[\sigma_H]}\right)^2}$$ (1)确定设计公式中各参数	
1)初选载荷系数 $K_t=1.3$。	$K_t=1.3$
2)小齿轮3传递的转矩为 $$T_3=T_{Ⅱ}=541508\text{N}\cdot\text{mm}\ (见表22.2)$$	$T_3=T_{Ⅱ}=541508\text{N}\cdot\text{mm}$
3)选取齿宽系数 ψ_d。由教材表7.4得 $\psi_d=1$。	$\psi_d=1$
4)弹性系数 Z_E。由教材表7.6得 $Z_E=189.8\sqrt{\text{MPa}}$	$Z_E=189.8\sqrt{\text{MPa}}$
5)小、大齿轮的接触疲劳极限 σ_{Hlim3}、σ_{Hlim4}。由教材图7.23c得 $\sigma_{Hlim3}=750\text{MPa}$，$\sigma_{Hlim4}=580\text{MPa}$。	$\sigma_{Hlim3}=750\text{MPa}$ $\sigma_{Hlim4}=580\text{MPa}$
6)应力循环次数 $$N_{L3}=60\gamma n_{Ⅱ}t_h=60\times1\times151.14\times(16\times260\times10)=3.8\times10^8$$ $$N_{L4}=\frac{N_{L3}}{u}=\frac{3.8\times10^8}{3.24}=1.17\times10^8$$	$N_{L3}=3.8\times10^8$ $N_{L4}=1.17\times10^8$
7)接触寿命系数 Z_{N3}、Z_{N4}。由教材图7.24，取 $Z_{N3}=1.08$，$Z_{N4}=1.12$。	$Z_{N3}=1.08$，$Z_{N4}=1.12$
8)计算许用接触应力 $[\sigma_H]$。取失效率不大于1%，由教材表7.5得最小安全系数 $S_{Hmin}=1$。	
$$[\sigma_{H3}]=\frac{\sigma_{Hlim3}Z_{N3}}{S_{Hmin}}=\frac{750\times1.08}{1}\text{MPa}=810\text{MPa}$$	$[\sigma_{H3}]=810\text{MPa}$
$$[\sigma_{H4}]=\frac{\sigma_{Hlim4}Z_{N4}}{S_{Hmin}}=\frac{580\times1.12}{1}\text{MPa}=650\text{MPa}$$	$[\sigma_{H4}]=650\text{MPa}$
$$[\sigma_H]=\frac{([\sigma_{H3}]+[\sigma_{H4}])}{2}=\frac{(810+650)}{2}\text{MPa}=730\text{MPa}$$	$[\sigma_H]=730\text{MPa}$
9)节点区域系数 Z_H。由教材图7.26得 $Z_H=2.43$。	$Z_H=2.43$
10)计算端面重合度 ε_α。$\varepsilon_\alpha=\left[1.88-3.2\left(\frac{1}{z_1}+\frac{1}{z_2}\right)\right]\cos\beta=\left[1.88-3.2\left(\frac{1}{29}+\frac{1}{94}\right)\right]\cos13°$ $=1.7$	$\varepsilon_\alpha=1.7$
11)计算纵向重合度 ε_β。由齿轮几何计算公式得 $$\varepsilon_\beta=\frac{b\sin\beta}{\pi m_n}\approx0.318\psi_dz_1\tan\beta=0.318\times1\times29\tan13°=2.13$$	$\varepsilon_\beta=2.13$

（续）

设计项目及依据	设计结果
12)计算重合度系数 Z_ε。因 $\varepsilon_\beta>1$,取 $\varepsilon_\beta=1$,故 $$Z_\varepsilon=\sqrt{\frac{4-\varepsilon_\alpha}{3}(1-\varepsilon_\beta)+\frac{\varepsilon_\beta}{\varepsilon_\alpha}}=\sqrt{\frac{1}{\varepsilon_\alpha}}=0.77$$	$Z_\varepsilon=0.77$
13)螺旋角系数 $$Z_\beta=\sqrt{\cos\beta}=\sqrt{\cos13°}=0.987$$	$Z_\beta=0.987$
(2)设计计算 1)试算小齿轮3分度圆直径 d_{3t} $$d_{3t}=\sqrt[3]{\frac{2K_tT_{Ⅱ}}{\psi_d}\cdot\frac{u+1}{u}\left(\frac{Z_EZ_HZ_\varepsilon Z_\beta}{[\sigma_H]}\right)^2}$$ $$=\sqrt[3]{\frac{2\times1.3\times541508}{1}\cdot\frac{3.24+1}{3.24}\cdot\left(\frac{189.8\times2.43\times0.77\times0.987}{730}\right)^2}\text{mm}$$ $=75.17\text{mm}$	$d_{3t}=75.17\text{mm}$
2)计算齿轮圆周速度 v $$v=\frac{\pi d_{3t}n_{Ⅱ}}{60\times1000}=\frac{\pi\times75.17\times151.14}{60\times1000}\text{m/s}=0.59\text{m/s}$$ 按教材表7.2校核速度,因 $v<15\text{m/s}$,故合适。	$v=0.59\text{m/s}$
3)计算载荷系数 K。由教材表7.3得使用系数 $K_A=1.25$;根据 $v=0.59\text{m/s}$,7级精度查教材图7.9得动载系数 $K_v=1.03$;单齿对啮合,取齿间载荷分配系数 $K_\alpha=1.2$;查教材图7.11a曲线2得齿向载荷分布系数 $K_\beta=1.08$,则 $$K=K_AK_vK_\alpha K_\beta=1.25\times1.03\times1.2\times1.08=1.67$$	$K_A=1.25,K_v=1.03$ $K_\alpha=1.2,K_\beta=1.08$ $K=1.67$
4)校正分度圆直径 d_{3j} $$d_{3j}=d_{3t}\sqrt[3]{\frac{K}{K_t}}=75.17\times\sqrt[3]{\frac{1.67}{1.3}}\text{mm}=81.72\text{mm}$$	$d_{3j}=81.72\text{mm}$
3.主要几何尺寸计算	
(1)计算模数 m_n $$m_n=\frac{d_{3j}\cos\beta}{z_3}=\frac{81.72\cos13°}{29}\text{mm}=2.75\text{mm},按标准取\ m_n=3\text{mm}$$	$m_n=3\text{mm}$
(2)计算中心距 a $$a=\frac{m_n}{2\cos\beta}(z_3+z_4)=\frac{3}{2\times\cos13°}\text{mm}\times(29+94)=189.35\text{mm}$$ 圆整取 $a=190\text{mm}$。	$a=190\text{mm}$
(3)计算螺旋角 β $$\beta=\arccos\frac{m_n(z_3+z_4)}{2a}=\arccos\frac{3\text{mm}\times(29+94)}{2\times190\text{mm}}=13°49'11''$$	$\beta=13°49'11''$
(4)计算分度圆直径 d_3、d_4 $$d_3=\frac{m_nz_3}{\cos\beta}=\frac{3\times29}{\cos13°49'11''}\text{mm}=89.59\text{mm}$$ $$d_4=\frac{m_nz_4}{\cos\beta}=\frac{3\times94}{\cos13°49'11''}\text{mm}=290.41\text{mm}$$	$d_3=89.59\text{mm}$ $d_4=290.41\text{mm}$
(5)齿宽 b $b=\psi_dd_3=1.0\times89.59\text{mm}=89.59\text{mm}$,取 $b_4=90\text{mm}$。 $b_3=b_4+(5\sim10)\text{mm}$,取 $b_3=95\text{mm}$。	$b_3=95\text{mm}$ $b_4=90\text{mm}$
(6)齿顶圆直径 d_{a3}、d_{a4}	

（续）

设计项目及依据	设计结果
$d_{a3}=d_3+2m_n=89.59\text{mm}+2\times3\text{mm}=95.59\text{mm}$	$d_{a3}=95.59\text{mm}$
$d_{a4}=d_4+2m_n=290.41\text{mm}+2\times3\text{mm}=296.41\text{mm}$	$d_{a4}=296.41\text{mm}$
(7) 齿根圆直径 d_{f3}、d_{f4}	
$d_{f3}=d_3-2.5m_n=89.59\text{mm}-2.5\times3\text{mm}=82.09\text{mm}$	$d_{f3}=82.09\text{mm}$
$d_{f4}=d_4-2.5m_n=290.41\text{mm}-2.5\times3\text{mm}=282.91\text{mm}$	$d_{f4}=282.91\text{mm}$
(8) 齿高 h	
$h=2.25m_n=2.25\times3\text{mm}=6.75\text{mm}$	$h=6.75\text{mm}$

低速级齿轮传动的主要参数见表 22.4。

表 22.4　低速级齿轮传动的主要参数

中心距 a/mm	模数 m_n/mm	齿数 z	螺旋角 β	齿宽 b/mm	分度圆直径 d/mm	齿顶圆直径 d_a/mm	齿根圆直径 d_f/mm	齿高 h/mm
190	3	$z_3=29$	13°49′11″	$b_3=95$	$d_3=89.59$	$d_{a3}=95.59$	$d_{f3}=82.09$	6.75
		$z_4=94$		$b_4=90$	$d_4=290.41$	$d_{a4}=296.41$	$d_{f4}=282.91$	

4. 校核齿根弯曲疲劳强度

校核公式为

$$\sigma_F=\frac{2KT_{\text{II}}}{bm_nd_3}Y_{Fa}Y_{Sa}Y_\varepsilon Y_\beta\leqslant[\sigma_F]$$

(1) 确定校核公式中各参数

1) 小、大齿轮的弯曲疲劳极限 σ_{Flim3}、σ_{Flim4}。由教材图 7.21c，取 $\sigma_{Flim3}=620\text{MPa}$，$\sigma_{Flim4}=450\text{MPa}$。

设计结果：$\sigma_{Flim3}=620\text{MPa}$，$\sigma_{Flim4}=450\text{MPa}$

2) 弯曲寿命系数 Y_{N3}、Y_{N4}。由教材图 7.19 得 $Y_{N3}=0.88$，$Y_{N4}=0.9$。

设计结果：$Y_{N3}=0.88$，$Y_{N4}=0.9$

3) 尺寸系数 Y_X。由教材图 7.20，取 $Y_X=1$。

设计结果：$Y_X=1$

4) 计算许用弯曲应力 $[\sigma_{F3}]$、$[\sigma_{F4}]$。取失效率不大于 1%，由教材表 7.5 得最小安全系数 $S_{Fmin}=1.25$。

$$[\sigma_{F3}]=\frac{\sigma_{Flim3}Y_{N3}Y_X}{S_{Fmin}}=\frac{620\times0.88\times1}{1.25}\text{MPa}=436\text{MPa}$$

设计结果：$[\sigma_{F3}]=436\text{MPa}$

$$[\sigma_{F4}]=\frac{\sigma_{Flim4}Y_{N4}Y_X}{S_{Fmin}}=\frac{450\times0.9\times1}{1.25}\text{MPa}=324\text{MPa}$$

设计结果：$[\sigma_{F4}]=324\text{MPa}$

5) 当量齿数 z_{v3}、z_{v4}

$$z_{v3}=\frac{z_3}{\cos^3\beta}=\frac{29}{\cos^3 13°49'11''}=31.67$$

设计结果：$z_{v3}=31.67$

$$z_{v4}=\frac{z_4}{\cos^3\beta}=\frac{94}{\cos^3 13°49'11''}=102.66$$

设计结果：$z_{v4}=102.66$

6) 当量齿轮的端面重合度 $\varepsilon_{\alpha v}$

$$\varepsilon_{\alpha v}=\left[1.88-3.2\left(\frac{1}{z_{v3}}+\frac{1}{z_{v4}}\right)\right]\cos\beta$$

$$=\left[1.88-3.2\left(\frac{1}{31.67}+\frac{1}{102.66}\right)\right]\cos 13°49'11''=1.7$$

设计结果：$\varepsilon_{\alpha v}=1.7$

7) 重合度系数 Y_ε

$$Y_\varepsilon=0.25+\frac{0.75}{\varepsilon_{\alpha v}}=0.25+\frac{0.75}{1.7}=0.69$$

设计结果：$Y_\varepsilon=0.69$

（续）

设计项目及依据	设计结果
8）螺旋角系数 Y_β $$Y_{\beta\min}=1-0.25\varepsilon_\beta=1-0.25\times2.13=0.47$$ $$Y_\beta=1-\varepsilon_\beta\frac{\beta^\circ}{120^\circ}=1-2.13\times\frac{13.8197^\circ}{120^\circ}=0.75>Y_{\beta\min}$$	$Y_\beta=0.75$
9）齿型系数 Y_{Fa3}、Y_{Fa4}。由当量齿数 z_{v3}、z_{v4}，查教材图 7.17 得 $Y_{Fa3}=2.54$；$Y_{Fa4}=2.21$。 10）应力修正系数 Y_{Sa3}、Y_{Sa4}。由教材图 7.18 得 $Y_{Sa3}=1.64$；$Y_{Sa4}=1.81$。 （2）弯曲强度校核计算 $$\sigma_{F3}=\frac{2KT_{\rm II}}{bm_nd_3}Y_{Fa3}Y_{Sa3}Y_\varepsilon Y_\beta=\frac{2\times1.67\times541508}{90\times3\times89.59}\times2.54\times1.64\times0.69\times0.75\text{MPa}$$ $$=161.18\text{MPa}<[\sigma_{F3}]=436\text{MPa}$$ $$\sigma_{F4}=\sigma_{F3}\frac{Y_{Fa4}Y_{Sa4}}{Y_{Fa3}Y_{Sa3}}=161.18\times\frac{2.21\times1.81}{2.54\times1.64}\text{MPa}=154.78\text{MPa}<[\sigma_{F4}]=324\text{MPa}$$ 所以，弯曲强度满足要求。	$Y_{Fa3}=2.54$ $Y_{Fa4}=2.21$ $Y_{Sa3}=1.64$ $Y_{Sa4}=1.81$ $\sigma_{F3}=161.18\text{MPa}$ $\sigma_{F4}=154.78\text{MPa}$
5. 结构设计 根据齿轮的尺寸，小齿轮采用齿轮轴结构；大齿轮采用腹板式齿轮结构。 具体结构见零件工作图。	小齿轮：齿轮轴 大齿轮：腹板式

七、高速轴的设计计算及强度校核

1. 选择材料及确定许用应力

选择 45 钢，正火，硬度 170~217 HBW。估计轴直径小于 100mm，由教材表 9.2 得 $\sigma_b=600\text{MPa}$。由教材表 9.5 得许用弯曲应力 $[\sigma_{-1}]_W=55\text{MPa}$。

（设计结果：45 钢，正火；硬度 170~217HBW；$\sigma_b=600\text{MPa}$；$[\sigma_{-1}]_W=55\text{MPa}$）

2. 轴的结构设计

（1）初估轴的最小直径 d_1　由式（5.1），取 $C=118$ 则

$$d_1\geqslant C\sqrt[3]{\frac{P_1}{n_1}}=118\times\sqrt[3]{\frac{8.92}{634.78}}\text{mm}=28.47\text{mm}$$

最小直径处安装大带轮有键槽，故轴径增大 5%，则 $d_1\geqslant28.47\times1.05\text{mm}=29.89\text{mm}$。

考虑此轴段带轮压轴力较大，取 $d_1=40\text{mm}$。

（2）轴外形尺寸的设计

1）径向尺寸的确定。考虑从轴两端分别依次安装轴套、轴承、轴承盖、大带轮方便，共设 7 段轴径，各轴段直径如下：$d_1=40\text{mm}$，$d_2=45\text{mm}$，$d_3=50\text{mm}$（此段轴径安装轴承，选深沟球轴承 6210，轴承内径 $d=50\text{mm}$，轴承宽 $B=20\text{mm}$），$d_4=55\text{mm}$，$d_5=d_{f1}=62.07\text{mm}$（$d_{f1}$ 为小齿轮 1 的齿根圆直径），$d_6=57\text{mm}$（轴承安装尺寸），$d_7=50\text{mm}=d_3$。上述结构如图 22.2a 所示。

2）轴向尺寸的确定。由轴上安装的相关零件宽度及初绘装配草图，各轴段长度如下：$l_1=78\text{mm}$，$l_2=60\text{mm}$，$l_3=48\text{mm}$，$l_4=100\text{mm}$，$l_5=73\text{mm}$，$l_6=10\text{mm}$，$l_7=35\text{mm}$。上述结构如图 22.2a 所示。

（设计结果：$d_1=40\text{mm}$，$d_2=45\text{mm}$，$d_3=50\text{mm}$，$d_4=55\text{mm}$，$d_5=62.07\text{mm}$，$d_6=57\text{mm}$，$d_7=50\text{mm}$，$l_1=78\text{mm}$，$l_2=60\text{mm}$，$l_3=48\text{mm}$，$l_4=100\text{mm}$，$l_5=73\text{mm}$，$l_6=10\text{mm}$，$l_7=35\text{mm}$）

3. 计算作用在齿轮 1 上的力

圆周力 $F_{t1}=\dfrac{2T_{\rm I}}{D_1}=\dfrac{2\times134198}{67.07}\text{N}=4002\text{N}$　（D_1 为齿轮 1 分度圆直径）

径向力 $F_{r1}=F_{t1}\dfrac{\tan\alpha_n}{\cos\beta}=4002\times\dfrac{\tan20^\circ}{\cos17^\circ23'29''}=1526\text{N}$

（设计结果：$F_{t1}=4002\text{N}$；$F_{r1}=1526\text{N}$）

（续）

设计项目及依据	设计结果
轴向力 $F_{a1}=F_{t1}\tan\beta=4002\tan17°23'29''=1253N$	$F_{a1}=1253N$
4. 轴的强度校核	
(1)绘制轴的受力简图(如图 22.2b 所示)	
1)确定轴上力的作用点与支点。如图 22.2a 所示轴的结构,载荷在齿轮 1 上的作用点取齿宽中点;带轮压轴力作用点取带轮轮毂宽($L=80mm$)的中点;深沟球轴承的支点取轴承宽中点,则可得图 22.2b 中的 $L_1(L_{DA})$、$L_2(L_{AC})$、$L_3(L_{CB})$的值如下:	
$$L_1=\frac{l_{轮毂}}{2}+l_2+\frac{B}{2}=\frac{80}{2}mm+60mm+\frac{20}{2}mm=110mm$$	$L_1=110mm$
$$L_2=l_3-\frac{B}{2}+l_4+\frac{l_5}{2}=48mm-\frac{20}{2}mm+100mm+\frac{73}{2}mm=174.5mm$$	$L_2=174.5mm$
$$L_3=\frac{l_5}{2}+l_6+l_7-\frac{B}{2}=\frac{73}{2}mm+10mm+35mm-\frac{20}{2}mm=71.5mm$$	$L_3=71.5mm$
2)绘制轴的受力简图。根据 $L_1(L_{DA})=110mm$, $L_2(L_{AC})=174.5mm$, $L_3(L_{CB})=71.5mm$,画出轴的受力简图如图 22.2b 所示。	
(2)绘制水平面受力图及弯矩图(如图 22.2c 所示)	
1)计算水平面支反力	
$$F_{AH}=\frac{F_Q(L_1+L_2+L_3)-F_{r1}L_3-F_{a1}\frac{D_1}{2}}{L_2+L_3}$$	$F_{AH}=2459N$
$$=\frac{2124\times(110+174.5+71.5)-1526\times71.5-1253\times\frac{67.07}{2}}{174.5+71.5}N=2459N$$	
$$F_{BH}=\frac{F_QL_1+F_{r1}L_2-F_{a1}\frac{D_1}{2}}{L_2+L_3}$$	$F_{BH}=1861N$
$$=\frac{2124\times110+1526\times174.5-1253\times\frac{67.07}{2}}{174.5+71.5}N=1861N$$	
2)绘制水平面弯矩图 M_H(如图 22.2c 所示)	
$$M_{AH}=F_QL_1=2124\times110mm=233640N\cdot mm$$	$M_{AH}=233640N\cdot mm$
$$M_{CHR}=F_{BH}L_3=1861\times71.5mm=133062N\cdot mm$$	$M_{CHR}=133062N\cdot mm$
$$M_{CHL}=M_{CHR}+F_{a1}\frac{D_1}{2}=133062N\cdot mm+1253\times\frac{67.07}{2}N\cdot mm=175081N\cdot mm$$	$M_{CHL}=175081N\cdot mm$
(3)绘制垂直面受力图及弯矩图(如图 22.2d 所示)	
1)计算垂直面支反力	
$$F_{AV}=\frac{F_{t1}L_3}{L_2+L_3}=\frac{4002\times71.5}{174.5+71.5}N=1163N$$	$F_{AV}=1163N$
$$F_{BV}=\frac{F_{t1}L_2}{L_2+L_3}=\frac{4002\times174.5}{174.5+71.5}N=2839N$$	$F_{BV}=2839N$
2)绘制垂直面弯矩图 M_V(如图 22.2d 所示)	
$$M_V=F_{AV}L_2=1163\times174.5N\cdot mm=202944N\cdot mm$$	$M_V=202944N\cdot mm$
(4)绘制合成弯矩图 M(如图 22.2e 所示)	
$$M_{CR}=\sqrt{M_{CHR}^2+M_V^2}=\sqrt{133062^2+202944^2}N\cdot mm=242676N\cdot mm$$	$M_{CR}=242676N\cdot mm$
$$M_{CL}=\sqrt{M_{CHL}^2+M_V^2}=\sqrt{175081^2+202944^2}N\cdot mm=268029N\cdot mm$$	$M_{CL}=268029N\cdot mm$
$$M_A=M_{AH}=233640N\cdot mm$$	$M_A=233640N\cdot mm$

（续）

设计项目及依据	设计结果
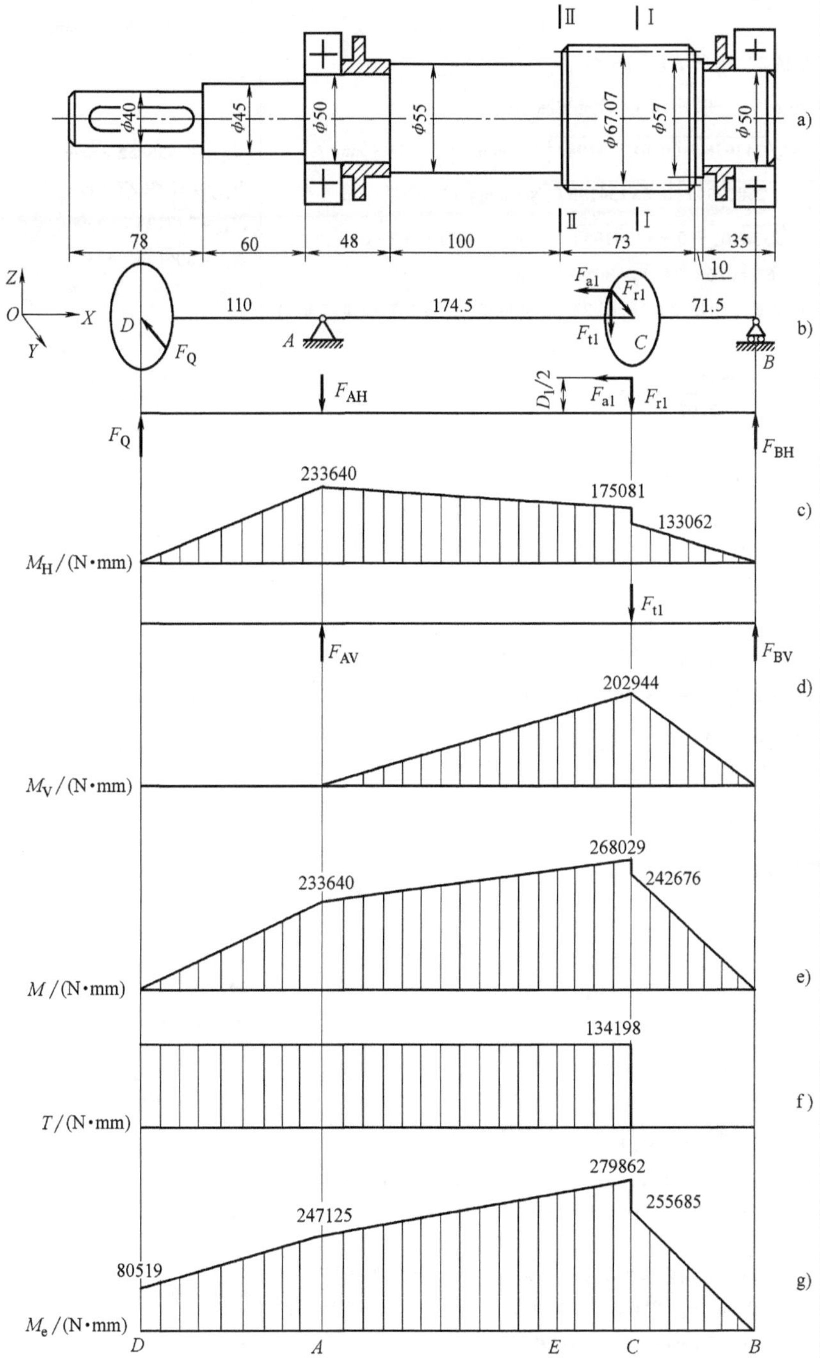 图 22.2 高速轴（Ⅰ轴）结构和受力分析	

（续）

设计项目及依据	设计结果
(5)绘制转矩图 T(如图 22.2f 所示) $T=T_{\text{I}}=134198\text{N}\cdot\text{mm}$	$T=T_{\text{I}}=134198\text{N}\cdot\text{mm}$
(6)绘制当量弯矩图 M_e(如图 22.2g 所示) $$M_e=\sqrt{M^2+(\alpha T)^2}$$ 取 $\alpha=0.6$(转矩按脉动循环)。	$\alpha=0.6$
$$M_{CeR}=\sqrt{M_{CR}^2+(\alpha T_{\text{I}})^2}=\sqrt{242676^2+(0.6\times134198)^2}\text{N}\cdot\text{mm}=255685\text{N}\cdot\text{mm}$$ $$M_{CeL}=\sqrt{M_{CL}^2+(\alpha T_{\text{I}})^2}=\sqrt{268029^2+(0.6\times134198)^2}\text{N}\cdot\text{mm}=279862\text{N}\cdot\text{mm}$$ $$M_{Ae}=\sqrt{M_A^2+(\alpha T)^2}=\sqrt{233640^2+(0.6\times134198)^2}\text{N}\cdot\text{mm}=247125\text{N}\cdot\text{mm}$$ $$M_{De}=0.6T=0.6\times134198=80519\text{N}\cdot\text{mm}$$	$M_{CeR}=255685\text{N}\cdot\text{mm}$ $M_{CeL}=279862\text{N}\cdot\text{mm}$ $M_{Ae}=247125\text{N}\cdot\text{mm}$ $M_{De}=80519\text{N}\cdot\text{mm}$
(7)按当量弯矩法校核轴的强度　由图 22.2a、图 22.2g 可见截面Ⅰ-Ⅰ处当量弯矩最大,故对此截面进行强度校核: $$\sigma_{\text{I}e}=\frac{M_{CeL}}{0.1d_{f1}^3}=\frac{279862}{0.1\times62.07^3}\text{MPa}=11.7\text{MPa}<[\sigma_{-1}]_W$$	$\sigma_{\text{I}e}=11.7\text{MPa}$
满足强度要求。 考虑Ⅱ-Ⅱ截面(E 截面)相对Ⅰ-Ⅰ截面(C 截面)尺寸较小,且当量弯矩也较大,故也应进行校核: 设 $M_{Ee}=M_{CeL}-x$,由图 22.2a 轴的结构 $L_{AC}=174.5\text{mm}$,$L_{EC}=36.5\text{mm}$,有如下比例关系: $\frac{x}{M_{CeL}}=\frac{36.5}{174.5}$,则 $$x=\frac{M_{CeL}\times36.5}{174.5}=\frac{279862\times36.5}{174.5}\text{N}\cdot\text{mm}=58538\text{N}\cdot\text{mm}$$	
$$M_{Ee}=M_{CeL}-x=279862\text{N}\cdot\text{mm}-58538\text{N}\cdot\text{mm}=221324\text{N}\cdot\text{mm}$$	$M_{Ee}=221324\text{N}\cdot\text{mm}$
$$\sigma_{\text{II}e}=\frac{M_{Ee}}{0.1d_4^3}=\frac{221324}{0.1\times55^3}\text{N}\cdot\text{mm}=13.3\text{MPa}<[\sigma_{-1}]_W$$ 满足强度要求。	$\sigma_{\text{II}e}=13.3\text{MPa}$
八、中间轴的设计计算及强度校核 **1. 选择材料及确定许用应力** 选择 45 钢,正火,硬度 170~217HBW。估计轴直径小于 100mm,由教材表 9.2 得 $\sigma_b=600\text{MPa}$。由教材表 9.5 得许用弯曲应力 $[\sigma_{-1}]_W=55\text{MPa}$。 **2. 轴的结构设计** (1)初估轴的最小直径 d_1　由式(5.1),取 $C=118$ 则 $$d_1\geqslant C\sqrt[3]{\frac{P_{\text{II}}}{n_{\text{II}}}}=118\times\sqrt[3]{\frac{8.57}{151.14}}\text{mm}=45.33\text{mm}$$	45 钢,正火 硬度 170~217 HBW $\sigma_b=600\text{MPa}$ $[\sigma_{-1}]_W=55\text{MPa}$
轴两端安装轴承,选择深沟球轴承。考虑两轴承处支反力、弯矩较大,选取 6214 轴承,由表 13.1,轴承内径 $d=70\text{mm}$,轴承宽 $B=24\text{mm}$,外径 $D=125\text{mm}$。 (2)轴外形尺寸的设计 1)径向尺寸的确定。考虑从轴两端分别依次安装齿轮、轴套、轴承、轴承盖的方便,共设 6 段轴径,各轴段直径如下:$d_1=70\text{mm}$,$d_2=75\text{mm}$,$d_3=d_{f3}=82.09\text{mm}$($d_{f3}$ 为小齿轮 3 的齿根圆直径),$d_4=80\text{mm}$,$d_5=75\text{mm}$,$d_6=70\text{mm}=d_1$。上述结构如图 22.3a 所示。 2)轴向尺寸的确定。由轴上安装的相关零件宽度及初绘装配草图,各轴段长度如下:$l_1=39\text{mm}$,$l_2=10\text{mm}$,$l_3=95\text{mm}$,$l_4=10\text{mm}$,$l_5=66\text{mm}$,$l_6=54\text{mm}$。上述结构如图 22.3a 所示。	$d_1=70\text{mm}$ $d_2=75\text{mm}$ $d_3=82.09\text{mm}$ $d_4=80\text{mm}$ $d_5=75\text{mm}$ $d_6=70\text{mm}$ $l_1=39\text{mm}$ $l_2=10\text{mm}$ $l_3=95\text{mm}$ $l_4=10\text{mm}$ $l_5=66\text{mm}$ $l_6=54\text{mm}$

（续）

设计项目及依据	设计结果
3. 计算作用在齿轮上的力	
(1)作用在齿轮2上的力	
$F_{t2}=F_{t1}=4002\text{N},F_{r2}=F_{r1}=1526\text{N},F_{a2}=F_{a1}=1253\text{N}$	$F_{t2}=4002\text{N}$ $F_{r2}=1526\text{N}$ $F_{a2}=1253\text{N}$
(2)作用在齿轮3上的力	
圆周力 $F_{t3}=\dfrac{2T_{\text{II}}}{D_3}=\dfrac{2\times541508}{89.59}\text{N}=12089\text{N}$　（D_3 为齿轮3分度圆直径）	$F_{t3}=12089\text{N}$
径向力 $F_{r3}=F_{t3}\dfrac{\tan\alpha_n}{\cos\beta}=12089\text{N}\times\dfrac{\tan20°}{\cos13°49'11''}=4531\text{N}$	$F_{r3}=4531\text{N}$
轴向力 $F_{a3}=F_{t3}\tan\beta=12089\text{N}\times\tan13°49'11''=2974\text{N}$	$F_{a3}=2974\text{N}$
4. 轴的强度校核	
(1)绘制轴的受力简图(如图22.3b所示)	
1)确定轴上力的作用点与支点。如图22.3a所示轴的结构，取载荷作用于齿宽中点；深沟球轴承的支点取轴承宽的中点，则可得图22.3b中的 $L_1(L_{AC})$、$L_2(L_{CD})$、$L_3(L_{DB})$ 之值如下：	
$L_1=\dfrac{B}{2}+\text{左轴套长}+l_2+\dfrac{l_3}{2}=\dfrac{24}{2}\text{mm}+15\text{mm}+10\text{mm}+\dfrac{95}{2}\text{mm}=84.5\text{mm}$	$L_1=84.5\text{mm}$
$L_2=\dfrac{l_3}{2}+l_4+\dfrac{(l_5+2)}{2}=\dfrac{95}{2}\text{mm}+10\text{mm}+\dfrac{(66+2)}{2}\text{mm}=91.5\text{mm}$	$L_2=91.5\text{mm}$
$L_3=\dfrac{(l_5+2)}{2}+\text{右轴套长}+\dfrac{B}{2}=\dfrac{(66+2)}{2}\text{mm}+28\text{mm}+\dfrac{24}{2}\text{mm}=74\text{mm}$	$L_3=74\text{mm}$
2)绘制轴的受力简图。根据 $L_1(L_{AC})=84.5\text{mm}$，$L_2(L_{CD})=91.5\text{mm}$，$L_3(L_{DB})=74\text{mm}$，画出轴的受力简图如图22.3b所示。	
(2)绘制水平面受力图及弯矩图(如图22.3c所示)	
1)计算水平面支反力	
$F_{AH}=\dfrac{F_{r3}(L_2+L_3)+F_{a2}\dfrac{D_2}{2}+F_{a3}\dfrac{D_3}{2}-F_{r2}L_3}{L_1+L_2+L_3}$ $=\dfrac{4531\times(91.5+74)+1253\times\dfrac{282.93}{2}+2974\times\dfrac{89.59}{2}-1526\times74}{84.5+91.5+74}\text{N}=3790\text{N}$	$F_{AH}=3790\text{N}$
$F_{BH}=\dfrac{F_{r3}L_1-F_{a3}\left(\dfrac{D_3}{2}\right)-F_{a2}\left(\dfrac{D_2}{2}\right)-F_{r2}(L_1+L_2)}{L_1+L_2+L_3}$ $=\dfrac{4531\times84.5-2974\times\dfrac{89.59}{2}-1253\times\dfrac{282.93}{2}-1526\times(84.5+91.5)}{84.5+91.5+74}\text{N}=-785\text{N}$	$F_{BH}=-785\text{N}$
2)绘制水平面弯矩图 M_H(如图22.3c所示)	
$M_{CHL}=F_{AH}L_1=3790\times84.5\text{N}\cdot\text{mm}=320255\text{N}\cdot\text{mm}$	$M_{CHL}=320255\text{N}\cdot\text{mm}$
$M_{CHR}=M_{CHL}-F_{a3}\times\left(\dfrac{D_3}{2}\right)=320255\text{N}\cdot\text{mm}-2974\times\dfrac{89.59}{2}\text{N}\cdot\text{mm}=187035\text{N}\cdot\text{mm}$	$M_{CHR}=187035\text{N}\cdot\text{mm}$
$M_{DHR}=F_{BH}L_3=-785\times74\text{N}\cdot\text{mm}=-58090\text{N}\cdot\text{mm}$	$M_{DHR}=-58090\text{N}\cdot\text{mm}$
$M_{DHL}=M_{DHR}+\dfrac{F_{a2}D_2}{2}=-58090\text{N}\cdot\text{mm}+1253\times\dfrac{282.93}{2}\text{N}\cdot\text{mm}=119166\text{N}\cdot\text{mm}$	$M_{DHL}=119166\text{N}\cdot\text{mm}$
(3)绘制垂直面受力图及弯矩图(如图22.3d所示)	
1)计算垂直面支反力	
$F_{AV}=\dfrac{F_{t3}(L_2+L_3)+L_{t2}L_3}{L_1+L_2+L_3}=\dfrac{12089\times(91.5+74)+4002\times74}{84.5+91.5+74}\text{N}=9188\text{N}$	$F_{AV}=9188\text{N}$
$F_{BV}=\dfrac{F_{t3}L_1+F_{t2}(L_1+L_2)}{L_1+L_2+L_3}=\dfrac{12089\times84.5+4002\times(84.5+91.5)}{84.5+91.5+74}\text{N}=6903\text{N}$	$F_{BV}=6903\text{N}$

（续）

设计项目及依据	设计结果
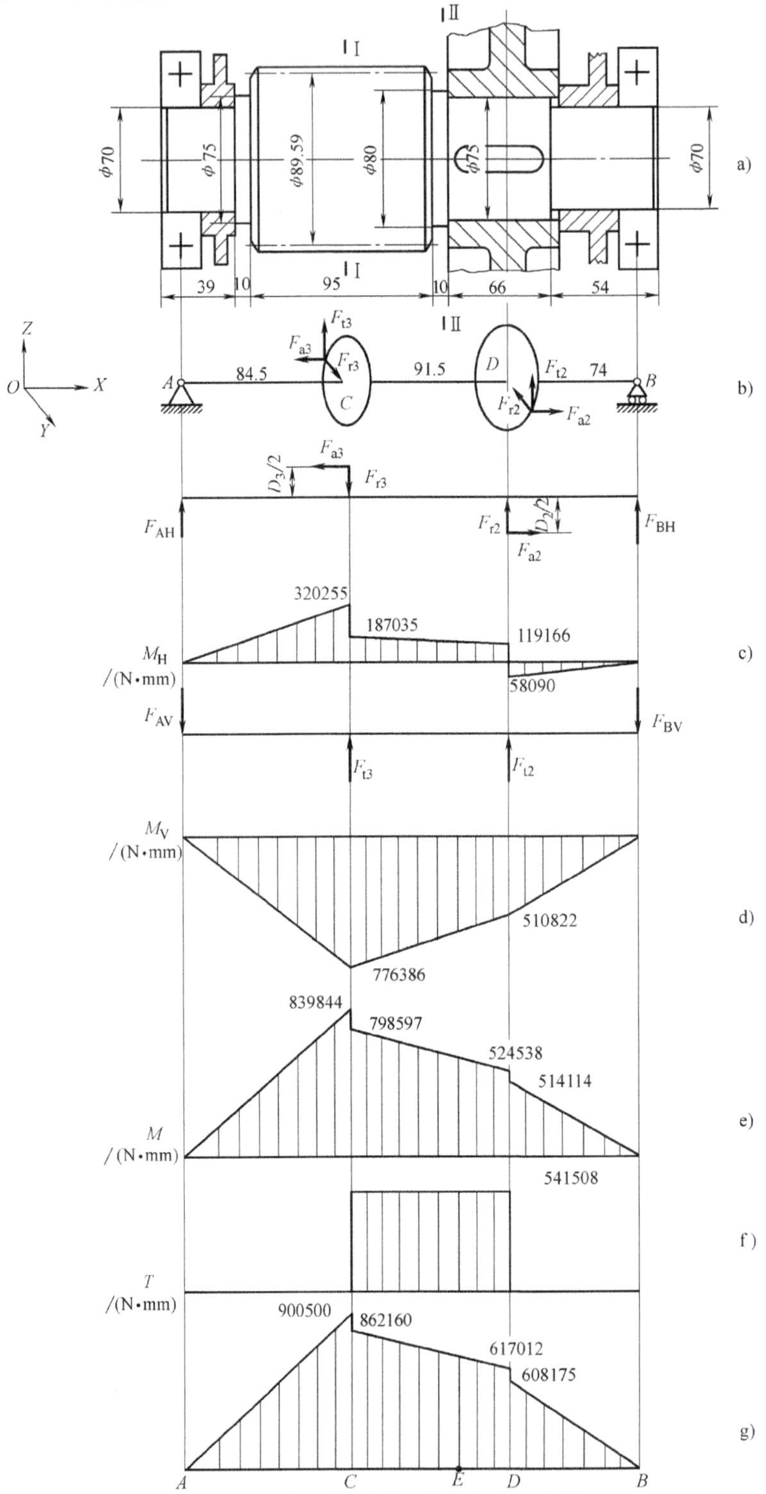 图 22.3　中间轴（Ⅱ轴）结构和受力分析	

（续）

设计项目及依据	设计结果
2)绘制垂直面弯矩图 M_V(如图 22.3d 所示) $M_{CV}=F_{AV}L_1=9188\times84.5\text{N}\cdot\text{mm}=776386\text{N}\cdot\text{mm}$ $M_{DV}=F_{BV}L_3=6903\times74\text{N}\cdot\text{mm}=510822\text{N}\cdot\text{mm}$	$M_{CV}=776386\text{N}\cdot\text{mm}$ $M_{DV}=510822\text{N}\cdot\text{mm}$
(4)绘制合成弯矩图 M(如图 22.3e 所示) $M_{CL}=\sqrt{M_{CHL}^2+M_{CV}^2}=\sqrt{320255^2+776386^2}\text{N}\cdot\text{mm}=839844\text{N}\cdot\text{mm}$ $M_{CR}=\sqrt{M_{CHR}^2+M_{CV}^2}=\sqrt{187035^2+776386^2}\text{N}\cdot\text{mm}=798597\text{N}\cdot\text{mm}$ $M_{DL}=\sqrt{M_{DHL}^2+M_{DV}^2}=\sqrt{119166^2+510822^2}\text{N}\cdot\text{mm}=524538\text{N}\cdot\text{mm}$ $M_{DR}=\sqrt{M_{DHR}^2+M_{DV}^2}=\sqrt{(-58090)^2+510822^2}\text{N}\cdot\text{mm}=514114\text{N}\cdot\text{mm}$	$M_{CL}=839844\text{N}\cdot\text{mm}$ $M_{CR}=798597\text{N}\cdot\text{mm}$ $M_{DL}=524538\text{N}\cdot\text{mm}$ $M_{DR}=514114\text{N}\cdot\text{mm}$
(5)绘制转矩图 T(如图 22.3f 所示) $T=T_{II}=541508\text{N}\cdot\text{mm}$	$T=T_{II}=541508\text{N}\cdot\text{mm}$
(6)绘制当量弯矩图 M_e(如图 22.3g 所示) $M_e=\sqrt{M^2+(\alpha T)^2}$ 取 $\alpha=0.6$(转矩按脉动循环)。 $M_{CeL}=\sqrt{M_{CL}^2+(\alpha T_{II})^2}=\sqrt{839844^2+(0.6\times541508)^2}\text{N}\cdot\text{mm}=900500\text{N}\cdot\text{mm}$ $M_{CeR}=\sqrt{M_{CR}^2+(\alpha T_{II})^2}=\sqrt{798597^2+(0.6\times541508)^2}\text{N}\cdot\text{mm}=862160\text{N}\cdot\text{mm}$ $M_{DeL}=\sqrt{M_{DL}^2+(\alpha T_{II})^2}=\sqrt{524538^2+(0.6\times541508)^2}\text{N}\cdot\text{mm}=617012\text{N}\cdot\text{mm}$ $M_{DeR}=\sqrt{M_{DR}^2+(\alpha T_{II})^2}=\sqrt{514114^2+(0.6\times541508)^2}\text{N}\cdot\text{mm}=608175\text{N}\cdot\text{mm}$	$\alpha=0.6$ $M_{CeL}=900500\text{N}\cdot\text{mm}$ $M_{CeR}=862160\text{N}\cdot\text{mm}$ $M_{DeL}=617012\text{N}\cdot\text{mm}$ $M_{DeR}=608175\text{N}\cdot\text{mm}$
(7)按当量弯矩法校核轴的强度 由图 22.3a、图 22.3g 可见截面Ⅰ-Ⅰ处当量弯矩最大,故对此截面进行强度校核: $\sigma_{\text{I}e}=\dfrac{M_{CeL}}{0.1d_{f3}^3}=\dfrac{900500}{0.1\times82.09^3}\text{MPa}=16.28\text{MPa}<[\sigma_{-1}]_W$ 满足强度要求。	$\sigma_{\text{I}e}=16.28\text{MPa}$
考虑Ⅱ-Ⅱ截面(E 截面)相对Ⅰ-Ⅰ截面(C 截面)尺寸较小,且当量弯矩也较大,故也应进行校核: 设 $M_{Ee}=M_{DeL}+x$,由图 22.3a 轴结构 $L_{CD}=91.5\text{mm}$,$L_{ED}=34\text{mm}$,有如下比例关系: $\dfrac{34}{91.5}=\dfrac{x}{M_{CeR}-M_{DeL}}$,则 $x=\dfrac{34\times(M_{CeR}-M_{DeL})}{91.5}=\dfrac{34\times(862160-617012)}{91.5}\text{N}\cdot\text{mm}=91093\text{N}\cdot\text{mm}$ $M_{Ee}=M_{DeL}+x=617012\text{N}\cdot\text{mm}+91093\text{N}\cdot\text{mm}=708105\text{N}\cdot\text{mm}$ $\sigma_{\text{II}e}=\dfrac{M_{Ee}}{0.1d_5^3}=\dfrac{708105}{0.1\times75^3}\text{MPa}=16.78\text{MPa}<[\sigma_{-1}]_W$ 满足强度要求。	$M_{Ee}=708105\text{N}\cdot\text{mm}$ $\sigma_{\text{II}e}=16.78\text{MPa}$

九、低速轴的设计计算及强度校核

1. 选择材料及确定许用应力

设计项目及依据	设计结果
选择 45 钢,正火,硬度 170~217HBW。估计轴直径小于 100mm,由教材表 9.2 得 $\sigma_b=600\text{MPa}$。由教材表 9.5 得许用弯曲应力 $[\sigma_{-1}]_W=55\text{MPa}$。	45 钢,正火 硬度 170~217HBW $\sigma_b=600\text{MPa}$ $[\sigma_{-1}]_W=55\text{MPa}$
2. 轴的结构设计 (1)初估轴的最小直径 d_1 由式(5.1),取 $C=118$ 则 $d_1\geqslant C\sqrt[3]{\dfrac{P_{III}}{n_{III}}}=118\times\sqrt[3]{\dfrac{8.23}{46.65}}\text{mm}=66.18\text{mm}$ 考虑最小直径处(外伸轴段)安装联轴器有键槽,故轴径增大 5%,则	

（续）

设计项目及依据	设计结果
$d_1 \geqslant 66.18 \times 1.05\text{mm} = 69.49\text{mm}$，取 $d_1 = 70\text{mm}$。	$d_1 = 70\text{mm}$
(2)轴外形尺寸的设计	$d_2 = 75\text{mm}$
1)径向尺寸的确定　按转矩 $T = 1684812\text{N} \cdot \text{mm}$，$d_1 = 70\text{mm}$，由表 15.3 选取弹性柱销联轴器 LX5，J 型轴孔，半联轴器孔径 $d = d_1 = 70\text{mm}$，与轴配合的轮毂长 $L = 107\text{mm}$。	$d_3 = 80\text{mm}$ $d_4 = 85\text{mm}$
考虑从轴两端分别依次安装齿轮、轴套、轴承、轴承盖及联轴器等方便，共设 7 段轴径，各轴段直径如下（由右至左）：$d_1 = 70\text{mm}$，$d_2 = 75\text{mm}$，$d_3 = 80\text{mm}$（此段轴径安装轴承，选取深沟球轴承 6016，轴承内径 $d = d_3 = 80\text{mm}$，轴承宽 $B = 22\text{mm}$），$d_4 = 85\text{mm}$，$d_5 = 95\text{mm}$，$d_6 = 85\text{mm}$，$d_7 = 80\text{mm} = d_3$。上述结构如图 22.4a 所示。	$d_5 = 95\text{mm}$ $d_6 = 85\text{mm}$ $d_7 = 80\text{mm}$ $l_1 = 105\text{mm}$
2)轴向尺寸的确定。由轴上安装的相关零件宽度及初绘装配草图，各轴段长度（从右至左）如下：$l_1 = 105\text{mm}$，$l_2 = 50\text{mm}$，$l_3 = 50\text{mm}$，$l_4 = 68\text{mm}$，$l_5 = 12\text{mm}$，$l_6 = 88\text{mm}$，$l_7 = 52\text{mm}$。上述结构如图 22.4a 所示。	$l_2 = 50\text{mm}$ $l_3 = 50\text{mm}$ $l_4 = 68\text{mm}$
3. 计算作用在齿轮 4 上的力	$l_5 = 12\text{mm}$
圆周力　$F_{t4} = F_{t3} = 12089\text{N}$	$l_6 = 88\text{mm}$
径向力 $F_{r4} = F_{r3} = 4531\text{N}$	$l_7 = 52\text{mm}$
轴向力 $F_{a4} = F_{a3} = 2974\text{N}$	$F_{t4} = 12089\text{N}$
4. 轴的强度校核	$F_{r4} = 4531\text{N}$
(1)绘制轴的受力简图（如图 22.4b 所示）	$F_{a4} = 2974\text{N}$
1)确定轴上力的作用点与支点。如图 22.4a 所示轴的结构，取载荷作用于齿宽中点；联轴器取其轴段长的中点；支点取深沟球轴承宽度的中点，则可得图 22.4b 中的 $L_1(L_{BD})$、$L_2(L_{CB})$、$L_3(L_{AC})$ 之值如下：	
$$L_1 = \frac{l_{轮毂}}{2} + l_2 + \frac{B}{2} = \frac{107}{2}\text{mm} + 50\text{mm} + \frac{22}{2}\text{mm} = 114.5\text{mm}$$	$L_1 = 114.5\text{mm}$
$$L_2 = \frac{B}{2} + 右轴套长 + l_4 + l_5 + \frac{(l_6+2)}{2}$$	
$$= \frac{22}{2}\text{mm} + 28\text{mm} + 68\text{mm} + 12\text{mm} + \frac{(88+2)}{2}\text{mm} = 164\text{mm}$$	$L_2 = 164\text{mm}$
$$L_3 = \frac{B}{2} + 左轴套长 + \frac{(l_6+2)}{2} = \frac{22}{2}\text{mm} + 28\text{mm} + \frac{(88+2)}{2}\text{mm} = 84\text{mm}$$	$L_3 = 84\text{mm}$
2)绘制轴的受力简图。根据 $L_1(L_{BD}) = 114.5\text{mm}$，$L_2(L_{CB}) = 164\text{mm}$，$L_3(L_{AC}) = 84\text{mm}$，画轴的受力简图如图 22.4b 所示。	
(2)绘水平面受力图及弯矩图（如图 22.4c 所示）	
1)计算水平面支反力	
$$F_{AH} = \frac{F_{r4}L_2 - F_{a4}\left(\frac{D_4}{2}\right)}{L_2 + L_3} = \frac{4531 \times 164 - 2974 \times \frac{290.41}{2}}{164 + 84}\text{N} = 1255\text{N}$$	$F_{AH} = 1255\text{N}$
$$F_{BH} = \frac{F_{r4}L_3 + F_{a4}\left(\frac{D_4}{2}\right)}{L_2 + L_3} = \frac{4531 \times 84 + 2974 \times \frac{290.41}{2}}{164 + 84}\text{N} = 3276\text{N}$$	$F_{BH} = 3276\text{N}$
2)绘制水平面弯矩图 M_H（如图 22.4c 所示）	
$$M_{CHL} = F_{AH}L_3 = 1255 \times 84\text{N} \cdot \text{mm} = 105420\text{N} \cdot \text{mm}$$	$M_{CHL} = 105420\text{N} \cdot \text{mm}$
$$M_{CHR} = M_{CHL} + Fa_4\frac{D_4}{2} = 105420\text{N} \cdot \text{mm} + 2974 \times \frac{290.41}{2}\text{N} \cdot \text{mm} = 537260\text{N} \cdot \text{mm}$$	$M_{CHR} = 537260\text{N} \cdot \text{mm}$
(3)绘制垂直面受力图及弯矩图（如图 22.4d 所示）	
1)计算垂直面支反力	
$$F_{AV} = \frac{F_{t4}L_2}{L_2 + L_3} = \frac{12089 \times 164}{164 + 84}\text{N} = 7994\text{N}$$	$F_{AV} = 7994\text{N}$
$$F_{BV} = \frac{F_{t4}L_3}{L_2 + L_3} = \frac{12089 \times 84}{164 + 84}\text{N} = 4095\text{N}$$	$F_{BV} = 4095\text{N}$

（续）

设计项目及依据	设计结果
2）绘制垂直面弯矩图 M_V（如图 22.4d 所示）	
$M_{CV}=F_{AV}L_3=7994\times84\text{N}\cdot\text{mm}=671496\text{N}\cdot\text{mm}$	$M_{CV}=671496\text{N}\cdot\text{mm}$
（4）绘制合成弯矩图 M（如图 22.2e 所示）	
$M_{CL}=\sqrt{M_{CHL}^2+M_{CV}^2}=\sqrt{105420^2+671496^2}\text{N}\cdot\text{mm}=679721\text{N}\cdot\text{mm}$	$M_{CL}=679721\text{N}\cdot\text{mm}$
$M_{CR}=\sqrt{M_{CHR}^2+M_{CV}^2}=\sqrt{537260^2+671496^2}\text{N}\cdot\text{mm}=859974\text{N}\cdot\text{mm}$	$M_{CR}=859974\text{N}\cdot\text{mm}$
（5）绘制转矩图 T（如图 22.2f 所示）	
$T=T_{\text{III}}=1684812\text{N}\cdot\text{mm}$	$T=T_{\text{III}}=1684812\text{N}\cdot\text{mm}$
（6）绘制当量弯矩图 M_e（如图 22.4g 所示）	
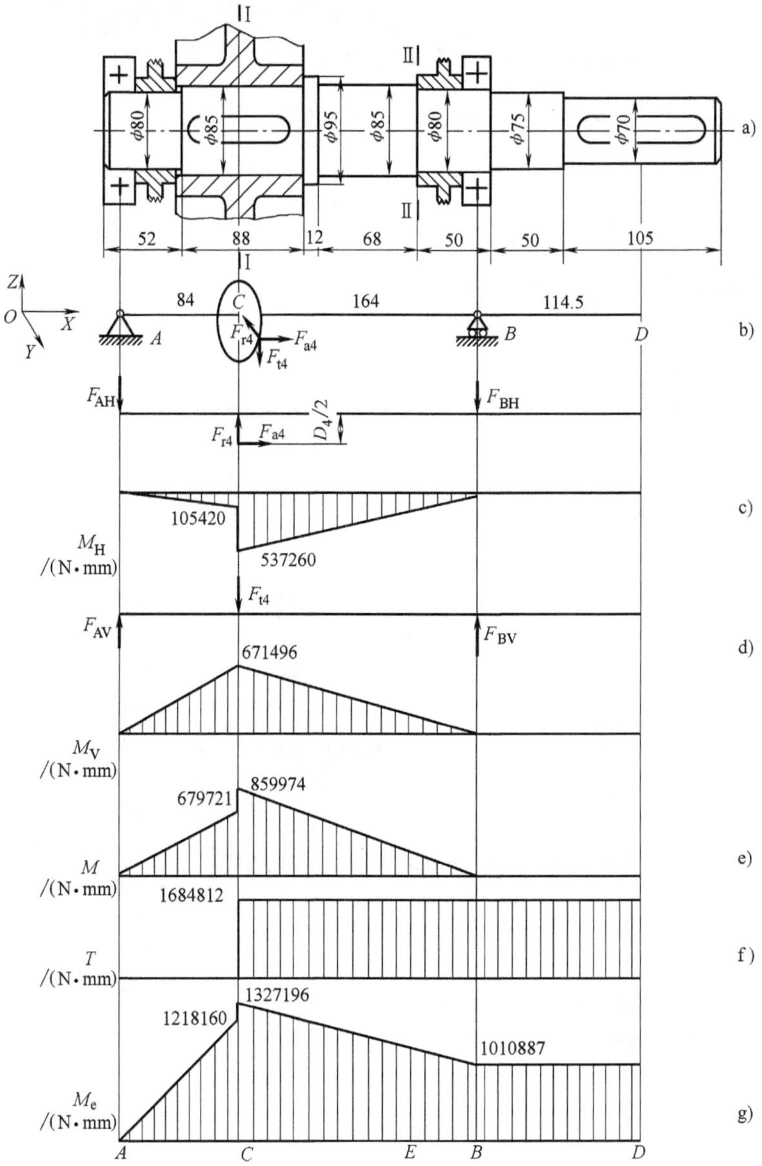 图 22.4 低速轴（Ⅲ轴）结构和受力分析	

（续）

设计项目及依据	设计结果
$M_e=\sqrt{M^2+(\alpha T)^2}$　取 $\alpha=0.6$（转矩按脉动循环）。	$\alpha=0.6$
$M_{CeL}=\sqrt{M_{CL}^2+(\alpha T_{Ⅲ})^2}=\sqrt{679721^2+(0.6\times1684812)^2}\text{N}\cdot\text{mm}=1218160\text{N}\cdot\text{mm}$	$M_{CeL}=1218160\text{N}\cdot\text{mm}$
$M_{CeR}=\sqrt{M_{CR}^2+(\alpha T_{Ⅲ})^2}=\sqrt{859974^2+(0.6\times1684812)^2}\text{N}\cdot\text{mm}=1327196\text{N}\cdot\text{mm}$	$M_{CeR}=1327196\text{N}\cdot\text{mm}$
$M_{Be}=0.6T=0.6\times1684812\text{N}\cdot\text{mm}=1010887\text{N}\cdot\text{mm}$	$M_{Be}=1010887\text{N}\cdot\text{mm}$
（7）按当量弯矩法校核轴的强度　由图 22.4a、图 22.4g 可见截面Ⅰ-Ⅰ处当量弯矩最大，故对此截面进行强度校核：	
$\sigma_{Ⅰe}=\dfrac{M_{CeR}}{0.1d_6^3}=\dfrac{1327196}{0.1\times85^3}\text{MPa}=21.61\text{MPa}<[\sigma_{-1}]_w$	$\sigma_{Ⅰe}=21.61\text{MPa}$
满足强度要求。 考虑Ⅱ-Ⅱ截面（E 截面）相对Ⅰ-Ⅰ截面（C 截面）尺寸较小，且当量弯矩也较大，故也应进行校核： 设 $M_{Ee}=M_{Be}+x$，由图 22.4a 轴的结构 $L_{CB}=164\text{mm}$，$L_{EB}=39\text{mm}$，则有如下比例关系： $\dfrac{x}{M_{CeR}-M_{Be}}=\dfrac{39}{164}$，则 $x=\dfrac{(M_{CeR}-M_{Be})\times39}{164}=\dfrac{(1327196-1010887)\times39}{164}\text{N}\cdot\text{mm}=75220\text{N}\cdot\text{mm}$	
$M_{Ee}=M_{Be}+x=1010887\text{N}\cdot\text{mm}+75220\text{N}\cdot\text{mm}=1086107\text{N}\cdot\text{mm}$	$M_{Ee}=1086107\text{N}\cdot\text{mm}$
$\sigma_{Ⅱe}=\dfrac{M_{Ee}}{0.1d_3^3}=\dfrac{1086107}{0.1\times80^3}\text{MPa}=21.21\text{MPa}<[\sigma_{-1}]_w$ 满足强度要求。	$\sigma_{Ⅱe}=21.21\text{MPa}$

十、轴承的寿命计算

1. 高速轴（Ⅰ轴）轴承寿命的计算

设计项目及依据	设计结果
（1）轴承型号及受力简图　轴承型号为 6210，轴承受力如图 22.5 所示。	轴承型号：6210
其中， $F_{AH}=2459\text{N}, F_{AV}=1163\text{N}$ $F_{BH}=1861\text{N}, F_{BV}=2839\text{N}$ $F_{a1}=1253\text{N}$ A B F_{a1} F_{AH} F_{BH} F_{AV} F_{BV} 图 22.5　高速轴（Ⅰ轴）轴承受力图	$F_{AH}=2459\text{N}$ $F_{AV}=1163\text{N}$ $F_{BH}=1861\text{N}$ $F_{BV}=2839\text{N}$。 $F_{a1}=1253\text{N}$，
（2）确定轴承径向载荷与轴向载荷 $F_{rA}=\sqrt{F_{AH}^2+F_{AV}^2}=\sqrt{2459^2+1163^2}\text{N}=2720\text{N}$ $F_{rB}=\sqrt{F_{BH}^2+F_{BV}^2}=\sqrt{1861^2+2839^2}\text{N}=3395\text{N}$ $F_{aA}=F_{a1}=1253\text{N}$　$F_{aB}=0\text{N}$	$F_{rA}=2720\text{N}$ $F_{rB}=3395\text{N}$ $F_{aA}=1253\text{N}$ $F_{aB}=0\text{N}$
（3）计算当量动载荷 P_A、P_B　由表 13.1 得轴承 6210 的 $C_r=35000\text{N}$，$C_{0r}=23200\text{N}$，则 $\dfrac{F_{aA}}{C_{0r}}=\dfrac{1253}{23200}=0.054$，由教材表 10.14 得 $e=0.24$，$\dfrac{F_{aA}}{F_{rA}}=\dfrac{1253}{2720}=0.46>e=0.24$，由教材表 10.14，得 $X_A=0.56, Y_A=1.85; X_B=1, Y_B=0$。 $P_A=X_AF_{rA}+Y_AF_{aA}=0.56\times2720\text{N}+1.85\times1253\text{N}=3841\text{N}$ $P_B=X_BF_{rB}+Y_BF_{aB}=1\times3395\text{N}+0\text{N}=3395\text{N}$	$C_r=35000\text{N}$ $C_{0r}=23200\text{N}$ $P_A=3841\text{N}$ $P_B=3395\text{N}$
因 $P_A>P_B$ 所以只计算轴承 A。由教材表 10.11 得 $f_t=1$，由教材表 10.12 得 $f_P=1.1$。 $L_h=\dfrac{10^6}{60n_Ⅰ}\left(\dfrac{f_tC_r}{f_PP_A}\right)^\varepsilon=\dfrac{10^6}{60\times634.78}\left(\dfrac{1\times35000}{1.1\times3841}\right)^3\text{h}=14925\text{h}$	$L_h=14925\text{h}$
14925h/(16h×260 天)≈3.59 年，该轴承的寿命满足 $L_{jh}/3<L_h\leqslant L_{jh}=10$ 年，所选轴承合适。	$L=3.59$ 年

（续）

设计项目及依据	设计结果
2. 中间轴（Ⅱ轴）轴承寿命的计算	
（1）轴承型号及受力简图　轴承型号为 6214，轴承受力如图 22.6 所示。 其中， $F_{AH}=3790\text{N}, F_{AV}=9188\text{N}$ $F_{BH}=-785\text{N}, F_{BV}=6903\text{N}$ $F_a=F_{a3}-F_{a2}=2974\text{N}-1253\text{N}=1721\text{N}$ 图 22.6　中间轴（Ⅱ轴）轴承受力图	轴承型号:6214 $F_{AH}=3790\text{N}$ $F_{AV}=9188\text{N}$ $F_{BH}=-785\text{N}$ $F_{BV}=6903\text{N}$ $F_a=1721\text{N}$,
（2）确定轴承径向载荷与轴向载荷 $F_{rA}=\sqrt{F_{AH}^2+F_{AV}^2}=\sqrt{3790^2+9188^2}\text{N}=9939\text{N}$ $F_{rB}=\sqrt{F_{BH}^2+F_{BV}^2}=\sqrt{(-785)^2+6903^2}\text{N}=6947\text{N}$ $F_{aA}=F_a=1721\text{N}\quad F_{aB}=0\text{N}$	$F_{rA}=9939\text{N}$ $F_{rB}=6947\text{N}$ $F_{aA}=1721\text{N}$ $F_{aB}=0\text{N}$
（3）计算当量动载荷 P_A、P_B　由表 13.1 得轴承 6214 的 $C_r=60800\text{N}$，$C_{0r}=45000\text{N}$，则 $\frac{F_{aA}}{C_{0r}}=\frac{1721}{45000}=0.038$，由教材表 10.14 得 $e=0.23$，$\frac{F_{aA}}{F_{rA}}=\frac{1721}{9939}=0.173<e=0.23$，由教材表 10.14 得 $X_A=1, Y_A=0; X_B=1, Y_B=0$。	$C_r=60800\text{N}$ $C_{0r}=45000\text{N}$
$P_A=X_AF_{rA}+Y_AF_{aA}=1\times9939\text{N}+0\text{N}=9939\text{N}$ $P_B=X_BF_{rB}+Y_BF_{aB}=1\times6947\text{N}+0\text{N}=6947\text{N}$	$P_A=9939\text{N}$ $P_B=6947\text{N}$
因 $P_A>P_B$ 所以只计算轴承 A。由教材表 10.11 得 $f_t=1$，由教材表 10.12 得 $f_P=1.1$。 $L_h=\frac{10^6}{60n_{Ⅱ}}\left(\frac{f_tC_r}{f_PP_A}\right)^{\varepsilon}=\frac{10^6}{60\times151.14}\left(\frac{1\times60800}{1.1\times9939}\right)^3\text{h}=18966\text{h}$ 18966h/(16h×260 天)≈4.56 年，该轴承的寿命满足 $L_{jh}/3<L_h\leqslant L_{jh}=10$ 年，所选轴承合适。	$L_h=18966\text{h}$ $L=4.56$ 年
3. 低速轴（Ⅲ轴）轴承寿命的计算	
（1）轴承型号及受力简图　轴承型号为 6016，轴承受力如图 22.7 所示。 其中， $F_{AH}=1255\text{N}, F_{AV}=7994\text{N}$ $F_{BH}=3276\text{N}, F_{BV}=4095\text{N}$ $F_{a4}=2974\text{N}$ 图 22.7　低速轴（Ⅲ轴）轴承受力图	轴承型号:6016 $F_{AH}=1255\text{N}$ $F_{AV}=7994\text{N}$ $F_{BH}=3276\text{N}$ $F_{BV}=4095\text{N}$ $F_{a4}=2974\text{N}$
（2）确定轴承径向载荷与轴向载荷 $F_{rA}=\sqrt{F_{AH}^2+F_{AV}^2}=\sqrt{1255^2+7994^2}\text{N}=8092\text{N}$ $F_{rB}=\sqrt{F_{BH}^2+F_{BV}^2}=\sqrt{3276^2+4095^2}\text{N}=5244\text{N}$ $F_{aB}=F_{a4}=2974\text{N}\quad F_{aA}=0\text{N}$	$F_{rA}=8092\text{N}$ $F_{rB}=5244\text{N}$ $F_{aB}=2974\text{N}$ $F_{aA}=0\text{N}$
（3）计算当量动载荷 P_A、P_B　由表 13.1 得轴承 6016 的 $C_r=47500\text{N}$，$C_{0r}=39800\text{N}$，则 $\frac{F_{aB}}{C_{0r}}=\frac{2974}{39800}=0.075$，由教材表 10.14 得 $e=0.27$，$\frac{F_{aB}}{F_{rB}}=\frac{2974}{5244}=0.57>e=0.27$，由教材表 10.14 得 $X_B=0.56, Y_B=1.63; X_A=1, Y_A=0$	$C_r=47500\text{N}$ $C_{0r}=39800\text{N}$
$P_A=X_AF_{rA}+Y_AF_{aA}=1\times8092\text{N}+0\text{N}=8092\text{N}$ $P_B=X_BF_{rB}+Y_BF_{aB}=0.56\times5244\text{N}+1.63\times2974\text{N}=7784\text{N}$	$P_A=8092\text{N}$ $P_B=7784\text{N}$
因 $P_A>P_B$ 所以只计算轴承 A。由教材表 10.11 得 $f_t=1$，由教材表 10.12 得 $f_P=1.1$。 $L_h=\frac{10^6}{60n_{Ⅲ}}\left(\frac{f_tC_r}{f_PP_A}\right)^{\varepsilon}=\frac{10^6}{60\times46.65}\left(\frac{1\times47500}{1.1\times8092}\right)^3\text{h}=54292\text{h}$	$L_h=54292\text{h}$
54292h/(16h×260 天)=13.05 年，该轴承的寿命 $L_h>L_{jh}=10$ 年，所选轴承足以满足工作需要。	$L=13.05$ 年

（续）

设计项目及依据	设计结果
十一、键连接的选择与强度校核	
1. 高速轴与大带轮间键连接的选择与强度校核	
（1）键连接型号的选择　选用 A 型普通平键。根据轴伸直径 $d=40\text{mm}$ 及大带轮轮毂长 $L_{轮毂}=80\text{mm}$，查表 12.1 选取键的型号为 键 12×70 GB/T 1096—2003。键宽 $b=12\text{mm}$，键高 $h=8\text{mm}$，键长 $L=70\text{mm}$。	A 型普通平键型号： 键 12×70 GB/T 1096—2003 $b=12\text{mm}$　$h=8\text{mm}$　$L=70\text{mm}$
（2）键连接的强度校核　键的接触长度 $l=L-b=70\text{mm}-12\text{mm}=58\text{mm}$。由教材表 4.1 取铸铁轮毂槽的许用挤压应力 $[\sigma]_P=60\text{MPa}$。由教材，一般冲击载荷时，键的许用剪切应力 $[\tau]=60\text{MPa}$。	$[\sigma]_P=60\text{MPa}$ $[\tau]=60\text{MPa}$
键连接的挤压强度为 $$\sigma_P=\frac{4T_{\text{I}}}{dhl}=\frac{4\times134198}{40\times8\times58}\text{MPa}=28.92\text{MPa}<[\sigma]_P=60\text{MPa}$$ 所以满足挤压强度。	$\sigma_P=28.92\text{MPa}$
键连接的剪切强度为 $$\tau=\frac{2T_{\text{I}}}{dbl}=\frac{2\times134198}{40\times12\times58}\text{MPa}=9.64\text{MPa}<[\tau]=60\text{MPa}$$ 所以满足剪切强度。	$\tau=9.64\text{MPa}$
2. 中间轴与齿轮 2 间键连接的选择与强度校核	
（1）键连接型号的选择　选用 A 型普通平键 。根据齿轮 2 轴段直径 $d=75\text{mm}$，及该轴段长 $L_{轴段}=66\text{mm}$，查表 12.1 选取键的型号为 键 20×56 GB/T 1096—2003。键宽 $b=20\text{mm}$，键高 $h=12\text{mm}$，键长 $L=56\text{mm}$。	A 型普通平键型号： 键 20×56 GB/T 1096—2003 $b=20\text{mm}$　$h=12\text{mm}$　$L=56\text{mm}$
（2）键连接的强度校核　由教材表 4.1 取钢制轮毂槽的许用挤压应力 $[\sigma]_P=120\text{MPa}$。由教材，一般冲击载荷时，键的许用剪切应力 $[\tau]=60\text{MPa}$。键的接触长度 $l=L-b=56\text{mm}-20\text{mm}=36\text{mm}$。	$[\sigma]_P=120\text{MPa}$ $[\tau]=60\text{MPa}$
键连接的挤压强度为 $$\sigma_P=\frac{4T_{\text{II}}}{dhl}=\frac{4\times541508}{75\times12\times36}\text{MPa}=66.85\text{MPa}<[\sigma]_P=120\text{MPa}$$ 所以满足挤压强度。	$\sigma_P=66.85\text{MPa}$
键连接的剪切强度为 $$\tau=\frac{2T_{\text{II}}}{dbl}=\frac{2\times541508}{75\times20\times36}\text{MPa}=20.06\text{MPa}<[\tau]=60\text{MPa}$$ 所以满足剪切强度。	$\tau=20.06\text{MPa}$
3. 低速轴与齿轮 4 间键连接的选择与强度校核	
（1）键连接型号的选择　选用 A 型普通平键。根据轴伸直径 $d=85\text{mm}$，及该轴段长 $L_{轴段}=88\text{mm}$，查表 12.1 选取键的型号为 键 22×80 GB/T 1096—2003。键宽 $b=22\text{mm}$，键高 $h=14\text{mm}$，键长 $L=80\text{mm}$。	A 型普通平键型号： 键 22×80 GB/T 1096—2003 $b=22\text{mm}$　$h=14\text{mm}$　$L=80\text{mm}$
（2）键连接的强度校核　由教材表 4.1 取钢制轮毂槽的许用挤压应力 $[\sigma]_P=120\text{MPa}$，由教材，一般冲击载荷时，键的许用剪切应力 $[\tau]=60\text{MPa}$。 键的接触长度 $l=L-b=80\text{mm}-2\text{mm}=78\text{mm}$。	$[\sigma]_P=120\text{MPa}$ $[\tau]=60\text{MPa}$
键连接的挤压强度为 $$\sigma_P=\frac{4T_{\text{III}}}{dhl}=\frac{4\times1684812}{85\times14\times78}\text{MPa}=72.61\text{MPa}<[\sigma]_P=120\text{MPa}$$ 所以满足挤压强度。	$\sigma_P=72.61\text{MPa}$
键连接的剪切强度为 $$\tau=\frac{2T_{\text{III}}}{dbl}=\frac{2\times1684812}{85\times22\times78}\text{MPa}=23.10\text{MPa}<[\tau]=60\text{MPa}$$ 所以满足剪切强度。	$\tau=23.10\text{MPa}$

（续）

设计项目及依据	设计结果
十二、联轴器的选择	
1. 选择联轴器的类型	
考虑载荷有轻微冲击，减速器输出轴（Ⅲ轴）与工作机两轴间一般都有一定的相对位移，故选用弹性柱销联轴器。	选用弹性柱销联轴器
2. 确定计算转矩	
$T_c=KT_{Ⅲ}$，由教材表 12.1 得 $K=1.5$，则	
$$T_c=KT_{Ⅲ}=1.5\times1684812\text{N}\cdot\text{mm}=2527218\text{N}\cdot\text{mm}$$	$T_c=2527218\text{N}\cdot\text{mm}$
3. 选择型号	
根据减速器输出轴端轴径 $d=70\text{mm}$，$T_c=2527218\text{N}\cdot\text{mm}$，查表 15.3，选取联轴器型号为 LX5，其公称转矩为	
$$T_n=3150000\text{N}\cdot\text{mm}>T_c=2527218\text{N}\cdot\text{mm}$$	$T_n=3150000\text{N}\cdot\text{mm}$
该联轴器许用转速为	
$$[n]=3450\text{r/min}>n=46.65\text{r/min}$$	$n=46.65\ \text{r/min}$
所以合适。	$[n]=3450\ \text{r/min}$
减速器轴端和工作机轴端半联轴器均选用 J 型轴孔，轴孔直径 $d_1=d_2=70\text{mm}$，轴孔长 $L_1=L_2=107\text{mm}$。联轴器标记为	$d_1=70\text{mm}$，$L_1=107\text{mm}$ $d_2=70\text{mm}$，$L_2=107\text{mm}$
LX5 联轴器 J70×107　GB/T 5014—2017	
十三、润滑方式、润滑油牌号及装油量计算	
1. 润滑方式、润滑油牌号	
齿轮传动采用浸油润滑，由表 14.5，选用 L-CKC100 型工业闭式齿轮油（GB/T 5903—2011）。	齿轮采用浸油润滑，选用 L-CKC100 型工业闭式齿轮油
轴承采用脂润滑，由表 14.6，选用 2 号钙基润滑脂（GB/T 491—2008）。	轴承采用脂润滑，选用 2 号钙基润滑脂
2. 装油量计算	
箱体底面长 $a=6.4\text{dm}$，宽 $b=2.06\text{dm}$，润滑油深度 $h=1.05\text{dm}$，箱体内所装润滑油量为	
$$V=abh=6.4\text{dm}\times2.06\text{dm}\times1.05\text{dm}=13.84\text{dm}^3$$	装油量： $V=13.84\text{dm}^3$
减速器所需传递功率 $P_1=8.92\text{kW}$。对于二级减速器，每传递 1kW 的功率需油量 $V_0=(0.7\sim1.4)\text{dm}^3$，则该减速器所需油量为	
$$V_1=P_1V_0=8.92\times(0.7\sim1.4)\text{dm}^3=(6.24\sim12.49)\text{dm}^3$$	所需油量： $V_1=(6.24\sim12.49)\ \text{dm}^3$
因为 $V>V_1$，箱体内所装润滑油量大于减速器所需油量，润滑油量满足要求。	
十四、设计总结	
（略）	
十五、参考文献	
[1]潘承怡，向敬忠，宋欣．机械设计[M]．北京：机械工业出版社，2023.	
[2]潘承怡，冯新敏．机械设计课程设计[M]．北京：机械工业出版社，2023.	

第23章

应用MATLAB设计计算齿轮传动实例

23.1 应用MATLAB配凑斜齿圆柱齿轮传动中心距

对于标准斜齿圆柱齿轮传动，需要配凑齿轮传动的中心距和反算螺旋角。计算时应注意以下几点要求：

1）要求螺旋角β在8°~20°之间，若螺旋角β过大则斜齿轮产生的轴向力过大，会导致轴承承受过大的轴向载荷而使寿命降低；若螺旋角β过小则不能充分发挥斜齿轮传动的优点。

2）小齿轮的初选齿数z_1在20~40之间，法向模数m_n必须在标准系列中选取，且尽量选取第一系列中的模数。

3）单级齿轮传动的传动比要求在常用范围3~5之间。

4）齿轮传动中心距要求圆整为末位是“0”或“5”的数。

配凑中心距需要试算，初学者常由于数值选取错误或计算精度不足等而出现计算错误，多次试算却难以获得较为合适的计算结果，浪费了很多时间。为提高设计效率和计算的准确性，可采用计算机辅助设计，以下为应用MATLAB快速配凑中心距的实例。

例23.1 设计某一闭式软齿面斜齿圆柱齿轮传动，已知传动比$i=3.2$，通过接触疲劳强度设计式计算出小齿轮分度圆直径为$d_1 \geq 48.15$mm。试设计两齿轮的中心距、齿数、模数、螺旋角、分度圆直径、齿顶圆直径、齿根圆直径、齿顶高、齿根高和齿高等主要参数。

1. 应用MATLAB配凑齿轮传动中心距程序及运行结果

程序如下：

```
close all;clear all;clc;
%% INPUT
d1=input('输入小齿轮分度圆直径(单位 mm) d1=');
z1=input('输入小齿轮齿数 z1=');
I=input('输入传动比 I=');
%% 计算标准
beta=13;      %初取螺旋角
std_mn=[1.25;1.5;2;2.5;3;4;5;6;8;10;12;16;20;25;32;40;50];      %第一系列标准
```

程序M文件：main_parameters_calculation

```
%% 计算过程
beta_new_deg=0;
if I<3 || I>5
    fprintf("错误:传动比设置不合理,z1 为%2.0f,z2 为%2.0f\n",z1,round(z1 * I));
    return
end
while beta_new_deg<8 || beta_new_deg>20      %螺旋角不符合 8~20 条件,z1+1,重新计算
    z2=round(z1 * I);      % z2 由 z1 与传动比确定
    beta_rad=beta/180 * pi;      % 角度转弧度
    % 计算模数 mn
    mn=d1 * cos(beta_rad)/z1;
    % 模数 mn 按标准向上取
    for i=1:length(std_mn)
        if i ~=length(std_mn) && std_mn(i)<mn && std_mn(i+1)>=mn
            mn=std_mn(i+1);
            break
        end
    end
    % z1 需满足一定条件
    if z1 < 20 || z1 > 40
        fprintf("错误:z1 当前值为%2.0f,不满足大于等于 20 小于等于 40 条件\n 尝试其他
初使条件\n",z1);
        return
    end
    % 模数不符合标准范围,z1-1,重新计算
    if i==length(std_mn)
        z1=z1-1;
        fprintf("模数 mn 超出第一系列标准范围,z1 变为%2.0f\n",z1);
        continue
    end
    %计算中心距 a
    a=mn/2/cos(beta_rad) * (z1+z2);
    a=ceil(a/5) * 5;      %以 5 为步长向上取整
    %计算螺旋角 beta_new
    beta_new=acos(mn * (z1+z2)/2/a);
    beta_new_deg=beta_new / pi * 180;      %弧度转角度
    beta_dms=degrees2dms(beta_new_deg);      %十进制角度转度分秒
    z1=z1+1;
end
```

```
z1=z1-1;      %循环执行最后一轮 z1 额外加 1,需减掉
% 计算分度圆直径 d1_new d2_new
d1_new=mn * z1/cos(beta_new);
d2_new=mn * z2/cos(beta_new);
% 计算
ha=mn; hf=1.25 * mn; h=ha+hf;      %齿顶高、齿根高、齿高
da1=d1_new+2 * ha; da2=d2_new+2 * ha;      %齿顶圆直径
df1=d1_new-2 * hf; df2=d2_new-2 * hf;      %齿根圆直径
%% OUTPUT
fprintf("计算结果:\n");
fprintf("大齿轮齿数 z2=");fprintf('%2.0f\n',z2);
fprintf("模数 mn=");fprintf('%2.1fmm\n',mn);
fprintf("中心距 a=");fprintf('%2.0fmm\n',a);
fprintf("螺旋角 beta=");fprintf('%2.0fd:%2.0fm:%2.0fs\n',beta_dms);
fprintf("分度圆直径 d1=");fprintf('%2.2fmm, ',d1_new);
fprintf("d2=");fprintf('%2.2fmm\n',d2_new);
fprintf("齿顶高 ha=");fprintf('%2.2fmm, ',ha);
fprintf("齿根高 hf=");fprintf('%2.2fmm, ',hf);
fprintf("齿高 h=");fprintf('%2.2fmm\n',h);
fprintf("齿顶圆直径 da1=");fprintf('%2.2fmm, ',da1);
fprintf("da2=");fprintf('%2.2fmm\n',da2);\fprintf("齿根圆直径 df1=");fprintf('%2.2fmm, ',
df1);\fprintf("df2=");fprintf('%2.2fmm\n',df2);
```

程序执行结果：

输入小齿轮分度圆直径（单位 mm）d1=48.15
输入小齿轮齿数 z1=25
输入传动比 I=3.2

计算结果：

大齿轮齿数 z2=80
模数 mn=2.0mm
中心距 a=110mm
螺旋角 beta=17d: 20m: 29s
分度圆直径 d1=52.38mm, d2=167.62mm
齿顶高 ha=2.00mm, 齿根高 hf=2.50mm, 齿高 h=4.50mm
齿顶圆直径 da1=56.38mm, da2=171.62mm
齿根圆直径 df1=47.38mm, df2=162.62mm

2. 程序执行过程中的参数调整和提示

1）对闭式软齿面斜齿圆柱齿轮传动，齿数 z_1 可在 20~40 间随机选取，选取的 z_1 不同则获得的结果也不同，此配凑中心距的设计答案不唯一。

2）当由选取的齿数 z_1 计算出的螺旋角 β 不在 8°~20°之间或计算出的模数 m 超出允许范围时，系统会自动输出修改后的齿数 z_1 及相应的数据结果，即如果发现执行结果输出的齿数 z_1 不是原输入值时，是程序自动调整后的结果。

3）如果设计不合理或手动输入错误致使输入的传动比不在 3~5 之间，程序运行时会给出提示，要求使用者更换传动比数值后重新执行程序。

23.2 应用 MATLAB 设计计算斜齿圆柱齿轮传动

斜齿圆柱齿轮传动的设计计算过程比较复杂，手工计算很容易出现错误，而将公式写入 MATLAB 程序并利用计算机计算既快捷又准确。为配合机械设计课程教学及机械设计课程设计的需要，并使学生得到对设计过程的系统训练，尤其是对常规设计资料中有关图和表的使用方法的熟悉，编写程序时没有对图、表进行程序化处理，仍需查阅有关教材或机械设计手册，只对设计过程中的各个计算公式进行程序化。这样可使各步骤的输入和输出数据清晰地呈现在程序的运行结果中，便于设计计算说明书的编写和数据的核对及修改。

例 23.2 以配套《机械设计》教材中的例 7.2 的数据为例设计斜齿圆柱齿轮传动。传动比 $i=3.2$，输入功率 $P_1=10\text{kW}$，输入轴转速 $n_1=960\text{r/min}$，工作寿命 15 年，两班制。选用软齿面齿轮传动，进行接触疲劳强度设计、弯曲疲劳强度校核。

计算程序和运行结果如下：

```
clear;
clc;
z1=input('输入小齿轮齿数=');
i=input('输入传动比=');
P=input('该轴功率(kW)=');
n=input('转速(r/min)=');
th=input('工作寿命(h)=');
Kt=1.3;
beta=13;
z2=round(z1*i);%大齿轮齿数
i_=z2/z1;%实际传动比
delta=abs((i-i_)/i);%传动比相对误差
if delta>0.05
    disp('传动比误差较大')
end
T=9.55*10^6*P/n;%小齿轮传递转矩
psi_d=1;%齿宽系数
ZE=189.8;%材料的弹性系数
sigma_Hlim1=input('查表得小齿轮接触疲劳极限=');
sigma_Hlim2=input('查表得大齿轮接触疲劳极限=');
NL1=60*1*n*th;%应力循环次数
```

程序 M 文件：Transmission GearDesign5

```
NL2=NL1/i_;
disp('已知应力循环次数');disp(NL1);disp(NL2);
ZN1=input('查表得小齿轮接触寿命系数=');
ZN2=input('查表得大齿轮接触寿命系数=');
S_Hmin=1;%最小安全系数
sigma_H1=sigma_Hlim1 * ZN1/S_Hmin;
sigma_H2=sigma_Hlim2 * ZN2/S_Hmin;
sigma_H=(sigma_H1+sigma_H2)/2;%许用接触应力
ZH=2.43;
epsilon_alpha=(1.88-3.2 * (1/z1+1/z2)) * cosd(beta);%端面重合度
epsilon_beta=0.318 * psi_d * z1 * tand(beta);%纵向重合度
if epsilon_beta>=1
    epsilon_beta=1;
end
Z_epsilon=roundn(sqrt((4-epsilon_alpha)/3 * (1-epsilon_beta)+epsilon_beta/epsilon_alpha),-
2);%重合度系数
Z_beta=sqrt(cosd(beta));%螺旋角系数
d1t=(2 * Kt * T/psi_d * (i_+1)/i_ * (ZE * ZH * Z_epsilon * Z_beta/sigma_H)^2)^(1/3);%试
算小齿轮分度圆直径
v=pi * d1t * n/60000;%圆周速度
if v>15
    disp('圆周速度过高')
end%校核速度
KA=input('查表得输入使用系数=');
KV=input('查表得输入动载系数=');
K_alpha=1.1;%齿间载荷分配系数
K_beta=1.08;%齿向载荷分布系数
K=KA * KV * K_alpha * K_beta;%载荷系数
d1_=round(d1t * ((K/Kt)^(1/3)) * 100)/100;%校正分度圆直径
mn_=d1_ * cosd(beta)/z1;%模数
mn1=[1 1.25 1.5 2 2.5 3 4 5 6 8 10 12 16 20 25 32 40 50];
mn2=mn1-mn_;
[~,ind]=sort(abs(mn2));
mn=mn1(ind(1));
a=ceil(mn/2/cosd(beta) * (z1+z2)/5) * 5;%中心距
beta_=acos(mn * (z1+z2)/2/a)/pi * 180;%螺旋角
beta__=degrees2dms(beta_);
d1=round(mn * z1/cosd(beta_) * 100)/100;%小齿轮分度圆直径
d2=round(mn * z2/cosd(beta_) * 100)/100;%大齿轮分度圆直径
```

```
b=psi_d * d1;%齿宽
b2=ceil(b);
b1=b2+5;
h=2.25 * mn;%齿高
ck=input('选择是否进行弯曲强度校核,1=是;0=否');
if ck>0
    sigma_Flim1=input('查表得小齿轮弯曲疲劳极限=');
    sigma_Flim2=input('查表得大齿轮弯曲疲劳极限=');
    disp('已知应力循环次数');disp(NL1);disp(NL2);
    YN1=input('查表得小齿轮弯曲寿命系数=');
    YN2=input('查表得大齿轮弯曲寿命系数=');
    YX=1;%尺寸系数
    sigma_Flim=1.25;%最小安全系数
    sigma_F1_=round(sigma_Flim1 * YN1 * YX/sigma_Flim);%许用弯曲应力
    sigma_F2_=round(sigma_Flim2 * YN2 * YX/sigma_Flim);
    zv1=z1/(cosd(beta_))^3;%当量齿数
    zv2=z2/(cosd(beta_))^3;
    sigma_alphav=(1.88-3.2 * (1/zv1+1/zv2)) * cosd(beta_);%当量齿轮端面重合度
    Y_epsilon=0.25+0.75/sigma_alphav;%重合度系数
    Y_beta=1-epsilon_beta * beta_/120;%螺旋角系数
    disp('已知当量齿数');disp(zv1);disp(zv2);
    YFa1=input('查表得小齿轮齿形系数=');
    YFa2=input('查表得大齿轮齿形系数=');
    YSa1=input('查表得小齿轮应力修正系数=');
    YSa2=input('查表得大齿轮应力修正系数=');
    sigma_F1=roundn(2 * K * T/b2/mn/d1 * YFa1 * YSa1 * Y_epsilon * Y_beta,-2);%弯曲
强度校核
    if sigma_F1>sigma_F1_
        disp('校核失败');
    end
    sigma_F2=roundn(sigma_F1/YFa1/YSa1 * YFa2 * YSa2,-2);
    if sigma_F2>sigma_F2_
        disp('校核失败');
    end
end
mt=mn/cosd(beta_);%端面模数
ha=1 * mn;%齿顶高
hf=1.25 * mn;%齿根高
c=0.25 * mn;%顶隙
```

```
da1=round((d1+2*ha)*100)/100;%齿顶圆直径
da2=round((d2+2*ha)*100)/100;
df1=round((d1-2*hf)*100)/100;%齿根圆直径
df2=round((d2-2*hf)*100)/100;
fprintf('\n');
disp(['模数:',num2str(mn)]);
disp(['中心距:',num2str(a)]);
disp(['螺旋角:',num2str(beta_),'=',num2str(beta__)]);
disp(['小齿轮齿数:',num2str(z1),';大齿轮齿数:',num2str(z2)]);
disp(['小齿轮分度圆直径:',num2str(d1),';大齿轮分度圆直径:',num2str(d2)]);
disp(['小齿轮齿顶圆直径:',num2str(da1),';大齿轮齿顶圆直径:',num2str(da2)]);
disp(['小齿轮齿根圆直径:',num2str(df1),';大齿轮齿根圆直径:',num2str(df2)]);
disp(['许用接触应力值:',num2str(sigma_H)]);
disp(['接触强度所需的最小值 d:',num2str(d1_)]);
disp(['小齿轮许用弯曲应力:',num2str(sigma_F1_),';大齿轮许用弯曲应力:',num2str(sigma_
F2_)]);
disp(['小齿轮弯曲应力:',num2str(sigma_F1),'<',num2str(sigma_F1_),';大齿轮弯曲应力:',
num2str(sigma_F2),'<',num2str(sigma_F2_)]);
```

程序执行结果：

```
输入小齿轮齿数=25
输入传动比=3.2
该轴功率（kW）=10
转速（r/min）=960
工作寿命（h）=300*15*8*2
查表得小齿轮接触疲劳极限=750
查表得大齿轮接触疲劳极限=580
已知应力循环次数
    4.1472e+09
    1.2960e+09
查表得小齿轮接触寿命系数=0.9
查表得大齿轮接触寿命系数=0.95
查表得输入使用系数=1
查表得输入动载系数=1.1
选择是否进行弯曲强度校核，1=是；0=否 1
查表得小齿轮弯曲疲劳极限=620
查表得大齿轮弯曲疲劳极限=450
已知应力循环次数
    4.1472e+09
```

1. 2960e+09

查表得小齿轮弯曲寿命系数=0. 86

查表得大齿轮弯曲寿命系数=0. 88

已知当量齿数

28. 7442

91. 9814

查表得小齿轮齿形系数=2. 57

查表得大齿轮齿形系数=2. 21

查表得小齿轮应力修正系数=1. 6

查表得大齿轮应力修正系数=1. 78

模数：2

中心距：110

螺旋角：17. 3414=17　20　29. 1941

小齿轮齿数：25；大齿轮齿数：80

小齿轮分度圆直径：52. 38；大齿轮分度圆直径：167. 62

小齿轮齿顶圆直径：56. 38；大齿轮齿顶圆直径：171. 62

小齿轮齿根圆直径：47. 38；大齿轮齿根圆直径：162. 62

许用接触应力值：613

接触强度所需的最小值 d：48. 15

小齿轮许用弯曲应力：427；大齿轮许用弯曲应力：317

小齿轮弯曲应力：115. 83<427；大齿轮弯曲应力：110. 81<317

第24章 基于Solidworks的减速器三维设计实例

Solidworks是近年来比较主流的三维设计软件，其功能强大，操作方法易于掌握，在机械设计课程设计中应用，对于提高学生的设计能力有很大帮助。通过利用Solidworks进行减速器的三维设计可以使学生掌握一项现代设计工具，为将来进行更加复杂的机械产品创新设计打下重要基础。基于Solidworks的减速器三维设计的基本条件是零件图以及装配图三维建模的完成。大致思路如下：首先，根据设计说明书的数据对减速器各零件进行三维建模，包括齿轮、轴、箱体和附件等。然后，组装主要零部件，在完成各零部件的建模后，运行一个新的Solidworks装配图，将各零件和部件添加到装配体中（按顺序添加，并进行约束限制，如轴与轴承内圈为重合等），逐一对零部件进行添加，最后完成减速器的装配。利用“爆炸图”工具，可以生成减速器爆炸图，以便观察结构关系。利用Motion Study进行运动仿真，生成减速器的运动仿真动画视频，可以更好地反映机器的运行状态。

24.1 零件的三维建模

由于减速器的零件有很多是相同或类似的，如三根阶梯轴、各个齿轮以及各个螺栓等，只是尺寸不同，均为类似结构，并且通用零件可通过迈迪工具集快捷生成（图24.1），这样就极大节省了设计时间。下面仅将主要零件的三维建模过程进行介绍。

1. 减速器下箱体的创建

1）在菜单栏选择“文件”下拉菜单，选取“新建”选项，系统将弹出新建对话框，选中其中的“零件”单选按钮。

2）以“前视基准面”为基准面草绘一个长方形，并进行拉伸，拉伸出底座。再以“上视基准面”为基准面，草绘一个长方形并进行拉伸，拉伸出一个长方体（箱体主体）。再以顶面为基准面，草绘出一个长方形并拉伸出箱缘。最后，对箱体主体、箱缘和底座各边角进行倒圆。

3）以“上视基准面”为基准，利用拉伸切除，创建出内腔。

4）创建轴承座和轴孔，利用拉伸工具以“上视基准面”为基准面，草绘两个圆形，拉伸出轴承座，切除出轴孔，并对轴承座加入拔模特征（单击“拔模”工具按钮，选择手工方式，拔模角度设为3°），利用镜像特征，镜像出另外一边的轴承座和轴孔，并对轴承座与箱体交界处倒圆。

5）创建轴承座加强肋和轴承旁凸台，在轴孔基础上从箱体外壁面上拉伸出轴承座加强肋和轴承旁凸台，并加入拔模特征，再利用镜像特征，镜像出另外一边的加强肋和凸台，并

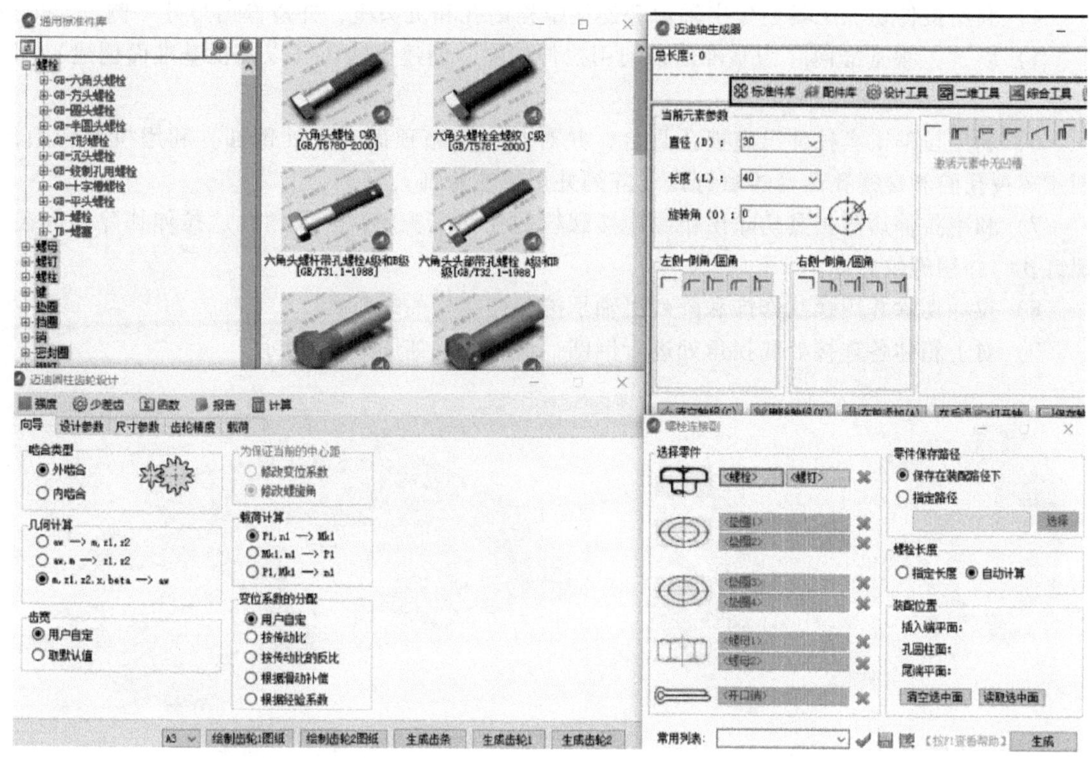

图 24.1　迈迪工具集界面

对加强肋、凸台、底座及箱体主体的交界处进行倒圆。

6）利用“拉伸切除”，创建轴承旁连接螺栓的孔和沉头座，先用拉伸工具拉伸出沉头座，再对所有的特征镜像，镜像出另一侧的沉头座。

7）以箱缘顶面为基准平面，利用拉伸切除创建油沟，并镜像出对侧油沟。

8）利用拉伸切除，创建出箱缘连接螺栓的孔和沉头座、地脚螺栓孔和沉头座、销孔，并镜像出其他位置的相同结构。

9）拉伸创建油标座、观察孔凸台和放油孔凸台，并对它们与箱体交界处倒圆，以及用拉伸切除创建出底座下面的凹槽。

10）创建轴承端盖连接处的螺钉孔，并阵列。

11）拉伸切除出放油孔和油标观察孔，并加入螺纹修饰。

12）拉伸创建吊钩，并倒圆角，再镜像出其他的吊钩。

最终完成的减速器下箱体如图 24.2 所示。

2. 减速器上箱体的创建

1）以“前视基准面”为基准面，按两级齿轮的齿顶圆直径为每个齿轮预留足够空间后，草绘上箱体外壁左右两圆并用直线相切连接，利用拉伸工具拉伸出箱体中间部分。

2）以“前视基准面”为基准面，利用拉伸工具拉伸出箱缘，并进行倒圆。

3）按各轴位置，拉伸出上箱体的轴承座壁厚，并对轴承座加入拔模特征。在轴承座旁箱体外壁拉伸出轴承旁凸台。利用草绘绘制拉伸工具拉伸出上箱体的加强肋，并加入拔模特征。

4）利用拉伸切除工具创建出轴承旁连接螺栓的孔和沉头座，并镜像出另外一侧。

5）以“上视基准面”为基准面，利用拉伸切除，创建出轴孔（以前视基准面创建）和内腔（以上视基准面创建）。

6）利用拉伸工具拉伸出窥视孔凸台，并对凸台与箱顶面交界处倒圆。利用拉伸切除，创建窥视孔腔和窥视孔凸台的螺钉孔（阵列并用螺纹修饰）。

7）利用拉伸切除工具切除出箱缘连接螺栓的孔和沉头座，以及销孔。拉伸切除出起盖螺钉孔，并用螺纹修饰。

8）拉伸切除并用螺纹修饰和阵列出轴承端盖连接处的螺钉孔。

9）对上箱体各连接处和拐角处进行倒圆，最终效果如图 24.3 所示。

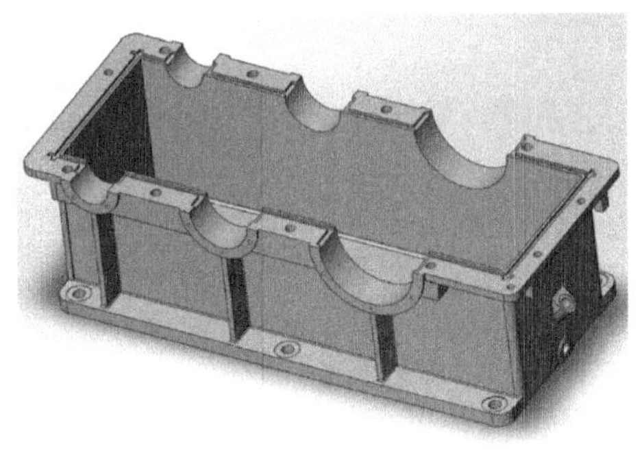

图 24.2　下箱体

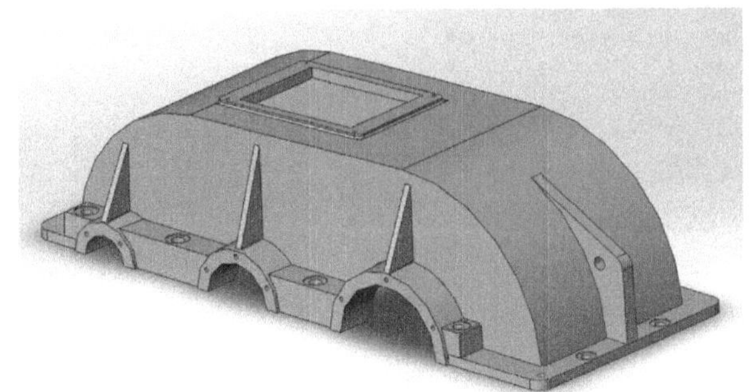

图 24.3　上箱体

3. 齿轮的创建

创建齿轮的特征可使用迈迪工具集快捷生成（图 24.4）。在参数设计中输入设计计算说明书中相应的参数，即可生成，如图 24.5 所示。接着可以使用拉伸切除进行建造，也可对迈迪工具集的“设置孔尺寸”进行设置，在三维建模时可起到加快速度的作用，减少工作时间。

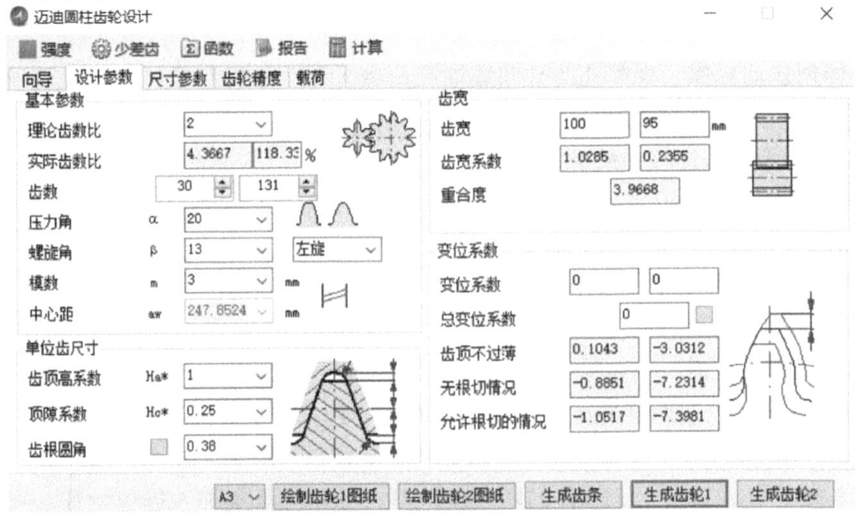

图 24.4　设计圆柱齿轮的迈迪工具集界面

a)

b)

图 24.5　齿轮的创建

4. 轴的创建

轴的创建可使用迈迪工具集快捷生成。在参数设计中输入设计计算说明书中相应的参数，即可生成。如图 24.6 所示，在迈迪工具集中输入轴段的各个尺寸，并且可以在齿轮轴段处设置键槽，输入键槽参数，单击生成轴段即可生成至 Solidworks 工作界面，三根轴以此类推即可快速获得轴类零件的三维模型。

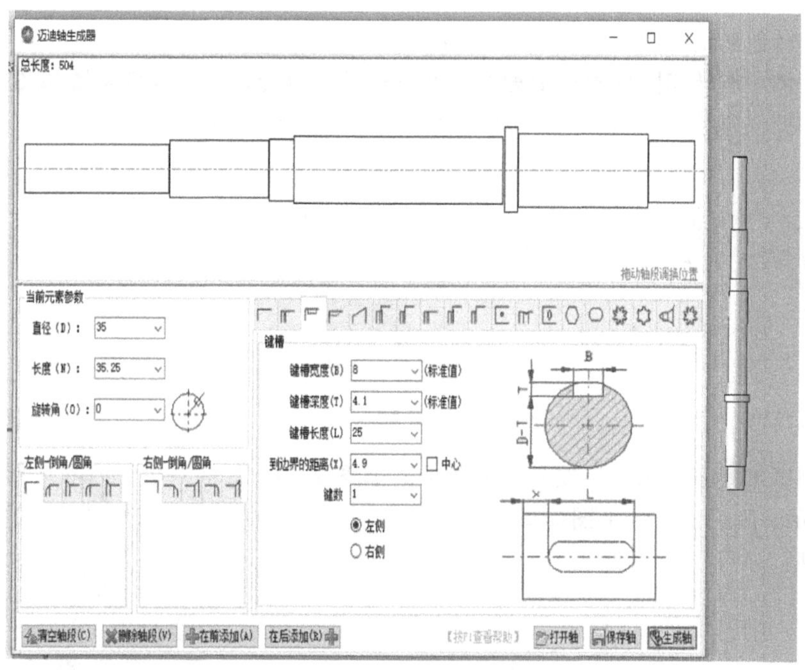

图 24.6　轴的创建

5. 减速器其他附件的创建

1）用旋转特征和拉伸切除创建通气器，效果图如图 24.7 所示。

2）用拉伸特征创建窥视孔盖，效果图如图 24.8 所示。

3）用旋转和拉伸去除特征创建轴承盖效果如图 24.9 所示。

4）用拉伸和旋转切除创建螺栓（螺钉），并进行螺纹修饰，草绘和效果图如图 24.10 所示。

5）用拉伸切除和旋转切除创建上、下箱连接螺母，并进行螺纹修饰，草绘和效果图如图 24.11 所示。

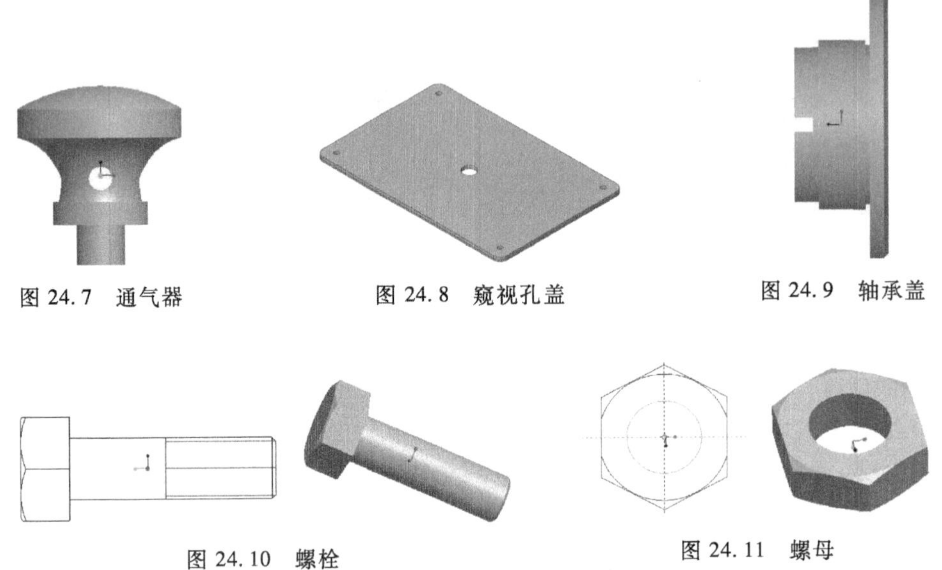

图 24.7　通气器

图 24.8　窥视孔盖

图 24.9　轴承盖

图 24.10　螺栓

图 24.11　螺母

6）用旋转创建定位销，效果图如图 24.12 所示。

7）用拉伸和旋转切除创建放油螺塞，并进行螺纹修饰，草绘和效果图如图 24.13 所示。

8）用拉伸创建放油螺塞垫圈，草绘和效果图如图 24.14 所示。

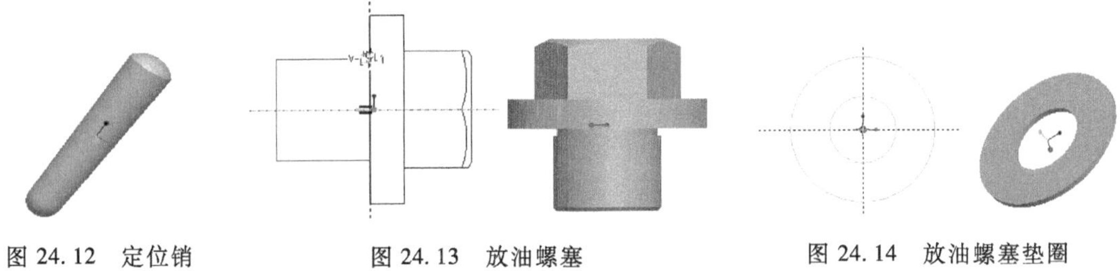

图 24.12　定位销

图 24.13　放油螺塞

图 24.14　放油螺塞垫圈

9）绘制圆锥滚子轴承，草绘外圈和效果图如图 24.15 所示，草绘内圈形状和效果图如图 24.16 所示，阵列滚子效果图如图 24.17 所示。另外，轴承类标准件也可通过迈迪工具集快速生成模型。

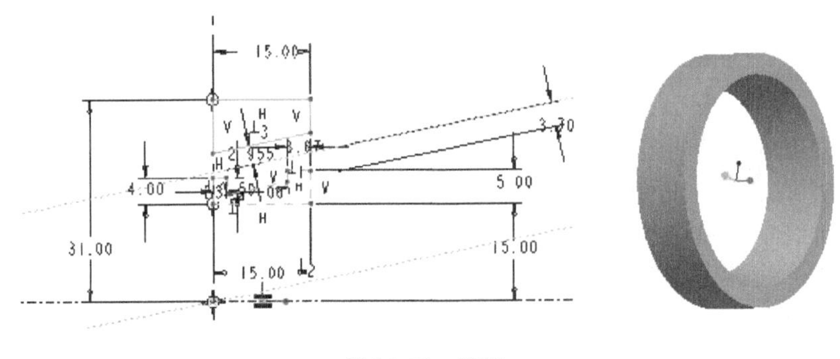

图 24.15　外圈

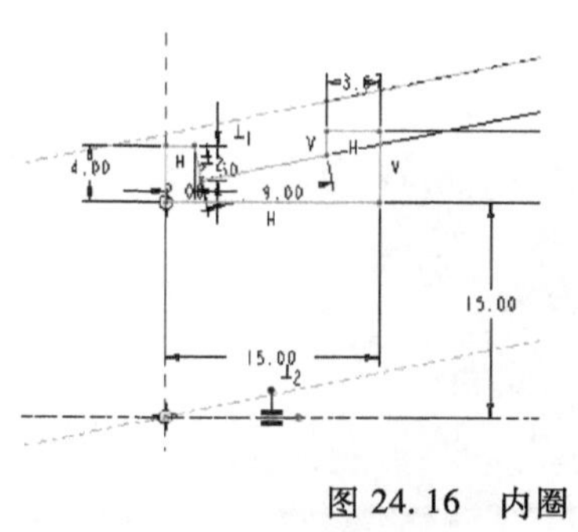

图 24.16　内圈

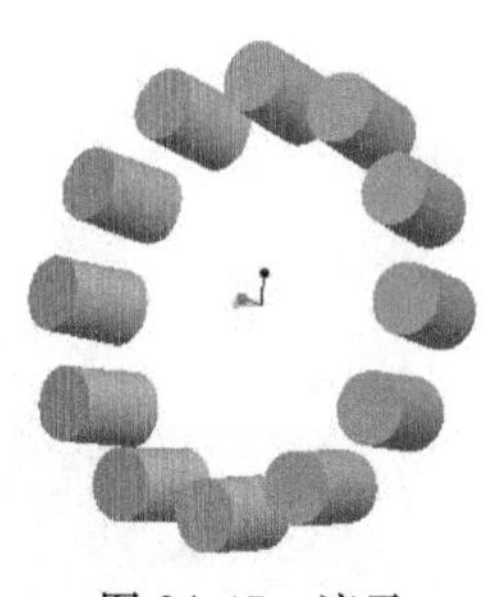

图 24.17　滚子

24.2　减速器的三维装配

1. 大齿轮轴系部件的装配

单击“新建”按钮，选择“组件”，在弹出的对话框中选择“装配体”，进入装配环境，单击“添加”按钮，将大齿轮轴添加到装配环境中。单击右键将大齿轮轴装配。

单击“添加”按钮添加零件，将键添加进来，利用键和大齿轮的轴线对齐和平面对齐装配键；单击“添加零件”，将大齿轮添加进来，利用大齿轮与轴的中心线对齐和大齿轮与轴肩的面对齐完成约束，

单击“添加零件”，将一对轴承添加进来，将轴承插入到大齿轮轴中，并利用一端面与大齿轮匹配完成约束。

2. 小齿轮轴系部件的装配

新建装配环境，将小齿轮轴添加到装配环境中。单击“添加零件”，将两个挡油环添加进来，利用挡油环与齿轮轴的轴线对齐以及两个面匹配完成约束。

继续单击“添加零件”，将两个圆锥滚子轴承添加进来，将轴承插入到轴中，并利用两个面匹配完成约束。

3. 轴承端盖和螺钉的装配

新建装配环境，将轴承端盖放置进来，默认约束。单击“添加零件”，将螺钉放置进来，并通过阵列画出其他螺钉，利用轴线对齐和面匹配完成约束。单击“添加零件”，将垫圈添加进来，利用轴线对齐和面匹配及面对齐完成约束。

4. 窥视孔盖和通气器的装配

新建装配环境，将窥视孔盖默认约束。单击“添加零件”，将通气器放置进来，利用轴线对齐和面匹配完成约束。单击“添加零件”，将螺钉放置进来，利用轴线对齐和面匹配完成约束。继续单击“添加零件”，将垫圈添加进来，利用轴线对齐和面匹配完成约束。

5. 整机的装配

将减速器下箱体添加到装配环境中，默认约束。单击“添加零件”按钮，将小齿轮轴系部件装配体添加进来，利用销钉装配方式，把齿轮轴的轴线与下箱体的轴线对齐，并将挡油环的一面与下箱体内腔的一面匹配完成约束；再次单击“添加零件”按钮，将大齿轮轴系部件装配体添加进来，采用销钉装配，利用大齿轮轴线与下箱体的轴线对齐，并使大齿轮的端面偏距下箱体内腔一定距离。以同样方式装配其他的轴系部件，并装配油标尺和放油螺塞。减速器下箱体及轴系部件的装配效果图如图 24.18 所示。

图 24.18　减速器下箱体及轴系部件装配效果图

单击“添加零件”，将减速器上箱体添加进来，利用两工作台平面匹配，两轴线对齐和两端面匹配完成约束；单击“添加零件”，依次将六个轴承盖装配体添加进来，将端盖插入，并利用两个面匹配和两个面对齐完成约束：

单击“添加零件”，将窥视孔盖装配体添加进来，利用窥视孔螺钉孔轴线与上箱体螺钉孔轴线对齐，两个端面匹配完成约束；单击“添加零件”，依次将上下箱体连接螺栓及其螺母、垫圈和轴承旁连接螺栓及其螺母、垫圈依次放置进来，利用轴线对齐和面面匹配完成约束，利用阵列将其他锁紧零件装配完成。

单击“添加零件”，将销钉放置进来，利用轴线对齐和两个面偏距将销钉完成约束，同理将另一个销钉放置并约束。

单击“添加零件”，将起盖螺钉放置进来，利用轴线对齐和两个面对齐完成约束。

单击“添加零件”，将油标尺添加进来，利用轴线对齐和两个面匹配完成约束。

单击“添加零件”，依次将放油螺塞和垫圈放置进来，利用轴线对齐和面匹配完成约束。

完成的减速器整机装配效果如图 24.19a 所示。上箱体透视时的效果图如图 24.19b 所示。

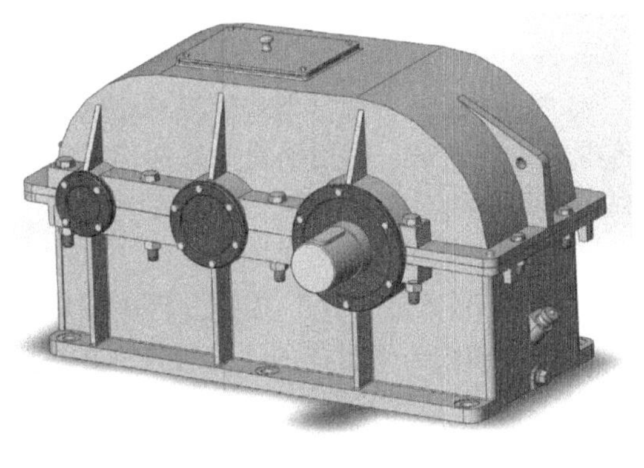

a)

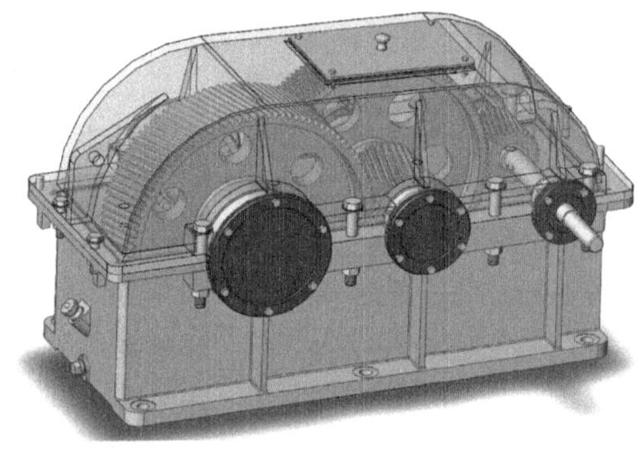

b)

图 24.19　减速器整机装配的效果图

24.3 减速器的爆炸图与运动仿真

1. 减速器爆炸图

爆炸图是 Solidworks 三维软件中的一项重要功能。通过这个功能，工程技术人员可以轻松绘制立体装配示意图，极大提高了结构关系的可读性，降低了读图的难度，非常有利于对设计者意图的表达。这项功能不仅仅被应用于对机械产品装配结构的说明，而且还越来越广泛地应用到机械制造中，使加工操作人员可以对装配图一目了然，而不再像读平面图那样为看清楚一张复杂的装配图而耗费时间和精力。

在装配图中单击“爆炸图”工具，进入爆炸图设置界面，选择要移动的零件（可以同时选择多个零件），在已选择的零件区域出现的坐标箭头中选择希望零件移动的方向，在左侧参数栏中的移动距离中或角度中填入期望的数据，单击“应用”生成一个爆炸步骤。将全部零件按期望移动到指定位置后完成全部步骤。最终生成的减速器爆炸图如图 24.20 所示。

图 24.20 减速器的爆炸图

2. 减速器运动仿真

减速器的运动仿真步骤如下：

1）在形成的装配体中单击下方工具栏“Motion Study 1”（图 24.21）。

图 24.21 动画仿真工具栏

2）单击“马达”按键，建立马达（图 24.22）。

图 24.22　建立马达并设置参数

3）设置为旋转马达，马达位置选择输入轴，设置转速，运动为等速 200r/min，设置运动时间为“10s”，设置后单击确定，即可得到减速器的运动仿真动画视频。

4）单击“保存动画”。

拆去上箱盖的减速器运动仿真动画截图如图 24.23 所示。

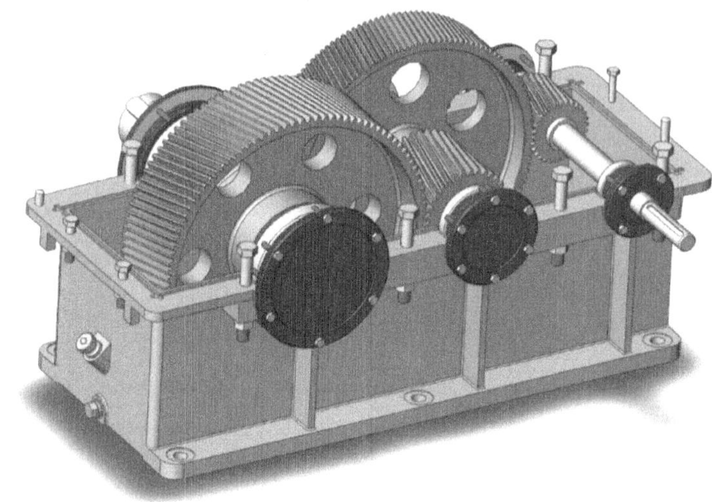

减速器运动仿真动画

图 24.23　减速器运动仿真动画截图

参 考 文 献

[1] 王大康，高国华．机械设计课程设计［M］．北京：机械工业出版社，2021.
[2] 张锋，古乐．机械设计课程设计［M］．6版．北京：哈尔滨工业大学出版社，2020.
[3] 王军，田同海，何晓玲．机械设计课程设计［M］．北京：机械工业出版社，2018.
[4] 巩云鹏，张伟华，孟祥志．机械设计课程设计［M］．2版．北京：科学出版社，2021.
[5] 冯立艳，李建功．机械设计课程设计［M］．6版．北京：机械工业出版社，2020.
[6] 于惠力，张春宜，潘承怡．机械设计课程设计［M］．2版．北京：科学出版社，2013.
[7] 郭聚东，龚建成．机械设计课程设计［M］．3版．武汉：华中科技大学出版社，2015.
[8] 王连明，宋宝玉．机械设计课程设计［M］．3版．北京：高等教育出版社，2008.
[9] 王之栎，王大康．机械设计综合课程设计［M］．3版．北京：机械工业出版社，2019.
[10] 叶铁丽，张悦刊．机械设计（基础）课程设计［M］．北京：中国电力出版社，2021.
[11] 吴宗泽，高志．机械设计实用手册［M］．4版．北京：化学工业出版社，2021.
[12] 吴宗泽，高志．机械设计师手册［M］．北京：机械工业出版社，2019.
[13] 秦大同，谢里阳．现代机械设计手册［M］．2版．北京：化学工业出版社，2020.
[14] 闻邦椿．机械设计手册［M］．6版．北京：机械工业出版社，2018.
[15] 成大先．机械设计手册［M］．6版．北京：化学工业出版社，2016.
[16] 潘承怡，向敬忠，宋欣．机械设计［M］．北京：机械工业出版社，2023.
[17] 潘承怡，向敬忠，宋欣．机械零件设计［M］．北京：清华大学出版社，2012.
[18] 潘承怡，鲍玉冬，刘红博．机械设计基础［M］．北京：清华大学出版社，2022.
[19] 潘承怡，向敬忠．常用机械结构选用技巧［M］．北京：化学工业出版社，2016.
[20] 潘承怡，向敬忠．机械结构设计技巧与禁忌［M］．2版．北京：化学工业出版社，2021.
[21] 潘承怡，解宝成．机械结构设计禁忌［M］．2版．北京：机械工业出版社，2020.
[22] 潘承怡，解宝成．机械结构选用及创新技巧［M］．北京：化学工业出版社，2022.
[23] 潘承怡，姜金刚．TRIZ实战：机械创新设计方法及实例［M］．北京：化学工业出版社，2019.
[24] 潘承怡，姜金刚．TRIZ理论与创新设计方法［M］．北京：清华大学出版社，2015.
[25] 于惠力，潘承怡，冯新敏，等．机械设计学习指导［M］．2版．北京：科学出版社，2013.
[26] 于惠力，潘承怡，向敬忠，等．机械零部件设计禁忌［M］．2版．北京：机械工业出版社，2018.